人力资源和社会保障部职业能力建设司推荐
冶金行业职业教育培训规划教材

重力选矿技术

主　编　周晓四
审　稿　杨　波　杨玉珠

北京
冶金工业出版社
2022

内容提要

本书为冶金行业职业技能培训教材，是参照冶金行业职业技能标准和职业技能鉴定规范，根据冶金企业的生产实际和岗位群的技能要求编写的，并经人力资源和社会保障部技工教育和职业培训教材工作委员会办公室组织专家评审通过。

全书共9章，主要内容包括绪论、重选理论基础、水力分级与洗矿、跳汰选矿、溜槽选矿、摇床选矿、重介质选矿、重选生产实践、重选试验技术等。为便于读者自学、加深理解和学用结合，各章均附有小结和复习思考题。

本书也可作为大专院校有关专业的教学参考书和职业技术院校相关专业的教材或工程技术人员的参考用书。

图书在版编目(CIP)数据

重力选矿技术/周晓四主编．—北京：冶金工业出版社，2006.8(2022.8重印)

冶金行业职业教育培训规划教材

ISBN 978-7-5024-3996-5

Ⅰ.重… Ⅱ.周… Ⅲ.重力选矿—技术培训—教材 Ⅳ.TD922

中国版本图书馆CIP数据核字(2006)第048322号

重力选矿技术

出版发行 冶金工业出版社 **电　话** (010)64027926
地　址 北京市东城区嵩祝院北巷39号 **邮　编** 100009
网　址 www.mip1953.com **电子信箱** service@mip1953.com

责任编辑 宋 良 任咏玉 美术编辑 吕欣童 版式设计 葛新霞
责任校对 卿文春 责任印制 李玉山
北京富资园科技发展有限公司印刷
2006年8月第1版，2022年8月第8次印刷
787mm×1092mm 1/16；15.75印张；415千字；236页
定价40.00元

投稿电话 (010)64027932 投稿信箱 tougao@cnmip.com.cn
营销中心电话 (010)64044283
冶金工业出版社天猫旗舰店 yjgycbs.tmall.com
(本书如有印装质量问题，本社营销中心负责退换)

冶金行业职业教育培训规划教材
编辑委员会

序

吴溪淳

改革开放以来，我国经济和社会发展取得了辉煌成就，冶金工业实现了持续、快速、健康发展，钢产量已连续数年位居世界首位。这其间凝结着冶金行业广大职工的智慧和心血，包含着千千万万产业工人的汗水和辛劳。实践证明，人才是兴国之本、富民之基和发展之源，是科技创新、经济发展和社会进步的探索者、实践者和推动者。冶金行业中的高技能人才是推动技术创新、实现科技成果转化不可缺少的重要力量，其数量能否迅速增长、素质能否不断提高，关系到冶金行业核心竞争力的强弱。同时，冶金行业作为国家基础产业，拥有数百万从业人员，其综合素质关系到我国产业工人队伍整体素质，关系到工人阶级自身先进性在新的历史条件下的巩固和发展，直接关系到我国综合国力能否不断增强。

强化职业技能培训工作，提高企业核心竞争力，是国民经济可持续发展的重要保障，党中央和国务院给予了高度重视，明确提出人才立国的发展战略。结合《职业教育法》的颁布实施，职业教育工作已出现长期稳定发展的新局面。作为行业职业教育的基础，教材建设工作也应认真贯彻落实科学发展观，坚持职业教育面向人人、面向社会的发展方向和以服务为宗旨、以就业为导向的发展方针，适时扩大编者队伍，优化配置教材选题，不断提高编写质量，为冶金行业的现代化建设打下坚实的基础。

为了搞好冶金行业的职业技能培训工作，冶金工业出版社在人力资源和社会保障部职业能力建设司和中国钢铁工业协会组织人事部的指导下，同河北工业职业技术学院、昆明冶金高等专科学校、吉林电子信息职业技术学院、山西工程职业技术学院、山东工业职业学院、安徽工业职业技术学院、武汉钢铁集团公司、山钢集团济钢公司、云南文山铝业有限公司、中国职工教育和职业培训协会冶金分会、中国钢协职业培训中心、中国钢协人力资源与劳动保障工作委员会教育培训研究会等单位密切协作，联合有关冶金企业、高职院校和本科院校，编写了这套冶金行业职业教育培训规划教材，并经人力资源和社会保障部技工教育和职业培训教材工作委员会组织专家评审通过，由人力资源和社会保障部职业能力建设司给予推荐，有关学校、企业的编写人员在时间紧、任务重的情况下，克服困难，辛勤工作，在相关科研院所的工程技术人员的积极参与和大力支持下，出色地完成了前期工作，为冶金行业的职业技能培训工作的顺利进行，打下了坚实的基础。相信这套教材的出版，将为冶金企业生产一线人员理论水平、操作水平和管理水平的进一步提高，企业核心竞争力的不断增强，起到积极的推进作用。

随着近年来冶金行业的高速发展，职业技能培训工作也取得了令人瞩目的成绩，绝大多数企业建立了完善的职工教育培训体系，职工素质不断提高，为我国冶金行业的发展提供了强大的人力资源支持。今后培训工作的重点，应继续注重职业技能培训工作者队伍的建设，丰富教材品种，加强对高技能人才的培养，进一步强化岗前培训，深化企业间、国际间的合作，开辟冶金行业职业培训工作的新局面。

展望未来，任重而道远。希望各冶金企业与相关院校、出版部门进一步开拓思路，加强合作，全面提升从业人员的素质，要在冶金企业的职工队伍中培养一批刻苦学习、岗位成才的带头人，培养一批推动技术创新、实现科技成果转化的带头人，培养一批提高生产效率、提升产品质量的带头人；不断创新，不断发展，力争使我国冶金行业职业技能培训工作跨上一个新台阶，为冶金行业持续、稳定、健康发展，做出新的贡献！

前　　言

随着新技术的迅猛发展和经济全球化的到来，经济社会发展的关键要素不再是资金和土地，而更多地依赖于人力资源，依赖于人的知识和技能，依赖于对新技术的掌握和劳动者素质的提高。西方工业化国家的发展实践也早已证明了这一点。尽管我国在改革开放以后，在技能人才的培养和使用方面有了较大的发展，但由于观念、体制等各种因素的制约，这种发展与我国经济社会发展的速度要求相比，还存在着较大的差距，突出表现为：高级技能人才奇缺，供求矛盾十分尖锐，并伴有比较严重的结构失衡。高技能人才的教育培训，不仅要有资金投入和加快师资建设，而且要有教材建设。教育培训，首先要解决教材问题。

本书的编写即以培养具有较高选矿职业素质和较强职业技能、适应选矿厂生产及管理需要的高级技术应用型人才为目标。全书贯彻理论与实际相结合的原则，力求体现职业教育的针对性强、理论知识的实践性强、培养应用型人才的特点。在系统阐明重选技术的基础理论和基本知识的同时，注重理论知识的应用、实践技术的训练以及分析解决问题和创新、创业能力的提高。

周晓四担任本书主编，并编写绪论、第1章和第9章，彭芬兰编写第3、4、5、6、7章，杜重麟编写第8章。昆明理工大学杨波和昆明冶金研究院杨玉珠对全书进行了审阅，在此表示感谢。

本书是高等职业技术教育及冶金行业技师、高级技师培训教材，适用于冶金行业高等职业技术教育的矿物加工专业的教学及冶金行业选矿工种技师、高级技师的培训。本书亦可作为大专院校有关专业的教学参考书，还可供从事选矿生产和管理工作的工人、干部及工程技术人员参考。

在编写的过程中，参考了大量的文献资料，谨向各位作者、出版社致以诚挚的谢意！由于编者水平有限，书中不足之处恳请读者批评指正。

编　者

2006年3月

目　　录

1　绪论 …… 1
1.1　重力选矿的基本概念应用 …… 1
1.1.1　重力选矿基本概念 …… 1
1.1.2　重选作业类型 …… 1
1.1.3　重选特点及其应用 …… 2
1.2　重选简史及发展趋势 …… 3
1.2.1　重选简史 …… 3
1.2.2　重选技术在我国的历史和成就 …… 4
本章小结 …… 5
复习思考题 …… 5

2　重选理论基础 …… 6
2.1　颗粒在介质中的垂直运动(沉降) …… 6
2.1.1　介质的性质和介质的浮力与阻力 …… 6
2.1.2　颗粒在介质中的自由沉降 …… 13
2.1.3　物体的干涉沉降规律 …… 21
2.2　不同密度粒群沿垂向的分层 …… 26
2.2.1　粒群在上升水流中的分层规律 …… 26
2.2.2　粗粒在细粒悬浮体中的沉降规律 …… 30
2.2.3　矿粒在垂直变速流中的分层规律 …… 32
2.3　斜面流中颗粒的运动状态 …… 39
2.3.1　水流沿斜面流动的运动规律 …… 39
2.3.2　矿粒在斜面流中的分层规律 …… 45
2.4　物体在离心力场中的运动规律 …… 55
2.4.1　物体在离心力场中的运动特点 …… 55
2.4.2　物体在离心力场中的径向速度 …… 56
2.4.3　薄层回转流的流动特性和粒群按比重分层 …… 57
本章小结 …… 59
复习思考题 …… 59

3　水力分级与洗矿 …… 61
3.1　概述 …… 61
3.2　多室及单槽水力分级机 …… 62
3.2.1　云锡式分级箱 …… 62

3.2.2 机械搅拌式水力分级机 …… 64
3.2.3 筛板式槽型水力分级机 …… 65
3.2.4 水冲箱 …… 66
3.2.5 分泥斗 …… 67
3.2.6 水力分离机 …… 68
3.2.7 倾斜板浓密箱 …… 68
3.2.8 双层倾斜板水力分级箱 …… 71
3.3 机械分级机 …… 72
3.3.1 设备结构及工作原理 …… 72
3.3.2 螺旋分级机操作技术 …… 74
3.4 水力旋流器 …… 76
3.4.1 概述 …… 76
3.4.2 水力旋流器分级原理 …… 77
3.4.3 水力旋流器的工艺计算 …… 79
3.4.4 旋流器操作技术 …… 80
3.5 分级效果的评价 …… 83
3.5.1 用粒度分配曲线评定分级结果 …… 83
3.5.2 分级效率计算式 …… 85
3.6 洗矿 …… 86
3.6.1 洗矿的目的和意义 …… 86
3.6.2 洗矿设备 …… 88
3.6.3 洗矿流程 …… 91
本章小结 …… 93
复习思考题 …… 93

4 跳汰选矿 …… 94
4.1 概述 …… 94
4.2 跳汰选矿原理 …… 95
4.2.1 跳汰水流的运动特性 …… 95
4.2.2 跳汰周期曲线 …… 97
4.3 跳汰机 …… 100
4.3.1 上(旁)动型隔膜跳汰机 …… 100
4.3.2 下动型圆锥隔膜跳汰机 …… 102
4.3.3 侧动型隔膜跳汰机 …… 103
4.3.4 圆形跳汰机 …… 106
4.3.5 无活塞跳汰机 …… 108
4.4 跳汰机操作技术 …… 109
4.4.1 跳汰选矿的工艺因素 …… 109
4.4.2 跳汰机的维护检修 …… 112
本章小结 …… 112
复习思考题 …… 113

5　溜槽选矿 …… 114
5.1　概述 …… 114
5.2　粗粒溜槽 …… 114
5.2.1　选别钨、锡砂矿用的粗粒溜槽 …… 114
5.2.2　选金用粗粒溜槽 …… 115
5.3　固定的矿泥溜槽 …… 118
5.3.1　铺面(布)溜槽 …… 118
5.3.2　匀分槽 …… 119
5.4　皮带溜槽 …… 120
5.5　扇形溜槽和圆锥选矿机 …… 121
5.5.1　扇形溜槽 …… 121
5.5.2　圆锥选矿机 …… 129
5.6　螺旋选矿机和螺旋溜槽 …… 131
5.6.1　螺旋选矿机 …… 131
5.6.2　螺旋溜槽 …… 139
5.7　离心溜槽 …… 142
5.7.1　卧式离心选矿机 …… 142
5.7.2　离心盘选机 …… 145
5.7.3　离心选金锥 …… 146
本章小结 …… 147
复习思考题 …… 148

6　摇床选矿 …… 149
6.1　概述 …… 149
6.2　摇床的分选原理 …… 150
6.2.1　粒群在床面上的松散分层 …… 150
6.2.2　矿粒在床面上的运搬分带 …… 150
6.3　摇床的类型 …… 152
6.3.1　6-S摇床 …… 153
6.3.2　云锡式摇床 …… 155
6.3.3　弹簧摇床 …… 157
6.3.4　多层化摇床 …… 159
6.4　床面的运动特性 …… 160
6.4.1　床面的运动特性判据 …… 160
6.4.2　偏心连杆机构床头的运动分析 …… 161
6.5　摇床操作技术 …… 161
6.5.1　摇床的工艺操作因素 …… 161
6.5.2　摇床维护与检修 …… 163
本章小结 …… 163
复习思考题 …… 164

7　重介质选矿 …… 165
7.1　概述 …… 165
7.2　重悬浮液的性质 …… 166
7.2.1　重悬浮液的黏度 …… 166
7.2.2　重悬浮液的密度 …… 169
7.2.3　重悬浮液的稳定性 …… 171
7.3　重悬浮液分选机 …… 171
7.3.1　深槽式圆锥型重悬浮液选矿机 …… 171
7.3.2　浅槽式鼓型重悬浮液分选机 …… 173
7.3.3　重介质振动溜槽 …… 173
7.3.4　重介质旋流器 …… 175
7.3.5　重介质涡流旋流器 …… 176
7.4　重介质选矿工艺 …… 177
本章小结 …… 178
复习思考题 …… 179

8　重选生产实践 …… 180
8.1　处理粗、细不均匀嵌布的钨矿石重选流程 …… 180
8.1.1　钨矿石的一般性质 …… 180
8.1.2　黑钨矿石的重选流程 …… 181
8.2　锡矿石的重选流程 …… 184
8.2.1　我国的锡矿资源特点 …… 184
8.2.2　处理残坡积砂锡矿的重选流程实例 …… 184
8.2.3　处理锡石-硫化矿脉锡矿重选流程实例 …… 185
8.3　铁矿石的重选流程 …… 187
8.3.1　处理粗粒鲕状赤铁矿石的重选流程 …… 188
8.3.2　处理鞍山式假象赤铁矿石的弱磁-重选流程 …… 189
8.4　含稀有金属和贵金属砂矿的重选流程 …… 191
8.4.1　冲积砂矿的类型 …… 191
8.4.2　含稀有金属海滨砂矿的流程实例 …… 192
8.4.3　含金冲积砂矿的重选流程实例 …… 193
本章小结 …… 195
复习思考题 …… 196

9　重选试验技术 …… 197
9.1　概述 …… 197
9.2　根据矿石性质拟定选矿试验方案 …… 197
9.3　矿石比重及堆比重测定 …… 199
9.3.1　固体物料比重的测定 …… 199
9.3.2　堆比重（堆重度）的测定 …… 201

9.4　细粒矿石(−0.1 mm)粒度的测定 …… 202
9.4.1　沉积天平法 …… 203
9.4.2　淘析法 …… 205
9.4.3　流体分级法 …… 206
9.5　矿石重选可选性试验 …… 208
9.5.1　比重组分分析和可选性曲线 …… 208
9.5.2　重选流程试验 …… 216
9.5.3　常用重选试验设备 …… 220
9.5.4　重选试验操作 …… 224
9.6　重选试验结果的处理 …… 230
9.6.1　最终指标的确定 …… 230
9.6.2　粒级回收率 …… 231
9.6.3　分配曲线 …… 232
本章小结 …… 234
复习思考题 …… 235

参考文献 …… 236

1 绪　论

1.1 重力选矿的基本概念应用

1.1.1 重力选矿基本概念

矿物是地壳中由于自然的物理化学作用或生物作用,形成的自然元素和化合物。地球的地壳是由岩石构成的,而岩石是矿物的集合体。当岩石中的某一成分或某些成分的含量,以当前生产技术水平可以经济地开采、加工、利用时,则该岩石便称为矿石。矿石中除含有在当前经济上可利用的有用成分(矿物)外,还含有尚不能利用的成分(矿物),那些不能利用的成分(矿物)称为脉石(矿物)。

选矿的目的在于从原矿中将有用矿物(或有用成分)分离出来加以富集,构成组分单一的人造富矿(或化合物),即所谓精矿。选矿过程要利用矿石中各矿物某方面的性质差异来完成。重力选矿就是根据矿粒间密度的不同,因而在运动介质中所受重力、流体动力和其他机械力不同,从而实现按密度分选矿粒群的工艺过程,简称为重选。在金属矿选矿过程中,回收的目的金属矿物的密度比脉石高,这时经过选别得到的重产物为精矿,轻产物为尾矿。

重选过程中,矿物的分离是在运动过程中逐步完成的。也就是说,应该使性质不同的矿粒在重选设备中具有不同的运动状况——运动的方向、速度、加速度和运动轨迹等,从而达到矿物分离的目的。同时,一切重选过程都必须在某种介质中进行。不同粒度和密度矿粒组成的物料在流动介质中运动时,由于它们性质的差异和介质流动方式的不同,矿粒所受的介质阻力不同,其运动状态也不同。矿粒群在静止介质中不易松散,不同密度、粒度、形状的矿粒难于互相转移,即使达到分层,也难于实现分离。

对于重选而言,介质的作用是很重要的。重选所用的介质包括空气、水、重液和重悬浮液。其中用得最多的是水,在缺水的干旱地区或处理某些特殊的矿石时可用空气,此时称为风力选矿。重液是密度大于水的液体或高密度盐类的水溶液,矿物在其中可以严格地按密度分开,但是由于这类液体价格昂贵,故只限于在实验室使用。重悬浮液是由密度较高的固体微粒与水组成的混合物,其表观密度高于轻产物的密度,而低于重产物的密度,故可起到同重液一样的作用。采用重悬浮液作介质的选矿方法称作重介质选矿。随着分选介质密度的增高,性质不同的矿粒在运动状况上的差别也增大,在一定范围内分选效果亦愈好。

重选过程中,介质的作用虽然很重要,但介质的作用是外界因素,使矿物分离的根本原因还是它们自身性质的差别,也就是颗粒的密度、粒度和形状的差别。密度和粒度共同决定着颗粒的重力,是推动颗粒在介质中运动的基本作用力。在选矿过程中,使矿石基本按密度差分离的作业,是矿石分选作业。但是,当矿物间密度差别不大时,也可按不同粒度颗粒在介质中沉降速度不同,达到按粒度分离,这种作业称为分级作业。此时,矿粒的形状也影响其在介质中的运动速度,因而也是分离过程的一项重要因素。

1.1.2 重选作业类型

重选过程中的介质在分选过程中所处的运动状态,包括有匀速的上升流动、垂直交变的流动、沿斜面的稳定流动和非稳定流动、回转运动等。根据介质的运动形式及分选原理的不同，重选可分为分级、重介质选矿、跳汰选矿、摇床选矿、溜槽选矿、洗矿等几种工艺方法。各工艺方法的应用范围见表 1-1。

表 1-1　重选工艺方法应用范围

重选工艺方法	粒度/mm		密度/$kg \cdot m^{-3}$	
	最　小	最　大	最　低	最　高
分级	0.075	50	1200	4200
重介质选矿	0.100	300	1200	8000
跳汰选矿	0.075	250	1200	15600
摇床选矿	0.075	10	1200	15600
溜槽选矿	0.010	100	1200	2500
洗矿	0.000	300	1200	15600

其中，分级作业和洗矿作业属按粒度分离的作业，但洗矿作业处理的对象为含泥含水高易胶结的矿石，兼有碎散的作用。其他各工艺方法则属于分选性质的作业。

1.1.3　重选特点及其应用

各种重选过程的共同特点是：

(1) 矿粒间必须存在密度(或粒度)的差异；

(2) 分选过程在运动介质中进行；

(3) 矿粒形状也会影响按密度(粒度)分选的精确性。

利用重选法分选矿石的难易程度，主要由待分离矿物的密度差决定，可由下式近似地评定

$$E = \frac{\rho_2 - \rho}{\rho_1 - \rho} \tag{1-1}$$

式中　E——矿石的可选性评定系数；

ρ_1、ρ_2、ρ——分别为轻产物、重产物和介质的密度，kg/m^3。

可选性评定系数 E 值大者，分选容易，即使矿粒间的粒度差别较大，也能较好地按密度加以分选。反之，E 值小者，分选比较困难，而且在入选前往往需要将矿粒分组，以减少因粒度差别而影响按密度进行分选。矿石的可选性按 E 值大小可分成五个等级，如表 1-2 所示。

表 1-2　矿物按密度分离的难易度

E 值	$E>5$	$5>E>2.5$	$2.5>E>1.75$	$1.75>E>1.5$	$1.5>E>1.25$	$E<1.25$
难易度	极易选	易选	较易选	较难选	难选	极难选

$E>5$，属极易重选的矿石，除极细(<10～5 μm)的细泥以外，各个粒度的物料都可用重选法选别；

$5>E>2.5$，也属易选矿石，按目前重选技术水平，有效选别粒度下限有可能达到 19 μm，但 37～19 μm 级的选别效率也较低；

$2.5>E>1.75$，属较易选矿石，目前有效选别粒度下限可达 37 μm 左右，但 74～37 μm 级的选别效率也较低；

$1.75>E>1.5$，属较难选矿石，重选的有效选别粒度下限一般为 0.5 mm 左右；

$1.5>E>1.25$,属难选矿石,重选法只能处理不小于数毫米的粗粒物料,且分离效率一般不高;

$E<1.25$ 的属极难选的矿石,不宜采用重选。

一般而言,只要有用矿物颗粒较粗,则大部分金属矿物均不难用重选法同脉石分离,但共生重矿物相互间的分离则比较困难。例如,白钨矿同石英分离 $E=3.1$,同辉锑矿分离 $E=1.4$。又如,锡石同石英 $E=3.8$;而锡石同辉铋矿 $E=1.05$;锡石同黄铁矿 $E=1.56$。

采用重介质选矿时,若取 $\rho\approx\rho_1$,则 E 值将趋向于无穷大,表明重介质选矿法可用于选别密度差极小的矿物,在理论上选别粒度下限也应很小,但由于技术上和经济上的原因,目前只能选别大于 0.5～3 mm 的物料。

虽然采用重选法选别微细颗粒效果较差,但由于它具有设备构造简单、生产成本低、对环境污染小等明显的优点,重选仍是目前最重要的选矿方法之一。在国内外,重选广泛地被用于处理矿物密度差较大的原料,是选别金、钨、锡矿石的传统方法,在处理煤炭、稀有金属(钽、铌、钍、锆、钛等)矿物的矿石中应用也很普遍。在我国洗煤厂中,重选法担负着处理 75%～80%的原煤任务,是最主要的选煤方法。重选法也被用来选别铁、锰矿石,同时也用于处理某些非金属矿石,如石棉、金刚石、高岭土等。对于那些主要以浮选法处理的有色金属(铜、铅、锌等)矿石,也可用重选法进行预先选别,除去粗粒脉石或围岩使有色金属达到初步富集。而脱水、分级,几乎是所有选矿厂不可缺少的作业。重选方法除对微细粒级选别效果较差外,能够有效地处理各种不同粒级的原料。重选设备结构较简单、生产处理量大、作业成本较低,故在条件适宜时均优先予以应用。

1.2 重选简史及发展趋势

1.2.1 重选简史

重选是一种应用最早的选矿方法。很早以前,古代人们就开始利用重选的方法,在河溪中用兽皮淘洗自然砂金。跳汰机是早在 14～15 世纪时就已出现,直到现在仍保留其主要特征的重选设备。

在 18 世纪产业革命以后,随着生产的发展,重选技术也日趋完善。19 世纪 30～40 年代在德国出现了机械式的活塞跳汰机,1893 年发明了第一台空气驱动的无活塞跳汰机——著名的鲍姆式跳汰机,19 世纪末发明了现代型式的机械摇床。直到 20 世纪初浮选法广泛应用以前,重选法一直是主要的选矿方法。

分选效率最高的重选方法——重介质选矿,1858 年就开始在工业中使用。当时只能在氯化钙溶液中选煤,由于溶液损失大,所以没有得到推广。1917 年又出现了水砂悬浮液选煤法,1926 年苏联工程师 E.A. 斯列普诺夫提出了使用稳定悬浮液的重介选矿法,从此之后,重介质选矿才开始广泛使用。由于重介质选矿具有分选效率高、处理量大和适合于处理难选矿物等优点,重介质选矿在不少国家中得到了迅速发展。

重选的理论研究工作,是在重选设备机械化以后才开始的。根据流体力学的观点,18 世纪初牛顿提出的球体在介质中沉降的阻力平方公式,1851 年英国物理学家 G.G. 斯托克斯发表的黏性阻力公式,为早期的重选理论研究工作提供了理论基础。最初的理论研究工作是从研究单个颗粒在介质中的运动规律开始的,这些观点及研究结果发现与实际生产情况不符。因为重选过程,不是单个颗粒在介质中的运动,而是粒群在介质中的运动。随后才开始研究矿粒群在介质中的干涉沉降规律。在这方面,前苏联学者 П.В. 利亚申柯做了广泛的研究工作,提出了跳汰是在上升水流中“按悬浮体的相对密度分层”学说,并且在 1936 年编著了世界上第一本重选教科书。以后德国人 E.W. 麦依尔 1947 年又从床层位能降的角度,提出了跳汰能量理论模型,阐释了跳汰分层过程。1959 年苏联 H.H. 维诺格拉道夫提出而近年来得到了广泛承认的“概率－统计模型”,它把跳汰过程看成是各种物理性质的颗粒运动的群态运动,具有概率性质。但是,由于重选过程本身影响因素较多,直到现在有关跳汰及其他重选过程的理论研究,不同学派还是各持不同的观点。今后,应当集中来寻找出一条能把各种理论统一起来的途径,最终能比较客观地解决重选设备及工艺参数问题。

自从 20 世纪 40 年代在荷兰出现水力旋流器后,向利用回转流强化选别过程迈出了一大步。该设备现已广泛用于细粒矿物的分级和分选过程中。虽然其理论研究还很不成熟,但这是当前重选发展的主要方向之一。

随着现代科学技术的发展,现在已经使用示踪原子、现代的测试技术直接观察颗粒的运动,研究矿粒在重选过程中的运动规律。为适应生产自动化和设备大型化的需要,开展了以数理统计方法,概括选矿过程规律性的研究,编制工艺参数和设备参数间的数学模型,为工艺生产的自动控制和设备设计提供可靠依据。

近年来,由于采矿机械化程度的提高,越来越多的贫矿和微细嵌布矿石的被开发利用,重选生产面临着提高设备处理能力和强化对微细粒级回收的任务。设备制造正在向着大型化、离心化和多层化方向发展。传动方式也采取了多种多样的复合运动,在这方面我国已经取得了许多重要成就。

1.2.2 重选技术在我国的历史和成就

在我国重选已有悠久的历史,约在 4000 年前就开始了冶炼钢。殷墟出土的司母戊鼎重达 1400 斤,可见当时冶金技术的高超。战国时代(纪元前 403—221 年)铁的应用得到推广。为了给冶金生产提供原料,所以采矿、选矿技术也相当发达。到了明朝,我国的采矿、冶金和金属加工业,无论在生产规模、产量上,或是在技术工艺方面,都居当时世界前列。1637 年明朝著名科学家宋应星编著的《天工开物》颇为详尽地总结了历代劳动人民的工农业生产经验,在我国历史上第一次系统地论述了采矿工程及洗选矿石等情况,记载了很多有关应用重选分选的实例。例如,用风车分选谷物,用水力分级方法提取瓷土,淘洗铁砂和锡砂矿石等。这些记述反映了我国古代重选技术的发达。

我国的重选工业在旧中国一直处于落后状态。设备陈旧,管理不善,生产极不正常。新中国成立后,矿物原料生产被置于优先发展地位,先后在我国重要的钨、锡、煤炭等基地建立了多座大、中型重选厂和选煤厂。随着我国尖端技术工业的建立,同时还新建了一批处理稀有金属矿砂的重选厂。20 世纪 60 年代期间,开始用重选法处理鲕状赤铁矿矿石,并在铅、锌有色金属选矿厂建起了重介质选矿车间,同期重介质选煤厂也得到了发展。同时又以现代的重选技术改造了我国古老的选金工业,在吉林、黑龙江等省漫长的河滩上建立了多条浮动的采金船。由于我国能源资源的特点,煤炭日益成为主要能源。我国煤炭资源丰富,煤种齐全。随着煤炭产量的增长,重选法选煤也得到了迅速发展。另外,重选法在化工、建材等部门也得到了广泛的应用。

改革开放以后,我国的国民经济快速发展,重选技术得到了进一步发展,出现不少新技术、新工艺、新设备。进入 21 世纪,我国经济建设成就更加显著,已成为世界制造业大国。现在我国钨、锡矿石的重选技术已在世界进入领先地位。原矿处理量比解放前增长近百多倍,并综合回收了铁、铜、铅、锌、钨、铋、锑、钛、钴等十余种伴生金属元素。钨精矿的产量达到世界首位,成为国际上重要的钨砂出口国。在新技术新设备研究方面也取得不少重大成就。在处理难选的钒钛磁铁矿石上,重选法获得了成功的应用。我国将非稳定流原理用在流膜选矿上,制成了带有复合运动的振摆皮带溜槽。旋转螺旋溜槽、锯齿波跳汰机、转盘选矿机、连续作业离心选矿机等一大批新型重选设备研制成功并获得了成功的应用。重介质选煤新工艺得到了推广，并研制成功了斜轮及立轮重介分选机、三产品重介旋流器、电磁风阀筛下空气室跳汰机等。

为实现我国在本世纪中叶全面达到小康的战略目标，我们还需要有更大的发展，面临着艰巨的建设任务。经济的飞速发展，对原材料的需求日益庞大，矿物原料加工业面临前所未有的机遇和挑战，重选生产技术必将得到更大的发展。从当前情况看，我国的选矿工业还存在着发展不平衡，综合利用不完善以及自动化水平低等不少问题。因此，我们必须加紧努力、认真学习、广泛吸收国际上的先进技术，以便尽快地将我国选矿工业的科学技术推进到一个新的水平。

本章小结

(1) 重选是根据矿粒间密度的不同，因而在运动介质中所受重力、流体动力和其他机械力不同，从而实现按密度分选矿粒群的工艺过程。

(2) 重选作业的类型包括分级、洗矿、重介质选矿、跳汰选矿、摇床选矿、溜槽选矿等。

(3) 各种重选过程的共同特点是：①矿粒间必须存在密度(或粒度)的差异；②分选过程在运动介质中进行；③矿粒形状也会影响按密度(粒度)分选的精确性。

(4) 利用重选法分选矿石的难易程度，可由矿石的可选性评定系数 E 初步判定。可选性评定系数 E 值大者，分选容易；E 值小者，分选比较困难。

(5) 虽然采用重选法选别微细颗粒效果较差，但由于它具有设备构造简单、生产成本低、对环境污染小等明显的优点，重选仍是目前最重要的选矿方法之一。它是选别金、钨、锡矿石的传统方法。在处理煤炭、稀有金属矿物的矿石中应用也很普遍。重选法也被用来选别铁、锰矿石，同时也用于处理某些非金属矿石，如石棉、金刚石、高岭土等。还可用于有色金属(铜、铅、锌等)矿石的预选作业，除去粗粒脉石或围岩使有色金属达到初步富集。而脱水、分级，几乎是所有选矿厂不可缺少的作业。

复习思考题

1-1 矿石重选的基本根据是什么，分选的条件因素是什么？

1-2 试判断下列各组矿物在水中的重选可选性，并按顺序排列：

(1)黑钨矿(密度 6900 kg/m^3；以下数字意义同)—石英(2650)；(2)锡石(6950)—褐铁矿(4000)；(3)锆英石(4500)—石英；(4)煤(1350)—矸石(1800)；(5)铬铁矿(4500)—橄榄石(3300)；(6)赤铁矿(5000)—石英；(7)金(18000)—石英；(8)菱铁矿(3800)—碧玉(2900)；(9)萤石(3180)—石英；(10)菱镁矿(3050)—方解石(2700)。

1-3 某砂金矿床除含自然金(密度 18000 kg/m^3，以下意义同)外，尚有磁铁矿(5100)、钛铁矿(4150)、铌钽铁矿(6800)、锆英石(4670)、金红石(4250)、褐铁矿(4000)、磷钇矿(4500)、石榴石(3600)、蓝晶石(3650)、磷灰石(3200)、角闪石(3000)、电气石(3150)以及大量石英(2650)。如以石英作标准，E 值小于 1.45 的矿物在水中难以有效分选，问哪些矿物将进入轻产品中，所得混合重砂还有哪些矿物可分离成独立产品？

1-4 重选法适合处理哪些类型矿石，在我国哪些类型的金属矿石的重选生产比较发达？

2 重选理论基础

在重选各种工艺方法的分选过程中，大都包含了松散－分层和运搬－分离两个阶段。在运动介质中，被松散的矿粒群，由于沉降时运动状态的差异，形成不同密度（或粒度）矿粒的分层。分好层的物料层通过运动介质的运搬达到分离。因此，有必要了解物体在介质中运动的各种规律。本章主要阐述重选的基本理论——物体和介质的特性及其与运动规律间的关系。

2.1 颗粒在介质中的垂直运动（沉降）

垂直的沉降是重选中矿粒运动的重要形式。矿粒因本身的密度、粒度和形状不同而有不同的沉降速度。这种差异归根结底是由介质的浮力和颗粒在介质中运动受到的阻力所引起的。若是在真空中，这种差异就不存在。所以研究浮力和阻力就成为探讨颗粒运动差异的基本问题。颗粒的沉降有两种不同的形式，一是自由沉降，即单个颗粒在广阔空间中独立沉降，此时颗粒除受重力、介质浮力和阻力作用外，不受其他因素影响；二是干涉沉降，即个别颗粒在粒群中的沉降，成群的颗粒与介质组成分层的悬浮体，颗粒间的碰撞及悬浮体平均密度的增大，使个别颗粒的沉降速度降低。这是实践中最多见的沉降形式，理想的自由沉降是遇不到的。通常所谓的自由沉降是指介质中固体物料的含量很少，在总容量中颗粒占有的体积不及3%时，颗粒间的干涉现象变得很小，此时即可视为是自由沉降。

2.1.1 介质的性质和介质的浮力与阻力

2.1.1.1 物体的性质

与重选过程有关的物料性质，主要有矿粒的密度、粒度及其形状。

A 物料的密度

物料的密度是指单位体积物料的质量。在重选中物料的密度以符号“ρ_i”表示，单位为 kg/m^3 或 g/cm^3。

物料的重度是指单位体积物料的重量。重度以符号“γ”表示，其单位是 N/m^3。因此，密度与重度在物理意义上及数值上都是不相同的。根据牛顿第二定律，它们具有下列关系

$$\gamma = \rho g \tag{2-1}$$

式中 g——重力加速度。

为了表示物质相对密度的大小，习惯上取待测物质的重量与同体积纯水的重量作对比，得出的比值叫做比重。比重是一个无因次的物理量。当密度单位用 t/m^3 时，比重数值与物质密度值相等。重选理论及实践中，常以比重作为矿粒的特性质量。

在重选实践中，所碰到的矿粒多数不是纯矿物，而是几种矿物的连生体。连生体的密度很不稳定，需要时，应实际测定。在重选中，物质的密度常可以作为物质的质量指标。例如，密度低的煤炭，它的灰分一般也较低。

B 物料的几何性质

物料的粒度和形状不同，对重选过程的影响很大。

(1) 粒度。物料的粒度表示其外形尺寸。表示和测定物料粒度的方法有下列几种：

1) 直接测量矿粒的外形尺寸。物料一般都具有不规则的形状，通常只能用几个尺寸表示它的大小。在实践中最好用一个尺寸来表示矿块的大小，这个尺寸一般称为矿块的粒径。球形物料的粒径，当然就是球的直径。立方体物料块的粒径，一般用立方体的边长表示。形状不规则的矿块则往往采用其主要尺寸来表示。这些主要尺寸可以从矿块上直接测量出来。例如，可以测量出矿块的长度、宽度和厚度三个尺寸，然后以其算术平均值作为矿粒的粒径。

以上确定形状不规则物料块粒径的方法，仅运用于研究单个粗矿粒的粒度。

2) 用显微镜测量矿粒的大小取其平均值表示矿粒的直径。这种方法适用于测量粒度从 0.1～40 μm 的细粒。

3) 用筛分分析的方法(筛比不超过 1.5)测定矿粒能够通过的最小筛孔直径(d_i)与不能通过的最大筛孔直径(d_{i-1})，然后取平均值表示矿粒的近似粒度。该粒群的粒度用 d_{si}表示

$$d_{si}=\frac{d_i+d_{i-1}}{2} \tag{2-2}$$

式中　d_i、d_{i-1}——两相邻筛孔孔径。

该法适用于粒度从 0.045～100 mm 的物料。

同一个颗粒因测量方法不同，得到的粒度值会不同，因此，在使用时应注意它们之间的换算关系。按利亚申柯的测定，颗粒的体积当量直径 d_V 与筛分粒度 d_{si}的数值比如表 2-1 所示。

表 2-1　颗粒的筛分粒度 d_{si}与体积当量直径 d_V 的关系

颗粒形状	测量值比 d_V/d_{si}
浑圆形	1.15～1.30
多角形	1.06～1.20
长方形	1.15～1.22(金粒在 1.60 以下)
扁平形	1.05～1.10

4) 用与矿粒相当的球形物体的直径表示。根据用途的不同，可以取体积等于矿粒体积的球体直径表示矿粒的粒度，也可以取表面积等于矿粒表面积的球体直径表示矿粒的粒度。在重选过程中，粒度的影响主要表现在矿粒的体积(或重量)方面，因此，常用前者来表示。用这种方法表示的矿粒粒度大小一般称为体积当量直径，或简称当量直径，以符号 d_V 表示。矿粒的体积当量直径 d_V 等于

$$d_V=\sqrt[3]{\frac{6G}{\pi\rho_i g}} \tag{2-3}$$

式中　G——矿粒的重量；

ρ_i——矿粒的密度。

测定某矿粒粒群的平均体积当量直径的计算公式如下

$$d_V=\sqrt[3]{\frac{6\Sigma G}{\pi\rho_i gn}} \tag{2-4}$$

式中　G、ΣG——矿粒、矿粒粒群的总重量；

n——矿粒的数目。

在介质中沉降的颗粒以其表面积与介质相作用。因此，用表面积等于矿粒表面积的球体直径表示矿粒的粒度时，称为面积当量直径 d_A。d_A 相当于流体力学中颗粒的水力学半径 R，可用于在流体力学参数(如雷诺数 Re)计算中代表颗粒的特性长。

颗粒的面积当量直径 d_A 是很难测定的，但是在能够测得颗粒的体积当量直径时，则可通过换算求得。

5) 根据矿粒在水中或空气中的沉降速度，按一定的公式(见 2.1.2 节)计算矿粒的粒度(直径)。由于矿粒在水(或空气)中的沉降速度，不仅取决于它的粒度，与其密度和形状也有关系，所以用这种方法计算出来的粒度与根据矿粒外形尺寸测定的粒度，有完全不同的物理概念，前者称为重力粒度，后者称为几何粒度。

(2) 物料的形状。在重选过程中遇到的矿粒形状是多种多样的，一般可分成球形、浑圆形、多角形、长方形及扁平形等。粒度和密度相同而形状不同的矿粒，在介质中的运动速度也不相同。在各种形状的物体中，以球体的外形最规整，各个方向完全对称，表面积最小。因此，通常取球形作为衡量矿粒形状的标准。矿粒的形状，在数量上可用同体积球体表面积与矿粒表面积的比值来表示，这个比值称为矿粒的球形系数，用 χ 表示。

$$\chi = \frac{A_{gl}}{A_{gr}} \tag{2-5}$$

式中　A_{gl}、A_{gr}——同体积球体的表面积和矿粒的表面积。

χ 值愈小表示矿粒形状愈不规则。各种形状物体的球形系数近似值见表 2-2。

表 2-2　矿粒按形状的分类表

矿粒形状	球　形	浑圆形	多角形	长方形	扁平形
球形系数 χ	1.0	1.0～0.8	0.8～0.65	0.65～0.5	<0.5

由式(2-5)可得到面积当量直径 d_A 和体积当量直径 d_V 的换算关系式：

由 $\chi = \frac{A_{gl}}{A_{gr}}$　得

$$A_{gr} = \frac{A_{gl}}{\chi}$$

即

$$\pi d_A^2 = \frac{\pi d_V^2}{\chi}$$

于是得

$$d_A = \frac{d_V}{\sqrt{\chi}} \tag{2-6}$$

2.1.1.2　介质的性质

在重选过程中所用的介质有水、空气、重液(高密度的有机液体及盐类的水溶液)和重悬浮液(密度高的固体细粒与水或空气的混合物)。水、空气和重液是均质介质，介质中没有物理的相界面，重悬浮液则是非均质介质。非均质介质和均质介质在物理性质上的区别，将在后面讨论，这里只研究与重选有关的均质介质的性质——介质的密度和黏度。

A　均质介质的密度

均质介质的密度是指单位体积的介质质量，介质的密度用符号“ρ”表示。由于水的膨胀系数很小，在选矿实践中可以把纯水的密度，看成是不随温度改变的常数。纯水的密度为 1000 kg/m^3。空气的密度则随外界的温度和压力而变。在通常条件下(0℃，0.1 MPa)，空气的密度为 1.293 kg/m^3。

B　均质介质的黏度

介质在运动时，介质内部各流层间产生切应力或内摩擦的特性称为黏度。

任何介质分子间都有内聚力，介质分子间发生相对运动时，内聚力显示对运动的介质或物料的阻力。牛顿研究了这个问题并得出了用于均质介质的内摩擦定律。根据牛顿定律，两个流动介质层间的摩擦力和介质的性质有关，与介质层间的相对运动速度及两层间的接触面积成正比，而与介质层间的法向压力的大小无关。由于在整个运动的介质中,两相邻介质层间的流速变化是连续的,因此,可以用沿运动的法线方向的流速梯度,来量度相邻介质层间的相对运动速度。牛顿的内摩擦定律可以用下列关系式表示

$$F=\mu A\frac{\mathrm{d}u}{\mathrm{d}h}\text{或}\tau=\frac{F}{A}=\mu\frac{\mathrm{d}u}{\mathrm{d}h} \tag{2-7}$$

式中 F——流体的内摩擦力,N;

τ——切应力,N/m^2;

A——内摩擦力作用面积,m^2;

$\mathrm{d}u/\mathrm{d}h$——流速梯度,1/s;

μ——牛顿流体的动力黏滞系数(动力黏度)或简称黏度,Pa·s。

黏度与介质的性质以及温度、压强有关。水的黏度随温度的增高而明显减小,温度每升高1℃,黏度大约降低2%,随压强的增加而稍有增大。但空气的黏度随温度增高而增大,温度每升高1℃,黏度大约增大0.25%。

液体的黏性还可以用动力黏度 μ 和液体密度 ρ 的比值来表示,称为运动黏度,以符号"ν"表示

$$\nu=\frac{\mu}{\rho} \tag{2-8}$$

运动黏度的单位是 m^2/s。

2.1.1.3 物体在介质中运动的受力分析

物体在介质中运动时,作用于物体上的力有两个:重力和阻力。

A 物体在介质中的重力

在重力场中,物体所受的地心引力称为重力。人们常把重力叫做该物体的重量。因此,重力的大小以物体在重力场中的"重量"来表示。

在介质中,根据阿基米德原理,物体所受的重力 G_0 等于该物体在真空中的绝对重量 G 与同体积介质的重量 P 之差

$$G_0=G-P$$

对于球形颗粒而言,因为 $G=\frac{\pi}{6}d^3\rho_i g$,$P=\frac{\pi}{6}d^3\rho g$,故

$$G_0=\frac{\pi}{6}d^3\rho_i g-\frac{\pi}{6}d^3\rho g=\frac{\pi}{6}d^3(\rho_i-\rho)g \tag{2-9}$$

式中 d——球体的直径,m;

ρ_i、ρ——物体及介质的密度,kg/m^3;

g——重力加速度,m/s^2。

从上式可以看出,颗粒在介质中所受的重力随颗粒的粒度和密度的增大而增大,随介质密度的增加而减少。将式(2-9)变形后得

$$G_0=\frac{\pi}{6}d^3(\rho_i-\rho)g=\frac{\pi}{6}d^3\rho_i\frac{(\rho_i-\rho)}{\rho_i}g$$

令

$$g_0=\frac{\rho_i-\rho}{\rho_i}g \tag{2-10}$$

则

$$G_0=\frac{\pi}{6}d^3\rho_i g_0=mg_0 \tag{2-11}$$

式中,m 为颗粒质量。

g_0与g一样具有加速度量纲，称为物体在介质中的重力加速度。它的大小和方向随$(\rho_i-\rho)$而定，当ρ_i大于ρ时，g_0为正值，颗粒向下作沉降运动；当ρ_i小于ρ时，g_0为负值，颗粒向上升起；当ρ_i等于ρ时，g_0为零值，颗粒在介质中悬浮。

B 物体在介质中运动时所受的阻力

物体在介质中运动（亦即介质绕物体流动）时，作用于运动物体上，阻碍物体运动，与物体运动方向相反的外力，称为介质阻力（也可称为绕流阻力）。

在重选过程中，物体在介质中运动时所受的阻力是由摩擦阻力和压差阻力两部分组成，如图 2-1所示。它们是由于介质的黏性直接或间接所引起的。

(1) 摩擦阻力：摩擦阻力又称黏滞阻力，是由于运动着的物体带动周围的流体也在一起运动，使得流体自物体表面向外产生一定的速度梯度，于是在各流层之间引起了内摩擦力。所谓摩擦阻力，即是作用在物体表面所有点的切向作用力在物体运动方向的合力。

(2) 压差阻力：当流体绕过物体流动时，由于内摩擦力的作用引起了流体运动状态的变化，例如在物体的背后形成漩涡（见图 2-2(b)），使得运动物体后方的压力下降，低于物体前方压力，于是形成为压差阻力。所谓压差阻力即是作用在物体表面所有点的法向作用力在物体运动方向的合力。

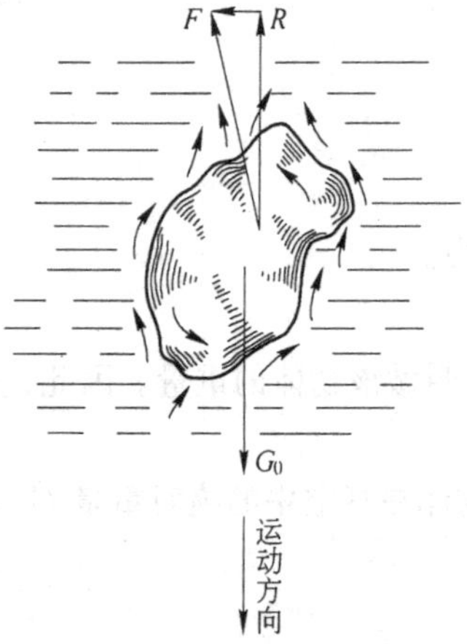

图 2-1 作用于自由运动颗粒上的除去浮力后的重力和介质阻力

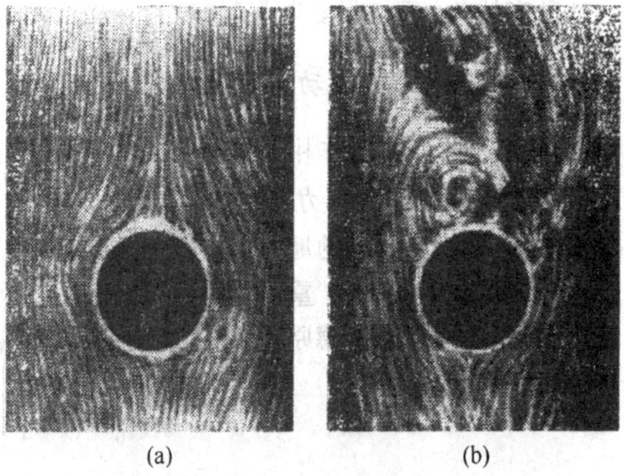

图 2-2 介质绕流球体的流态

(a) 层流；(b) 紊流

物体在介质中运动时，这两种阻力同时发生。但在不同的情况下，每一种阻力所占的份额是极不相同的，在某些情况下可能是摩擦阻力占主要地位，而在另外一些情况下则压差阻力起主要作用。这些阻力的大小主要取决于介质的绕流流态。因此可以利用表征流态的雷诺数予以判断。所谓雷诺数，即是流体质点作紊流运动的惯性力损失和流体作层流运动的黏性力损失的比值。雷诺数 Re 表示为

$$Re=\frac{dv\rho}{\mu} \tag{2-12}$$

式中 v——物体与流体的相对运动速度。

当雷诺数较小，即流速低，物体的粒度小，介质的黏度大，以及物体形状容易使介质流过时，如图 2-2(a)所示，摩擦阻力占优势，这时压差阻力就可以忽略不计；反之，如雷诺数大，即流速高，物体的粒度大，介质的黏度小，以及物体形状阻碍介质绕流时，如图 2-2(b)所示，物体所受阻力则以压差阻力为主，这时摩擦阻力就可以忽略不计。

2.1.1.4 不同流态下的阻力公式

关于介质对运动物体阻力的计算公式,很多学者长期进行了研究,得出了一些适合于特定条件下的阻力公式。这些公式主要有下列几种:

(1) 牛顿-雷廷智阻力公式。牛顿和雷廷智导出,后经人修正得到了压差阻力公式

$$R_N=\left(\frac{\pi}{16}\sim\frac{\pi}{20}\right)d^2v^2\rho \tag{2-13}$$

式中 d——球体的直径,m。

由公式(2-13)可知,球体在介质中运动的阻力,与球体直径和球体与介质间的相对运动速度的平方成正比,与介质密度的一次方成正比。这个结论是雷廷智根据牛顿定律推导得出的,因此一般叫做牛顿-雷廷智公式。

试验证明,牛顿-雷廷智公式与实际情况并不完全符合,只有当运动物体的粒度和速度较大及介质黏度较小时,亦即物体运动的雷诺数较大时($Re>1000$)才适用。

根据近代流体力学的观点,式(2-15)的物理本质是当介质流过球体表面时,球体表面发生了边界层的分离,产生了漩涡区消耗了机械能,在球体的前后形成了压强差,因而产生了压差阻力。

(2) 斯托克斯阻力公式。与牛顿和雷廷智相反,斯托克斯在研究小球体在黏性介质中低速运动时,不考虑压差阻力的影响,也就是摩擦阻力远大于压差阻力时,流体流过球体表面,在球体表面不出现边界层的分离。在这种情况下,斯托克斯根据流体力学的微分方程式导出了球体在介质中运动的阻力公式

$$R_S=3\pi\mu dv=\frac{3\pi}{Re}d^2v^2\rho \tag{2-14}$$

式中 d——球体的直径,m;

μ——介质的动力黏度,Pa·s;

v——球体与介质间的相对运动速度,m/s。

斯托克斯公式只有当物体运动速度、粒度较小,介质的黏度较大,压差阻力与摩擦阻力相比可以忽略不计时,亦即物体运动的雷诺数较小时($Re<1$)适用。

(3) 阿连阻力公式。当物体运动的雷诺数在牛顿公式与斯托克斯公式范围之间,即当雷诺数 Re 等于 1～1000 时,上述两个公式都不适用。因为在这个范围内两种阻力——压差阻力与摩擦阻力同时影响物体的运动,两者都不能忽略。为此,A. 阿连曾在试验的基础上提出了另一个适合于 Re 等于 25～500 范围内的阻力公式

$$R_A=\frac{5\pi}{4\sqrt{Re}}d^2v^2\rho \tag{2-15}$$

2.1.1.5 阻力通式及李莱曲线

由于实际条件非常复杂,用解析方法还没有找到一个能普遍适用的阻力公式。利用相似原理及量纲分析以后,可建立介质阻力的普遍解法。根据量纲分析的结果,球体在黏性介质中运动时所受阻力的通式如下

$$R=\psi d^2v^2\rho \tag{2-16}$$

公式(2-16)就是物体在介质中运动时的阻力通式。式中 ψ 是一个与雷诺数 Re 有关的无因次参数,称为介质阻力系数。由式(2-16)可知,球形颗粒在介质中运动所受的阻力,与球体直径和球体与介质间的相对运动速度的平方成正比,与介质密度的一次方成正比。

利用相似理论研究物体在黏性介质中运动的阻力之后，归纳大量实测数据可以作出这样的结论：如果两个物体的形状相同(几何相似)，运动时的雷诺数 Re 也相同（动力相似)，则阻力系数 ψ 也应相同，而与物体的性质(如粒度 d 及密度 ρ_1)及介质的性质(如密度 ρ 及黏度 μ)无关。也就是说，阻力系数只是物体的形状及雷诺数的函数，因此在 Re 与 ψ 之间存在着单值函数关系。在这个基础上，英国物理学家L. 李莱总结了大量的试验资料，并在对数坐标上作出不同形状的物体在流体中运动时的阻力系数 ψ 与雷诺数 Re 间的关系曲线——李莱曲线。

图 2-3 是球形物体阻力系数 ψ 与雷诺数 Re 间的关系曲线——李莱曲线。利用公式(2-16)及图 2-3 就可顺利地求出在任何雷诺数 Re 范围内的球形物体运动的阻力。李莱曲线包括的范围很广，雷诺数 Re 变化范围为 10^{-3}～10^{6}。

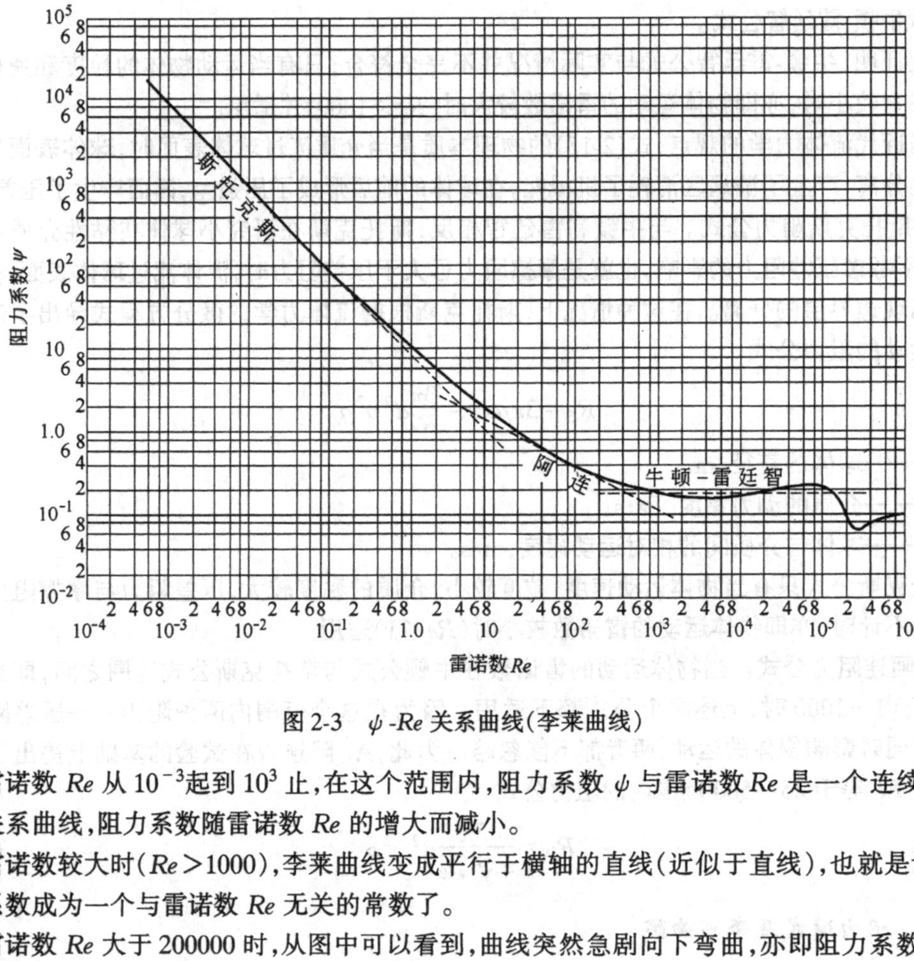

图 2-3　ψ-Re 关系曲线(李莱曲线)

雷诺数 Re 从 10^{-3}起到 10^{3} 止，在这个范围内，阻力系数 ψ 与雷诺数 Re 是一个连续平滑的单值关系曲线，阻力系数随雷诺数 Re 的增大而减小。

雷诺数较大时($Re>1000$)，李莱曲线变成平行于横轴的直线(近似于直线)，也就是说，这时阻力系数成为一个与雷诺数 Re 无关的常数了。

雷诺数 Re 大于 200000 时，从图中可以看到，曲线突然急剧向下弯曲，亦即阻力系数急剧降低。这种现象在流体力学中可以用边界层理论来解释，但这样的流态一般选矿过程中是不会遇到的。

图 2-3 中的虚线分别为牛顿-雷廷智公式($Re>1000$)、斯托克斯公式($Re<1$)和阿连公式($Re=25$～500)。可以看出，三个理论公式在不同的条件下相当近似地反映了球体运动的阻力规律。因此，它们可以用来计算相应条件下球形颗粒在介质中的沉降速度。

阻力通式的优点是适应范围广，且由于它完全是在试验的基础上得出的，所以也比较准确；缺点是使用时必须预先知道物体运动时的雷诺数，同时还要依靠李莱曲线进行计算，因此，使用时不够方便。牛顿公式、斯托克斯公式和阿连公式的缺点是适应范围比较窄,但使用时比较方便,只要知道物体运动时雷诺数的大致范围,就可以正确地选择公式进行计算。实验证明,在指定的雷诺数范围内按照上述公式进行计算所得的结果误差不大。

2.1.2 颗粒在介质中的自由沉降

2.1.2.1 球形颗粒在静止介质中的自由沉降

A 球形颗粒自由沉降末速通式

物体在介质中的沉降,是由于本身的重力而产生的,只有物体本身的重力大于介质中浮力时,亦即物体的密度大于介质的密度时,物体才能在介质中沉降。物体在静止介质中沉降时,作用于物体上的力有两种。作用于球体的第一种力是物体在介质中所受的重力 G_0,当物体的密度 ρ_i 大于介质的密度 ρ 时,G_0 的方向向下,促使物体沉降。另一种力是物体在介质中沉降(与介质发生相对运动)时介质的阻力 R,其方向与颗粒运动方向相反,阻止物体沉降。介质阻力包括介质与球体相对运动的速度阻力和介质附加惯性阻力两部分。后者是由于球体在介质中作加速度运动时产生的介质对球体的加速度惯性阻力。考虑到球体从静止状态开始在介质中沉降,一般加速度阶段很短(直径为 1 mm 的石英在水中沉降,只有 0.044 s)。为了简化问题,便于计算,实际计算沉降速度时,常忽略介质附加惯性阻力的影响。这时,按照牛顿第二运动定律,球体在介质中沉降的运动微分方程式为

$$m\frac{\mathrm{d}v}{\mathrm{d}t}=G_0-R \tag{2-17}$$

将式(2-11)、式(2-16)代入式(2-17),整理后得

$$\frac{\mathrm{d}v}{\mathrm{d}t}=g_0-\frac{6\psi v^2\rho}{\pi d\rho_i}$$

如令

$$a_R=\frac{6\psi v^2\rho}{\pi d\rho_i}$$

则

$$\frac{\mathrm{d}v}{\mathrm{d}t}=g_0-a_R \tag{2-18}$$

g_0 为球形颗粒在介质中的重力加速度,见式(2-10)。a_R 为阻力加速度,它不仅与颗粒及介质的性质(ρ_i、d、ρ、μ)有关,而且与颗粒的运动速度 v 的平方成正比,即随颗粒运动速度的增加而迅速增大。颗粒开始沉降时,$t=0$、$v=0$,$a_R=0$,这时 $\mathrm{d}v/\mathrm{d}t=g_0$。因此 g_0 为沉降开始瞬时的加速度,又称为初加速度,也是球体沉降时的最大加速度。随着沉降时间的延长,由于加速度 $\mathrm{d}v/\mathrm{d}t$ 的作用,颗粒的运动速度逐渐增加,a_R 也随之增加,直到当 a_R 增加到等于 g_0 时(即 $R=G_0$ 时),$\mathrm{d}v/\mathrm{d}t=0$,颗粒在受力平衡下作匀速运动,颗粒的运动速度达到最大值。这时的速度称为球形颗粒的自由沉降末速,以 v_0 表示。

球形颗粒的自由沉降末速通式可由公式(2-18)得出,在式(2-18)中,当 $\mathrm{d}v/\mathrm{d}t=0$,$v=v_0$,$g_0=a_R$,即

$$\frac{6\psi v_0^2\rho}{\pi d\rho_i}=\frac{\rho_i-\rho}{\rho_i}g$$

故得

$$v_0=\sqrt{\frac{\pi d(\rho_i-\rho)g}{6\psi\rho}} \tag{2-19}$$

式(2-19)包括了影响沉降末速的各项因素。但是在利用这一公式计算 v_0 时,却遇到了未知 ψ 的问题。借助李莱曲线在已知 Re 的情况下可以求得 ψ 值,但 Re 中包含着待求的 v_0 值,因此

ψ 值也就无法预先知道。因此,公式(2-19)实际无法用来求解 v_0。为了解决这一问题曾提出过各种各样利用 ψ-Re 关系曲线或它的派生曲线计算 v_0 的方法,称为图算法。但比较简单的还是利用阻力的个别公式导出的沉降末速公式进行计算,只要预先用一定的方法查明沉降的阻力范围就可以了。

B　球形颗粒沉降末速的个别计算式

在层流阻力范围内,沉降末速的个别式可由颗粒的有效重力与斯托克斯阻力相等关系($G_0=R_S$)导出

$$\frac{\pi}{6}d^3(\rho_i-\rho)g=3\pi\mu d v_{0S}$$

$$v_{0S}=\frac{d^2(\rho_i-\rho)}{18\mu}g \tag{2-20}$$

上式 v_{0S} 即是斯托克斯阻力范围颗粒的沉降末速。在采用厘米-克-秒单位制时,上式可写成

$$v_{0S}=54.5\frac{(\rho_i-\rho)}{\mu}d^2 \tag{2-21}$$

如介质为水,常温时可取 $\mu=0.001$ Pa·s(0.01 泊),$\rho=1$ g/cm^3,于是公式(2-21)又可简化为

$$v_{0S}=5450d^2(\rho_i-1) \tag{2-22}$$

上列三式适用于 $Re<0.5$ 的沉降条件。可用于计算粒度大约小于 0.1 mm 的球形石英颗粒在水中的沉降末速。对于非球形颗粒计算值有一定误差,详见下文所述。

在紊流绕流条件下,沉降末速照例可由颗粒的有效重力与牛顿阻力相等($G_0=R_N$)关系导出

$$\frac{\pi}{6}d^3(\rho_i-\rho)g=\frac{\pi}{18}d^2v_{0N}^2\rho$$

$$v_{0N}=\sqrt{\frac{3d(\rho_i-\rho)}{\rho}g} \tag{2-23}$$

当采用厘米-克-秒单位制时,上式可写成

$$v_{0N}=54.2\sqrt{d\left(\frac{\rho_i-\rho}{\rho}\right)} \tag{2-24}$$

这一公式被称作牛顿-雷廷智沉降末速公式,适用于 $Re=3000\sim10000$ 的沉降条件,大致可用来计算粒度大于 1.5 mm 球形石英颗粒在水中的沉降末速。

当 Re 值处于上述两种阻力范围中间的过渡区域时,由于情况复杂,还没有一个合适公式来全面表达这一段的规律。在 $Re=25\sim500$ 范围内,可以利用阿连阻力公式来计算颗粒的沉降末速 v_{0A}(cm/s)。即沉降末速可由颗粒的有效重力与阿连阻力相等($G_0=R_A$)关系导出

$$\frac{\pi}{6}d^3(\rho_i-\rho)g=\frac{5\pi}{4\sqrt{Re}}d^2v_{0A}^2\rho$$

$$v_{0A}=25.8d\sqrt[3]{\left(\frac{\rho_i-\rho}{\rho}\right)^2\frac{\rho}{\mu}} \tag{2-25}$$

该式可用来计算粒度约为 0.4～1.7 mm 球形石英颗粒在水中的沉降末速。如粗略计算时也可把粒度下限延至 0.1 mm。

C　吉珀经验公式

美国地质学家 R.G. 吉珀等人采用精选粒度为 50 μm 至 5 mm 的人造玻璃球,利用计时照相机,在恒温条件下实测颗粒下沉速度。从大量数据中总结出了一个应用范围广泛的,把雷诺数过

渡区都包括进去的经验公式,即

$$v_0=\frac{-3\mu+\sqrt{9\mu^2+d^2(0.003869+0.024801d)(\rho_i-\rho)\rho g}}{(0.011607+0.074405d)\rho} \tag{2-26}$$

该式的适用范围是雷诺数 $Re<2300$。有人用经验公式与理论公式作了比较,误差多在 1%以下,个别值误差在 2.5%以下。这个经验公式包括了式(2-20)、(2-25)的全部和式(2-23)的部分适用范围,应用范围很广泛。

利用导出的以上公式(2-20)~(2-26),就可以在已知物体性质及介质性质的条件下,计算物体在介质中的沉降末速 v_0。同时,也可以在已知物体的密度 ρ_i、介质性质及物体的沉降末速 v_0 的条件下,计算物体的下沉临界粒度 d_0

$$d_0=\frac{6\psi v_0^2\rho}{\pi(\rho_i-\rho)g} \tag{2-27}$$

〔**例 2-1**〕 试计算 0.075 mm 球形石英颗粒在常温水中的沉降末速。已知石英密度 ρ_i 为 2650 kg/m³,常温水的运动黏度 ν 为 1×10^{-6} m²/s,密度 ρ 为 1000 kg/m³。

〔**解**〕 利用沉降末速的个别式计算,由于球形石英颗粒的粒度 $d=0.075$ mm,故采用斯托克斯公式计算。

水的动力黏度 μ 为

$$\mu=\rho\nu=1000\times1\times10^{-6}=1\times10^{-3}(\text{Pa·s})$$

$$\begin{aligned}v_0&=\frac{d^2(\rho_i-\rho)}{18\mu}g\\&=\frac{(0.075\times10^{-3})^2\times(2650-1000)}{18\times1\times10^{-3}}\times9.8\\&=5.1\times10^{-3}(\text{m/s})\\&=0.51(\text{cm/s})\end{aligned}$$

若采用吉珀经验公式计算,则沉降末速 v_0 为

$$\begin{aligned}v_0&=\frac{-3\mu+\sqrt{9\mu^2+d^2(0.003869+0.024801d)(\rho_i-\rho)\rho g}}{(0.011607+0.074405d)\rho}\\&=2.0\times10^{-3}(\text{m/s})\\&=0.2(\text{cm/s})\end{aligned}$$

2.1.2.2 球体在静止介质中达到自由沉降末速所需的时间

在静止介质中,颗粒从沉降开始至到达沉降末速前的一段时间为加速运动阶段。在这一阶段颗粒除了受到介质的浮力、阻力作用外,还要受到介质的加速度惯性阻力作用,此时颗粒在静止介质中的自由沉降速度 v 与所需时间 t 的关系式可按下式计算

$$t=\frac{(\rho_i+J\rho)v_0}{2\rho_i g_0}\ln\frac{v_0+v}{v_0-v} \tag{2-28}$$

式中 J——附加质量系数,对于球形颗粒 $J=0.50$。

因此,只要以 $v=v_0$ 代入公式(2-28),即可求出物体达到沉降末速所需的时间 t_0。当 $v=v_0$ 时,公式(2-28)将变成

$$t_0=\infty$$

由此可见,物体在自由沉降中达到沉降末速 v_0 所需的时间是无穷大,也就是说,实际上物体永远也不可能达到沉降末速的理论值。从公式(2-28)作出的 $v=f(t)$ 关系曲线图 2-4 也可以清

楚地看出这个结论。曲线表明,在物体运动初期沉降速度增加很快,此后,曲线差不多成为与横轴平行的渐近线,即 $v=v_0$。

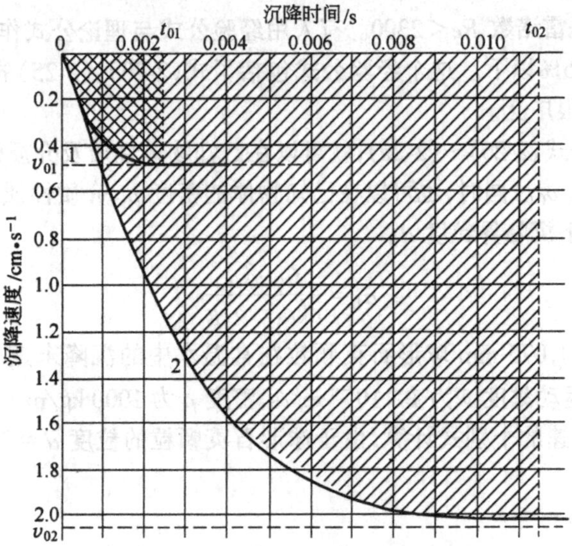

图 2-4 颗粒沉降速度随时间变化关系

1—粒度为 0.075 mm 石英颗粒;2—粒度为 0.15 mm 石英颗粒

通常取物体达到沉降末速 v_0 理论值的 99%时的运动速度,为物体沉降的实际末速。这时,物体达到实际末速所需的时间为 t_0。

以 $v=0.99v_0$,$J=0.50$ 代入式(2-28),即可求出 t_0 的近似解,即

$$t_0=2.65\frac{(\rho_i+0.50\rho)}{\rho_i g_0}v_0 \tag{2-29}$$

实际计算结果表明,物体在静止介质中沉降达到实际末速所需的时间 t_0,一般是很短的。如粒度为 1 mm 的方铅矿($\rho_i=7500\ kg/m^3$)在水中沉降时,$t_0=0.062$ s;粒度为 1 mm 石英($\rho_i=2650\ kg/m^3$)在水中沉降时,$t_0=0.052$ s。所以通常就把物体在介质中的沉降末速 v_0 看成是物体在介质中的沉降速度。

2.1.2.3 矿粒在介质中的自由沉降

在重选过程中经常研究的矿粒,几乎全部都是非球形颗粒。由于它们表面积比同体积球体大,并且表面粗糙和形状不对称,因此,其沉降规律与球体有所不同。

矿粒与球体不同,矿粒与球体相比有以下几个特点:

(1) 矿粒的形状是不规则的。例如石英颗粒大部分是多角形及长方形;方铅矿颗粒大部分是多角形;煤则是多角形和长方形等等。

(2) 矿粒的表面是粗糙的。

(3) 矿粒外形是不对称的。

因为矿粒具有上述特点,它们在介质中沉降时所受的阻力及其沉降速度,必然与球形物体有所不同。在各种形状的物体中,以球体的比表面积为最小,而且,一般说来,球体比其他形状的物体更便于介质从周围流过(流线型物体除外,但在矿粒中很少遇到)。因此,矿粒在介质中沉降时

的阻力,一般要大于球体的阻力。阻力增加的原因有两个:

一是在呈层流流动时,主要是由于矿粒表面积增加,增加了矿粒与介质之间的摩擦力,因而增加了物体运动的阻力;二是在呈紊流流动时,则是由于矿粒表面介质的边界层提前发生分离,扩大了漩涡区,增加了压差阻力。由于矿粒运动阻力加大,降低了矿粒的沉降速度,使其小于球体的沉降速度。此外,矿粒与球体在静止介质中自由沉降还有以下差别:

(1) 当矿粒下沉时,取向不同其运动的阻力也不同。

(2) 矿粒形状不对称,当矿粒下沉时其重心与运动阻力的作用点不一定在同一垂线上,于是物体在下沉过程中会发生翻滚,甚至沉降路线不是垂线而是折线。

由于矿粒与球体沉降存在上述差别,所以反复实测同一个物体的沉降末速,结果可能相差很大。表 2-3 是根据实验测出的三种矿粒不同的粒度在水中沉降速度的最大值和最小值。

表 2-3 不规则矿粒沉降速度差

矿 物	密度/$g\cdot cm^{-3}$	粒度/mm	沉降速度/$mm\cdot s^{-1}$		沉降速度差 r	$\frac{r}{v_{0min}}\times 100\%$
			v_{0max}	v_{0min}	$r=v_{0max}-v_{0min}$	
方铅矿	7.568	1.85	434.0	225.7	208.3	46
		0.50	267.7	132.2	135.5	103
		0.12	59.6	21.0	38.6	179
石 英	2.640	1.85	221.0	126.8	94.2	73
		0.50	89.5	40.0	49.5	123
		0.12	20.2	5.3	14.9	280
无烟煤	1.470	1.85	95.1	35.1	60.0	170
		0.50	41.4	10.5	30.9	294
		0.12	9.8	1.1	8.7	790

从表 2-3 可以看出:

(1) 矿粒的最大速度与最小速度之间的差值很大,甚至高达 8 倍,而且这种差值还随矿粒粒度和密度的减小而增大,但是,存在着代表其平均趋向的自由沉降末速度,以下用各种方法计算的沉降末速就是指的这个平均值。

(2) 矿粒的阻力系数及在静止介质中的自由沉降末速,矿粒在介质中的沉降规律,除具有上述一些特点以外,基本规律完全与球形物体相同。

因此,前述有关计算球体在介质中沉降速度及介质阻力的公式,只要稍加修正,同样可以适用于计算矿粒的沉降速度。使用前述公式时,式中的球体直径 d 应改为矿粒的体积当量直径 d_V,阻力系数采用矿粒沉降时的阻力系数实验值 ψ_A。这样,就得出了表示矿粒沉降末速的通式为

$$v_{0r}=\sqrt{\frac{\pi d_V(\rho_i-\rho)g}{6\psi_A\rho}}\chi \tag{2-30}$$

式中 v_{0r}——矿粒的自由沉降末速;

ψ_A——矿粒的阻力系数;

χ——矿粒球形系数。

不同形状的矿粒在介质中运动的阻力系数 ψ_A、雷诺数 Re_A 值以及 $\psi_A=f(Re_A)$的关系曲线见图 2-5。

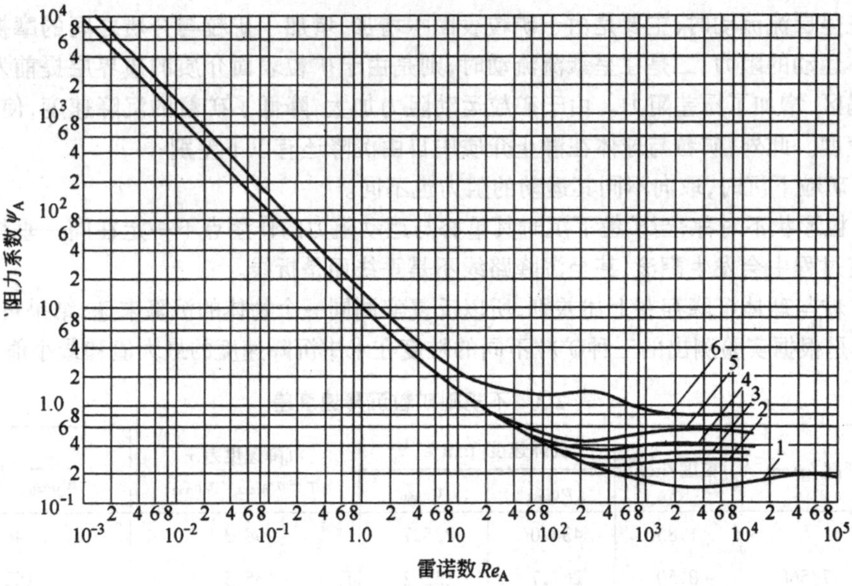

图 2-5　规则几何形状颗粒阻力系数与雷诺数关系曲线

1—球形体；2—六面体；3—八面体；4—立方体；5—四面体；6—圆盘形体

利亚申柯在实验的基础上得出了不同形状矿粒的 ψ_V-Re_V 关系曲线，如图 2-6 所示。

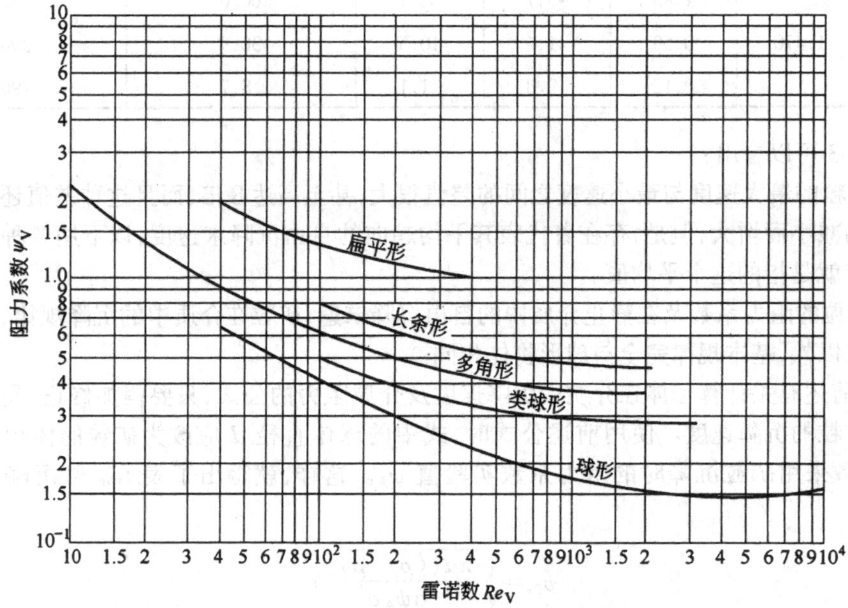

图 2-6　不同形状矿粒的 ψ_V-Re_V 关系曲线(据利亚申柯资料)

从图 2-6 可以看出，各种关系曲线都是平滑曲线，形状也与球体的有关曲线相似，只是曲线在坐标中的位置有所改变而已，Re_V 及 ψ_V 相同时，以球形阻力系数最小，其他逐次为浑圆形(类球形)、多角形、长方(条)形及扁平形。由于物体的沉降速度 v_0 与阻力系数平方根的倒数成正比,所以,矿粒在介质中的沉降速度 v_{0r}与同直径、同密度的球体沉降速度 v_0 的比值,可以用沉降末速通式求出

$$P=\frac{v_{0r}}{v_0}=\sqrt{\frac{\psi}{\psi_A}\chi}=\sqrt{\frac{\psi}{\psi_V}} \tag{2-31}$$

这个比值称为矿粒的形状修正系数,以符号“P”表示。矿粒的球形系数见表 2-2,于是

$$v_{0r}=\sqrt{\frac{\psi}{\psi_A}\chi}v_0=Pv_0 \tag{2-32}$$

形状修正系数是利用球体沉降速度公式来计算矿粒的沉降速度 v_0 时,必须引入的一个修正系数。实践证明,物体的形状修正系数与球形系数是十分接近的,所以一般都用球形系数 χ 作为计算不规则物体的沉降速度的修正系数。因此,使用斯托克斯、牛顿、阿连等公式计算矿粒的沉降速度时分别写为

$$v_{0S}=54.5\chi d_V^2\frac{(\rho_i-\rho)}{\mu} \tag{2-33}$$

$$v_{0N}=54.2\chi\sqrt{d_V\left(\frac{\rho_i-\rho}{\rho}\right)} \tag{2-34}$$

$$v_{0A}=25.8\chi d_V\sqrt[3]{\left(\frac{\rho_i-\rho}{\rho}\right)^2\frac{\rho}{\mu}} \tag{2-35}$$

〔**例 2-2**〕 试计算筛分粒度为 0.075 mm 磨碎的石英颗粒在常温水中的沉降末速。已知石英颗粒形状为多角形,密度 ρ_i 为 2650 kg/m^3;常温水的运动黏度 ν 为 1×10^{-6} m^2/s,密度 ρ 为 1000 kg/m^3。

〔**解**〕 水的动力黏度 μ 为

$$\mu=\rho\nu=1000\times1\times10^{-6}=1\times10^{-3}(\text{Pa·s})$$

因颗粒形状为多角形,由表 2-1、表 2-2,取球形系数 $\chi=0.7$,直径换算比 $d_V/d_{si}=1.08$,则

$$d_V=0.075\times10^{-3}\times1.08=8.1\times10^{-5}(\text{m})$$

采用斯托克斯公式计算,则

$$\begin{aligned} v_0&=\chi\frac{d_V^2(\rho_i-\rho)}{18\mu}g=0.7\times\frac{(8.1\times10^{-5})^2\times(2650-1000)}{18\times1\times10^{-3}}\times9.8=0.41\times10^{-2}(\text{m/s})\\ &=0.41(\text{cm/s})\end{aligned}$$

前苏联选矿手册(1972 年)提供了两个不同密度矿物颗粒在不同粒度下的自由沉降末速的数值,可供我们在实际工作中使用和参考。

2.1.2.4 等降现象和等降比

由于颗粒的沉降末速与颗粒的密度、粒度和形状有关,因而在同一介质内,密度、粒度和形状不同的颗粒,在一定条件下,可以有相同的沉降速度。具有同一沉降速度的颗粒称为等降颗粒。其中,密度小的颗粒粒度(d_{V1})与密度大的颗粒粒度(d_{V2})之比称为等降比,以符号“e_0”表示。

$$e_0=\frac{d_{V1}}{d_{V2}} \tag{2-36}$$

等降比的大小可由沉降末速的通式或斯托克斯、牛顿、阿连等公式推导出。如两颗粒等降,则 $v_{01}=v_{02}$,于是

$$\sqrt{\frac{\pi d_1(\rho_1-\rho)}{6\psi_1\rho}g}=\sqrt{\frac{\pi d_2(\rho_2-\rho)}{6\psi_2\rho}g}$$

$$\frac{d_1(\rho_1-\rho)}{\psi_1}=\frac{d_2(\rho_2-\rho)}{\psi_2}$$

故
$$e_0=\frac{d_1}{d_2}=\frac{\psi_1(\rho_2-\rho)}{\psi_2(\rho_1-\rho)} \tag{2-37}$$

式(2-37)是计算自由沉降等降比 e_0 的通式。若已知两个颗粒的密度、介质的密度，利用李莱曲线分别求出阻力系数 ψ_1、ψ_2，即可求出 e_0。

从求等降比的公式中可以看出：

(1) 两矿粒(密度为 ρ_1 及 ρ_2)在介质中的等降比 e_0 与介质的密度 ρ 有关，而且随 ρ 的增加而增加。例如密度为 1400 kg/m^3 的煤粒和密度为 2200 kg/m^3 的页岩，在空气中的等降比 e_0 为 1.58，可是在水中等降比 e_0 为 2.75。

(2) 两个矿粒在介质中的等降比 e_0，还与矿粒沉降时的阻力系数有关。而阻力系数又是物体的形状及其沉降速度 v_0(或粒度)的函数。因此，两种矿物在介质中的等降比 e_0 并不是常数，而是随两物体的形状和它们的沉降速度而变。

表 2-4 列出了里恰兹测得的石英和方铅矿颗粒的等降比数据。表中末行理论等降比 e_0 值是按斯托克斯、阿连和牛顿-雷廷智公式得出的。

表 2-4 石英方铅矿颗粒自由沉降等降比

颗粒直径/mm		沉降速度/mm·s^{-1}	实际等降比	理论等降比
石 英	方铅矿			
0.0568	0.0292	5.05	1.82	2.36
0.1423	0.0613	14.68	2.23	
0.6590	0.2381	80.28	3.03	3.74
1.0234	0.3428	99.54	3.21	
1.7488	0.4592	169.95	3.63	4.00
1.9746	0.5776	180.51	3.70	

由于等降比通式中包含的阻力系数 ψ 不能直接求出，所以常借助于斯托克斯等个别公式来求得，但两个等降颗粒必须在同一性质阻力范围内。对于形状不规则的矿粒还应把球形系数 χ 考虑在内。

利用斯托克斯、阿连和牛顿-雷廷智公式求适应于相应雷诺数范围的等降比 e_0 的公式如下：

(1) 按斯托克斯公式求等降比 e_0

$$e_{0S}=\frac{d_{V1}}{d_{V2}}=\left(\frac{\chi_2}{\chi_1}\right)^{\frac{1}{2}}\left(\frac{\rho_2-\rho}{\rho_1-\rho}\right)^{\frac{1}{2}} \tag{2-38}$$

(2) 按阿连公式求等降比 e_0

$$e_{0A}=\frac{d_{V1}}{d_{V2}}=\left(\frac{\chi_2}{\chi_1}\right)\left(\frac{\rho_2-\rho}{\rho_1-\rho}\right)^{\frac{2}{3}} \tag{2-39}$$

(3) 按牛顿-雷廷智公式求等降比 e_0

$$e_{0N}=\frac{d_{V1}}{d_{V2}}=\left(\frac{\chi_2}{\chi_1}\right)^2\left(\frac{\rho_2-\rho}{\rho_1-\rho}\right) \tag{2-40}$$

等降现象在重选中具有重要意义。由不同密度的矿物组成的矿粒群，在用水力分析方法测定粒度组成时，同一等降级别中轻矿物颗粒普遍比重矿物颗粒粒度大。轻、重矿物的粒度比值应等于等降比。这时，如果已知一种矿物的粒度则另一种矿物的粒度即可按等降比关系求出。

等降比 e_0 的大小在一定程度上反映了两个等降颗粒密度差异的大小。从等降关系上来讲，若某一原料的筛分级别中最大颗粒粒径与最小颗粒粒径的比值小于等降比,则所有重矿物颗粒的沉降速度均要大于轻矿物颗粒,从而可按照沉降速度差,使原料达到按密度分离。因此,同一矿石中不同密度的矿粒的 e_0 越大,越易分选。另一方面,e_0 越大,意味着可选的粒级范围越大,而为提高按密度分选的精确性,在重选前适当分级是必要的。从等降比计算公式可知,等降比 e_0 还与颗粒的形状(χ)有关,矿石粒度越细,球形系数 χ 对等降比 e_0 的影响越大,等降比 e_0 越小,矿石越难按密度分选。这一结论对于自由沉降条件是正确的。但如果粒群是在干涉条件下等降,则等降比将发生变化,这个问题将在后面讨论。另外,由于等降比 e_0 考虑了不同粒度时介质流态对沉降的影响(即球形系数 χ 的影响),因此,衡量矿石按密度分选的难易程度时,用 e_0 比用$(\rho_2-\rho)/(\rho_1-\rho)$来评价更为恰当。

〔例 2-3〕 现有一组磨碎的 −3 mm 石英—黑钨矿混合粒群,拟在上升水流中分出 −0.075 mm 石英,试求被同时分出的黑钨矿颗粒粒度。已知石英的密度为 2650 kg/m³,黑钨矿的密度为 7300 kg/m³,属浑圆—多角形形状。

〔解〕 查表 2-2,取石英的球形系数 $\chi_1=0.7$,黑钨矿的球形系数 $\chi_2=0.8$。由于分出的石英颗粒粒度为 −0.075 mm,属斯托克斯阻力范围,故等降比 e_{0S}为

$$e_{0S}=\frac{d_{V1}}{d_{V2}}=\left(\frac{\chi_2}{\chi_1}\right)^{\frac{1}{2}}\left(\frac{\rho_2-\rho}{\rho_1-\rho}\right)^{\frac{1}{2}}$$

$$=\left(\frac{0.8}{0.7}\right)^{\frac{1}{2}}\left(\frac{7300-1000}{2650-1000}\right)^{\frac{1}{2}}=2.09$$

这一数值是颗粒体积当量直径之比,在以筛分粒度表示时应分别乘以直径换算比。查表 2-1,取石英的直径换算比为 1.15,黑钨矿的为 1.10,则随石英溢出的黑钨矿颗粒粒度 d_{si2}为

$$d_{si2}=\frac{0.075\times1.15}{2.09\times1.10}=0.038(\text{mm})$$

2.1.3 物体的干涉沉降规律

2.1.3.1 颗粒在干涉沉降中的运动特点

前面讨论了单个矿粒在宽广的介质中的自由沉降规律。但是在实际的选矿过程中,矿粒都是在选矿设备有限的空间里,很多颗粒拥挤在一起的沉降——干涉沉降。矿粒在干涉沉降时,对于任一颗粒来说,它的沉降速度除仍受自由沉降因素影响外,还有由于周围颗粒存在而引起的附加因素的影响。所受附加因素有:

(1) 粒群中任一颗粒的沉降,均将引起周围的介质运动,由于固体颗粒的大量存在,而这些固体又不像流体介质那样容易变形,结果介质就会受到阻碍而不易自由流动,这就等于增加了介质的黏滞性,从而使沉降速度降低。

(2) 粒群在有限的容器里沉降时,介质受到容器边界的约束,根据流体的连续性规律,一部分介质的下降便会引起相同体积介质的上升,这时颗粒周围介质的运动方向随同颗粒朝下,而在远离颗粒地方,介质的运动方向便朝上(见图 2-7)。这就使颗粒与介质的相对速度增大,因而颗粒的沉降阻力也明显加大了。

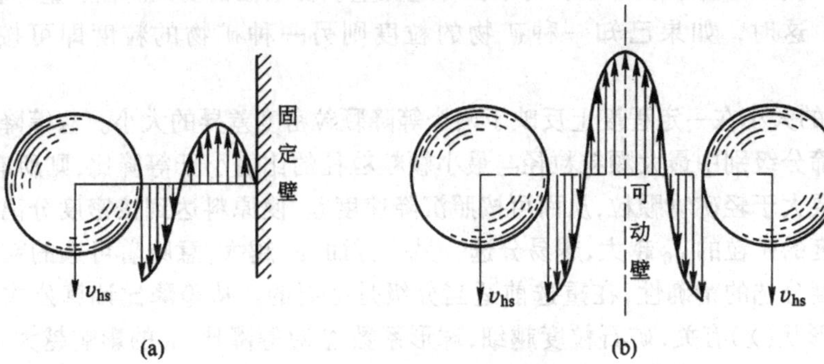

图 2-7 干涉沉降时在颗粒与器壁间(a)及颗粒之间(b)产生的上升股流

(3) 固体粒群与介质组成的悬浮体,其密度大于介质的密度,因此颗粒将受到比自由沉降时更大的浮力作用。

(4) 任一颗粒的运动还将受到其他颗粒摩擦碰撞带来的影响。

很显然,这些附加因素都增加了干涉沉降时的阻力,而附加的阻力都与沉降空间的大小及其周围矿粒群的浓度有关。因此,物体在干涉下沉时所受的阻力 R_{hs}以及干涉沉降速度 v_{hs},不仅是物体及介质性质的函数,而且也是沉降空间的大小或周围粒群浓度的函数。

在重选实践中,粒群浓度一般称为容积浓度,用符号"λ"表示,可用固体颗粒在介质中所占的体积分数来表示

$$\lambda=\frac{V_s}{V_{su}}=\frac{V_s}{V_l+V_s}\times 100\% \tag{2-41}$$

式中 V_s——粒群所占的体积;

V_l——液体所占的体积;

V_{su}——粒群与介质的总体积。

介质中的固体量(粒群)有时也用另外一个与容积浓度 λ 相对应的参数——松散系数 θ 来表示。松散系数是粒群间空隙的体积 V_l 占总体积 V_{su}的比值

$$\theta=\frac{V_l}{V_{su}}=\frac{V_l}{V_l+V_s}\times 100\%=(1-\lambda)\times 100\% \tag{2-42}$$

容积浓度与质量浓度 C 的关系为

$$\lambda=\frac{C\rho}{\rho_i(1-C)+\rho C} \tag{2-43}$$

或

$$C=\frac{\lambda\rho_i}{\lambda\rho_i+(1-\lambda)\rho} \tag{2-44}$$

显然,容积浓度 λ 越大,物体沉降所受的阻力 R_{hs}也愈大,干涉沉降速度 v_{hs}则愈小;当 λ 相同时,物料的粒度愈细,物体的颗粒愈多,沉降时的阻力也愈大。

表2-5是两种不同粒度的物体,在水中的干涉沉降速度 v_{hs}与粒群容积浓度 λ 之间试验结果。从表中可以看出,物体的干涉沉降速度 v_{hs}实际上远远小于自由沉降末速 v_0,而且容积浓度 λ 愈大、粒度愈细,则干涉沉降末速 v_{hs}愈小。v_{hs}减小情况用速度减低系数 β 表示,$\beta=v_{hs}/v_0$,v_{hs}越小,β 也越小。从而完全说明了上述结论。

表 2-5 物体干涉沉降速度与容积浓度间关系

玻璃球，$\rho_i=2.5\ g/cm^3$，$d=0.55$ cm，$v_0=51$ cm/s			玻璃球，$\rho_i=2.36\ g/cm^3$，$d=0.73$ cm，$v_0=49.6$ cm/s		
λ	$v_{hs}/cm\cdot s^{-1}$	$\beta=v_{hs}/v_0$	λ	$v_{hs}/cm\cdot s^{-1}$	$\beta=v_{hs}/v_0$
0.15	23.4	0.46	0.11	31.7	0.64
0.17	20.9	0.41	0.14	30.0	0.60
0.23	18.0	0.35	0.15	26.3	0.53
0.36	11.5	0.22	0.21	20.3	0.41
0.42	8.7	0.17	0.31	18.6	0.37
—	—	—	0.38	12.9	0.26

2.1.3.2 颗粒在均一粒群中的干涉沉降规律

在重选过程中，干涉沉降现象要比理想的自由沉降现象复杂得多。干涉沉降时，物体所受的阻力以及干涉沉降速度与很多复杂的因素有关。

利亚申柯深入研究了干涉沉降现象。为了在研究中便于观察，利亚申柯首先研究了粒度和密度均一的粒群，在上升介质流中的悬浮的情况。当粒群从整体上看位于空间某固定位置时，按照相对性原理，此时介质上升流速，即可视为粒样中任一颗粒的干涉沉降速度。

利亚申柯试验时，使用的装置如图 2-8 所示。在直径为 30～50 mm 垂直的玻璃管 1 的下端，连接一个带有切向给水管 3 的涡流管 2，水流在回转中上升，可以均匀地分布在垂直管内。在垂直玻璃管下部装有一筛网 6，用以承托悬浮的物料群。玻璃管的旁边连接一个沿纵高配置的测压管 4，由测压管内液面上升高度可读出在连接点处介质内部的静压强。

试验时，首先将试料放到筛网上，然后由下部给入清水，于是随着上升水流速度的逐渐增加，试料即在管内上升悬浮。对应于一定的上升水速，试料的悬浮高度亦为一定值。通过测量由上部溢流槽 5 流出的水量 Q，结合管的断面积 S，就可以算出水流在管内净断面的流速 u_a

$$u_a=\frac{Q}{S} \tag{2-45}$$

利亚申柯用各种性质和粒度不同的物料进行了悬浮试验(见图 2-9)，所用介质为水，试验结果如下：

(1) 当介质的上升流速为零时，粒群在筛网上保持自然堆积状态，颗粒在介质中的重量为筛网所支持。测压管中的水柱高与溢流口的液面一致。这时物料群的状态称为紧密床。

对于呈紧密床的球体颗粒其松散度 θ 约为 0.4，石英砂为 0.42，各种形状不规则的矿石则大约为 0.5。

(2) 给入上升介质流，并逐渐增大流速。当介质穿过颗粒间隙向上流动过程中，产生了流动阻力，床层底部的静压强增大，测压管中液面上升(如图 2-9 所示)。当上升介质流速 u_a 很小时，粒群(床层)仍然保持紧密，只有当 u_a 达到一定值后，介质动压力(阻力)大致与粒群在介质中的重量相等时，粒群才整个被悬浮起来。床层由紧密床逐渐转为悬浮床(亦称流态化床)。当粒群全部悬浮后，筛网不再承受粒群的压力，筛网上面的介质内部，则因支持颗粒重量而增大了静压强，增大值 Δp 为

$$\Delta p=\frac{\sum G_0}{S} \tag{2-46}$$

假设粒群自然堆积时的高度为 H_0，容积浓度为 λ_0，则物体在将要悬浮的临界条件下

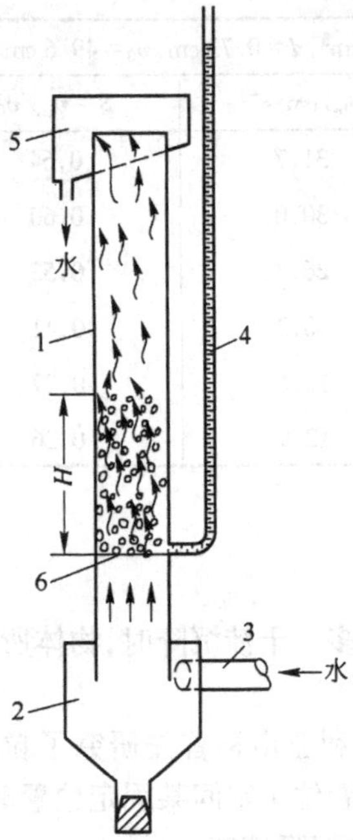

图 2-8 干涉沉降试验用玻璃管
1—垂直的悬浮用玻璃管；2—涡流管；
3—切向给水管；4—测压支管；
5—溢流槽；6—筛网

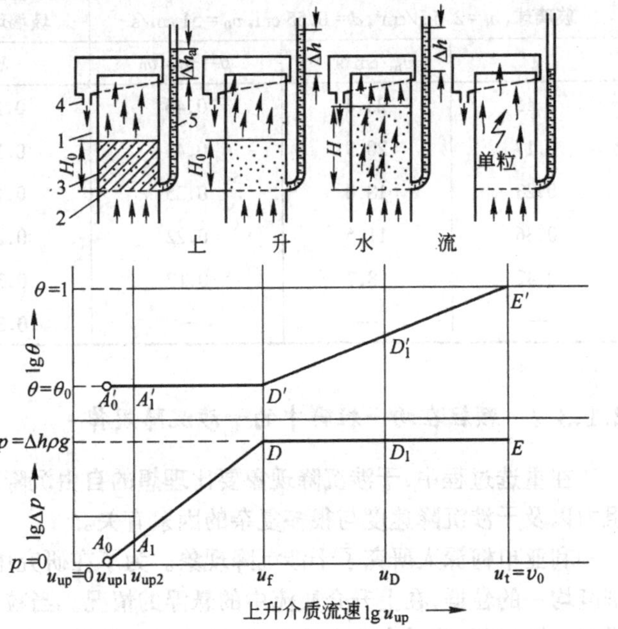

图 2-9 粒群悬浮过程中松散度、压强增大值与介质流速的理想变化关系
1—悬浮管；2—筛网；3—固体粒群；
4—溢流管；5—测压管

$$\sum G_0 = H_0 S \lambda_0 (\rho_i - \rho) g$$

代入式(2-46)中得

$$\Delta p = H_0 \lambda_0 (\rho_i - \rho) g \tag{2-47}$$

介质穿过紧密床的间隙流动，称作渗流流动。渗流阶段的压强增大值，随介质上升流速 u_a 的增大而增大，两者呈幂函数关系，如图 2-9 下方对数坐标中 A_0-D 所示。相应于此阶段的介质流速，是由零增到悬浮开始时的速度 u_{af}。

试验还得出，使粒群开始松散，所需要的最小上升水速 u_{af} 远远小于颗粒的自由沉降末速 v_0。但是颗粒的 v_0 越大，其悬浮所需要的最小上升水速 u_{af} 的也越大。例如，$d=0.555$ cm，$\rho_i=2.5$ g/cm^3 的玻璃球，在水中的自由沉降末速 $v_0=51$ cm/s，而其在最小上升水速 $u_{af}=8$ cm/s 时即开始悬浮。又如 $d_V=0.155$ cm，$\rho_i=6.84$ g/cm^3 的钨锰铁矿颗粒，在水中 $v_0=33.54$ cm/s，而在上升水速 $u_{af}=6$ cm/s 时就开始悬浮。因此，颗粒的干涉沉降速度 v_{hs} 小于其自由沉降速度 v_0。

(3) 粒群开始悬浮之后，再增大介质流速，则粒群的悬浮体的上界面也随之升高，松散度则也相应增大。若保持上升介质流速不变，则悬浮体的高度也具有一定值，此时，虽然粒群中每一矿粒都在上下、左右不断地混杂地运动，使整个床层具有流动的状态，但整个粒群的悬浮高度却保持不变，即整个物料层处于动力平衡状态。从而说明，颗粒的干涉沉降速度与松散度之间存在着一定的对应关系。将实测的干涉沉降速度与松散度的关系绘在图 2-9 下方的对数坐标图中，即可得到 D'-E' 线段。在 E' 处对应的松散度 θ 则为 1，此时的上升水速 $u_t=v_0$，即颗粒作自由沉降运动。

设颗粒达到自由沉降末速前，在某上升介质减速作用下悬浮的高度为 H，则根据粒群的总

体积 V_S 或总重量 ΣG 可求得粒群的容积浓度 λ

$$\lambda = \frac{V_s}{V_{su}} = \frac{\sum G/\rho_i}{SH} = \frac{\sum G}{SH\rho_i} \tag{2-48}$$

在整个床层悬浮松散过程中,支持粒群重量的介质静压力增大值是不变的,始终等于悬浮开始时的压力增大值。以压强表示时,在图 2-9 中 $\lg\Delta p$ 与 $\lg u_a$ 之间为一条平行于横轴的直线 DE。其关系为

$$\Delta p = H\lambda(\rho_i - \rho)g = H_0\lambda_0(\rho_i - \rho)g \tag{2-49}$$

由上式亦可求得粒群的容积浓度

$$\lambda = \frac{H_0}{H}\lambda_0 \tag{2-50}$$

$$\theta = (1-\lambda) = 1 - \frac{H_0}{H}(1-\theta_0) \tag{2-51}$$

随着松散度增大,悬浮体内的压力梯度增大值愈来愈减小。

$$\frac{\Delta p}{H} = \lambda(\rho_i - \rho)g = (1-\theta)(\rho_i - \rho)g \tag{2-52}$$

(4) 如上升水速不变,增加悬浮粒群的重量 $\sum G$,则粒群的悬浮高度 H 也成正比地增加。例如在上升水速 $u_a = 20.2$ cm/s 时,$d = 0.55$ cm、$\rho_i = 2.5$ g/cm^3 的玻璃球,当试样质量为 20 g 时,悬浮柱体高度 $H = 2$ cm;试样质量为 40 g 时,$H = 4$ cm,试样质量为 80 g 时,$H = 8$ cm。因此粒群的重量 $\sum G$ 与悬浮高度 H 的比值保持不变。由式(2-48)可知,这时粒群的容积浓度 λ 也将是一常数。因此,粒群在上升水流中悬浮的容积浓度 λ 与粒群的重量无关,而只是上升水速 u_a 及物体性质(ρ_i、d、χ 及 v_0)的函数。

(5) 随着 u_a 增大或减小,H 也发生增减变化,λ 和 θ 也随之改变。u_a 增大,λ 减小,反之亦然。说明干涉沉降速度 v_{hs} 不是定值,而是 λ 的函数。

由上面试验分析还可以看出,在粒群和介质垂直悬浮的统一系统中,存在有三种基本不同的颗粒和介质间的相对运动过程,这三种过程可根据介质的上升流速(见图 2-9)和颗粒床层的松散度划分如表 2-6 所示。

表 2-6 均一粒群干涉沉降时的相对运动过程

相对运动状态	曲线名称	流速	松散度
紧密床	A_0D 和 A'_0D'	$0 < u_a \leqslant u_f$	λ_0
悬浮床(流态化)	DE 和 $D'E'$	$u_f \leqslant u_a \leqslant u_t$	$\lambda_0 \leqslant \lambda < 1$
自由沉降	E 点和 E' 点	u_t	1

以上三种运动过程,虽然存在着差别,但它又是一个统一体中的三个阶段,具有统一性。通过粒群在不同上升水流中的悬浮试验,利亚申柯得出了干涉沉降的阻力系数 ψ_{hs} 与自由沉降的阻力系数 ψ 之间的关系为

$$\psi_{hs} = \frac{\psi}{(1-\lambda)^k} = \frac{\psi}{\theta^k} \tag{2-53}$$

式中 k——实验指数。

实验指出,颗粒的粒度愈小、形状愈不规则,表面愈粗糙,则指数 k 愈大。因此,公式(2-53)中的指数 k 值实际上不可能是一个常数。

只要将矿粒自由沉降末速公式(2-19)中的阻力系数 ψ,用干涉沉降的阻力系数 ψ_{hs} 代入就可得到矿粒干涉沉降末速 v_{hs}

$$v_{hs}=\sqrt{\frac{\pi d(\rho_i-\rho)}{6\psi_{hs}\rho}g}=\sqrt{\frac{\pi d_V(\rho_i-\rho)}{6\psi\rho}g(1-\lambda)^k}=v_0(1-\lambda)^{\frac{k}{2}}$$

令 $n=\frac{k}{2}$，则

$$v_{hs}=v_0(1-\lambda)^n=v_0\theta^n \tag{2-54}$$

即矿粒群的干涉沉降末速等于松散度 θ 的 n 次方与矿粒的自由沉降末速 v_0 的乘积。前苏联选矿研究设计院根据对不同颗粒的试验研究得到了 n 值与物体粒度及形状的大致关系，如表 2-7及表 2-8 所示。

表 2-7 物料粒度与 n 值的关系表(多角形)

物料粒度/mm	2.0	1.4	0.9	0.5	0.3	0.2	0.15	0.08
n 值	2.7	3.2	3.8	4.6	5.4	6.0	6.6	7.5

表 2-8 物料形状与 n 值的关系($d\approx0.1$cm)

物料形状	浑圆形	多角形	长方形
n 值	2.5	3.5	4.5

同时，我们还得到了 n 值与介质流态的关系是：

当 $Re>1000$ 时，$n\approx2.33$

当 $Re<1000$ 时，$n=5-0.7\lg Re$

〔**例 2-4**〕 将一组粒度 d_{si}为 3～0 mm 的石英粒群置于上升水流中悬浮，试求在底部粗颗粒刚能松散时，上部被水流冲走的颗粒粒度？

〔**解**〕 查表 2-1，石英颗粒形状按多角形考虑，取直径换算比为 1.1，则

$$d_V=3\times1.1=3.3(\text{mm})$$

用牛顿沉降末速公式计算 $d_V=3.3$ mm 的石英颗粒自由沉降末速 v_0，取球形系数 $\chi=0.7$，则

$$v_0=54.2\chi\sqrt{d_V\left(\frac{\rho_i-\rho}{\rho}\right)}=54.2\times0.7\sqrt{0.33\times\left(\frac{2.65-1}{1}\right)}=28.0(\text{cm/s})$$

介质流态为紊流，故取 $n=2.33$。不规则形状颗粒刚能悬浮时的容积浓度 λ 取 0.5，于是可计算出最粗颗粒刚能松散时的上升水速 u_{af}

$$u_{af}=v_{hs_{min}}=28.0\times(1-0.5)^{2.33}=5.57(\text{cm/s})$$

在该上升水速下，位于最上层的细小颗粒松散度很大，可以认为已属自由沉降。由式(2-35)得

$$d_V=\frac{v_0}{25.8\chi\sqrt[3]{\left(\frac{\rho_i-\rho}{\rho}\right)^2\frac{\rho}{\mu}}}=\frac{5.57}{25.8\times0.7\times\sqrt[3]{\left(\frac{2.65-1}{1}\right)^2\times\frac{1}{0.01}}}=0.048(\text{cm})=0.48(\text{mm})$$

$$d_{si}=0.48/1.1=0.44(\text{mm})$$

即上部被水流冲走的颗粒粒度 d_{si}为 0.44 mm。

2.2 不同密度粒群沿垂向的分层

2.2.1 粒群在上升水流中的分层规律

2.2.1.1 非均匀粒群在上升水流中的悬浮分层

均匀粒群的干涉沉降规律是研究非均匀粒群在上升水流中悬浮分层理论的基础。在选矿过

程中，经常遇到的多是性质不同的矿粒，同时悬浮或同时沉降的干涉沉降现象。关于这些粒群同时沉降的干涉沉降现象，目前研究的还不够深入。因此，本节中只讨论非均匀粒群在上升水流作用下的悬浮分层问题。

利亚申柯在实验室研究了性质不同的粒群在上升水流作用下的悬浮现象。实验研究表明，在任何速度的上升水流的作用下，只要上升水速不把物料冲走，粒群就在上升水流作用下发生分层现象。分层情况如图 2-10 所示：

(1) 对于密度相同而粒度不同的粒群，分层结果是细矿粒集中在上层，粗矿粒集中在下层，见图 2-10(a)。

(2) 对于粒度相同而密度不同的粒群，分层结果是密度低的矿粒集中在上层，密度高的矿粒集中在下层，见图 2-10(b)。

(3) 对于密度不同($\rho_2>\rho_1$)，而粒度比值小于自由沉降等降比($d_{V1}/d_{V2}<e_0$)的物料，密度低的矿粒集中在上层，密度高的矿粒集中在下层，见图 2-10(c)。

(4) 对于密度不同($\rho_2>\rho_1$)，而粒度比值等于或大于自由沉降等降比($d_{V1}/d_{V2}\geqslant e_0$)的物料，当上升水速较小时，分层结果仍是密度低的矿粒处在上层，密度高的矿粒处于下层(这符合重选的要求，见图 2-10(d)、图 2-11(a))；当上升水速增大到一定值之后，分层现象消失，两粒群形成混合悬浮体(图 2-11(b))；上升水速继续加大，分层现象又复出现；不过这时是密度低的矿粒集中在下层，而密度高的矿粒反而集中到上层(见图 2-11(c))。也就是说，对于这种粒群，只有当上升水速不大于某一临界流速 u_0 时，正常分层才有可能；大于临界水速时，正常的分层现象将遭到破坏。

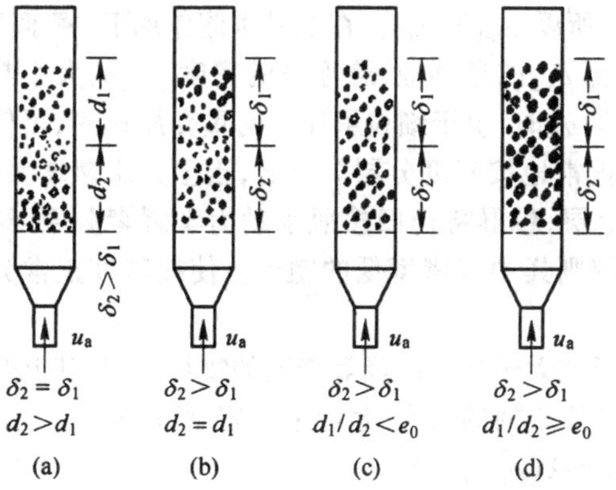

图 2-10　粒群在上升水流中的悬浮分层现象

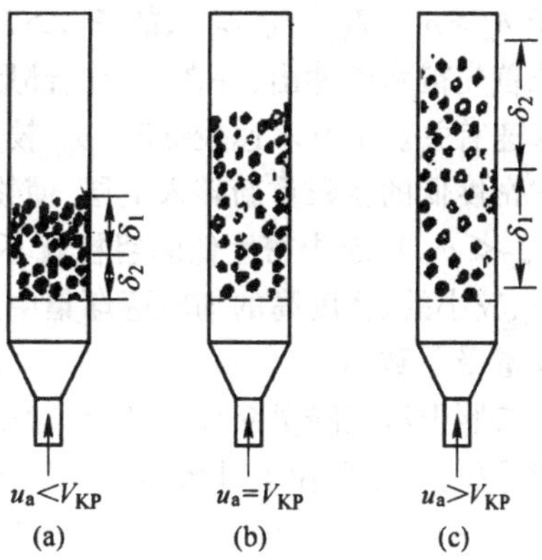

图 2-11　上升水速与分层的关系

2.2.1.2　粒群在上升水流中的悬浮分层学说及临界速度

我国学者在研究非均匀粒群于上升水流中的分层规律时，证明非均匀粒群在上升水流中分层主要是受水动力学的支配，是按照各自的干涉沉降速度进行分层的。但是，对于粒群的粒度比等于或大于自由沉降等降比时，粒群将按重介作用分层。在上升水速较小时，可以依靠高密度细粒悬浮体对低密度粗粒的重介作用，使低密度矿粒进入悬浮体的上部，即在上升水流中轻矿粒将按照其本身的密度与重矿物悬浮体的密度差发生分层。这种分层原理称为重介分层学说。

按照重介分层学说，对不同的非均匀粒群在上升水流中的分层规律分析如下：

(1) 密度相同($\rho_2=\rho_1$)，粒度不同($d_1>d_2$)的粒群：由于 $\rho_2=\rho_1$，$d_1>d_2$，故 $v_{01}>v_{02}$，$Re_1>Re_2$，$n_2>n_1$。

物料在未分层之前，对于矿粒来说，周围粒群的容积浓度是相同的，故 $\lambda_1=\lambda_2$。从式（2-54）可以看出，细粒的干涉沉降速度较慢，因此，在上升水流的作用下，细粒首先被冲起并悬浮在上层，粗粒在下层。分层结果与上升水速无关。

(2) 粒度相同（$d_1=d_2$），密度不同（$\rho_2>\rho_1$）的粒群：由于 $d_1=d_2,\rho_2>\rho_1$，故 $v_{02}>v_{01},Re_2>Re_1,n_1=n_2$。

在未分层前，取 $\lambda_1=\lambda_2$，从式(2-54)可知，密度低的矿粒干涉沉降速度较小。故分层结果是密度低的矿粒在上层，密度高的矿粒在下层。分层结果与上升水速无关。

(3) 粒群的密度不同（$\rho_2>\rho_1$），而粒度比值小于自由沉降等降比（$d_{V1}/d_{V2}<e_0$）的粒群：由于 $\rho_2>\rho_1,d_{V1}/d_{V2}<e_0$，故 $v_{02}>v_{01},d_1<e_0d_2$。

此时，两种矿粒在自由沉降末速时的雷诺数 Re_1 和 Re_2 谁大谁小，要根据具体情况而定。有下列几种情况：

当两种矿粒的 Re 均大于1000时，$n_1=n_2$，所以 $v_{hs2}>v_{hs1}$，粒群能够正常地按密度分层。分层结果与上升水速无关。

当两种矿粒的 Re 值小于1000时，又可分为两种情况：当 $Re_2>Re_1$ 时，则 $n_1>n_2$；$v_{hs2}>v_{hs1}$，粒群能够正常按密度分层。当 $Re_2<Re_1$ 时，$n_2>n_1$，但其差值是很有限的，这时仍然是自由沉降末速 v_0 大的，干涉沉降末速 v_{hs} 也大，故仍是正常地按密度分层。

所以当两种粒群的粒度比小于自由沉降等降比时，在上升水流作用下，悬浮分层结果是密度高者在下层，密度低者在上层。分层结果与上升水速无关。

(4) 粒群的密度不同（$\rho_2>\rho_1$），粒度比等于或大于自由沉降等降比（$d_{V1}/d_{V2}\geqslant e_0$）的物料：由于 $\rho_2>\rho_1$，$d_{V1}/d_{V2}\geqslant e_0$，故 $Re_1>Re_2,n_2>n_1$，所以 $v_{hs1}>v_{hs2}$。在上升水流作用下，密度高的矿粒首先被水流冲出，并在床层上部形成一定密度 ρ_{su2} 的悬浮液，悬浮液的密度 ρ_{su2} 的大小与上升水速有关。上升水速较低时，ρ_{su2} 较大。当 $\rho_{su2}>\rho_1$ 时，由于细粒悬浮液的重介质作用，可使床层中密度低的粗粒重新转入上层，使物料群能够正常地按密度分层。反之，当上升水速增大时，则 $\rho_{su2}<\rho_1$，床层中密度低的粗粒就不可能转入上层，粒群将仍旧按照水动力学因素分层，结果是 v_{hs} 较小的、密度高的细粒逐渐集中到上层，下部则集中着密度低的粗粒。使按密度正常分层现象遭受了破坏。

按照干涉沉降重介分层学说，对于粒度比等于或大于自由沉降等降比的物料，控制其上升水速很重要，一定要使上升水速小于临界水速。按利亚申柯的观点，悬浮液的密度 ρ_{su} 为

$$\rho_{su}=\lambda\rho_i+(1-\lambda)\rho=\lambda(\rho_i-\rho)+\rho \tag{2-55}$$

由式(2-54)、式(2-55)，可推导出的临界水速理论公式为

$$u_{cr}=v_{02}\left(1-\frac{\rho_1-\rho}{\rho_2-\rho}\right)^{n_2} \tag{2-56}$$

根据理论公式计算出的临界水速与实测值相比十分吻合。

〔**例 2-5**〕 在上升水流中悬浮的粒度 d_{si} 为 5～0 mm 的石英—锡石混合粒群，在底层刚能松散时该处出现了纯净的锡石矿物层，其上为混杂层。已知锡石的密度为 6920 kg/m³，试求在两层界面处锡石的粒度?

〔**解**〕 最底部锡石的粒度 d_{si2} 为 5 mm，查表 2-1 取球形系数 $\chi=0.7$（锡石颗粒形状按多角形计），直径换算比为 1.1，用牛顿-雷廷智沉降末速公式计算最底部锡石颗粒自由沉降末速 v_{02}

$$d_{V2}=5\times1.1=5.5(\text{mm})$$

$$v_{02}=54.2\chi\sqrt{d_{V2}\left(\frac{\rho_i-\rho}{\rho}\right)}=54.2\times0.7\sqrt{0.55\times\left(\frac{6.92-1}{1}\right)}=68.5(\text{cm/s})$$

由式(2-12),得

$$Re=\frac{dv\rho}{\mu}=\frac{5.5\times10^{-3}\times68.5\times10^{-2}\times6920}{1\times10^{-3}}=25945$$

可知介质流态为紊流,故取 $n=2.33$。不规则形状颗粒刚能悬浮时的容积浓度 λ 取 0.5,于是可计算出此时的上升水速 u_{af}为

$$u_{af}=v_{hs_{min}}=68.5\times(1-0.5)^{2.33}=13.62(cm/s)$$

由于锡石与石英密度差较大,故同一层内的矿物粒度差也较大,应认为是按重介质作用分层。在混杂层的底层临界速度为 13.62 cm/s,由公式(2-56)可计算其中重矿物颗粒的自由沉降末速 v_{02}。

$$13.62=v_{02}\left(1-\frac{2.65-1}{6.92-1}\right)^{2.33}$$

解之得

$$v_{02}=29.16(cm/s)$$

由式(2-35)得

$$d_V=\frac{v_0}{25.8\chi\sqrt[3]{\left(\frac{\rho_i-\rho}{\rho}\right)^2\frac{\rho}{\mu}}}=\frac{29.16}{25.8\times0.7\times\sqrt[3]{\left(\frac{6.92-1}{1}\right)^2\times\frac{1}{0.01}}}=0.106(cm)=1.06(mm)$$

于是,$d_{si}=1.06/1.1=0.96$ (mm),即两层界面处锡石颗粒的粒度 d_{si}为 0.96 mm。

2.2.1.3 干涉沉降的分级原理及干涉沉降等降比

A 干涉沉降分级原理

如前所述,若将密度相同而粒度不同的粒群置于同一上升介质流中悬浮,则将通过形成不同的松散度,达到每个粒级的干涉沉降速度与上升介质流速相等。分层结果是细矿粒集中在上层,粗矿粒集中在下层。下面再对此问题进行深入讨论。

设粒群中最大颗粒粒度为 d_1,稍小的为 d_2,自由沉降末速分别为 v_{01}、v_{02}。在此以下还有一系列粒度递减的颗粒。粒群最初呈混杂状态堆积在悬浮玻璃管的筛网上面,如图 2-12(a)所示。缓慢地从底部给入上升介质,当介质流速达到最细颗粒的最小干涉沉降速度时,位于上层的最小颗粒开始浮动;而下部的小颗粒受粗颗粒的压制仍不能活动。及至上升介质流速达到最大颗粒的最小悬浮速度 v_{hs01}时

$$v_{hs01}=v_{01}(1-\lambda_0)^n \tag{2-57}$$

式中 λ_0——混合粒群自然堆积时的容积浓度。

此时整个粒群发生松动。各个不同粒度的颗粒,依照该松散度下的干涉沉降速度的不同,在管内向上运动。对于上述 d_1 和 d_2 两种颗粒,由于$(1-\lambda_0)$总是小于 1,在 $d_1>d_2$ 时,又是 $n_1\leqslant n_2$,故必然是$(1-\lambda_0)^{n_1}\geqslant(1-\lambda_0)^{n_2}$,因而 $v_{01}>v_{02}$,则结果总是 $v_{01}(1-\lambda_0)^{n_1}>v_{02}(1-\lambda_0)^{n_2}$。这种关系对任何两种粒度不同的颗粒均适用。在悬浮时,具有较小干涉沉降速度的细颗粒总是先于粗粒级向上升起,结果导致了按粒度差分层,如图 2-12(b)所示。

随着粒群上升,占据的空间增大,悬浮体的容积浓度减小。上升最快的细小颗粒层,容积浓度减小最多,以下容积浓度逐渐增大,形成了上稀下浓、上细下粗的悬浮柱。随着容积浓度的减小,干涉沉降速度增大,最后达到了各不同粒级均具有相同的干涉沉降速度,并均等于在净断面上的上升介质流速度,即

$$v_{01}(1-\lambda_0)^{n_1}=v_{02}(1-\lambda_0)^{n_2}=\cdots\cdots=u_a$$

如果从上部玻璃管口连续地给入粒度不均匀的粒群,下部撤掉筛网对粒群的支持,并保持一

定的上升介质流速，粗粒级因向下扩展容积浓度减小，它的干涉沉降速度便超过了上升介质流速，于是从下面排出；而细粒级的干涉沉降速度，因不断补加给料而小于上升介质流速，则向上运动由管口溢出。这便是干涉沉降的分级原理。

B 干涉沉降等降比

将一组粒度不同、密度不同的宽级别粒群置于上升介质流中悬浮，在流速稳定后，在管中形成了松散度自上而下逐渐增大的悬浮柱，如图 2-13 所示。在下部可获得纯净的重矿物粗颗粒层，在上部则为纯净的轻矿物细颗粒层，中间段相当高的范围内是混杂层。如将各窄层中处于混杂状态的轻重颗粒视为等降颗粒，则对应的轻矿物与重矿物的粒度比即可称作干涉沉降等降比，写成

$$e_{hs}=\frac{d_1}{d_2} \tag{2-58}$$

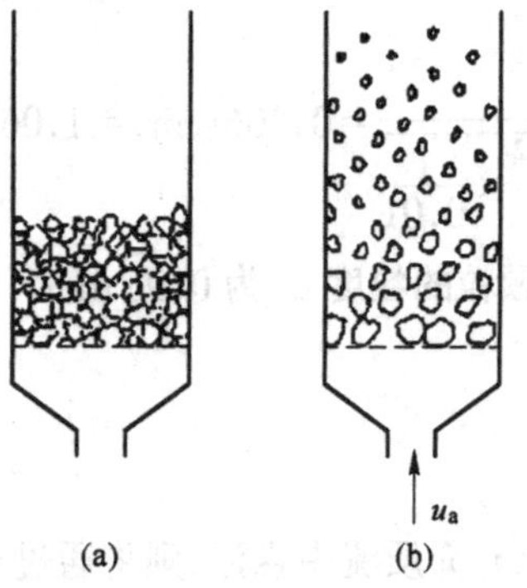

图 2-12 粒度不均匀粒群在干涉管中的沉降分层
(a) 分层前；(b) 分层后

图 2-13 两种密度不同的宽级别矿物混合物在上升水流中的悬浮现象

混合粒群在同一上升介质流中悬浮，每一层内的不同密度颗粒的干涉沉降速度相同，故应存在如下关系

$$v_{01}\theta_1^{n_1}=v_{02}\theta_2^{n_2} \tag{2-59}$$

如果两颗粒的自由沉降是在同一阻力范围内，则 $n_1=n_2$。在牛顿阻力范围内取 $n=2.39$，在斯托克斯阻力范围内取 $n=4.7$。将公式(2-20)代入式(2-59)解之可得斯托克斯阻力范围内的干涉沉降等降比 e_{hsS}为

$$e_{hsS}=\frac{d_1}{d_2}=\left(\frac{\rho_2-\rho}{\rho_1-\rho}\right)^{0.5}\left(\frac{\theta_2}{\theta_1}\right)^{2.35}=e_{0S}\left(\frac{\theta_2}{\theta_1}\right)^{2.35} \tag{2-60}$$

将公式(2-23)代入式(2-59)中，解之得牛顿阻力范围内的干涉沉降等降比 e_{hsN}为

$$e_{hsN}=\frac{d_1}{d_2}=\left(\frac{\rho_2-\rho}{\rho_1-\rho}\right)\left(\frac{\theta_2}{\theta_1}\right)^{4.78}=e_{0N}\left(\frac{\theta_2}{\theta_1}\right)^{4.78} \tag{2-61}$$

两种颗粒在混杂状态时，相对于同样大小的颗粒间隙，粒度小者松散度大，而粒度大者松散度小，故总是 $\theta_2>\theta_1$，即 $\theta_2/\theta_1>1$。因此可以看出，$e_{hs}>e_0$，即干涉沉降等降比始终大于自由沉降等降比，且可随容积浓度的增大而增大，这对按密度分层是有影响的。

2.2.2 粗粒在细粒悬浮体中的沉降规律

目前，重介质选矿是重选中分选效率最高的工艺方法。近年来，随着重介质选矿中一些技术

问题的逐步解决，所以发展速度很快。

重介质选矿过程是在细粒悬浮液中进行的，细粒悬浮液的特点是极不稳定、易沉淀。为促使悬浮液具有一定的稳定性，必须在系统内施加外力，如机械搅拌、使用上升或下降介质流等等。

物体的流动(非弹性变形)同引起流动的力之间的关系称为物体的流变特性。悬浮液流变特性的研究，是探索物体在悬浮液中运动规律的基础。细粒悬浮液中的细粒处于悬浮状态，称之为粒群流态化。物体在其中运动时，和在溶液中运动一样将受到阻力。实际工作中常用剪应力与速度梯度的比值来度量悬浮液的流变性，此值称为表观黏度或视黏度 μ_b

$$\mu_b = \frac{\tau}{\frac{dv}{dr}} \tag{2-62}$$

式中 μ_b——悬浮液的表观黏度；

τ——切应力；

dv/dr——速度梯度。

悬浮液的表观黏度可用各种黏度计测定(见 9.5.4.4 节)，也可按下节讨论的方法确定。

2.2.2.1 物体在悬浮液中自由沉降运动与在水中运动的异同性

曾有人研讨过，矿粒在悬浮液中及在水中运动的相似性问题。他们认为，在雷诺数 Re 为 30000～50000 的范围内，单个矿粒在悬浮液中及在水中的运动性质是相似的。这种相似表现在阻力系数 ψ 与雷诺数 Re 的关系曲线 $\psi = f(Re)$ 的渐趋一致。

但是上述观点是不完整的、片面的。因为选矿用的类塑性体系的重悬浮液，其流变(表观)黏度和水的黏度不同，它不是一个常数而是一个变量(见 9.5.4.4 节)。试验研究和理论计算表明：悬浮液的流变黏度与牛顿液体(如水)的黏度只是相当的，即它们具有相同的物理意义。这个观点是计算矿粒在悬浮液中自由沉降末速的基础。

2.2.2.2 矿粒在悬浮液中运动的受力分析及自由沉降末速

矿粒在悬浮液中运动，除自身重力外，还受悬浮液的黏滞阻力及惯性阻力的作用。后两种阻力的大小取决于雷诺数的大小，悬浮液的流变黏度既影响黏滞阻力的大小，又决定了雷诺数的大小。因而流变黏度是解决矿粒运动的关键参数。

悬浮液的流变黏度 μ_b 随悬浮液内切应力(由外力引起)的不同而不同，且呈减函数关系。不同密度、不同直径的矿粒在悬浮液中运动时产生不同的切应力，因而具有不同的流变黏度。在雷诺数 $Re \leqslant 1.0$ 时，矿粒主要受黏滞阻力的作用。这时，矿粒在悬浮液中所受重力，应被围绕它流动产生的切应力的垂直分力，乘以矿粒表面积所平衡，如图 2-14 所示。设矿粒为球体，则有

$$G_0 = \frac{\pi d^3}{6}(\rho_i - \rho_{su})g = \pi d^2 \bar{\tau}_B$$

或

$$\frac{d}{6}(\rho_i - \rho_{su})g = \bar{\tau}_B \tag{2-63}$$

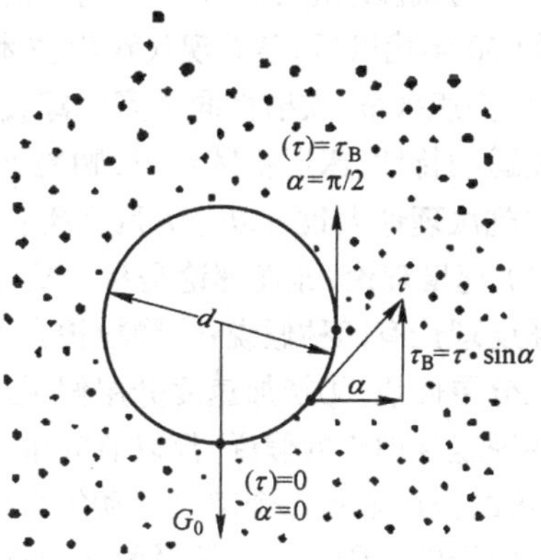

图 2-14 矿粒在悬浮液中受力分析图

式中 d——球体的直径；

ρ_{su}——悬浮液密度；

$\bar{\tau}_B$——切应力的垂直分力的平均值。

对于单位厚度的球截面，$\bar{\tau}_B$ 有如下关系

$$\bar{\tau}_B = \frac{2}{\pi}\tau \tag{2-64}$$

将式(2-64)代入式(2-63)得

$$\frac{d}{6}(\rho_i - \rho_{su})g = \frac{2}{\pi}\tau$$

即

$$\tau = \frac{\pi}{12}d(\rho_i - \rho_{su})g \tag{2-65}$$

公式(2-65)为试验所证实。实测球体在黏土悬浮液中的 $\bar{\tau}_B/\tau = 0.60$，该数值与理论公式计算的理论值 $\bar{\tau}_B/\tau = 2/\pi = 0.63$，是极其接近的。

严格地说，式(2-65)只有在 $Re \leqslant 1.0$ 时才成立。实际计算表明，式(2-65) 在 $Re < 15$ 时，误差不大于 10%，而在 $Re > 15$ 时，则需乘以修正系数 K。其值按下式计算

$$K = \frac{\psi - 0.125}{\psi} \tag{2-66}$$

式中 ψ——悬浮液阻力系数。

由式(2-65)求解矿粒在悬浮液中运动引起的切应力 τ 后，再由悬浮液的流动曲线查得速度梯度 dv/dr，即可根据式(2-62)求出流变黏度 μ_b。

依据流变学观点，悬浮液流变黏度可与牛顿液体的黏度相比拟，可以使用 2.1.2 节中相同的公式来计算矿粒在悬浮液中的自由沉降末速。

2.2.3 矿粒在垂直变速流中的分层规律

跳汰选矿过程的水流运动特性是一种垂直交变水流，是一种非定常流运动。在跳汰机中水流运动包括两部分：垂直升降的变速脉动水流和水平流。前者是矿粒在跳汰机中按密度分层的主要动力，后者主要作用是运输物料但对矿粒分层也有影响。

2.2.3.1 跳汰分选理论简介

随着跳汰选矿的发展，人们早就开始了对重选中的重要理论问题——跳汰选矿原理进行探讨。古典的跳汰理论是用某一种简单的概念表达分层原理，出现了各种各样的跳汰假说。直到 20 世纪 50 年代以后，随着现代科学技术的发展及应用，促进了跳汰分层理论的研究，如电子测量技术、快速摄影、放射性同位素示踪技术及水电模拟等对跳汰过程进行测试与应用，所以对跳汰水流运动特性、床层松散状况，颗粒运动取得直观的认识，使跳汰理论研究取得了新的发展。现有的跳汰理论大致可以分为两大类：

(1) 速度理论：速度理论是从分析每一个颗粒在跳汰机中的运动规律来研究分层过程。古典的速度理论有四种假说：①颗粒按自由沉降末速分层假说；②颗粒按干涉沉降末速分层假说；③吸入分层假说；④初加速度分层假说。

各种速度理论的假说，都以研究单个颗粒在跳汰机中的运动规律来分析整个跳汰过程。诚然，矿粒的分层都是每个矿粒运动的结果，但是矿粒是在床层中进行分层的，不应忽视床层性质对分层的影响。所以每个假说的认识都是不全面的，每个假说只是在逐步接近客观实际，反映了对分层机理的历史认识过程，故这些假说常被称作古典跳汰理论。直到 20 世纪中期，苏联维诺格拉道夫概括了各种速度假说，使跳汰理论前进了一大步。尽管维诺格拉道夫学说对静力学因

素考虑还很不够，然而它在前苏联等国却有着广泛的影响。许多用最新技术测试的结果，也常是用这一公式给予解释。

(2) 粒群-统计理论：粒群-统计理论是研究粒群的运动及其与受外力作用的关系。这类理论包括有：①跳汰悬浮理论模型；②跳汰能量理论模型；③概率-统计理论模型。

各种跳汰理论模型，是从不同角度揭示了跳汰机中物料分层的情况。但是，都没能给出计算工艺结果，特别是预算结果的数学工具及其因数关系。每种模型都有自己的优缺点，并且都力图得到一条描述跳汰过程的物理和数学的正确途径。

跳汰理论除了前面介绍的两大类以外，还有苏联莫斯科矿业学院 И.М. 维尔霍夫斯基等 1958 年提出的扇形分层假说也受到了人们的重视。维尔霍夫斯基等将带有放射性同位素(Co^{60})的示踪颗粒掺混到跳汰机给料中，利用 γ 射线定位法研究了颗粒在跳汰机中的运动规律。结果看到：①重矿物颗粒沿床层垂直方向的运动速度是变化的，在中间部位速度最低表明该区域穿透性最小；②轻矿物颗粒下落到穿透性小的中间层以后又复上升，具有跳跃运动性质。不同密度颗粒在跳汰机中的运动轨迹如图 2-15 所示。由图得知，床层的中间层松散度最小，它好似栅栏，起着分隔轻、重矿物的作用。适当的跳汰操作即是为了获得良好的中间穿透性。

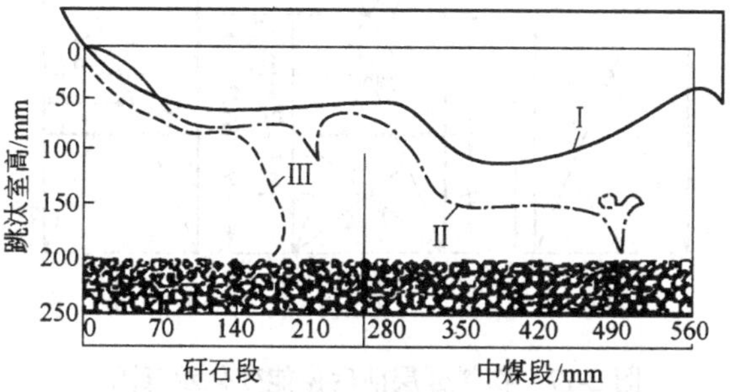

图 2-15 矿粒在床层中的运动轨迹

Ⅰ—密度 1300 kg/m³ 的煤粒；Ⅱ—密度 1600 kg/m³ 的中煤；

Ⅲ—密度 2500 kg/m³ 的矸石

试验还发现，轻矿物颗粒沿水平方向的运动速度比重矿物颗粒快，而在垂直方向则是重矿物比轻矿物快。因而可以认为，矿物按密度分选不仅发生在垂直方向，而且也发生在水平方向。具有同一密度的矿物层，在跳汰机的垂直断面上呈扇形分布，如图2-16所示。这一试验结果被称为扇形分布假说。

从图 2-16 还可看到，物料在跳汰机中的分层速度很快。根据测定，第一阶段末的最上层精煤已占全部精煤的 72%，但矿粒行经矸石段溢流堰的附近时，矿粒的运动状态发生激烈的扰动，致使原先与精煤分开的中间密度颗粒又重新与精煤相混，也就是说，现有跳汰机中的溢流堰起着破坏分层的作用。因此维尔霍夫斯基建议，将目前用的跳汰机分段排放重产物的方式，改为单段跳汰机沿垂直断面分层排放，消除溢流堰的有害作用，进一步提高跳汰机单位面积处理量。

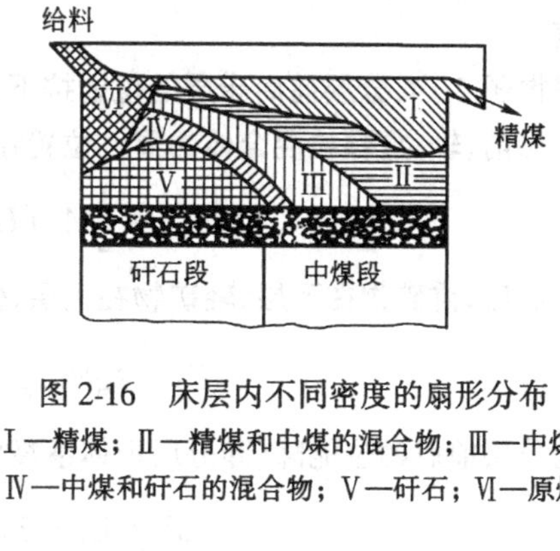

图 2-16 床层内不同密度的扇形分布

Ⅰ—精煤；Ⅱ—精煤和中煤的混合物；Ⅲ—中煤；

Ⅳ—中煤和矸石的混合物；Ⅴ—矸石；Ⅵ—原煤

有关跳汰理论的研究，至今还没有得出满意的结果。这项研究仍处于发展阶段，今后，对跳汰理论和实践的研究,应当集中在找出一条能把各种理论统一起来的途径。最终能比较客观地解决跳汰机的结构设计和正确地选择主要工艺参数以及水动力学参数等问题。下面就两种具有代表性的学说进行讨论。

2.2.3.2 跳汰能量理论模型(位能学说)

跳汰能量理论模型是20世纪40年代末期德国人麦依尔首先提出来的。

位能学说认为,不同密度和粒度组成的床层,是一个具有一定位能的封闭的力学体系。当向这个体系引入外能时,例如在跳汰机中引入脉动水流,将使物料之间的结合力和介质黏度引起的摩擦力减小。此时,根据热力学第二定律,跳汰过程自发地朝着降低床层位能的方向进行,结果使物料进行了分层,绝大部分的粗粒和重粒沉到下层,细粒和轻粒升到上层。床层的位能都转变成为克服颗粒之间的各种阻力所做的功,整个床层位能逐渐下降。床层的分层情况完善与否,决定于分层前、后床层位能降低了多少。图2-17表示了床层在分层前后的理想变化情况。

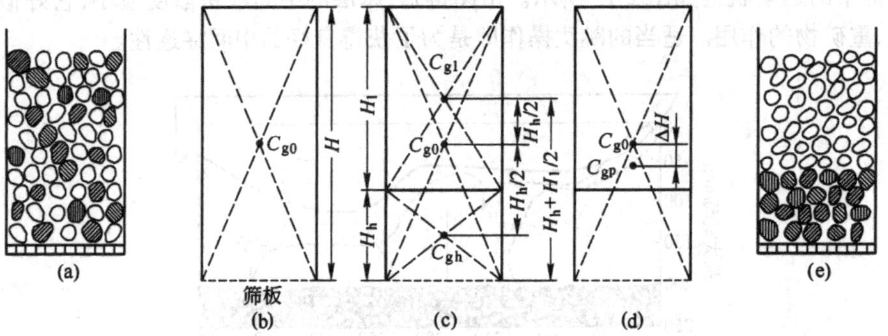

图2-17 物料分层前后位能变化示意图

(a) 分层前物料;(b) 分层前物料重心;(c) 分层后轻、重物料重心;(d) 重心下降距离;(e) 分层后物料

C_{g0}—分层前重心的平均值;C_{gp}—分层后重心的平均值;C_{gl}—轻矿物的重心;C_{gh}—重矿物的重心

床层位能降低的速度就是床层分层的速度。床层位能的大小取决于床层重心的位置,分层前后重心位置降低愈多,位能降低愈多,则分选效果愈好。分选前后床层重心位置降低情况示意图见图2-17。

在图2-17中,取床层底面(即筛面)为基准面。设床层面积为A;H_l、H_h分别为轻、重颗粒所占床层高度;ρ_l、ρ_h分别为轻、重颗粒的假定密度(即颗粒与介质整个两相体的平均密度,又称物理密度)。

根据图2-17,分层前后床层的位能按下式计算:

分层前,轻、重颗粒混合体的重心位置在$H/2(H=H_l+H_h)$处,则其位能E_1为

$$E_1=\frac{1}{2}Ag(H_l+H_h)(H_l\rho_l+H_h\rho_h)$$

分层后,重矿物在下层,轻矿物在上层,体系的位能E_2变为

$$E_2=AgH_h\rho_h\frac{H_h}{2}+AgH_l\rho_l\left(\frac{H_l}{2}+H_h\right)$$

则分层前后的位能降(即分层中体系释放的能量)为

$$\Delta E=E_1-E_2=\frac{1}{2}AgH_lH_h(\rho_h-\rho_l) \tag{2-67}$$

上式表明，由于 $\rho_h > \rho_l$，所以 $\Delta E > 0$，也就是说物料按密度分层，分层后的位能低于分层前的位能。

经计算可得通过分层体系重心的降低高度 ΔH 为

$$\Delta H = \frac{1}{2}\left[\frac{H_h H_l(\rho_h - \rho_l)}{\rho_h H_h + \rho_l H_l}\right] \tag{2-68}$$

分析式(2-67)及式(2-68)，可得如下认识：

(1) 由 $\Delta E \propto (\rho_h - \rho_l)$ 可见，两种矿物颗粒悬浮体只要假定密度存在差别，分选过程便能进行。而且两种矿物颗粒假定密度差值越大，越易按密度得到分层。

(2) ΔE 及 ΔH 均与 H_h 和 H_l 的乘积成正比。由于轻、重矿物的体积之差越小，则 H_h、H_l 越大，故从理论上来说，轻、重矿物的体积各占 50% 时，分层效果应是最好的。由此可以说明，在重矿物体积低于 50% 时，品位高的矿石要比品位低的矿石好选些；同时在分选过程中，随着分层时间的延长，残留在轻矿物层中的重矿物越来越少，整个体系的重心位置越来越接近其最低值，从而分层也越来越困难。生产中为了提高低品位矿石的分层速度，常在给矿中添加密度与重矿物相近的物料，实践证明常可获得良好的效果。

进一步利用能量理论模型研究跳汰分层，麦依尔确定了分选质量与分选时间的内在联系。即

$$\frac{dE}{dt} = -KE_t \tag{2-69}$$

式中 dE/dt——床层位能变化速度；

E_t——已分层物料位能的瞬时值；

K——速度变化的系数，为一常量。

式(2-69)说明，物料分层时，在一定时间内分选质量的高低，即床层位能变化的速度与这个床层本身所具有的位能高低成正比。床层位能高的，在一定时间内床层位能变化速度快，分选前后位能变化大，即物料的分选质量就高，反之则分选质量就差些。

能量理论模型认为跳汰周期的上升期，对物料分选起决定作用。因为在上升水流作用下能使床层松散，使床层中各种密度的矿粒能彼此交换位置，床层的位能趋向于降低，使物料得到分选。而该理论又认为跳汰周期的下降期，对床层分层是没有用的，因为这个阶段，只是使跳汰水流返回空气室，准备使床层开始下一次新的松散分层，所以希望下降期要尽量缩短。在这个基础上，麦依尔提出了分选粗粒和细粒不分级矿石的最有效的跳汰周期，如图 2-18 所示。

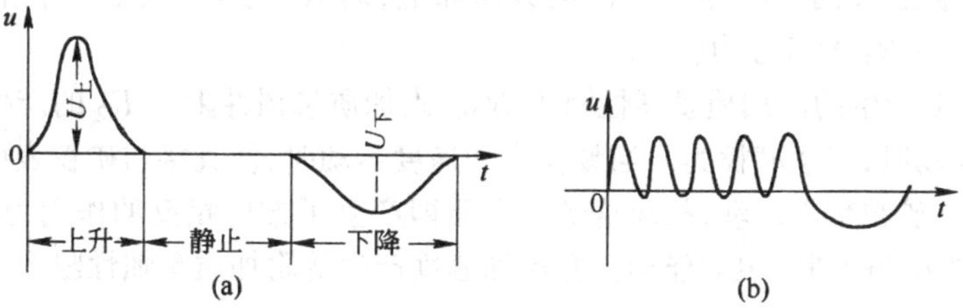

图 2-18 麦依尔推荐的跳汰周期曲线

(a) 处理粗粒不分级煤的跳汰周期曲线；(b) 处理细粒不分级煤的跳汰周期曲线

图 2-18(a)的跳汰周期可分为三个阶段，第一阶段上升水期，上升水的加速度较大，作用时间很短，目的是使床层整个离开筛面，以减少相对水流速度对分层的不利影响；第二阶段是尽量把水面维持在最高处，即使水流速度尽量保持等于零，这样就可形成床层在静止水流中下降，充分

松散,以进行床层的自发分层过程,第三阶段是床层全部回落到筛面上,尽快地使水流下降至原来的位置,为下一个跳汰周期做准备。

图 2-18(b)的跳汰周期是一种复杂周期,第一阶段是基本周期,相当于高频率的对称周期加上等速的顶水,这时可使床层在水面上升时不停地作振幅很小的上下波动,目的是在较小的水速下维持床层松散,以进行自发的分层,第二阶段是辅助周期,当床层落到筛面后,使水面下降到原位,为了下一个周期做准备。

生产证实了上述跳汰周期的良好效果,可以使不分级物料很好地分选,并能提高跳汰机的处理量。

分层的能量理论模型(位能学说)完全不涉及流体动力因素的影响,只就分层前后床层内部能量的变化,说明了分层的趋势,因而属于静力学体系学说。除了跳汰以外,所有其他重选分层过程,也都可以用此学说予以解释,故可视为物料按密度分层的基本原理。国内外对它都很重视。但重选过程离不开流体松散,则流体动力对颗粒运动的影响就不可避免,因此,能量理论模型(位能学说)只是一种理想的情况。

2.2.3.3　概率-统计理论模型(动力学学说)

概率-统计理论模型是由苏联 H.H. 维诺格拉道夫在 1952 年提出来的。维诺格拉道夫认为,矿粒在非定常流中运动,除了因为相对运动受到水流阻力、介质加速度惯性阻力外,还要受到水流加速度给予的附加推力。此外,矿粒的运动还要受到跳汰床层中其他颗粒的干扰,因此,矿粒的受力情况是比较复杂的。假定颗粒向上的运动为正,向下为负。则球形颗粒在跳汰机内非定常流中受到的作用力有:

(1) 颗粒在介质中的重力 G_0

$$G_0=-\frac{\pi}{6}d^3(\rho_i-\rho)g$$

因重力加速度方向向下,故 G_0 取(−)。

(2) 介质对颗粒运动的介质阻力 R_1。只有颗粒与介质作相对运动时才产生阻力,颗粒在床层中运动,其条件接近于干涉沉降,因此,介质对颗粒运动的介质阻力为

$$R_1=\pm\psi d^2 v_c^2\rho$$

式中,v_c 为颗粒对介质的相对运动速度,即矿粒速度 v 与介质速度 u 之差。介质阻力 R_1 的作用方向与颗粒对于介质的相对运动速度的方向相反。因跳汰机中相对运动速度 v_c 的方向是变化的,当颗粒的相对速度 v_c 向下时,阻力 R_1 的方向向上,则 R_1 的符号为(+);相对速度 v_c 向上时,阻力方向向下,则 R_1 的符号为(−)。

(3) 介质加速度产生的附加质量惯性阻力 R_2。附加质量惯性阻力 R_2 的产生是因为颗粒与介质之间作相对运动时,产生摩擦力。当颗粒作加速度运动时,使直接与矿粒表面接触的及其附近的部分介质,亦被矿粒带着运动,相应这部分介质即产生了方向相反的作用力,此力作用于颗粒上使之受到一种额外的惯性阻力作用。介质加速度产生的附加质量惯性阻力 R_2 为

$$R_2=-\zeta\frac{\pi}{6}d^3\rho\frac{\mathrm{d}v_c}{\mathrm{d}t}$$

式中,ζ 称为附加质量系数。ζ 与颗粒的形状有关,根据流体力学可知,对于球形颗粒 $\zeta=0.51$。其他形状的颗粒,没有确切的数值。因此,为了计算方便对非球形颗粒也近似地取 ζ 为 0.5。对于球体颗粒 $\zeta=0.5$,也就是说,当球形颗粒在介质中作变速运动时,带着相当于它的体积一半的介质作变速运动,它所产生的惯性力作用在颗粒上,就是矿粒的附加质量惯性阻力。

附加质量惯性阻力的作用方向与相对加速度方向相反，为(-)值。

(4) 加速运动的介质流对颗粒的附加推力 P_B。根据流体力学原理，物体在加速运动的介质中所受的推力 P_B 等于与颗粒同体积的介质质量乘以水流加速度 a。即

$$P_B = +\frac{\pi}{6}d^3\rho a$$

由于附加推力 P_B 方向与间隙水流加速度方向一致，故可取(+)值。

(5) 颗粒运动受到的机械阻力 P_m。机械阻力 P_m 是由于运动颗粒与周围床层颗粒发生摩擦、碰撞所引起的阻力。当床层处于悬浮松散状态时，机械阻力表现在局部颗粒的摩擦碰撞，颗粒与器壁的摩擦碰撞上，它消耗了运动颗粒本身的动能。当床层紧密时，通过颗粒间的直接传递，机械阻力来自床层的整体，机械阻力变得很大，以至阻止了颗粒的运动。但在床层紧密过程中，首先失去活动性的是粗粒，细小颗粒还可继续进行钻隙运动，这说明机械阻力对不同颗粒是不相同的。因此，P_m 不仅取决于床层松散度，而且与颗粒本身的粒度和形状有关。由于机械阻力的复杂性，它的大小无法用简单的数学式表达，在分析颗粒运动的趋向性时可以暂不计入，这样作为定性研究颗粒运动的相对差异并无妨碍。

在忽略机械阻力的条件下，将其余各项力合并，即可得到颗粒在跳汰过程中的运动方程式。在垂直方向运动的加速度与其质量的乘积等于诸作用力之和，即

$$m\frac{dv}{dt} = G_0 + R_1 + R_2 + P_B \tag{2-70}$$

分别把 m、G_0、R_1、R_2、P_m 的值或公式代入公式(2-70)中，整理后得到

$$\frac{dv}{dt} = -\frac{\rho_i - \rho}{\rho_i}g \pm \frac{6\psi v_c^2\rho}{\pi d\rho_i} - \zeta\frac{\rho}{\rho_i}\frac{dv_c}{dt} + \frac{\rho}{\rho_i}a \tag{2-71}$$

将 $v_c = v - u$ 代入式(2-71)，经整理后得

$$\frac{dv}{dt} = -\left(\frac{\rho_i - \rho}{\rho_i + \zeta\rho}\right)g \pm \frac{6\psi\rho(v-u)^2}{\pi d(\rho_i + \zeta\rho)} + \left(\frac{\rho + \zeta\rho}{\rho_i + \zeta\rho}\right)a \tag{2-72}$$

式(2-72)称为颗粒在跳汰机中运动的维诺格拉道夫微分方程式。分析床层的分层机理时，上式亦可视为某种同一性质颗粒的运动微分方程式。如果研究的颗粒是非球体，则式(2-72)中的直径 d 用矿粒的当量直径 d_V 代替，阻力系数 ψ 用 ψ_A 代替并除以球形系数 χ，就可以变成非球体的运动微分方程式。

由式(2-72)可知，某一颗粒运动的加速度，除机械阻力外，基本上由三种加速度因素构成，它们对促使床层松散和按密度分层各起着不同的作用。现分析如下：

(1) 右侧的第一项，是物体在介质中的重力加速度，又称为初加速度。它的方向永远向下，它的数值只与矿粒和介质的密度有关，与颗粒的粒度大小和形状无关。它是矿物按密度分选、分层的基本因素。入选颗粒间的密度差越大，这项值越大，因而越易分选。该项也表明，适当地增大介质密度，将可增大轻、重矿粒的初加速度之差，即说明重介质跳汰可以获得更好的分选效果。当该项值在跳汰过程中成为主导因素时，分层将能更加充分地按密度差进行。

(2) 第二项是由矿粒与介质作相对运动，介质流的速度阻力因素引起的颗粒运动加速度。它的数值不仅与矿粒密度 ρ_i 有关，而且与矿粒的粒度 d_V 及形状有关。因此，在这一项因素占主要地位时，便不能充分按密度分层，重矿物细颗粒和轻矿物粗颗粒可能因阻力加速度相近而相互混杂。这种影响随着相对水速的增大及作用时间增长而增强，也就是矿粒的粒度因素、形状因素对分层的影响也愈大。若降低阻力加速度，可以减小矿粒粒度和形状差别对于床层按密度分层的不利影响。所以，为了减小粒度和形状对分层不利的影响，则须控制矿粒与介质相对运动的速

度的大小和作用时间。在一个跳汰周期中，当水流由上升转变为下降的阶段，矿粒与介质相对运动的速度减小，而且此时床层最松散，有利于矿粒按密度分层。因此，在实际生产中可适当地延长这个阶段(膨胀期)的作用。

(3) 第三项是由介质加速度流动因素引起的颗粒运动加速度。它也只与矿粒的密度有关，而与矿粒的粒度、形状无关，是一项按密度分层的因素。由该项的组成可见，矿粒密度越小，所引起的矿粒加速度将越大，因而在同样的介质加速度作用下，轻矿粒所产生的加速度将大于重矿粒。所以，在一个跳汰周期的加速上升阶段，介质加速度方向向上，低密度矿粒比高密度矿粒上升得更快；而在减速下降阶段，介质加速度方向也向上，它又将促使低密度矿粒比高密度矿粒的下降速度更快地减小。总起来看这两个阶段是促进低密度物料趋向于处在高层位，使高密度物料趋向于处在低层位，对矿粒按密度分层有利。在介质减速上升和加速下降(即上升后期和下降前期)两个阶段，介质加速度方向向下，介质加速度对分层的作用，与前面叙述的相反，使重矿物滞留在上层，对按密度分层不利。

因此，为了突出密度差在分层中有利的作用，希望跳汰周期应有较大的向上加速度和较小的向下加速度，亦即希望跳汰周期具有由上升水流缓慢地过渡到下降水流的特点。

实际考查表明，水流的加速度值 a 一般并不大，其最大值 a_{max} 很少超过重力加速度 g 的 0.2～0.5倍，且水流在以较大加速度运动时，同时也要有很大的速度值。两者相比，速度阻力的作用占据主要地位，而介质加速度阻力的作用则为次要。

2.2.3.4 *矿粒在垂直变速流中的分层的静力学和动力学理论的统一认识*

上述矿粒在垂直变速流中的分层(跳汰分层)的静力学和动力学理论，虽然立论的出发点不同，但从结论来看仍有其统一性，下面从生产角度总结归纳为：

(1) 分层的主导因素应是矿物颗粒间的密度差，为了避免因粒度不同发生混杂，在床层有效松散期间，应该尽量减少介质与颗粒间的相对速度，即实现“静态分层”。同时，床层的平均松散度也不要失之过大，也就是应保持床层的整体性质，以便提高颗粒间的静压力差，使内部压强从不平衡向平衡方向发展，最后达到按密度分层。

(2) 分层既是要在一定的松散条件下进行，引入流体动力因素就不可避免，尤其在矿石密度及粒度较大时，更需借大的速度阻力推动床层松散。此时实现“静态分层”将更加困难，颗粒运动将受到干涉沉降规律支配。为此，可以将矿石在入选前适当进行筛分分级以缩小粒度差，以避免过大的和过小的颗粒在对立产物中的混杂。

(3) 流体的动力作用可以在下降冲程中，在床层没有完全紧密以前，将细小的重矿物颗粒优先带到床层底层，即所谓“吸入作用”。吸入作用可以补充实现按密度分层，在给料粒度差较大时可以适当应用。吸入作用在静力学理论中是无法说明的，因为它是流体动力作用的一种特殊形式。不过，在实际应用时要很好掌握，过强的吸入作用反而会导致大量细粒轻矿物混入到重矿物层中。如果待处理的原料粒度范围很窄，则吸入作用更应减小。

(4) 跳汰水流的加速度推力事实上起不了大的作用。在水流上升初期它可以辅助速度阻力迅速将床层抬起，但因此时床层并未很好松散，故有益的分层作用也不能发挥；及至床层松散后，加速度方向常转变向下，虽然对分层有不利影响，但其值又常变小，对分层的影响也不太大。到了下降冲程后期，床层变得紧密，虽然加速度方向转为向上，但仍然起不到应有作用，故在实际工作中，常可将加速度作用忽略不计。

(5) 给矿中轻、重矿物含量比例，床层厚度，细粒重矿物含量等也常影响分层速度，在生产中是应当注意的。

2.3 斜面流中颗粒的运动状态

在现有重选法中,除利用矿粒在垂直介质流中运动状态的差异来实现分选过程外,还有利用矿粒在斜面水流中运动状态的差异来进行分选的方法,这种方法称为斜面流选矿。斜面流和垂直流一样,也是一种松散床层。水流的流动特性对矿石的松散、分层影响,是研究斜面流选矿的基础。

2.3.1 水流沿斜面流动的运动规律

水流沿斜面流动是借自身的重力作用,属于无压流动。阻碍水流运动的力是流层间的内摩擦力和水流与斜槽底面及边壁间的摩擦力。此外,在自由表面,还将受到空气摩擦阻力,不过在一般情况下,这种阻力是很小的可以忽略不计。如果斜槽的断面、坡度、槽底粗糙度等前后一致,则在一定的给水量下,流速将保持不变,对这种流动称作均匀流。若在沿斜槽水流流动方向的断面、坡度或粗糙度等有所改变,则在相应位置处流速即发生变化,此种流动称为非均匀流。如果就槽内某一点而言,流动速度随时间而变化则称为非稳定流,而流速不随时间而变化的流动则为稳定流。稳定流和非稳定流、均匀流和非均匀流是两个不同范畴的概念,一个涉及时间加速度,一个涉及位置加速度。在重选实践中,既有采用均匀流的,也有采用非均匀流(如扇形溜槽)的,同时也应用非稳定的均匀流。

2.3.1.1 斜面水流的流态

斜面水流的运动状态同样有层流和紊流两种,仍可用雷诺数 Re 来判断

$$Re=\frac{Ru_{\mathrm{av}}\rho}{\mu} \tag{2-73}$$

式中 u_{av}——斜面水流的平均流速;

R——水力学半径,按定义为过水断面积 A 同湿周长 L 之比,即

$$R=\frac{A}{L}=\frac{BH}{B+2H} \tag{2-74}$$

B——槽宽;

H——水层厚。

在流膜选矿中,水层厚度远远小于槽宽,故水力学半径近似为 $R\approx H$。

表示层流和紊流流动界限的雷诺数,并不是一个固定值。由紊流变为层流的雷诺数称为下限雷诺数。经河道及厚水层的明渠流测定得知,当 $Re<300$,为层流流动。由层流变为紊流的雷诺数称为上限雷诺数。有人测出其临界值 Re 为 1000。上限雷诺数是不稳定的。在上限和下限雷诺数之间流体的流态,主要取决于初始流动状态。

对于薄层水流,临界雷诺数则与厚水层不一致。据研究,厚度为数毫米的薄层水流,其下限雷诺数比厚水层的下限雷诺数小得多,$Re<(20\sim30)$为一般的层流状态;当 $Re>(30\sim50)$时,产生了波动的层流运动,这时流膜除了前进运动外,同时产生了波动。而当 $Re\approx1500$ 时,流动变为一般的紊流流态。薄层水流对初始扰动、槽底粗糙度等因素反应很敏感,在相当大的雷诺数范围内流态是不稳定的。在选矿过程中,由于槽底的粗糙度通常都比较大,水流运动时的雷诺数也比较高,因此,一般都属于紊流流动。

2.3.1.2 层流流动的水力学特性

流体在作层流流动时，由于层间流体质点没有混杂交换，流动好似切向变形。其水速沿深度的分布规律，可由层间摩擦力和流体沿槽的重力分力之间的平衡关系导出。如图 2-19 所示，在水流内部面积为 A 的两层面间，黏性摩擦力 F 的大小见公式(2-7)，而底面高度为 h 以上的水流在斜面上的重力分力 G_x 为

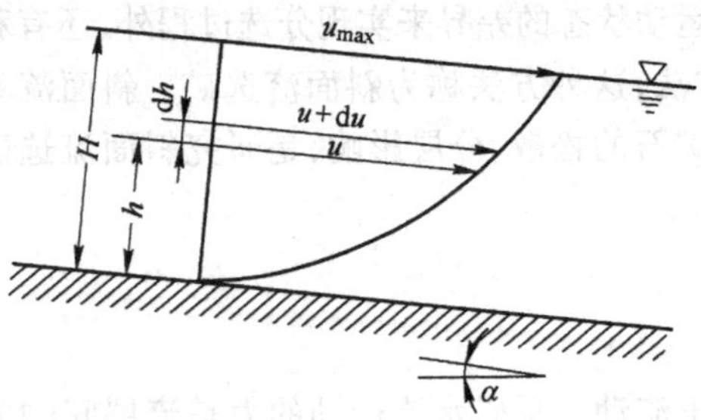

图 2-19 层流水速沿深度分布计算图

$$G_x = (H-h)A\rho g\sin\alpha \tag{2-75}$$

式中 α——斜槽倾角。

当水流达到匀速流动时，存在着 $F = G_x$ 的关系，即

$$\mu A\frac{du}{dh} = (H-h)A\rho g\sin\alpha$$

对上式分离变量积分，可求得距槽底 h 高度处微层的流速为

$$u = \frac{\rho g\sin\alpha}{2\mu}(2H-h)h \tag{2-76}$$

令 $h=H$，代入上式中得到表层的最大水速 u_{max} 为

$$u_{max} = \frac{\rho g\sin\alpha}{2\mu}H^2 \tag{2-77}$$

将公式(2-77)除以公式(2-76)，可求得水速沿深度的变化关系为

$$\frac{u}{u_{max}} = 2\frac{h}{H} - \left(\frac{h}{H}\right)^2 \tag{2-78}$$

上式表明，层流流态的水速沿深度分布规律为一条二次方抛物线。用积分求平均值则可求得高度 h 以下水层的平均流速 u_{hav} 为

$$u_{hav} = \frac{\rho g\sin\alpha}{2\mu}\left(1-\frac{h}{3H}\right)Hh \tag{2-79}$$

当 $h=H$ 时，代入上式得整个水流的平均流速 u_{av} 为

$$u_{av} = \frac{\rho g\sin\alpha}{3\mu}H^2 \tag{2-80}$$

上式与公式(2-77)对比，得到平均流速与最大流速的关系为

$$u_{av} = \frac{2}{3}u_{max} \tag{2-81}$$

上式表明，层流水流的平均流速为其最大流速的 2/3。

2.3.1.3 紊流流动的水力学特性

紊流总是随流速的增大而发生。其特点是流体内出现了大小无数的漩涡，流体质点杂乱无章地运动着，因而在任一点均不再有稳定的流速。它每时每刻都在变化着，经过运动质点的动能交换，流速沿深度的分布变得均匀了。这些现象虽然早已为人们所熟知，但有关紊流的形成和发展过程仍是近代流体力学在探索的重要问题。最近的研究发现，在十分杂乱的紊流中，存在着接近有次序的结构——拟序结构。这种结构显示出紊流的初始漩涡是以流条形式在固体壁附近形成。在速度梯度的作用下，流条不断地滚动、扩大，发展到一定程度即很快离开壁面上升，并对流

动产生扰动。这种最初生成的漩涡范围很小，但转动很快、强度很大，并且在流场内是不连续的。在底部紊流区中间还无规则地交替出现着非紊流区。随着小尺度漩涡的上升扩展、互相兼并，结果又出现了速度较低但范围较大的大尺度漩涡。在相邻的两大漩涡间发生着运动方向的转变，大的漩涡被搅动分散开来，形成许多小的波动运动，最后在黏滞力作用下，速度降低转化为热能消失；与此同时，新的漩涡又在底部形成和向上扩展，如此循环构成一幅紊流运动图像，如图 2-20 所示。

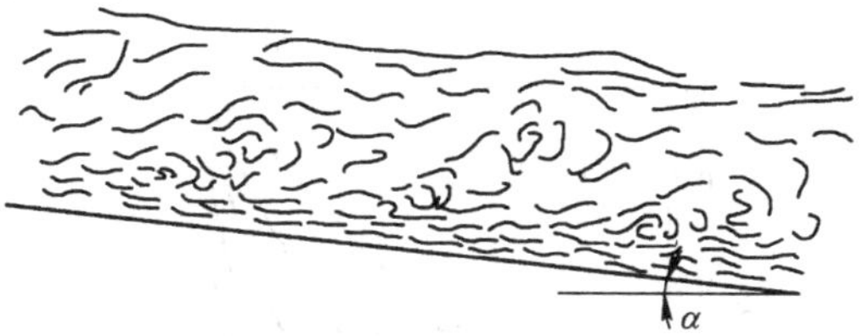

图 2-20 紊流中漩涡运动示意图

A 紊流中水速沿深度分布

图 2-21 显示了层流与紊流时水速沿深度分布的对比。在层流中，由于层间没有质点交换，从下往上流速增加很快，层间速度差较大；而在紊流中，流速在底层(层流边界层)区还增加很快，到紊流区由于层间质点交换的结果，各流层间流速趋于均匀化。这样的速度分布曲线大致可用高次抛物线表示

$$u = u_{\max}\left(\frac{h}{H}\right)^{\frac{1}{n}} \tag{2-82}$$

式中 n——系数，随雷诺数 Re 的增大而增大，并与槽底粗糙度有关，常见 n 值变化在 2～7 之间。

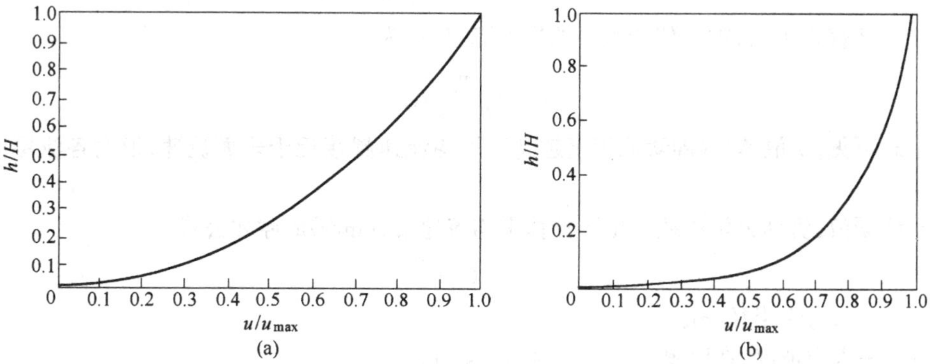

图 2-21 层流和紊流斜面流流速分布(相对值)对比

(a) 层流流态；(b) 紊流流态

h、H—自槽底计的水深及最大水深；u、$u_{\max}$—微层水速及表层最大水速

对于光滑槽底，在紊流程度足够高时(大约 $Re=5\times10^3$)，$n=7$，式(2-82)在流体力学中称为七分之一次方定律，应用较多。当雷诺数 Re 继续增大时，n 值可增加到 10，但这样的流动状态在重选中是遇不到的。重选用的粗粒溜槽水速约为 1～3 m/s，紊流程度不算很高，n 值可取为 4～5。处理细粒矿石的溜槽，水流多属弱紊流，n 值取为 2～4。在重力场中选别矿泥的溜槽，流膜流速一般只有 0.1～0.2 m/s，接近于层流流动，此时在 $h/H<0.2$ 深度内，n 值取 1.25；在 $h/H>0.2$ 深度段，n 值取 2.0。这样取值计算的结果接近于实际。斜槽中速度分布随 n 值的变化，见图 2-22。如要计算速度分布的绝对值，则应先求出最大流速 $u_{\max}$后，再计算速度分布的数值。

不论是层流还是紊流，按流速分布公式计算的最大流速，均是在水流表层，但是实测最大流

速却是在水面以下稍深处。对于矩形水槽，约在水面下五分之四深度处，如图 2-23 所示。这大概是由于空气摩擦力和表面波动消耗了流动能量所致。

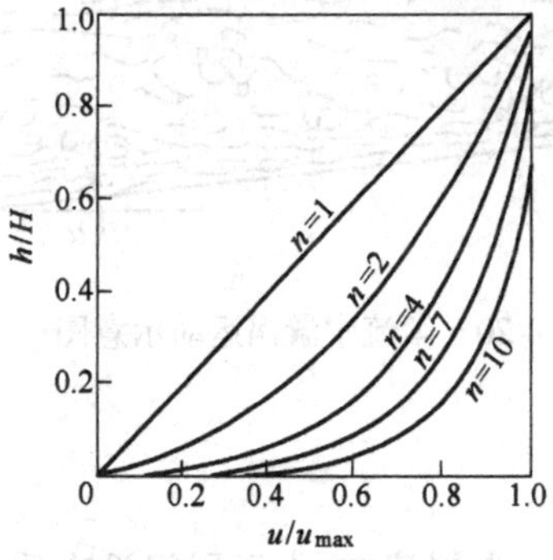

图 2-22 斜槽水速分布与 n 值关系图

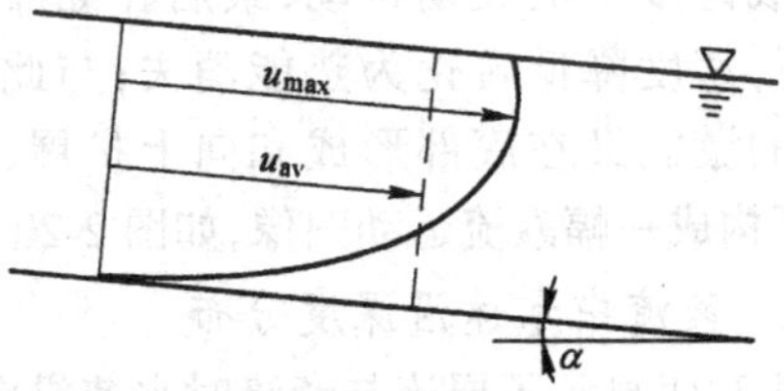

图 2-23 实测斜槽水速沿深度分布示意图

水速沿深度的变化在水槽两侧壁也同样表现出来。在那里水速急剧降低并生成边壁涡。边壁涡和底部升起的漩涡合并，形成更强的涡流，对颗粒的分层运动有较大影响，通常称为侧壁效应。

根据公式(2-82)可以导出 h 深度以下水流的平均速度 u_{hav} 为

$$u_{hav}=\frac{n}{n+1}u_{max}\left(\frac{h}{H}\right)^{\frac{1}{n}} \tag{2-83}$$

将 $h=H$ 代入上式，得到整个水层的平均流速 u_{av} 为

$$u_{av}=\frac{n}{n+1}u_{max} \tag{2-84}$$

从上式可见，n 值越大(即紊流程度越高)，平均流速越接近于表面流速，说明各流层间速度差越小。

对于明渠流，流体力学中还给出了计算平均流速 u_{av}(m/s)的谢才公式

$$u_{av}=C\sqrt{Ri} \tag{2-85}$$

式中 R——水力学半径，m；

i——水力坡度，在明渠自然流动时，$i=\sin\alpha$；

C——谢才系数，$m^{0.5}/s^{0.5}$，由巴生公式确定

$$C=\frac{87}{1+\eta/\sqrt{R}} \tag{2-86}$$

η——槽底粗糙系数，可通过有关书籍查到，对于薄流膜，应通过试验确定。

B 紊流中的脉动速度

紊流内某指定点的水速不仅大小有变化，而且方向也不固定。所以在讨论紊流层的流动速度时，只能就它在某时间段内的平均值而言，称为时均速度 $\bar{u}$。某点的瞬时速度 u 围绕着时均速度上下波动(图 2-24)，在某瞬时偏离时均速度的波动值 $u-\bar{u}$，称为瞬时脉动速度 u'。

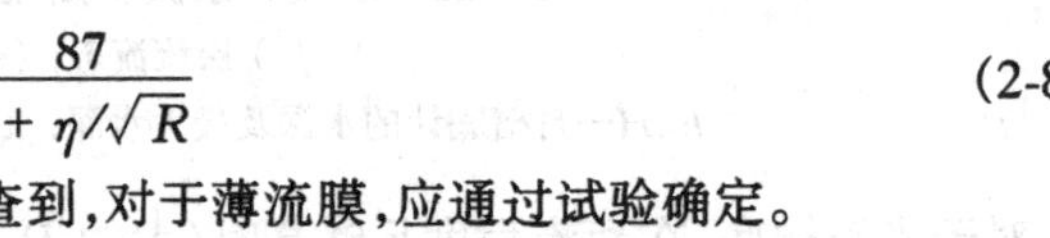

图 2-24 紊流中某点的瞬时速度

$\bar{u}$—时均速度；u—瞬时速度；

$u-\bar{u}$—瞬时脉动速度

对于重选，最有意义的脉动速度是垂直于水面方向的分速度 u'_y(法向脉动速度)，这一速度对颗粒沉降及床层松散均有重要的影响。法向时均速度为零，其瞬时脉动速度在上下波动中，其方向有正有负，其时间平均值也为零。故在衡量脉动速度的大小时，采用瞬时脉动速度的时间均方根来表示。

$$u_{im} = \sqrt{\frac{1}{T}\int u'^2_y \mathrm{d}t} = \sqrt{\overline{u}'^2_y} \tag{2-87}$$

式中 u_{im}——法向瞬时脉动速度的时间均方根；

u'_y——法向瞬时脉动速度；

$\overline{u}'^2_y$——法向瞬时脉动速度的时间均方值；

T——某一时间段。

根据前述漩涡的形成过程，脉动速度除最底层外，应是下部最强，向上逐渐减弱。实际测定证实了这一点。明斯基在光滑底面的明槽中测得法向脉动速度的相对大小如表 2-9 所示。

表 2-9 明槽水流法向脉动速度实例数据

h/H	0.05	0.18	0.42	0.54	0.65	0.68	0.80	0.91
$K = u_{im}/u_{max}$	0.046	0.048	0.046	0.042	0.041	0.040	0.040	0.038

对于紊流度不太大的斜面水流，公式(2-84)中取 $n=4$，则得

$$u_{max} = 1.25u_{av}$$

将此关系代入表 2-9 u_{im}/u_{max}的最大和最小值中，得到法向脉动速度的范围是

$$u_{im} = (0.038 \sim 0.048) \times 1.25u_{av} \approx (1/21 \sim 1/17)\ u_{av}$$

上述值与利亚申柯提供的在有矿粒沉积层的粗粒溜槽中，法向脉动速度约为平均流速的 1/17 数据很接近。

随着水流流速增大，脉动速度增强。故一般可写成形式为

$$u_{im} = mu_{av} \tag{2-88}$$

式中 m——系数，随流速和槽底粗糙度的增大而增加。

T.Г. 方勉柯等人将斜槽中排出的矿粒自由沉降末速视为法向脉动速度的相等值，取式(2-84)中 $n=5$，计算出 m 值随平均流速的变化关系，如图 2-25 所示。由于系数 m 也随流速的增大而增加，故脉动速度的增加将比平均流速的增加更为迅速。槽底粗糙度增大，脉动速度也增加。当槽底有粗颗粒沉积层时，在同样流速下法向脉动速度将比光滑槽底高出 0.5～1 倍以上。

这些测定均是在厚水层条件下进行的，因此，在该条件下应用才可靠。关于薄层流膜的脉动速度测定工作，人们做的很少。

C 紊流中的层流边层

普朗特在早期的研究中认为，紊流中的漩涡在底部受固定壁限制不能向下扩展，于是紧贴壁面的极薄层流体继续保持层流流动。这就是长期以来被称为的层流边层或边界层。近年来，经深入的研究得知，在紊流斜面流的底部确有一薄层，它是以黏性力作用为主，但该层流体并不严格呈层流状态，而是有微弱的漩涡运动，故有人建议称其为黏性流层。但因还没有较广泛被接受，在此暂称作层流边层。在高速流动的深水层或管流中，它的厚度很小，常以几分之几毫米度量，故可忽略不计。但在薄层弱紊流中，层流边层厚度占有相当比例，对选别的影响也变得显著了。在层流边层和紊流层之间还有一个过渡层，厚度更小，通常即把它算在层流边层内。如将过渡层单独计算，则弱紊流薄层水流中就有了三层结构，如图 2-26 所示。

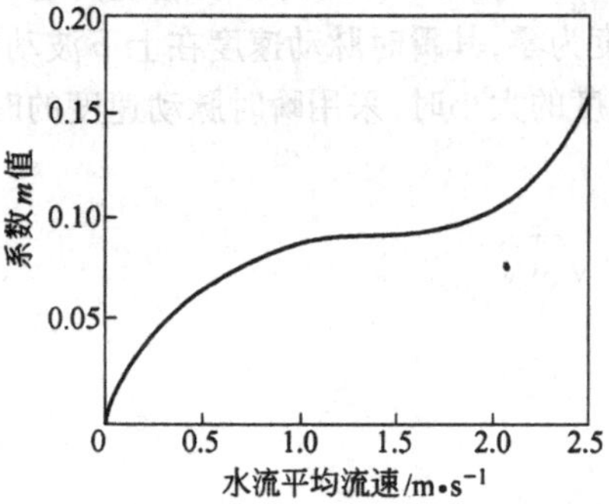

图 2-25　公式(2-88)中系数 m 随平均流速的变化关系

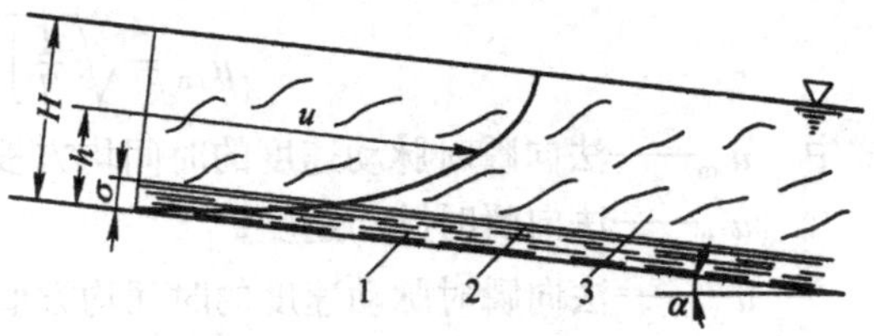

图 2-26　弱紊流水流膜结构
1—层流边层；2—过渡层；3—紊流层

因层流边层的厚度与边层界面处流体内部的切应力大小有关，故切应力越大，越易形成初始漩涡，因而层流边层愈薄。同时流体的密度 ρ 和黏度 μ 对这一厚度也有影响。将这些因素综合在一起，利用因次分析法可求得层流边层厚度 σ 的公式如下

$$\sigma = N\frac{\mu}{\sqrt{\rho\tau_0}} \tag{2-89}$$

式中　σ——层流边层厚度；

τ_0——层流边层界面处切应力；

N——比例系数，无因次，称作普朗特准数。当 ρ 及 μ 分别以 g/cm^3 和 Pa·s 表示时，已经测得在光滑管内流动的液体 $N = 104.7$。

在层流边层界面处的切应力仍遵守牛顿内摩擦定律，将公式(2-7)中的 τ 值代入公式(2-89)中即可看到，层流边层的厚度是随边层内速度梯度的增大而减小。公式(2-89)改变形式可写成

$$\sigma = N\frac{\mu}{\sqrt{\rho\tau_0}} = N\frac{\mu/\rho}{\sqrt{\tau_0/\rho}} = N\frac{v}{v_*} \tag{2-90}$$

式中，v_* 是一项反映层流边层内切应力大小的量，具有速度因次，称为切应力速度。它的大小反映了底层流体在切向运动中所具有的摩擦力。

2.3.1.4　弱紊流的流速计算式

弱紊流的底层具有足够厚度的层流边层，这种流动的速度公式可分别由紊流层和层流层导出，称为卡尔曼—普朗特公式

$$u = \frac{\sqrt{Hg\sin\alpha}}{K}\left(\ln\frac{h}{\sigma} + KN\right) \tag{2-91}$$

式中　H——水层厚度；

g——重力加速度；

α——斜槽倾角；

K——紊流系数或称卡尔曼常数，在重力场厚水层中约等于 0.4；

h——某液流微层距固体底面的距离；

σ——层流边层厚度。

式(2-91)在层流边层很薄时，接近于全流层的速度分布，但计算时 σ 不能为零。与式(2-82)

相比,式(2-91)是根据一定物理意义导出的,而式(2-82)只是一种经验式,并在多数情况下不如式(2-91)更符合实际。

2.3.1.5 水跃现象和槽底粗糙度对紊动流动的影响

在水流沿斜槽流动的过程中,若遇有挡板或槽沟等障碍,则在障碍物的上方近旁水面会突然升高,如图 2-27(a)所示,这便是水跃现象。水跃也可发生在底部有转折的斜槽中,如图 2-27(b)那样。转折点上方的槽底坡度比下方大,因而流速也大,而水层厚度则较薄。

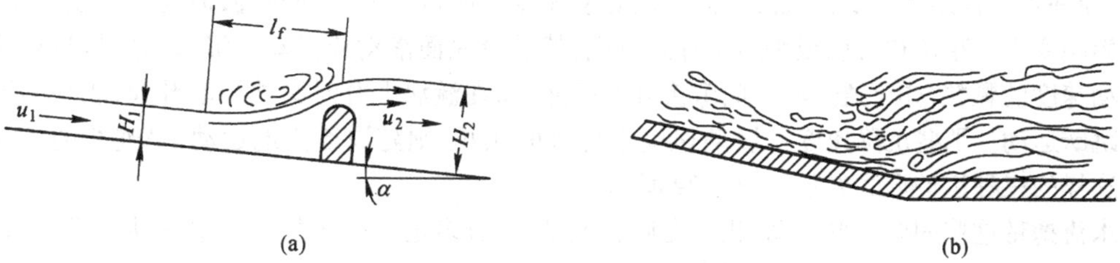

图 2-27 水跃现象
(a) 槽底障碍水跃; (b) 槽底转折水跃

在斜面流选矿过程中,为使床层得到更大程度的松散,可以借助水跃方法达到。为此,可在槽底连续设置挡板或改变槽底坡度,但水跃的强度必须控制适当。过强的水跃不利于粒群稳定分层,且会造成细粒重矿物损失。在选别微细粒级矿石时,有时需变缓槽底坡度以增加矿石的沉淀量。这时为了保持下游有足够的速度梯度,在坡度转折处还应尽量减少水跃,以免消耗流动动能。

除了挡板、格条、槽沟能够激起漩涡外,槽底粗糙度对漩涡的形成也有很大影响。但该影响却与底层水流的流态有关。当底部层流边层厚度高过粗糙峰时,底部表面的性质对漩涡的形成不发生直接影响,如图 2-28(a)所示。而在层流边层厚度低于粗糙峰时,如图 2-28(b)那样,在粗糙峰背后发生了边界层分离,促进了初始漩涡的形成,于是脉动速度增强。此时,在粗糙峰下面的凹陷处,仍会有薄的层流边层存在,成为落入底部的细粒重产物的“避风港”,在那里进行着重矿物的最后分层和富集。斜槽中水流流动的雷诺数愈大,底面愈陡,粗糙峰愈高以及流膜愈薄,则激起的漩涡强度将愈大;底面的层流边层厚度越薄,因而床层将愈加松散。生产中对水流紊动程度的选择既要考虑到松散床层的需要,也要照顾到矿粒分层所必要的稳定性。

图 2-28 不同流态下槽底粗糙度对漩涡形成的影响
(a) 层流边层高过粗糙峰; (b) 层流边层低于粗糙峰

2.3.2 矿粒在斜面流中的分层规律

矿粒在斜面流中松散、分层,是在重力、水流作用力和摩擦力的综合作用下进行的。矿粒在粒度和形状上的差异,将影响其按密度分选的结果。研究矿粒在斜面流中沿水深分布的规律,以及它们沿槽底的运动速度,对研究矿粒在斜面流中的分选过程,具有十分重要的意义。

2.3.2.1 矿粒在厚层紊流斜面流中的运动和分选

A 矿粒在厚层紊流斜面流中的运动形式

厚水层斜面流用于处理粗粒矿石。斜面水流明显的呈紊流流动。其分选的特点是利用轻、重矿物的颗粒沿槽底的运动速度差分离。矿石在和水流一起给到斜槽之后,一面被水流推动运动,一面在重力作用下向底部沉降。紊流的脉动速度影响颗粒的运动轨迹,但随着粒度的增大,这种影响变小。粗矿粒可以很快地沉降到槽底,然后沿底面滚动或滑动。沉降速度接近或略大于脉动速度的颗粒,亦可透过漩涡间隙沉降到槽底,而在漩涡上升时又被推动升起,表现为不连续的跳跃运动。那些沉降速度比脉动速度小得多的颗粒,则随波逐流地运动,呈连续的悬浮状态。这样的三种运动形式如示意图 2-29 所示。

水流携带这些固体粒群运动,犹如在底面粗糙,并有多道障碍物的明渠中流动一样,沿程阻力增大,坡降损失主要消耗在惯性阻力上。

粗大的矿物颗粒以接近自由沉降速度向底部降落,同时又以等于所在位置的水速在空间向前运动。如图 2-30 所示,在忽略脉动速度影响的条件下,可推导出颗粒从给矿点到抵达槽底期间沿槽运行的距离 L 为

$$L=\frac{u_{\mathrm{av}}}{v_0\cos\alpha}H \tag{2-92}$$

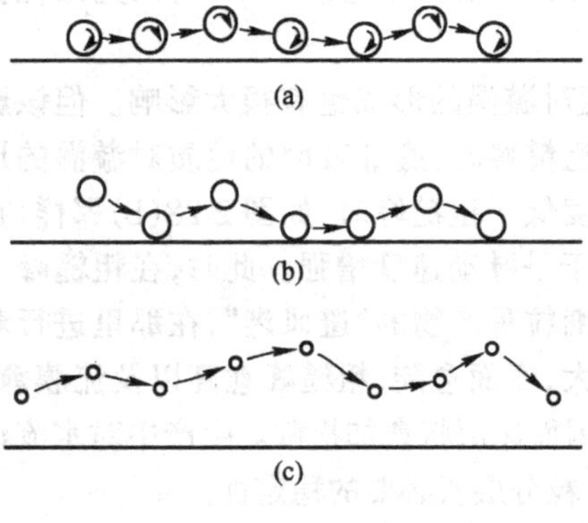

图 2-29 固体颗粒在紊流斜面流中的运动形式
(a) 主要是沿槽底滚动或滑动;(b) 不连续的跳跃运动;
(c) 连续悬浮运动

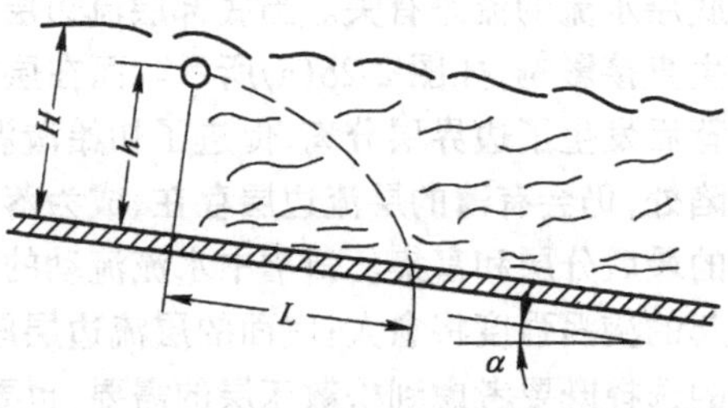

图 2-30 颗粒在厚水层斜面流中的沉降

上式亦适用于粗颗粒在近似层流流动水流中的沉降,如颗粒在浓缩机中的沉降运动。不过在紊流中脉动速度总是要对颗粒的运动产生影响。水流的瞬时速度既可使颗粒的沉降速度增大,又可使之减小。所以即使是同一个颗粒也不会在多次的沉降中有相同的运行距离。该问题可用统计学方法来解决。同一个颗粒在多次沉降中或同一个密度级和粒度级颗粒在同样条件下沉降,总有一个最大的或然距离,此距离视为运行距离 L。由式(2-92)可见,颗粒的密度和粒度愈大,v_0 愈大,沉降过程中运行的距离愈短;随着密度和粒度的减小,运行距离增长,而且受脉动速度影响,沉降的落点位置愈来愈模糊不清。当脉动速度有足够大的影响时,式(2-92)不再适用。当脉动速度超过了颗粒的沉降末速时,该颗粒不再沉降,仅在水流中保持着悬浮状态,此时

再延长斜槽长度也难以回收它们。

B 矿粒沿槽底的运动

虽然密度不同的颗粒在抵达槽底时,可有不同的运行距离,但大多数颗粒还是处于混杂状态。分选是借助于它们沿槽运动速度的不同而达到分离的。这就是粗粒溜槽需要很大长度的基本原因。

为了进一步说明这一问题,现将颗粒在槽底的受力情况分析如下(图 2-31):

(1) 颗粒本身在水中的重力 G_0。G_0 见式(2-11),重力沿槽底的分力为 $G_0\sin\alpha$,垂直于槽底的分力为 $G_0\cos\alpha$,α 为斜槽与水平面的夹角。

(2) 水流的纵向推力 R_x。设颗粒沿槽底的运动速度为 v,作用于它上面的水流迎面平均速度为 u_{dav},由式(2-16)得

$$R_x = \psi d^2(u_{dav} - v)^2\rho \tag{2-93}$$

(3) 水流绕颗粒产生的法向举力 P_y。该力是因水流绕颗粒的上表面流速加快、压强降低所引起,如图 2-32(a)、(b)所示。当颗粒的重量较大时,这种作用力可以忽略不计;但当颗粒的上下表面有较大速度差时,对细小颗粒则会引起明显的作用。

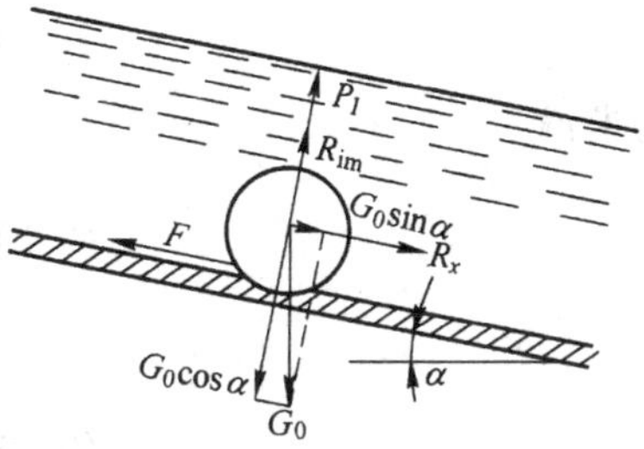

图 2-31 在紊流斜面流中颗粒在槽底的受力情况

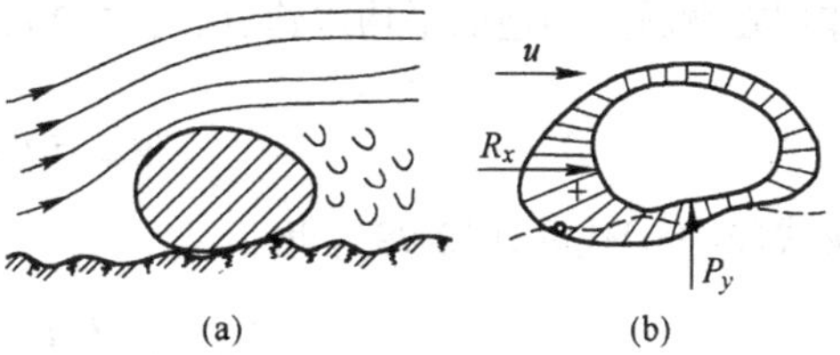

图 2-32 作用于槽底颗粒上的水流纵向推力和法向举力

(4) 脉动速度的上升推力 R_{im}。如颗粒所在位置的水流法向脉动速度为 u_{im},则此项推力为

$$R_{im} = \psi d^2 u_{im}^2\rho \tag{2-94}$$

(5) 液体的黏结力 P_{ad}。该力来自固液界面的水化膜对颗粒的黏结作用。水化膜中的水分子受界面能作用,其黏度很大,但它的厚度却很小(影响所及大约只有 0.0001 mm)。当颗粒粒度很小且与槽底表面紧密接触时,黏结力会表现出很大的作用。但在颗粒粒度较大,接触又不紧密时,黏结力则不显著。由于该力很难测定,所以通常将其合并到摩擦力中,认为是摩擦系数增大。这就是通常颗粒的摩擦系数随粒度的减小而增大的主要原因。

(6) 颗粒与槽底的摩擦力 F。摩擦力 F 等于颗粒作用于槽底的摩擦系数 f 与正压力 N 的乘积,即

$$F = fN \tag{2-95}$$

以上是对颗粒各单项力的分析。在研究其对颗粒沿槽运动的影响时,需要将各力分解为平行于槽底和垂直于槽底的两个方向的力(图 2-31)。

在平行于槽底方向颗粒受力平衡时,颗粒运动达平衡,以等速沿槽底运动,此时

$$G_0\cos\alpha + R_x = fN$$

即

$$G_0\sin\alpha + \psi d^2(u_{dav} - v)^2\rho = f(G_0\cos\alpha - \psi d^2 u_{im}^2\rho - P_y) \tag{2-96}$$

对于粗颗粒来说,法向举力 P_y 的影响是很小的,可以忽略不计。将式(2-96)综合整理后,可得

$$u_{dav}-v=\sqrt{\frac{mg_0(f\cos\alpha-\sin\alpha)}{\psi d^2\rho}-u_{im}^2 f} \tag{2-97}$$

对于粗颗粒来说,u_{im} 比 v_0 小很多,故 $u_{im}^2 f$ 一项可忽略不计。将 $v_0=\sqrt{\frac{mg_0}{\psi d^2\rho}}$ 代入式(2-97)并移项整理,得

$$v=u_{dav}-v_0\sqrt{f\cos\alpha-\sin\alpha} \tag{2-98}$$

上式就是颗粒沿槽底运动的速度公式。由该式可见,颗粒的运动速度是随水流迎面平均速度的增大而增大;随自由沉降末速及摩擦系数的增大而减小;随斜槽坡度的增大而增大。

由于推动颗粒运动的力与槽底摩擦力经常不是作用在一条线上,而表现为一种力偶形式,致使颗粒很容易发生滚动。滚动的摩擦系数比滑动小得多,故有更快的运动速度。扁平形的颗粒不易发生滚动,沿槽滑动的速度要比滚动低得多,因此,更便于其利用速度差分离。

当斜槽的坡度较小时(多数粗粒溜槽的坡度在3°~15°之间),$\cos\alpha\approx1$,$\sin\alpha\approx0$。此时颗粒的重力因素变得很小,可以认为颗粒的运动是在水力作用下发生,于是公式(2-98)可简化为

$$v=u_{dav}-v_0\sqrt{f} \tag{2-99}$$

作用在颗粒上的迎面平均水速,由公式(2-83)和式(2-84)求得

$$u_{dav}=u_{av}\left(\frac{d}{H}\right)^{\frac{1}{n}} \tag{2-100}$$

将式(2-100)代入式(2-99),得

$$v=u_{av}\left(\frac{d}{H}\right)^{\frac{1}{n}}-v_0\sqrt{f} \tag{2-101}$$

上式最早由利亚申柯导出,可以用来分析单个颗粒的运动与有关因素的关系。对于同样密度的颗粒,当颗粒粒度较大时,摩擦系数接近于定值。此时,颗粒沿槽运动的速度随粒度的大小而变化。当粒度相对于水层厚度很小时,只能受到底层低速水流的推动,运动速度必然很小。随着粒度的增大,受紊流水速分布特性决定,颗粒受到的迎面平均速度急剧增大,致使式(2-101)右边第一项的数值比第二项增加更为迅速,颗粒的运动速度表现为随粒度的增大而增大。当颗粒粒度大到一定程度后,水流的迎面速度增加缓慢,而 v_0 值则继续随粒度的增大而增加。于是发生了运动速度随粒度的增大而减小的现象。这一变化关系可用公式表示,利用谢才公式(2-85)及牛顿-雷廷智沉降末速公式(2-23)整理式(2-101),令 $K_N=\sqrt{3g}$,得

$$\frac{v}{\sqrt{H}}=C\sqrt{i}\left(\frac{d}{H}\right)^{\frac{1}{n}}-K_N\sqrt{f\left(\frac{\rho_i-\rho}{\rho}\right)}\left(\frac{d}{H}\right)^{\frac{1}{2}} \tag{2-102}$$

上式表示了颗粒运动的速度(写成 $v/\sqrt{H}$)随粒度的相对值(写成 d/H)的变化关系。将这一关系绘在坐标图上,即图2-33所示的曲线形式。

通过对公式(2-102)和图2-33中的曲线分析,可以得到如下一些认识:

(1) 在同一斜槽中不同密度颗粒的运动速度随粒度变化的规律相同,但速度差别却很大。密度大的颗粒(如方铅矿)的运动速度总是低于密度小的颗粒(如煤或石英等)。粒度相同的矿粒,密度越大,沿斜面的运动速度 v 越小(而沉降时,密度越大的颗粒,沉降速度却越大);重矿物颗粒与轻矿物颗粒沿槽底的速度差是随两者粒度的增大而增大,说明粒度大的颗粒比粒度小的颗粒易于在斜槽中获得分选。

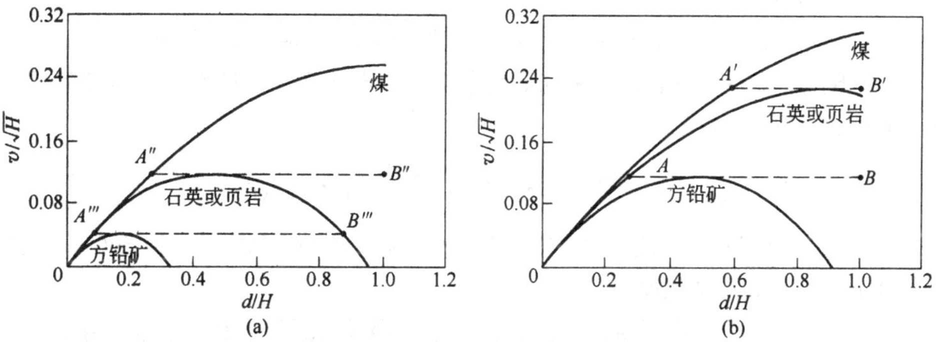

图 2-33 矿粒在斜槽中的运动速度随粒度的变化关系

(a) $\alpha=2°$; (b) $\alpha=5°$

(2) 密度相同而粒度不同的颗粒，其移动速度的变化存在一极大值。这是由于当颗粒粒度相对于水层厚度很小时，颗粒只能受到底层低速水流的推动，运动速度必然很小。随着粒度的增大，受紊流水速分布特性决定，使推动颗粒运动的平均水速急剧增大，致使颗粒运动速度随着颗粒粒度的增大而增大。当颗粒粒度大到一定程度后，推动颗粒运动的水流速度增加缓慢，而自由沉降末速 v_0 值却继续随粒度的增加而增大，于是出现了运动速度随颗粒粒度的增加而减小的现象。密度不同的颗粒出现最大值的位置不同，密度大的颗粒出现在较小的 d/H 值处；密度小的颗粒出现在较大的 d/H 处。

(3) 在斜槽中，密度大的粗颗粒和密度小的细颗粒具有相等的沿槽移动速度而成为等速颗粒(沉降时等降颗粒情况正好与此相反)，因此在垂直流中呈等降的颗粒可以在斜面流中得到分选。

(4) 当斜槽倾角增加时，颗粒的运动速度普遍加快，但大倾角斜槽中两个不同密度颗粒速度的最大值之比，则比小倾角斜槽中相应的比值为小，故使按密度分选变得不利了。

颗粒从静止状态被水流推动开始运动时的水流速度称作冲走速度，以 u_0 表示。其值可由式(2-98)，并令 $v=0$，求得

$$u_0 = v_0\sqrt{f\cos\alpha - \sin\alpha} \tag{2-103}$$

颗粒开始运动时，槽底摩擦系数为静摩擦系数。在颗粒开始运动后，摩擦系数由静摩擦变为动摩擦，其数值大为减小，颗粒运动速度则迅速增大。

以上公式适用于粗颗粒在平整槽底上的运动。例如里欧选煤洗槽就是按这一原理工作的。对于选矿用的粗粒溜槽，矿粒在槽底接近单层运动，上列公式亦大致适用。此时槽底则没有固定的壁面，而是由沉积物组成的粗糙表面，摩擦系数增大，且没有定值。对于粗粒脉石槽底粗糙度相对较小因而极易滚动排出，而对于细粒重矿物及细粒脉石，摩擦力变得很大，因而被滞留在槽内成为沉积物。结果就使沉积物中常混有不少细粒脉石，降低了分选精确性。

〔**例 2-6**〕 将粒度为 10～0 mm 的含金石英砂给入坡度为 4°、水层厚度为 20 mm 的斜面流中分选。金粒最大为 1 mm，假定金粒和石英与槽底的摩擦系数分别为 1.0 和 0.9。试求：① 最大金粒和石英的冲走速度；② 金粒不被水流冲走的临界水速；③ 在上述条件下最大石英颗粒的运动速度。已知，1 mm 金粒的自由沉降末速为 62.0 cm/s，10 mm 石英颗粒的自由沉降末速为35.7 cm/s。

〔**解**〕 (1) 用式(2-103)计算冲走速度，对于 1 mm 金粒

$$u_{02} = v_{02}\sqrt{f_2\cos\alpha - \sin\alpha} = 62.0\times\sqrt{1.0\cos4° - \sin4°} = 59.7\ (\text{cm/s})$$

对于 10 mm 石英颗粒

$$u_{01}=v_{01}\sqrt{f_1\cos\alpha-\sin\alpha}=35.7\times\sqrt{0.9\cos4^\circ-\sin4^\circ}=32.5\ (\mathrm{cm/s})$$

(2) 金粒不被水流冲走的临界条件应是当金粒的冲走速度等于迎面水流速度的情况，由式(2-100)，取 $n=4$，得临界水速 u_{av}为

$$u_{av}=u_{dav}\left(\frac{H}{d}\right)^{\frac{1}{n}}=59.7\times\left(\frac{20}{1}\right)^{\frac{1}{4}}=126.3\ (\mathrm{cm/s})$$

(3) 在作用于石英颗粒的水流平均速度等于金粒不被水流冲走的临界水速条件下，由式(2-98)可计算出 10 mm 石英的运动速度 v

$$v=u_{dav}-v_0\sqrt{f\cos\alpha-\sin\alpha}=126.3-35.7\ \sqrt{0.9\cos4^\circ-\sin4^\circ}=93.8\ (\mathrm{cm/s})$$

2.3.2.2 粒群在薄层斜面流中的分选

选别细粒和微细粒的矿浆流膜具有和粗粒斜槽中的矿浆流不相同的一些特性，表现在以下几方面：

(1) 随着颗粒粒度变细(例如 $d<0.2$ mm)，固体在水中分布的均匀性增大，矿浆成为细分散的悬浮液，在外观上具有了总体的密度和黏度。矿浆的流动性受到这种总体性质支配，而其中个别颗粒的运动也要受到这种总体性质的影响。

(2) 随着粒度减小，粒群的比表面积增大，固、液界面的物理化学特性开始起作用。例如，为了缩小表面积，颗粒间易发生团聚；高黏度的水化膜也会显示其作用，使矿浆黏度增大，颗粒表面的动电位甚至会影响到颗粒的沉降速度。

流膜选矿按分选方式的差别，可分成两种类型。一是流膜内颗粒呈多层分布，多者十余个颗粒厚，少者数个颗粒厚，选别时必须先经过分层，然后才能展开分带或按运动速度差排出。另一种是颗粒基本呈单层分布，与在厚层斜面流中的分选过程类似，主要借沿槽底的运动速度差分离。

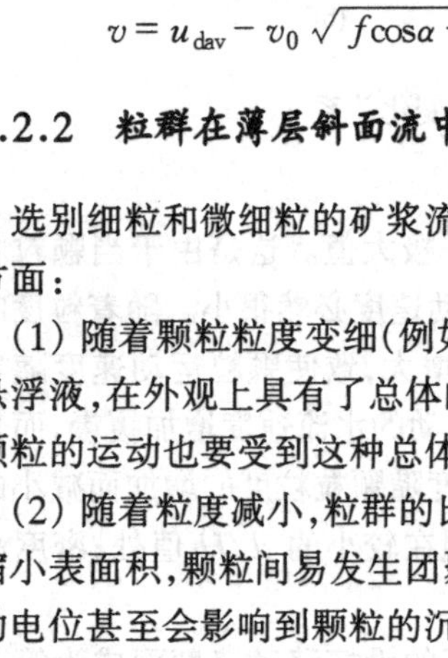

图 2-34　斜槽中清水和浑水纵向脉动速度的变化对比

A　流膜的弱紊流流动

微细的矿粒群在紊动水流中借脉动速度推动悬浮，称作紊动扩散作用。此时，悬浮的固体粒群反过来对脉动速度又起着抑制作用。其原因是，一部分紊动动能转变成了压力能，用以支持粒群在水中的重量。另外，固体粒群对流动的干扰，使得底层的初始漩涡难以形成，因而整个矿浆流的紊流度随之减弱。拜格诺通过水槽试验观察到，当雷诺数 Re 达到 2000，紊流扰动已充分发展时，加入固体颗粒使容积浓度达到 25%时，仍有明显的紊流扰动。当浓度达到 30%时，紊动强度显著减弱；浓度增加到 35%时，紊动现象即全部消失。此后继续增大浓度，将仍保持层流流态。该过程叫做粒群的消紊作用。图 2-34 显示出了斜槽中清水和浑水对比的纵向脉动速度变化。经过消紊作用，浑水在箱底部分的流速减小了。

选矿的矿浆流膜浓度经常达到 10%～30%(个别达到 50%～60%)，经过消紊作用，紊动度大大减弱(至少在槽底是如此)。所以在流膜选矿中遇到的紊流流动几乎均是弱紊流。这是处理 2(3)～0.075 mm 粒级的矿浆流最常见的流态。处理更细的粒级，则采用近似层流流态的流膜。

弱紊流矿浆流的流动速度,在一般情况下要比清水水流的速度为小,但当固体含量不大时,这种变化并不显著。在紊流矿浆流中,流体质点的动量传递作用与在清水中是一样的。因此,流速分布仍遵循对数分布规律,如式(2-82)和式(2-91)所示。而速度梯度则遵从下式

$$\frac{du}{dh}=\frac{\sqrt{Hg\sin\alpha}}{K}\frac{1}{h}=\frac{v_*}{K}\frac{1}{h} \tag{2-104}$$

式(2-104)表明,在同样的切应力速度下,速度梯度随卡尔曼常数 K 而变化。范诺尼在水槽中试验得出,K 值随含砂量的增大而降低,介于 0.2~0.4 之间(清水一般取 0.4),但范诺尼试验中的含砂量较低(小于 20 kg/m³)。我国武汉水电学院张瑞瑾教授分析了无定河上一个观测站资料,得出含砂量在 40~1050 kg/m³ 广泛范围内流速分布仍符合对数公式。但卡尔曼常数 K 则随含砂量而变化,如表 2-10 所示。

表 2-10 在不同含砂量下的常数 K 值表

含砂量/$kg\cdot m^{-3}$	44	68	123	225	370	490	528	873	964	1051
K	0.34	0.31	0.28	0.26	0.29	0.33	0.33	0.36	0.37	0.43

表 2-10 表明,除在很高的浓度以外,一般情况下悬浮液的 K 值要比清水小,故速度梯度比清 水大。K 值随浓度变化有一个转折点,即含砂量在200 kg/m³时 K 值最小,均等于0.26。将河道中的实测数据与公式的计算值对比后可以看到,在水面 80% 以下深度范围内比较符合,近底部分有较大的偏离。

悬浮液的流动速度,除了近底层紧贴壁面的一个颗粒层高度外,在层流边层内流速应接近直线分布,在紊流开始的界面附近速度分布发生小的弯曲,接着便以近似对数曲线形式增大,速度梯度大于清水。到接近表面时速度增加变缓,并接近于等速流动,如图 2-35 所示。

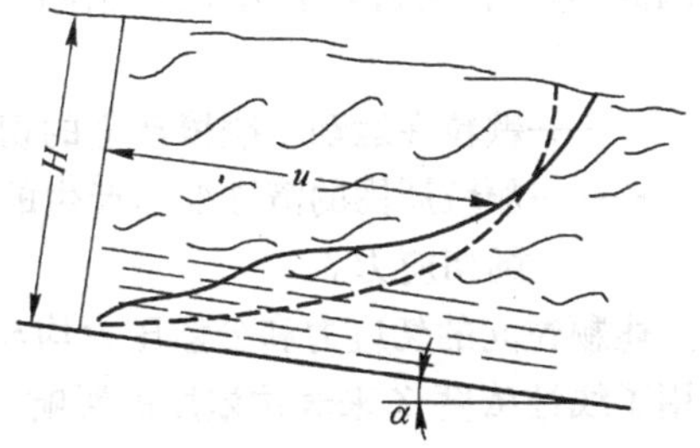

图 2-35 弱紊流矿浆流膜速度分布示意图
实线—矿浆流;虚线—水流

细粒分散的矿浆流膜的流态仍可用雷诺数 Re 来衡量。此时应将矿浆视为统一的流体,雷诺数 Re 可用下式表示

$$Re=\frac{Hu_{av}\rho_{su}}{\mu_{su}} \tag{2-105}$$

式中 u_{av}——悬浮液的平均流速;

ρ_{su}、μ_{su}——悬浮液的物理密度和视黏度。

矿浆黏度随固体浓度的增加,比密度的增加更为迅速。所以在同样的边界条件下(斜槽倾角、体积流量等),矿浆流动的雷诺数 Re 要比清水的小,据保嘎托夫在扇形溜槽中的测定,当固体重量浓度增加到 50% 时,雷诺数 Re 只有清水的 1/3.5~1/4。

B 层流流态下粒群松散机理

在紊流矿浆厚层斜面流中,如前所述,粒群是借紊动漩涡所产生的法向分速度维持悬浮,即紊动脉动速度是松散床层的基本作用因素。如颗粒沉降速度为 v,则当 $u_{im}\geqslant v$ 时,颗粒悬浮;$u_{im}<v$ 时,颗粒下沉。

在层流矿浆流膜中,由于流体是沿层流动的,没有法向的流体质点交换,因此固体颗粒不再

能够借紊动扩散作用维持悬浮。英国学者拜格诺通过研究后认为，悬浮体在作层流运动条件下，悬浮液中的固体颗粒受到流层连续剪切时，垂直于剪切方向将产生一种分散压力(又称为层间斥力)，分散压力的大小随层间法向速度梯度的增大而增加。当剪切速度足够大，达到分散压力与粒群在介质中的重力相平衡时，颗粒即开始呈现为悬浮状态。

如图 2-36 所示，在作层流运动的悬浮液流某深度处，上下流层间的流速差为 Δu，上流层的速度高于下流层。在上流层牵动下流层，下流层阻滞上流层的剪切运动中，上下层中的颗粒不可避免的要发生相互挤压碰撞。在挤压碰撞过程中，颗粒间又必然会有动量交换，这种交换可以在任意方向的接触面间发生。经过分解，其在液流流动方向的动量分量构成颗粒间的切应力 T；在液流法线方向的动量交换，就形成分散压强 p，显然，切应力 T 与分散压强 p 是互相关联的。

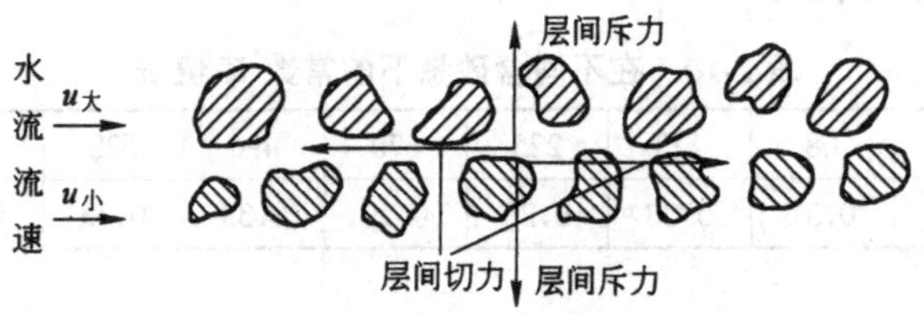

图 2-36　拜格诺的层间剪切力和层间斥力示意图

因此，悬浮液的总切应力 τ 应由两部分组成

$$\tau = T + \tau' \tag{2-106}$$

式中　T——颗粒在运动中碰撞产生的切应力；

τ'——颗粒周围的液体变形产生的切应力，其值应大于流体本身在同样宏观速度梯度下的切应力。

上述颗粒间的切应力和分散压力均与颗粒在悬浮液中的浓度有关，拜格诺对它们之间的关系采用了线性浓度 Z 来表达浓度的影响

$$Z = \frac{\lambda^{\frac{1}{3}}}{(1-\lambda^{\frac{1}{3}})-(1-\lambda_0^{\frac{1}{3}})} = \frac{\lambda^{\frac{1}{3}}}{\lambda_0^{\frac{1}{3}}-\lambda^{\frac{1}{3}}} \tag{2-107}$$

式中　λ_0——颗粒紧密堆积时的容积浓度，即颗粒在静置时的最大容积浓度。相同直径球形颗粒规则排列时 $\lambda_0 = 0.74$；一般圆滑而均匀的颗粒自然堆放时 $\lambda_0 = 0.65$；不规则形状矿石自然堆积时可取 $\lambda_0 = 0.55$。

拜格诺研究后认为，颗粒间相互作用的切应力性质与颗粒间的接触方式有关。在速度梯度较高时，颗粒直接发生碰撞，颗粒的惯性力对切应力的形成起主导作用，这时的切应力值与速度梯度的平方成正比；在速度梯度较低或固体浓度较低时，颗粒间的碰撞力是通过液体作媒介传递，液体的黏性对切应力的形成起主导作用，此时切应力的值与速度梯度的一次方成比例。

拜格诺提出惯性切应力 T_{in} 的计算式为

$$T_{in} = 0.013\rho_i(Zd)^2\left(\frac{du}{dh}\right)^2 \tag{2-108}$$

黏性切应力 T_{ad} 的计算式为

$$T_{ad} = 2.2Z^{\frac{3}{2}}\mu\frac{du}{dh} \tag{2-109}$$

拜格诺指出，切应力与分散压强具有一定的比例关系。属于惯性剪切时，$T/p = 0.32$，属于黏性剪切时，$T/p = 0.75$。

在层流流动的矿浆中，欲使任一层面以上的颗粒松散悬浮，则分散压强应等于该层面以上颗粒在液体中的重力压强的分力 G_h，即

$$p = G_h = (\rho_i - \rho)g\cos\alpha\int_h^H \lambda \mathrm{d}h \tag{2-110}$$

式中　α——斜槽倾角；

h——某层面距槽底面的高度。

若已知由 h 至矿浆表面高度 H 范围内的平均容积浓度为 λ_{av}，则 G_h 可用下式计算

$$G_h = (\rho_i - \rho)g\cos\alpha(H - h)\lambda_{av} \tag{2-111}$$

由上可见，为使一定浓度的粒群在剪切流中松散，必须使悬浮液具有足够大的速度梯度。颗粒的密度越大，所需的分散压力也越大。

C　轻、重矿物在流膜中的分层

生产中采用弱紊流工作的斜面流主要是处理细粒级(2～0.075 mm)的设备，如摇床、扇形溜槽、螺旋选矿机等。流膜的特点是：速度较大，厚度达数毫米至十数毫米；给矿浓度虽然不同，但上下层的浓度差较大，分层后的重矿物多数是继续沿槽运动，在槽的末端或中间段用切割法分离；回收粒度下限较高，常达 20～30 μm 或更粗些。而处理 −0.075 mm 的矿泥溜槽的流膜则为层流或近似层流流态，流膜中多数有沉积层，回收粒度下限可降至 10 μm 左右。

弱紊流矿浆流膜的结构，根据前述水流膜结构及矿粒在其中分布的特性，可将弱紊流矿浆流膜分作三层来分析，如图 2-37 所示。最上面的一层固体浓度很低，紊动度不强，可算是表流层，中间层内小尺度漩涡较发达，在紊动扩散作用下悬浮着大量轻矿物，可称为悬移层；在此以下流态发生了变化，若在清水中即是层流边层，其实仍有微弱的扰动存在，在有固体颗粒存在的条件下，只是近似地表现为沿层运动，叫它流变层。如果此时重产物是借沉积方式排出，如在卧式离心选矿机中，则在其底部还有一个沉积层，这样的流膜就有了四层结构。

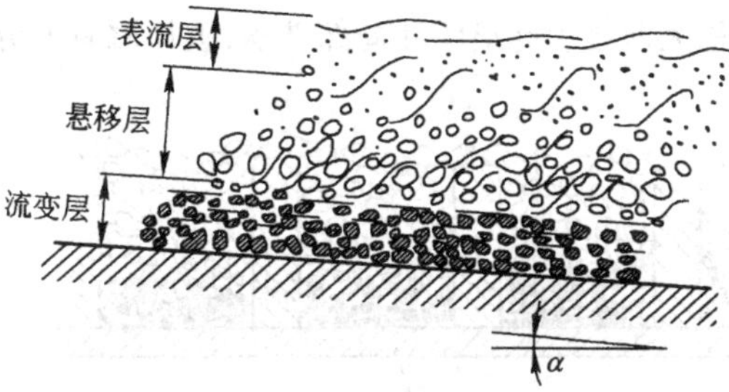

图 2-37　弱紊流矿浆流膜的结构

下面讨论各层次在分选中的作用：

(1) 在表流层中，有着不大的脉动速度，如果颗粒的沉降速度接近或低于该层的脉动速度，则其将保持悬浮而难以进入底层。故该层的脉动速度就大致决定了粒度分选下限。理论推导和生产实践表明，分选粒度下限随矿浆流速及流膜厚度的增大而增大。如果考虑到设备条件，则又随斜槽倾角的增大而升高。

若给矿中含有较多细粒(小于 10～20 μm)，则表流层浓度增大、黏度增加、颗粒的沉降速度降低，分选粒度下限随之升高。

(2) 在弱紊流中，悬移层借强度较大的脉动速度维持粒群悬浮，其结果与在上升流中悬浮不均匀粒群的情况类似。在给矿浓度不很大时，明显地存在着上稀下浓现象。粗颗粒和密度大的颗粒较多地分布在下层。除了小尺度高强度的漩涡外，大尺度的回流还不时地将重矿物转送到底层，同时将底层轻矿物提升到本层来(在此层，因浓度很高静压强已起作用)，进行初步的按密度分层。只要底部流变层对重矿物有足够的容纳能力，则流膜在运行一段距离后，悬移层中将只会有轻矿物，并在悬浮状态下被排送到槽外。

(3) 弱紊流中的流变层没有紊动扩散作用，颗粒借剪切运动中产生的层间斥力(拜格诺力)维持松散，于是，在紊流中的颗粒沉降与紊动扩散的动力性质的矛盾变成了近似于静力性质的矛盾。在流变层中，水和固体颗粒相结合，形成为一个疏松的整体。在这里，可引用按局部悬浮体密度差分层的概念。拜格诺的层间斥力具有平均作用力的性质，粒群在此项力的作用下维持松散，但各局部区域悬浮体密度不同，将造成内部静压强不平衡。于是，在稍有松散的条件下，将发生相对转移，其结果即造成了轻、重矿物分层。

分层的根据是

$$\lambda_2(\rho_2-\rho)>\lambda_1(\rho_1-\rho)$$

在弱紊流的流变层底部，容积浓度 λ 达到了尚能流动的最大值，轻重矿物紧密靠拢，形成了 $\lambda_1\approx\lambda_2$ 的条件，于是分层即根据矿物的密度差($\rho_i-\rho$)进行，其条件是

$$(\rho_2-\rho)>(\rho_1-\rho)$$

可见，底部流变层是按密度分层的最有效区域。这样的分层条件在理论上与颗粒粒度无关。但在分层转移过程中，细小的轻矿物颗粒却很容易夹杂在重矿物的间隙中，不易分离出来；而重矿物的最粗颗粒又难以克服机械阻力向下转移。这就是重矿物中常含有细粒轻矿物，而粗粒重矿物又混杂在轻矿物中的原因。因此，适当地限制给矿粒度范围是很必要的。

(4) 重力溜槽的沉积层形成了一种类似塑性体的高浓度黏性流层，在其上部矿浆流带动下，稍有流动性。轻、重矿物还会发生交换转移，只是它的作用已很微弱。塑性体的黏度很高，它的厚度稍大即会引起滚团和局部堆积，破坏原有的分层。所以沉积层的厚度不允许太厚。

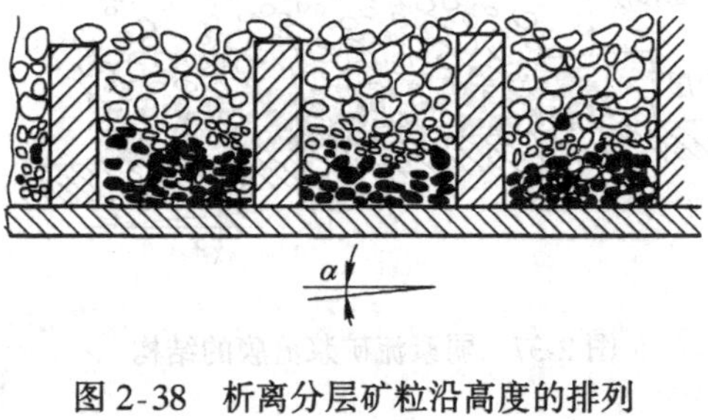

图 2-38　析离分层矿粒沿高度的排列

在弱紊流中选别细粒矿石，当颗粒层较厚时，分层之后常见到如图 2-38 所示的排列形式。细的重矿物颗粒排在最底层，其上为粗颗粒重矿物和少量细颗粒轻矿物，再上面分布的是细颗粒轻矿物，最上面是粗颗粒轻矿物(悬浮颗粒除外)。这样的分层过程被称作析离分层。它的力学性质可作如下解释：在给矿粒度达到 2～3 mm 或稍细的时候(如类似摇床给矿)，颗粒已具有足够的沉降重力。在弱紊流的悬移层中部以下，即处于紧密挨近时，颗粒的向下重力与床层的机械阻力成为一对矛盾。密度大的颗粒在最初床层里混杂状态时，具有较大的局部压强，因而能够较早地进入到轻产物下面。与此同时，同样密度的细颗粒在向下运动时遇到的阻力较小，透过粗颗粒间隙分布到同一密度层的下部。这就形成了析离分层。析离分层，就粒度分布而言，恰好与上升水流中物料的分布情况相反。可以看出，条件不同造成分层结果也不同。析离分层不能在紊动扩散作用下获得，而紊动扩散则只能给出类似干涉沉降的分层结果。但在弱紊流的流膜内，由于各层的流体力学特性不同，两种分层结果却可兼而有之。

综合上述可见，薄层斜面流的分选机理与厚层斜面流是大不相同的。含有多颗粒层的薄层斜面流，首先在底部流变层内发生分层，然后才能借速度差分离。为了保证分层正常进行，流变层内应有适当的速度梯度。为使层间斥力足以使床层松散，流变层的厚度还应与给矿中的重矿物含量相适应。在给矿的组成性质一定时，分层速度将随流变层内速度梯度的增大而增大，重产物金属回收率则随该层厚度的增加而增加，而精矿品位的变化则相反。选别作业的操作条件，包括给矿体积、给矿浓度、槽底倾角及槽面振动强度等，基本上为上述因素所制约。增大给矿浓度，在矿浆体积容量不变时，将使流变层增厚，沉积的固体量增加，结果重产物回收率增加，其品位降

低。若其他条件不变,只增大给矿体积,使流速增大,紊动性增强,重产物损失增加,质量有所提高。增大斜槽坡度或加强振动,亦可使层间剪切力加大,有利于床层松散,加速分层。由于以上这些因素错综复杂地交织在一起,使得无法用计算方法得到准确结果,而经常采用试验方法解决。

对于层流或近似层流流态的流膜,则可大体分为稀释表流层、流变层和沉积层三个层次,如示意图 2-39 所示。各层特点与弱紊流流膜的区别如下:

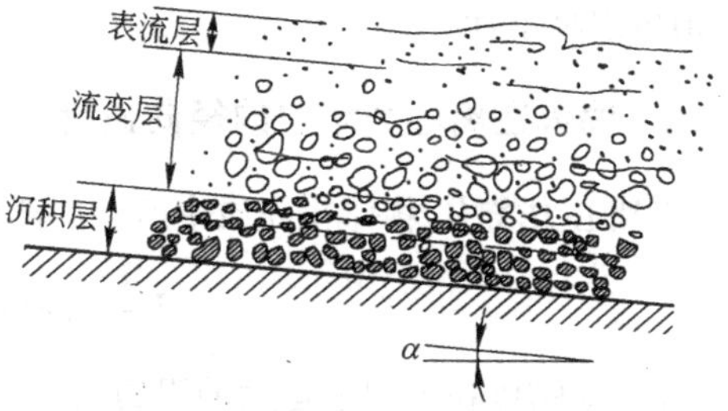

图 2-39 层流矿浆流膜的结构

(1) 表流层:在近似层流的流膜中,表面常出现相间排列的横条波纹(鱼鳞纹),这种表面波所能引起的脉动速度很小,其所能悬浮的颗粒也更细,故在近似层流的流膜中,表面仍有一个表流层,其中的脉动速度强弱决定了颗粒的回收粒度下限。

(2) 流变层:在表流层以下至沉积层之间的厚度均属于流变层,该层浓度比上层明显增大,粒群借剪切运动产生的分散压力松散,形成一个疏松的悬浮体。不同密度颗粒的分层作用与弱紊流中流变层的情况相似。只是因为这里的流变层上部流速梯度小,下部流速梯度大,故分层作用主要应是在靠近下部发生。经过分层,重矿物进入底部沉积层,轻矿物则随斜面流排出槽外。

(3) 沉积层:沉积层是随着分选过程的进行逐渐增厚的。开始时,在矿浆的带动下还可与上层颗粒进行交换,这种交换有利于清除混入其中的轻矿物颗粒;随着后来重矿物的覆盖,先沉积的重矿物颗粒逐渐失去活动性,而被保存在槽内。经过一段时间,沉积层累积到一定厚度,停止给矿,进行清洗,即得到了重产物。

2.4 物体在离心力场中的运动规律

2.4.1 物体在离心力场中的运动特点

根据现有的重选理论,物体在介质中的运动速度 v_0,是重选的主要依据。它直接影响分选效率及选矿设备的处理能力。因此任何能够提高物体在介质中运动速度,增加物体彼此之间在介质中运动速度差的措施,都将促使选矿设备分选效率及处理能力的提高。从前述几节的讨论可知,物体在介质中的沉降速度 v_0,不但与物体本身性质、介质性质有关外,还与重力加速度 g 的 0.5~1 次方成正比。所以,不但改变介质的性质可以改善选矿过程,而且,若有可能,提高作用于物体上的重力加速度 g,也是改善重选的有效途径。但在重力场中,重力加速度 g 几乎是一个不变的常数,因而是不可能的。从 20 世纪 50 年代起,人们开始研究在离心力场中进行的选矿过程(用离心力进行矿物分级及集尘的方法,在很早以前就已经采用了)。在离心力场中,人工造成的离心加速度 a 可比自然界中固有的重力加速度 g 大几十倍甚至几百倍。颗粒的质量力大为提高,因而显著地加速了微细颗粒的分选过程。生产中使矿浆作回转运动的方法基本有两种,一是矿浆在压力作用下沿切线给入圆形分选容器中,迫使其作回转运动。这样的回转流厚度常较大,例如水力旋流器。另一种是用回转的圆鼓带动矿浆作圆运动,矿浆呈流膜状同时相对于鼓壁流动,如卧式离心选矿机即是这样。

在离心力场中选矿与在重力场中选矿并没有什么原则性的差别,不同的仅是作用于物体上并促使其运动的力是离心力而不是重力。在离心力场中,离心力的大小、作用方向以及加速度,在整个力场中的分布规律,都与重力场有所不同。例如,在重力场中,物体在整个运动期间,在介

质中所受的重力 G_0 及重力加速度 g_0 都是常数；在离心力场中则不然，离心力和离心加速度，是旋转半径及旋转速度的函数，$F=m\omega^2r$ 和 $a=\omega^2r$，而且一般说来，它们随着半径的增加而加大。

离心力的作用方向是作用在垂直于旋转轴线的径向上，所以在离心选矿过程中，分选作用也是发生在径向上。此时，沿径向作用于物体上的力有：离心力与阻力，假如径向上有重力作用的话，则可忽略不计。

2.4.2 物体在离心力场中的径向速度

在离心力场中，物体在介质中所受的离心力（当介质也作同步旋转运动时）为

$$F=m\omega^2r=\frac{\pi d_V^3}{6}(\rho_i-\rho)\omega^2r \tag{2-112}$$

介质对物体在径向上运动的阻力为

$$R=\psi_{0r}d_V^2v_r^2\rho \tag{2-113}$$

所以物体在介质中沿径向的运动方程式为

$$\frac{\pi d_V^3}{6}\rho_i\frac{dv_r}{dt}=\frac{\pi d_V^3}{6}(\rho_i-\rho)\omega^2r-\psi_{0r}d_V^2v_r^2\rho$$

$$\frac{dv_r}{dt}=\left(\frac{\rho_i-\rho}{\rho_i}\right)\omega^2r-\frac{6\psi_{0r}v_r^2\rho}{\pi d_V\rho_i} \tag{2-114}$$

式中 r——物体的旋转半径；

ω——物体及介质运动的角速度；

v_r——物体在径向上与介质间的相对速度，称为径向速度。

上述说明，与重力场相似，物体在离心力场中运动的加速度，是离心加速度与阻力加速度之差。前者是半径 r 的函数，随 r 的增加而增加，后者是运动相对速度 v_r 的函数，并与 v_r 的平方成正比。当物体开始受到离心加速度的作用后，物体的径向速度 v_r 逐渐增加，而阻力和阻力加速度也随之加大。当阻力增加到与该处的离心力相等时，物体运动的加速度 $dv_r/dt=0$，此时 v_r 达到最大值。这一加速过程将随离心加速度的增加而缩短。在重力场中完成这个加速过程所需时间一般为几分之一秒到几百分之一秒。由于通常所用的离心力要比重力大几十倍甚至是几百倍，所以实际上可以认为，在离心力场中这一加超过程所需的时间接近于零，可忽略不计。因此，物体在任一半径 r 处的径向速度 v_r，可按 $dv_r/dt=0$ 的条件由式(2-114)求得

$$v_r=\sqrt{\frac{\pi d_V(\rho_i-\rho)\omega^2r}{6\psi_{0r}\rho}} \tag{2-115}$$

由于离心力是旋转半径的函数，所以物体的径向速度 v_r 与重力场中的 v_0 不同，它不是常数而是旋转半径的函数。

利用特殊条件下的阻力公式，按 $dv_r/dt=0$ 时 $F=R$ 的条件也可求出适合一定雷诺数 Re 范围的径向速度 v_r 的个别公式。

(1) 按牛顿－雷廷智公式得

$$v_r=\chi\sqrt{3d_V\left(\frac{\rho_i-\rho}{\rho}\right)\omega^2r} \tag{2-116}$$

适用于 $Re>1000$。

(2) 按阿连公式得

$$v_r=\chi d_V\sqrt[3]{\left(\frac{\rho_i-\rho}{7.5\rho}\omega^2r\right)^2\frac{\rho}{\mu}} \tag{2-117}$$

适用于 $Re=2\sim300$。

(3) 按斯托克斯公式得

$$v_r=\chi d_V^2\frac{(\rho_i-\rho)}{18\mu}\omega^2 r \tag{2-118}$$

适用于 $Re<1$。

(4) 按吉珀经验公式得

$$v_r=\chi\frac{-3\mu+\sqrt{9\mu^2+d_V^2(0.003869+0.024801d_V)(\rho_i-\rho)\rho\omega^2 r}}{(0.011607+0.074405d_V)\rho} \tag{2-119}$$

2.4.3 薄层回转流的流动特性和粒群按比重分层

在离心机选矿过程中，矿浆由小直径端给到鼓壁上，在惯性离心力作用下，随即在鼓壁上呈流膜状流动，并借摩擦阻力带动趋于与转鼓同步运动。由于鼓壁沿轴向有坡降，故在离心力分力的作用下矿浆还向大直径端不停的流动，在流动摩阻与坡降损失达平衡时，流速不再增加，成为匀速流。目前所用的转鼓长度均不大，速度达到流动平衡前矿浆即已排出鼓外，实际上属于加速流动过程。下面讨论等速流情况，它的结论在轴向扰动加速度不大时亦适用。

如图2-40所示，设流膜厚度为 H，轴向平均流速为 u_{aav}，则在转鼓单位宽度弧长内，矿浆由断面Ⅰ—Ⅰ流至断面Ⅱ—Ⅱ，单位时间内位能的降低值 $\Delta E/\Delta t$ 可近似这样计算，即认为流膜各处的离心加速度相同，均等于 ω^2R。于是可得

$$\frac{\Delta E}{\Delta t}=Hu_{aav}\rho\omega^2R(r_2-r_1) \tag{2-120}$$

式中 ω——转鼓回转角速度；

R——转鼓平均半径。

在流动达到平衡时，流动位能降与摩阻功耗相等。设槽底的流动切应力为 τ_0，两断面间的距离长为 l，则应有如下等式关系：

$$Hu_{aav}\rho\omega^2R(r_2-r_1)=\tau_0 l u_{aav} \tag{2-121}$$

上式整理后可得

$$\frac{\tau_0}{\rho}=H\omega^2R\frac{r_2-r_1}{l} \tag{2-122}$$

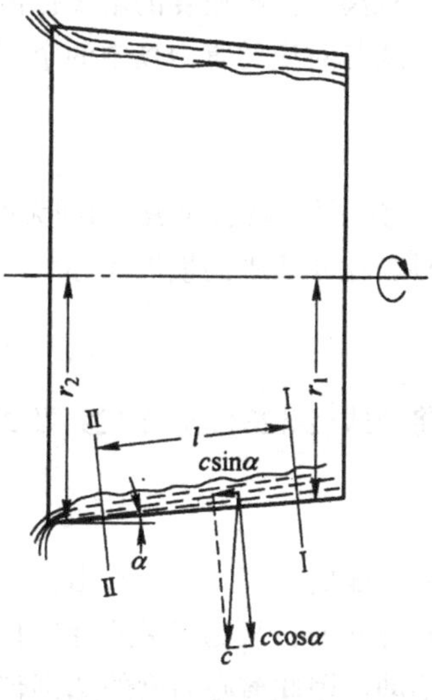

图2-40 薄层回转流沿轴向的流动

式中 $(r_2-r_1)/l=\sin\alpha$ 为转鼓半锥角的正弦。由此得离心流膜的切应力速度 v_* 为

$$v_*=\sqrt{\frac{\tau_0}{\rho}}=\sqrt{H\omega^2R\sin\alpha} \tag{2-123}$$

将此项 v_* 值分别代入式(2-90)、式(2-91)中，可得离心流膜的流动特性公式如下：

层流边层厚度
$$\sigma=\frac{N\upsilon}{\sqrt{H\omega^2R\sin\alpha}} \tag{2-124}$$

紊流层内距底面高度 h 处微层的轴向流速

$$u=\frac{v_*}{K}\left(\ln\frac{h}{\sigma}+KN\right)=\frac{\sqrt{H\omega^2R\sin\alpha}}{K}\left(\ln\frac{h}{\sigma}+KN\right) \tag{2-125}$$

由式(2-120)可求得离心流膜水力坡度 i 为

$$i=\frac{Hu_{\text{aav}}\rho\omega^2R(r_2-r_1)}{Hu_{\text{aav}}\rho gl}=\frac{\omega^2R}{g}\sin\alpha \tag{2-126}$$

上式表明，离心流膜的水力坡为自然坡降 $\sin\alpha$ 的 ω^2R/g 倍。将式(2-126)代入式(2-85)中，得到轴向流速的谢才公式为

$$u_{\text{aav}}=C\sqrt{H\frac{\omega^2R}{g}\sin\alpha} \tag{2-127}$$

上述式(2-124)、式(2-125)中普兰特常数 N 和卡尔曼常数 K，在回转流条件下是否仍与重力场中相同，仍需进一步研究。

由于在较强的离心力推动下运动，流膜的流速大为增加。所以离心流膜很少能形成层流流态，多数属于弱紊流。流膜的轴向流速、颗粒的径向惯性力、颗粒的离心沉降速度均比在重力场中增大，但它们的增加程度却不是等比例的。这就构成了离心流膜选矿的一些特殊性。

当弱紊流中层流边层厚度相对很薄时，在同样的流膜厚度 H 条件下，由式(2-127)和式(2-85)对比可以得到轴向流速增加的大致比值：

$$\frac{u_{\text{aav}}}{u_{\text{av}}}=\left(\frac{\omega^2R}{g}\right)^{\frac{1}{2}} \tag{2-128}$$

颗粒离心沉降速度的增长比值随阻力的性质不同而不同。将不同阻力条件下离心沉降速度的个别式与对应的重力场中的个别式对比可以得到

$$\frac{v_{0\text{r}}}{v_0}=\left(\frac{\omega^2R}{g}\right)^n \tag{2-129}$$

式中，n 为正值指数，随 Re 的增大而减小，由斯托克斯至牛顿阻力范围其变化大小为 $n=1\sim0.5$。

颗粒在介质中的惯性离心力与重力之比可由公式(2-112)与式(2-9)对比中得出

$$\frac{F}{G_0}=\frac{\omega^2R}{g} \tag{2-130}$$

将公式(2-128)、式(2-129)及式(2-130)加以比较，可以看出

$$\frac{u_{\text{aav}}}{u_{\text{av}}}<\frac{v_{0\text{r}}}{v_0}<\frac{F}{G_0} \tag{2-131}$$

由上面的不等式可以看出，在回转流中颗粒沉降速度的增长要比矿浆轴向流速的增长为快，而离心力的增长又比沉降速度增长为快，所以颗粒能在更短的运行距离内进入到底层，并贴伏于槽底不动。因此离心溜槽的选别带长度可以比重力溜槽大为缩短。

由于轴向流速的增长幅度较低，脉动速度的增长也因之较小，相对于离心沉降速度的增长来说是变弱了。因此，随着离心加速度的增大，回收的粒度下限降低了。这是离心机能够有效地回收微细粒级有用矿物的基本原因。

随着颗粒在回转运动中惯性力的增大，颗粒间相接触、碰撞的作用力增强，反映在矿浆的视黏度上也要比在重力场中为大。故尽管流膜的轴向流速加快了，但由式(2-124)所表示的层流边层厚度仍可有较大数值，且该层内的速度梯度也会有所提高。因此，相应加快了分层过程，并维持粒群松散。

另一方面，离心加速度的选择，是既要有足够层流边层厚度，又要有相当的速度梯度，以使床层能够松散并按密度发生分层。因此，离心加速度是不能随意增大的。

利用离心力强化流膜选矿，可以大幅度地提高设备单位面积处理能力并降低粒度回收的下限。存在的主要问题是分选精确性不高，富矿比低，故适合于在粗选作业中使用。

本章小结

(1) 垂直的沉降是重选中矿粒运动的重要形式。矿粒因本身的密度、粒度和形状不同及介质的性质(密度、黏度) 不同而有不同的沉降速度。这种差异归根结底是由介质的浮力和颗粒在介质中运动受到的阻力所引起。

(2) 矿粒的沉降速度,根据介质绕流流态的不同可采用斯托克斯公式、牛顿－雷廷智公式、阿连公式等计算。

(3) 由于颗粒的沉降末速与颗粒的密度、粒度和形状有关,因而在同一介质内,密度、粒度和形状不同的颗粒,在一定条件下,可以有相同的沉降速度。具有同一沉降速度的颗粒称为等降颗粒。其中,密度小的颗粒粒度(d_{v1})与密度大的颗粒粒度(d_{v2})之比称为等降比。等降比的计算公式可由沉降末速的通式或斯托克斯、牛顿、阿连等公式推导出。等降现象在重选中具有重要意义。

(4) 物体在干涉下沉时所受的阻力 R_{hs}以及干涉沉降速度 v_{hs},不仅是物体及介质性质的函数,而且也是沉降空间的大小或周围粒群浓度的函数。矿粒群的干涉沉降末速等于松散度 θ 的 n 次方与矿粒的自由沉降末速 v_0 的乘积。干涉沉降等降比始终大于自由沉降等降比,且可随容积浓度的增大而增大,这对按密度分层是有影响的。

(5) 跳汰选矿过程的水流运动特性是一种垂直交变水流,是一种非定常流运动。在跳汰机中水流运动包括两部分:垂直升降的变速脉动水流和水平流。前者是矿粒在跳汰机中按密度分层的主要动力,后者主要作用是运输物料但对矿粒分层也有影响。重要的跳汰选矿原理有位能学说和动力学学说,各种跳汰理论,都从不同角度揭示了跳汰机中物料分层的情况,都有自己的优缺点。但是,都没能给出计算工艺结果,特别是预测结果的数学工具及其因数关系。有关跳汰理论的研究,应当集中在找出一条能把各种理论统一起来的途径。最终能比较客观地解决跳汰机的结构设计和正确地选择主要工艺参数以及水动力学参数等问题。

(6) 斜面流选矿是一种重要的重选方法。斜面流和垂直流一样,也是一种松散床层。水流的流动特性对矿石的松散、分层影响,是研究斜面流选矿的基础。斜面水流的流态有两种:层流和紊流。矿粒在斜面流中松散、分层,是在重力、水流作用力和摩擦力的综合作用下进行的。矿粒在粒度和形状上的差异,将影响其按密度分选的结果。研究矿粒在斜面流中沿水深分布的规律,以及它们沿槽底的运动速度,对研究矿粒在斜面流中的分选过程,具有十分重要的意义。

(7) 在离心力场中选矿与在重力场中选矿,并没有什么原则性的差别,不同仅是作用于物体上并促使其运动的力,是离心力而不是重力。在离心力场中,离心力的大小、作用方向以及加速度,在整个力场中的分布规律,都与重力场有所不同。利用离心力强化流膜选矿,可以大幅度地提高设备单位面积处理能力。存在的主要问题是分选精确性不高,富矿比低,故适合于在粗选作业中使用。

复习思考题

2-1 从某矿石中洗下的微细矿泥质量浓度为 12%,已知矿石密度为 3200 kg/m³,水的密度为 1000 kg/m³,黏度为 1×10^{-3} Pa·s。试计算矿浆的固体容积浓度、矿浆密度、矿浆动力黏度和运动黏度。

2-2 为什么说压差阻力与流体的惯性力损失是一致的,在形成压差阻力时是否仍有黏性阻力?

2-3 在阻力过渡段球体在介质中运动所受阻力可否用 $3\pi\mu dv+\frac{\pi}{18}d^2v^2\rho$ 求得?

2-4 一组粒度不均匀的球形硅铁颗粒,密度为 6800 kg/m³,搅拌悬浮后经过 66 s 上层微细颗粒沉降20 cm,

问微细颗粒粒度为多大？

2-5 试用公式和图算法计算 $d_{si}=1$ mm 石英颗粒在常温水中和空气中的沉降速度。

2-6 试求与 $d_{si}=2$ mm 的类球形黑钨矿颗粒（$\rho_2=7300$ kg/m^3）成等降的多角形石英颗粒的粒度（d_{si}）。

2-7 同一体积当量直径的颗粒，是否只有球形颗粒沉降速度最大，为什么测定的形状修正系数，除球形外其他形状的均小于1？

2-8 等降比是否总是大于1，有否小于1的情况？

2-9 某颗粒的粒度和密度均不等于均匀悬浮粒群颗粒的粒度和密度，但自由沉降末速相等，问在粒群悬浮时该颗粒是悬浮、上升还是下降？

2-10 试从颗粒受力性质变化的角度说明干涉沉降分层的粒度范围要比自由沉降粒度范围为宽的原因。

2-11 能否从干涉沉降角度解释不同密度粒群在上升介质流中可以发生正分层和反分层的原因？

2-12 两组密度不同的粒群在上升水流中发生分层，它们的干涉沉降速度是否相同？如果相同，为何不发生混杂？

2-13 一组 $d_{v1}=3$ mm，$\rho_1=2650$ kg/m^3 的石英和另一组 $d_{v2}=0.4$ mm，$\rho_2=5000$ kg/m^3 的赤铁矿，在上升水流中是否可能按密度分层，如不能，应该怎样做才能将其分离？

2-14 有何简单的办法判定斜面水流是属于层流流态还是紊流流态？

2-15 斜面水流的流量和槽底坡度一定时，怎样才能提高紊流脉动速度，脉动速度提高后对矿石分选将有何影响？

2-16 今有三个颗粒，沉降末速分别大于、等于和小于水流平均脉动速度，试预计它们在斜面水流中将作何种形式运动？

2-17 为什么流膜选矿适合于处理细粒和微细粒级矿石，而垂直流选矿却不适合？

2-18 为什么矿泥的分选效果总是较差，原因何在？

2-19 某处理 −0.1mm 锡矿泥的固定溜槽，给矿浓度为18%，固体平均密度为2700 kg/m^3。若流膜厚度为1.5 mm，矿浆流态基本为层流，颗粒呈黏性剪切接触，若流膜上部大约2/3厚度内液流速度是呈对数曲线分布，问槽面倾角最小应达多大方可保持颗粒松散悬浮，此时的矿浆流速是多少？

2-20 某矿砂溜槽的流膜表面流速为30 cm/s，若该处的脉动速度为流膜平均流速的1/30，流膜底部流变层的浓度达到0.45。问当给料粒度为2～0 mm，脉石矿物主要为石英，底部可回收的重矿物密度有多大，上部表流层被悬浮流失的该种矿物粒度是多大？

2-21 在坡度为3°的光滑槽面上，位于厚度为1 mm的水流膜内移动的粒度为0.075 mm的石英和黑钨矿（$\rho_i=6900$ kg/m^3），如槽面对两种矿物的摩擦系数分别为0.95和0.85，试计算两颗粒的移动速度和速度差值。

2-22 何以说离心力选矿是今后重选的发展方向？

2-23 如果设备结构强度允许的话，离心流膜选矿是否可以无限制地增大转鼓转速以降低回收粒度下限？

3 水力分级与洗矿

3.1 概述

分级是根据颗粒在介质中沉降速度的不同,将宽级别粒群分成两个或多个粒度相近的窄级别过程。依所用介质不同有水力分级和风力分级之分。本章讨论水力分级,它的原理对风力分级也是适用的。

在分级作业中,介质大致有三种运动形式:垂直的、接近水平的和回转的运动。在垂直运动中,水流常是逆着颗粒沉降方向向上流动,而不同粒度颗粒则依自由或干涉沉降速度之差,或者向上运动,或者向下沉降;其绝对速度 v_{0a} 的大小和方向为:

$$v_{0a} = v_0 - u_a \tag{3-1}$$

沉降速度大于上升水速的粗颗粒,$v_{0a} = (+)$,向下降落,由设备底部排出,称为沉砂或称底流。沉降速度小于上升水速的细颗粒,$v_{0a} = (-)$,向上运动由设备顶部排出,称为溢流,见图 3-1(a)。如果要求得到多个粒级产物,则可将第一次分出的溢流(或沉砂)在流速依次减小(或增大)的上升水流中继续沉降分离。

在接近于水平流动的水流中进行分级,颗粒在水平方向的速度与水流速度大致相同。而在垂直方向则依粒度(还有密度、形状)不同而有不同的沉降速度。粗颗粒较早地沉降下来落在槽内成为沉砂,细颗粒则随水流流出槽外成为溢流。分级过程仍是按颗粒沉降速度差进行,如图 3-1(b)所示。

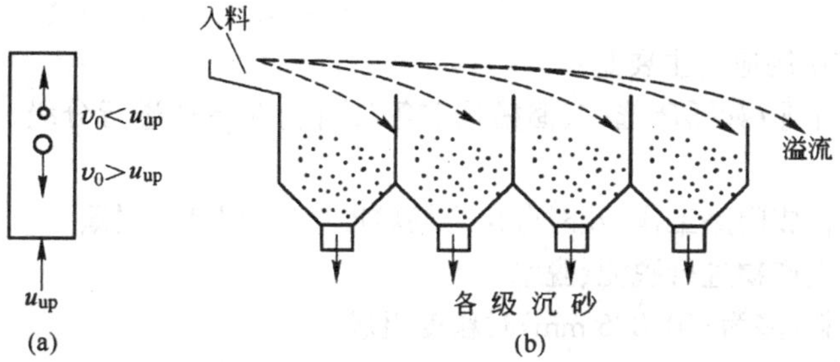

图 3-1 颗粒在垂直上升或接近水平流动的水流中分级

(a) 垂直流;(b) 水平流

在回转流中,颗粒是按径向的运动速度差分离,水流的向心流速是决定分级粒度的基本因素。

分级和筛分作业的性质相同,均是将粒度范围宽的粒群分成粒度范围窄的产物。但是,筛分是比较严格地按几何尺寸分开,而分级则是按沉降速度差分开。分级时,矿石的粒度、形状以及沉降条件对分离的精确性均有影响。图 3-2 表示出了分级和筛分产物的粒度特性差异。由图中可看出,筛分产物具有严格的粒度界限,而分级产物中因包括了不同密度的等降颗粒,使粒度范围变宽且粒度界限不清楚了。在实际分级操作中,又因水流的脉动、二次回流的影响等,使粒度混杂现象更加严重。

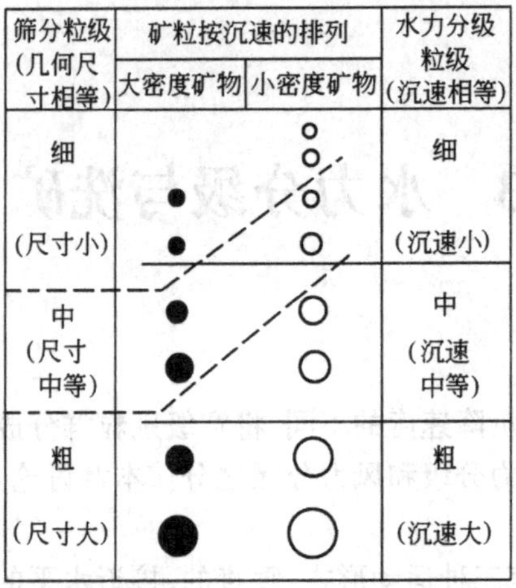

图 3-2　分级和筛分的粒度特性示意图

分级产物的粒度同样以该粒级最大与最小颗粒的尺寸度量，例如（−1+0.2）mm。这里的粒度通常用筛分法测定并以通过95%矿量的筛孔尺寸表示，而对微细粒级则用水析法测量。此外，产物的粒度亦可用某特定粒级（例如−0.075 mm）的含量表示。但是这些度量方法只能用来说明分级产物的粒度范围，而不能表示出分级的界限尺寸（这与筛分法不同）。分级的界限尺寸可有两种方法衡量，一是按分级的水流速度条件，以沉降速度等于该上升水速的标准矿物（我国常用石英 $\rho=2650\ kg/m^3$）的粒度代表界限粒度，称为分级粒度，而粒度等于分级粒度的颗粒即是临界颗粒。但是由于计算上的误差以及水速难以保持稳定，这种分级粒度常与实际的界限尺寸有某些偏离。第二种比较科学的评定分级界限尺寸的方法是对分级产物进行筛分（或水析）考查，以沉砂和溢流中分配率各占50%的极窄级别的粒度作为界限尺寸，称作分离粒度。后一种方法符合概率论原理，且系实际界限尺寸，但只能在分级后查定。这一问题留在本章3.5节再作讨论。

水力分级在选矿中的应用主要是：

(1) 在某些重选作业（如摇床选矿、溜槽选矿等）之前，对原料进行分级，分级后的产物分别入选；

(2) 与磨矿作业构成闭路工作，及时分出合格粒度产物，以减少过磨；

(3) 对原矿或选别产物进行脱泥、脱水；

(4) 测定微细物料（多为−0.075 mm）时粒度组成。

3.2　多室及单槽水力分级机

工业生产中使用的分级机类型很多，其中有一类是用在重选厂中对入选原料进行分级，这就是多室水力分级机，包括云锡式分级箱、机械搅拌式分级机、筛板式分级机和水冲箱等。原料被分成多个窄级别，分别送重选设备中分选，这样将有利于选择适宜的操作条件。这种分级属于选别前准备作业。

3.2.1　云锡式分级箱

云锡式分级箱的设备结构如图3-3所示。它的外观呈倒立的锥形，底部的一侧设有压力水管，另一侧有沉砂排出管。分级箱常为4～8个，串联工作，中间用矿浆运输流槽连接起来。箱的上表面规格（宽×长，单位为mm）有五种：200×800、200×800、400×800、600×800、800×800，主体箱高约1000 mm，安装时由小到大排列。沉砂则由粗到细排出。

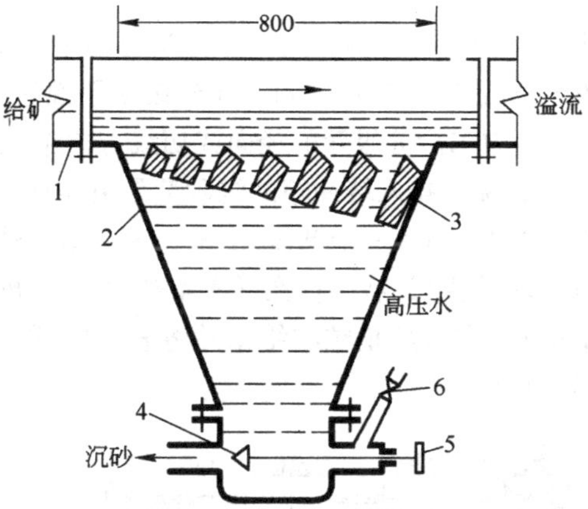

图3-3 云锡式分级箱

1—矿浆溜槽；2—分级箱；3—阻砂条；4—砂芯(塞)；5—手轮；6—阀门

为了减小矿浆流入分级箱内引起的搅动，并使上升水流均匀分布，在箱的上表面大约垂直于流动方向安有阻砂条3。阻砂条缝宽约10 mm。从矿浆流中沉落的矿粒经过阻砂条的缝隙时，受到上升水流的冲洗，细颗粒被带出到下一个分级箱中。粗颗粒在箱内继续下降，按干涉沉降规律分层。底层粗粒级由沉砂口排出。每个箱的阻砂条缝宽和深度沿流动方向逐渐增大。沉砂的排出量用手轮5旋转砂芯(锥形阀)调节。给水压力应稳定在0.3 MPa左右。用阀门6控制水的流量，自首箱至末箱依次减小。

某锡矿选厂一段摇床选别前各分级箱沉砂粒度组成见表3-1。

表3-1 某锡矿选矿厂一段摇床分级箱沉砂粒度分析

分级箱号	分级箱宽度/mm	不同粒级(mm)的产率/%							合计/%
		+1.2	1.2~0.6	0.6~0.3	0.3~0.15	0.15~0.075	0.075~0.037	-0.037	
1	200	2.82	18.13	46.19	28.39	3.68	0.32	0.47	100.0
2	300	1.32	9.56	43.32	36.98	7.82	0.63	0.37	100.0
3	300	0.65	6.27	38.24	44.59	8.62	0.86	0.77	100.0
4	400		2.42	25.27	54.95	16.04	0.77	0.55	100.0
5	600		1.17	16.78	57.78	19.71	1.75	2.81	100.0
6	600		0.31	10.14	53.93	29.24	3.62	2.76	100.0
7	800			6.01	42.08	35.96	8.44	7.51	100.0
8	800			5.05	38.64	34.34	10.61	11.36	100.0

分级箱通常一对一地配置在摇床上方，用管道与摇床相连。这样的分级箱同时承担着分配矿量的任务。沉砂不仅在粒度上，而且在数量上和浓度上均应适合于摇床分选的要求。这种分级箱的优点是：结构简单，易于制造，不耗动力，占用的高度小，可与摇床配置在同一台阶上，便于操作。缺点是耗水量较大($5\sim6\ m^3/t$矿石)；阻砂条易发生堵塞，矿浆在箱内搅动大，导致分级效率降低。该设备在给矿粒度不太大(小于1 mm)时较多采用。

3.2.2 机械搅拌式水力分级机

这种分级机的构造如图 3-4(a)、(b)所示。主体部分是由四个角锥形分级室组成,各室由给矿端向排矿端依次增大并在高度上呈阶梯状排列。在分级室下面还有圆筒部分 1、带玻璃观察孔的分级管 2 及压力水管 3。压力水沿分级管的径向或切线方向给入。在它的下面还有缓冲箱 9,用以暂时堆存沉砂产物。由分级室排入缓冲箱的沉砂量是由连杆 5 下端的锥形塞 4 控制。连杆 5 在空心轴 6 的内部穿过,轴的上端有一个圆盘,由蜗轮 8 带动旋转。圆盘上有 1～4 个凸缘。圆盘转动时凸缘顶起连杆 5 上端的横梁,从而将锥形塞 4 打开,使沉砂进入缓冲箱 9 中。空心轴 6 的下端装有若干个搅拌叶片 11,用以防止粒群结团并将悬浮粒群分散开来。空心轴与蜗轮 8 连接在一起,由传动轴 12 带动旋转。

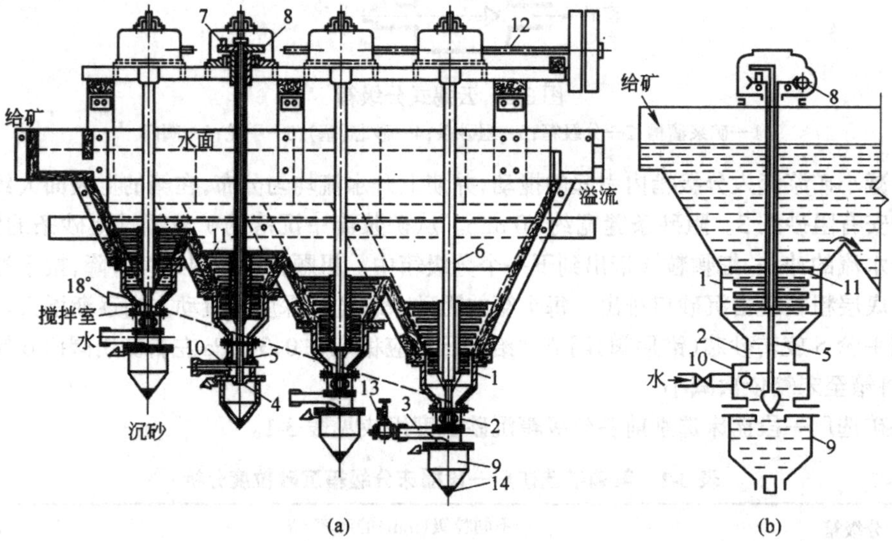

图 3-4 机械搅拌式水力分级机

1—圆筒;2—分级管;3—压力水管;4—锥形塞;5—连杆;6—空心轴;7—凸轮;8—蜗轮;9—缓冲箱;10—涡流箱;11—搅拌叶片;12—传动轴;13—活瓣;14—沉砂排出孔

矿浆由分级机的窄端给入,微细粒级随表层液流向溢流端流去。较粗颗粒则依沉降速度不同分别落入各分级室中。分级室的断面自上而下地减小,相应地水流速度亦增大,故可明显地形成按粒度分层。下部粗颗粒在沉降过程中受到分级管中上升水流冲洗,再度被分级。最后当锥形阀提起时将粗颗粒排出。悬浮层中的细颗粒随上升水流进入到下一个分级室中。以下各室上升水速逐次减小,沉砂粒度也相应变细。

这种分级机因在下面增设了分级管,并采取间断排矿方式,故增强了上升水流的清洗作用,对减少沉砂中的含泥量,降低下步摇床分选时的金属损失很有利。间断排矿还可提高沉砂的浓度,最高时可达 40%～50% 固体,节省用水量(一般不超过 $3m^3/t$ 矿石)。存在的问题主要是沉砂口易堵塞,尤其在沉砂量大时更甚。给水压力应保证矿粒在分级箱内充分悬浮,一般不得低于 0.15～0.25 MPa。

在我国,这种分级机主要用在大型钨矿选矿厂供准备作业使用。现有 KP-4C 型设备具有 4 个分级室,第一室最小,宽 620 mm,末室最大,宽 1500 mm。四室全长 2925 mm。给矿的适宜粒度上限为 3 mm,小于 0.075 mm 部分分级效果很差。处理能力为 15～25 t/h。表 3-2 列出了我国某钨矿选矿厂机械搅拌式分级机的实际操作条件。

某钨矿重选厂水力分级产物的粒度测定结果列于表 3-3 中。

表 3-2 KP-4C 机械搅拌式分级机的实际操作条件

生产能力 /t·台$^{-1}$·h^{-1}	给矿粒度 /mm	给矿浓度/%	上升水压/MPa	溢流浓度/%	排矿浓度/%				上升水量/m^3·h^{-1}				排矿口/mm			
					一室	二室	三室	四室	一室	二室	三室	四室	一室	二室	三室	四室
16～20	−1.5	20～25	0.2	3～6	25～35	20～30	20～25	20	10～15	8～10	4～5	4	28～30	26～28	24	20

表 3-3 机械搅拌式分级机各室产物粒度组成

粒级/mm	给矿和产物中各粒级产率/%						
	给 矿	沉 砂				溢 流	
		一 室	二 室	三 室	四 室	粒级/μm	产率/%
+1.98	1.86	1.36	0.40	0.06		+66	9.70
+1.43	5.33	9.98	1.85	0.09		+63	12.68
+0.0995	11.48	18.88	2.90	0.14		+43	17.57
+0.482	32.69	47.61	40.81	9.85	0.58	+38	3.46
+0.301	17.51	12.41	31.21	33.10	8.49	+27	13.29
+0.25	4.58	2.27	7.46	15.04	10.28	19	9.83
+0.162	7.22	2.77	6.07	16.94	20.64	+13	7.32
+0.10	6.64	2.13	3.94	12.75	29.94	−13	26.15
+0.077	2.05	0.55	1.21	3.50	9.52		
+0.066	2.44	0.45	1.05	3.02	9.16		
−0.066	8.20	1.59	3.10	5.51	11.39		
合 计	100.00	100.00	100.00	100.00	100.00		
产物产率/%	100.00	49.50	21.45	12.80	10.80		
浓 度	21.76	33.06	21.34	20.53	20.03		

这种分级机的主要缺点是构造复杂,需要动力传动,设备高度较大,需和摇床配置在不同台阶上,给操作联系带来不方便。

3.2.3 筛板式槽型水力分级机

筛板式槽型水力分级机又称典瓦(Denver)型水力分级机,是利用筛板造成干涉沉降条件的设备。其基本构造见图 3-5。

机体外形为一角锥形箱,箱内用垂直隔板分成 4～8 个分级室。每个室的断面积为 200 mm ×200 mm。在距室底一定高度处设置筛板。筛板上钻有 36～72 个直径为 3～5 mm 的筛孔。压力水由筛板下方给入,经筛孔向上流动。在筛板上方悬浮着矿粒群,进行干涉沉降分层。粗颗粒通过筛板中心孔排出,排出量用锥形塞控制。

矿浆由一侧给入,依次进到各室中,各室的上升水速逐渐减小,由此得到由粗到细的各级产物。分级室内上升水速分布是否均匀对分级效果有重要影响。减小筛孔径并相应增加筛孔数目

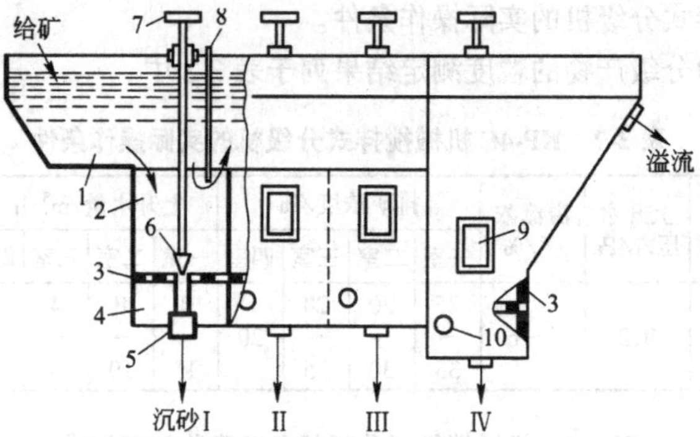

图 3-5　筛板式槽型水力分级机

1—给矿槽；2—分级室；3—筛板；4—压力水室；5—排矿口；6—排矿调节塞；7—手轮；8—挡板(防止粗粒越室)；9—玻璃窗；10—压力水管

可在一定程度上改善分级效果。但水速分布不均是难免的。由此引起二次回流搅动是造成分级效率不高的重要原因。

筛板式水力分级机的优点是构造简单，不需用动力。与上述机械搅拌式水力分级机比较，高度较小，便于配置。可以根据选厂处理能力的不同，制成四室、六室、八室等不同的规格。这种分级机在我国中小型钨矿选矿厂应用较多，主要缺点是沉砂浓度和分级效率均较低。

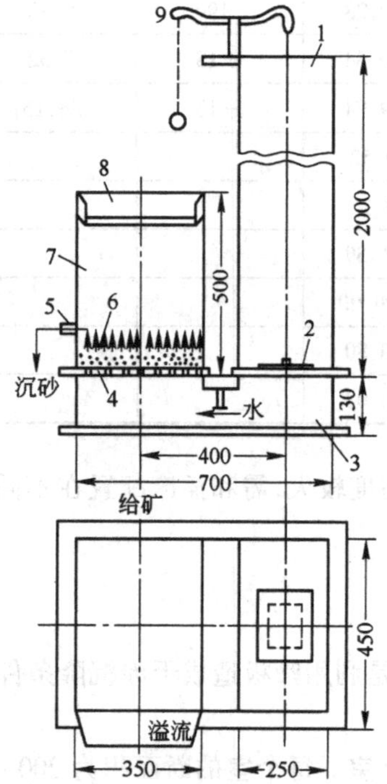

图 3-6　水冲箱结构示意图

1—稳压箱；2—调节阀；3—底箱；4—筛板；5—沉砂口；6—床层；7—分级室；8—溢流槽；9—杠杆(图中尺寸数字单位均为毫米)

3.2.4　水冲箱

水冲箱是一种小型水力分级设备，在我国某锡矿获得了成功应用。其结构大致如图 3-6 所示。分级室 7 主体部分高 500 mm，断面积为 350 mm×450 mm(这些尺寸还可根据生产需要改变)。分级室下部安装有用黄铜板或塑料板制成的筛板 4，与底箱 3 隔开。筛板的筛孔直径为 1.5～2 mm，间距 5 mm×5 mm。上面铺有厚 30～50 mm、粒度为 5～8 mm 的磁铁矿、锡石或铁砂等比重大、化学性能稳定的床石，供均匀分配上升水流之用。分级用水首先给到稳压箱 1 中，经调节阀 2(与杠杆 9 连接)进入底箱 3、再透过筛板和床石在分级室中形成上升水流。矿浆由旁侧给入，在分级室中进行干涉沉降分层。悬浮在上层的细颗粒由另一侧排出，作为溢流送给摇床选别。底部粗粒级可由任意一侧的沉砂管排出，给到下一个水冲箱中继续进行分级。工作过程如图 3-7 所示。

水冲箱的工作特点是由细到粗地进行分级。上升水流通过床石给入，水速分布较均匀，故分级精确性较高，沉砂中含细颗粒数量很少。沉砂浓度可在 60%～80%之间调节。排矿浓度在一小时内的变化值不大于±5%，适合于对比重差小的原料进行窄分级，也可供制备高浓度给矿原料使用。

水冲箱可以单独应用，也可由 2～4 个箱串联工作。给矿的适宜粒度范围为 2～0.075 mm。这种设备具有结构简单，需用的水压不高(稳压箱液面至分级溢流面高差约 0.5～2 m)，安装方便，工作灵活等优点。但处理量小，操作要求严格是其缺点，目前还只限于在重砂精选作业中为摇床制备原料使用。

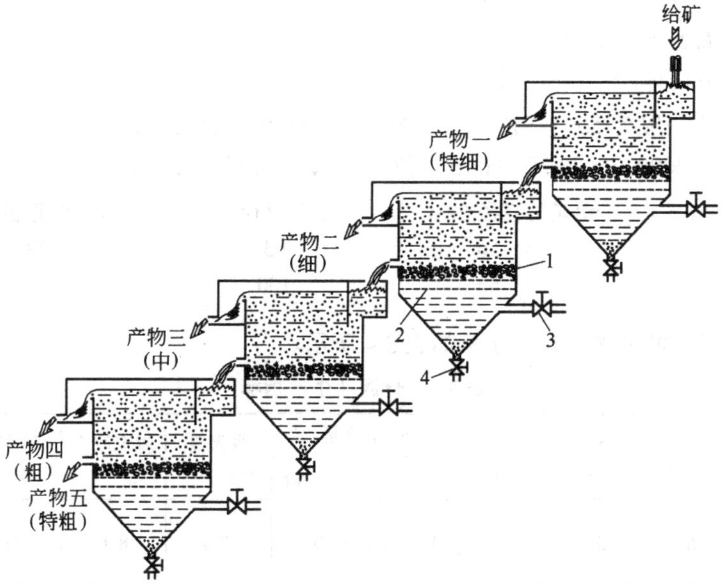

图 3-7 四级连用的水冲箱工作示意图

3.2.5 分泥斗

分泥斗又称圆锥分级机，是一种简单的分级、脱泥及浓缩用设备。它的外形为一倒立的圆锥，如图 3-8 所示。在液面中心设置给矿圆筒，圆筒底缘没入液面以下若干深度。矿浆沿切线方向给入中心圆筒，经缓冲后由底缘流出。流出的矿浆呈放射状向周边溢流堰流去。在这一过程中，沉降速度大于液流上升分速度的粗颗粒将沉在槽内，并经底部沉砂口排出。细颗粒随表层矿浆进到溢流槽内。给矿粒度一般小于 2 mm。分级粒度为 75 μm 或更细些。

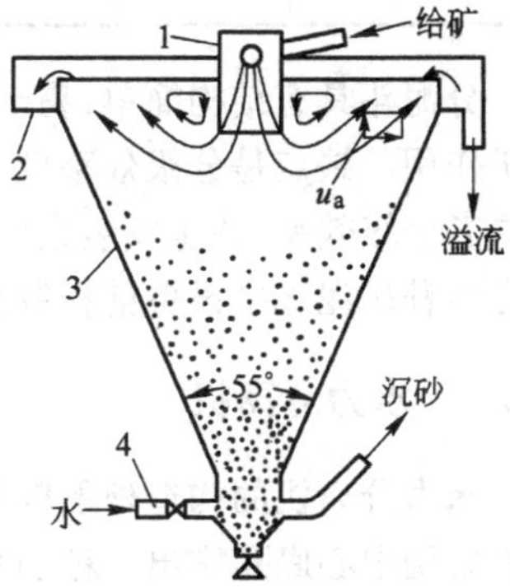

图 3-8 分泥斗简图

1—给矿管；2—环形溢流槽；3—锥体；4—备用高压水管

按溢流体积计算的处理能力与圆锥表面积及分级粒度有关，如下式

$$KA = \frac{Q_{ov}}{v} \tag{3-2}$$

式中 A——圆锥的液面面积，m^2；

$$A = \frac{\pi}{4}(D^2 - d^2) \tag{3-3}$$

D、d——圆锥表面直径及给矿筒直径，m；

K——考虑到给矿筒周围存在“死区”而取的系数，一般按 0.75 计；

v——分级临界颗粒的沉降速度，依表面层矿浆浓度可按自由沉降或干涉沉降计，m/s；

Q_{ov}——溢流体积流量，m^3/s。在沉砂量不大时可近似地按给矿矿浆体积计，而在沉砂量大时则按下式计算：

$$Q_{ov}=W_f\left[\left(\frac{1}{\delta}+R_f\right)-\gamma_s\left(\frac{1}{\delta}+R_f\right)\right] \tag{3-4}$$

式中　W——给矿固体量，t/h；

R_f、R_s——给矿和沉砂的重量液固比；

δ——矿石密度，t/m^3；

γ_s——沉砂固体产率，按小数计。

分泥斗的锥角一般为55°～60°，表面直径(mm)有1000、1500、2000、2500、3000、4000、5000等规格。常用的为2000 mm和3000 mm两种，其主要部件尺寸如下：

分泥斗直径/mm	给矿管直径/mm	给矿筒直径/mm	沉砂管直径/mm
2000	35～50	63	800
3000	50～63	100	552

某锡矿选矿厂实测分泥斗生产指标如表3-4所示。

表3-4　分泥斗生产指标

作业名称	分泥斗直径/mm	分级效率/%	分级粒度/μm	−75 μm含量/%			溢流量/$m^3\cdot d^{-1}$	溢流浓度/%	给矿量/$t\cdot d^{-1}$	单位面积处理量/$t\cdot m^{-2}\cdot d^{-1}$
				给矿	沉砂	溢流				
二段摇床给矿分泥斗	2000	55.2	74	41.5	24.9	95.9	430	8.6	157.7	52.2
分级机溢流送摇床分选前分泥斗	2000	26.9	74	43.1	35.5	91.9	415	10.8	331	105
原生矿泥脱泥分泥斗	3000	49.4	74	48.1	31.8	99.0	740	3.3	100	14.3

分泥斗具有结构简单，易于制造，不耗动力等优点。由于锥体容积较大，在生产流程中还有贮矿作用。缺点是分级效率低，配置高差较大。目前主要用在水力分级机前对原矿进行脱泥，借以提高分级效率；并也安装在磨矿设备前进行矿石的浓缩、脱水，以提高磨矿机的给矿浓度；还可用在各种矿泥选别设备前控制给矿浓度和矿量。

3.2.6　水力分离机

水力分离机的构造外形颇似一扁圆槽，如图3-9所示。在槽的中心设有旋转耙，可用以将沉砂收集到中心底孔排出。耙的转速较大，在搅动中可分离出适当粒度的溢流产物。给矿粒度达1～2 mm，分级粒度以0.05～0.075 mm为适宜，但亦可分离小于上述粒度的产物或含泥砂矿中的细泥。

目前我国现有水力分离机的规格为直径5 m和12 m两种。水力分离机处理量大，工作安全可靠，但分离效率较低。在选矿厂可用于磨矿产物的粗分级。由于需用砂泵运输矿浆，配置不方便，故目前在我国应用不多。

3.2.7　倾斜板浓密箱

倾斜板浓密箱是一种小型的效率较高的浓缩用设备，其构造如图3-10所示。外形为一斜方形箱体，下接一个角锥形漏斗。斜方形箱内装有平行的倾斜板，分作上下两层排列。倾斜板的材质为厚玻璃板、硬质塑料板或薄木板等。矿浆沿整个箱的宽度给入到两层倾斜板之间，然后向上

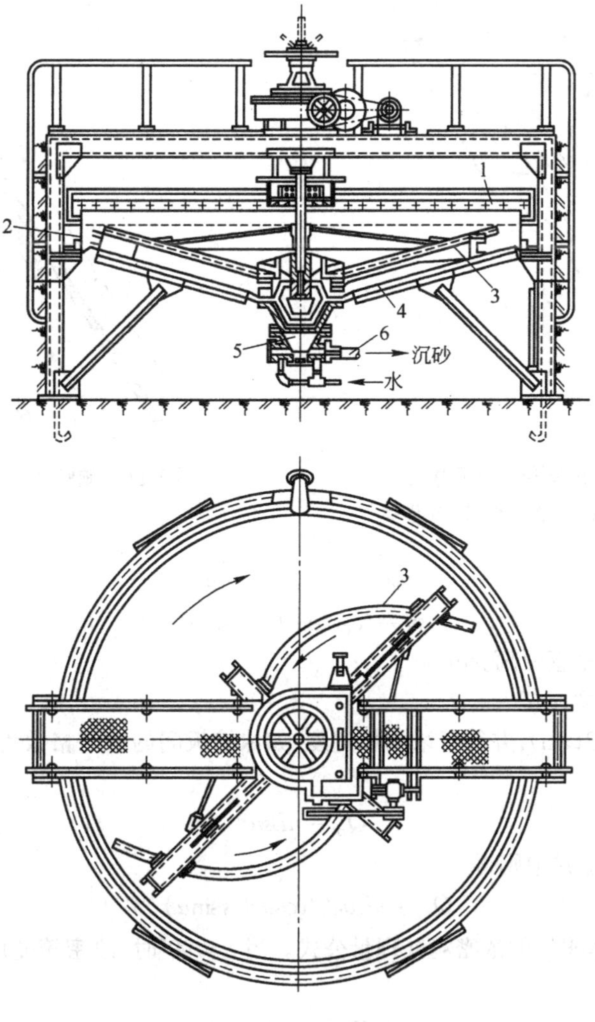

图 3-9 水力分离机

1—环形溢流堰;2—分级槽;3—耙子;4—槽底;5—排砂孔;6—沉砂导管

流过上层倾斜板的间隙。在此过程中,矿粒在板间沉降析出,故上层倾斜板被称作浓缩板。沉降到板面上的固体颗粒借自重向下滑动,并落在下层板的空隙继续沉降浓缩。下层板的用途主要是减少漩涡搅动,使浓缩过程稳定地进行,故下层板又被称作稳定板。沉砂从锥形漏斗的底口排出,用闸阀或不同直径的排砂嘴调节沉砂排出量和浓度。溢流则由上部溢流槽排出。

浓密箱的体积处理量可按下述关系求得:一般取溢流的临界粒度为 5～10 μm,设位于浓缩板底缘的某临界颗粒自身的沉降速度为 v_0,水流沿倾斜板流动的速度为 u,如图 3-11 所示;则颗粒的实际运动速度应为上两速度的向量和。颗粒一面向下运动,一面又向底面浓缩板靠拢,其朝底面运动的分速度 v_z 为

$$v_z = v_0\cos\alpha \tag{3-5}$$

颗粒沿倾斜板倾斜方向运动的分速度为

$$v_y = u - v_0\sin\alpha \tag{3-6}$$

式中 α——倾斜板与水平面间夹角,(°)。

浓缩板的长度应足以使临界颗粒在沿板的长度运行时间内沉降到板面上,故应存在如下关系

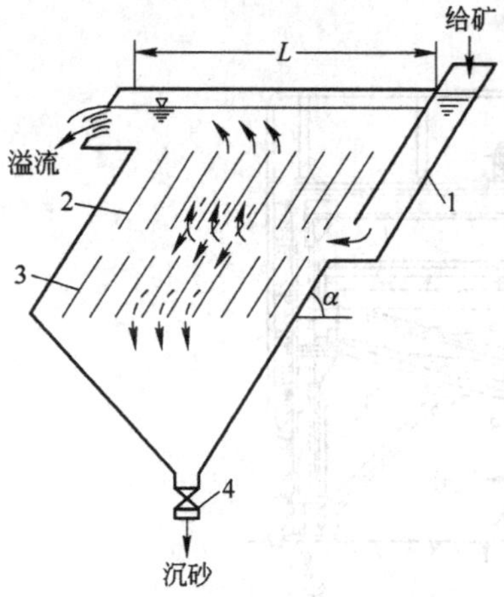

图 3-10　倾斜板浓密箱结构示意图

1—给矿槽；2—倾斜板；3—稳定板；4—排砂嘴

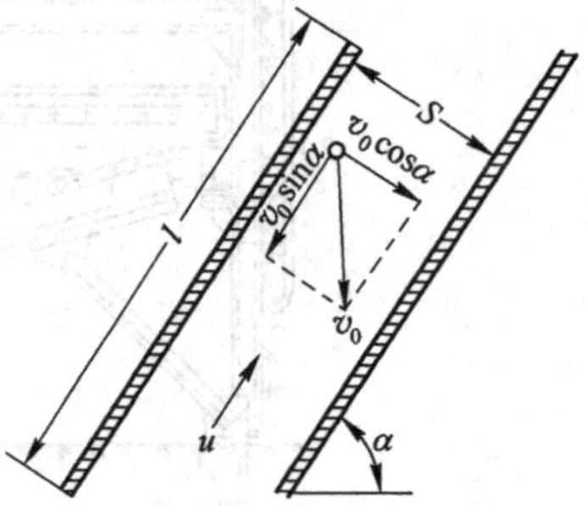

图 3-11　颗粒在浓缩板间的运动

$$\frac{s}{v_0\cos\alpha}=\frac{l}{u-v_0\sin\alpha}$$

即

$$su=lv_0\cos\alpha+sv_0\sin\alpha \tag{3-7}$$

式中　s——浓缩板间垂直距离，cm；

l——浓缩板长度，cm。

设浓密箱宽度为 B(cm)，并等于浓缩板宽度；如浓缩板间的空间格数为 n，则当溢流的流量为 Q 时，应是

$$Q_{ov}=nBsu \tag{3-8}$$

将公式(3-7)代入上式中则得

$$Q_{ov}=nBv_0(l\cos\alpha+s\sin\alpha) \tag{3-9}$$

上式即是按溢流体积计的浓密箱处理量公式。当 $\alpha=90°$时，浓密箱变成为以垂直流工作的浓密机，公式(3-9)成为

$$Q_{ov}=nsBv_0 \tag{3-10}$$

式中，ns 相当于不加倾斜板时箱的表面长度，此时箱的表面积 A'为

$$A'=nsB \tag{3-11}$$

对应于上式条件，设置倾斜板时的浓缩面积 A 由公式(3-9)可得

$$A=nB(l\cos\alpha+s\sin\alpha) \tag{3-12}$$

由于设置了倾斜板，使颗粒的沉降面积增大。面积增大的倍数 K 可由上两式对比得

$$K=\frac{A}{A'}=\frac{nB(l\cos\alpha+s\sin\alpha)}{nsB} \tag{3-13}$$

相应地溢流体积处理量也增大了 K 倍

$$\frac{Q_{ov}}{Q'_{ov}}=\frac{A}{A'}=K \tag{3-14}$$

在已知给矿量(干矿量)、矿石密度、给矿和沉砂液固比的条件下，溢流的体积量可以按公式(3-4)算出。在计算时沉砂产率可按100%计。已知溢流体积量 Q_{ov}后，由公式 $Q_{ov}=Av_0$ 可求得在规定的临界颗粒沉降末速下，需要的沉降面积 A，然后按公式(3-12)求得其他各项结构参数值。

由公式(3-12)知，浓缩板空间格数 n、箱宽 B、板长 l、间距 s 以及倾角 α 等参数均影响沉降面积 A 的大小。这些参数通常不是按理论计算，而是根据操作上的便利和作业的可靠性由经验

确定。

减小倾角 α,浓缩面积将增大,但倾角以在不妨碍沉砂下滑为限度,通常取45°~55°。缩小间距 s 并对等地增加板数,同样可增加浓缩面积,但过窄的间距将会造成堵塞和清洗不方便。间距一般不应小于15~20 mm。增大浓缩板的长度也可增加沉降面积,但设备高度也随之增大,因此又会给操作和设备配置带来不方便。一般板长取400~500 mm。浓密箱宽度以矿浆能够均匀给入为合适,一般取900~1800 mm。倾斜板数过多也不易使矿浆在各板间均匀流动,常用数量为38~42块。

需要注意的是,上述公式(3-5)~式(3-14)均是以层流条件为基础导出的,而且未考虑流速在板间分布的不均匀性。实际存在的紊流扰动和流速在板面上方分布不均匀,将使颗粒运行较长距离才能沉降下来。故在用上列公式计算时,得出的板长值常偏小。安装时应按计算值增加0.3~0.5倍。若板长已由经验(或现有设备)确定,需要按公式(3-9)推算溢流体积处理量时,代入公式中的板长应比实际减少0.23~0.33倍。颗粒愈细,板的间距愈大,则缩减的倍数应愈大。

下部稳定板的长度可比浓缩板短些,但板数则应相同,所有倾斜板均应采用光滑的不易变形的材料制作,某些材料在含有电解质的矿浆中易带电荷,当此电荷与矿粒表面的电性相反时,会严重影响颗粒的下滑。这种现象在普通的矿浆中也容易发生,工作中应当予以注意。

现用浓密箱有2400 mm×2400 mm、1800 mm×1800 mm、1400 mm×1400 mm、900 mm×900 mm四种规格,表3-5列出了两种常用浓密箱的技术数据。

表3-5 常用浓密箱的技术数据

规格/mm	处理量/$t\cdot h^{-1}$	沉降面积/m^2	倾斜板角度/(°)	倾斜板				稳定板长/mm	倾斜板间距/mm	倾斜板材质
				长度/mm	宽度/mm	厚度/mm	板数/个			
1800×1800	0.3~0.6	3.24	55	480	1800	3~6	49~63	240	25~30	普通玻璃、硬质塑料或薄木板
900×900	0.15~0.2	0.81	45~55	480	900	3~6	49~63	240	15~20	

倾斜板浓密箱的优点是构造简单,不耗用动力,容易制造,单位占地面积的生产能力大以及效率高等;主要缺点是倾斜板间隙易堵塞,需要定期停机清洗。这种设备适合于小型选矿厂处理的矿浆量不大时使用。

3.2.8 双层倾斜板水力分级箱

我国某锡矿为适应该矿的水枪开采和矿量以及浓度波动大的特点,设计并制成了具有缓冲作用的分级设备——双层倾斜板分级箱,其构造如图3-12所示。该设备巧妙地将浓密箱的稳定分级和水冲箱可获得高浓度沉砂的作用结合在一起,既解决了矿石的分级入选,又收到稳定的高浓度排矿的效果。

该矿从实测中得知,给矿矿浆体积波动在400~800 m^3/h之间,浓度变化范围是6%~30%。原矿含水量较大,因此最好是借矿浆自身的水量进行分级,以便节省水耗。倾斜板浓密箱的工作可以达到这项要求。而为了避免给矿矿浆量波动影响到分级粒度,而将浓密箱进行了改造,做成两个重叠配置的分级箱。上层分级箱的底口固定,于是进入下层箱的矿浆量最大将不超过某一数值。分级粒度由下层倾斜板间的上升水速决定,维持在0.25 mm左右。给矿矿浆量的波动主要影响上层分级箱的稳定工作。在最大流量时,上下两分级箱同时工作,此时溢流最大颗粒仍不超过0.25 mm,故综合分级效率保持了较高数值,达到80%。

分级后的溢流经旋流器脱泥后，给螺旋溜槽选别。沉砂在筛出粗粒脉石后进扇形溜槽处理。后者需要有稳定的高浓度（达 60%）给矿。于是在下层分级箱底口设置了脱泥室，如图 3-13 所示。清水以高于箱内矿浆压头 0.11 MPa 的压力通过干涉板进入底箱。使矿粒处于高浓度的悬浮状态。由于悬浮层的容积浓度系随上升水的流速而变化，故沉砂浓度即可借给水量控制。沉砂的体积流量由导流罩内的梅花形孔口大小决定，两者均可维持大体不变。采用梅花形孔口有利于水速均匀分布，并能限制微细矿泥进入脱泥室中。因此，沉砂中含泥量可降至 3%以下。

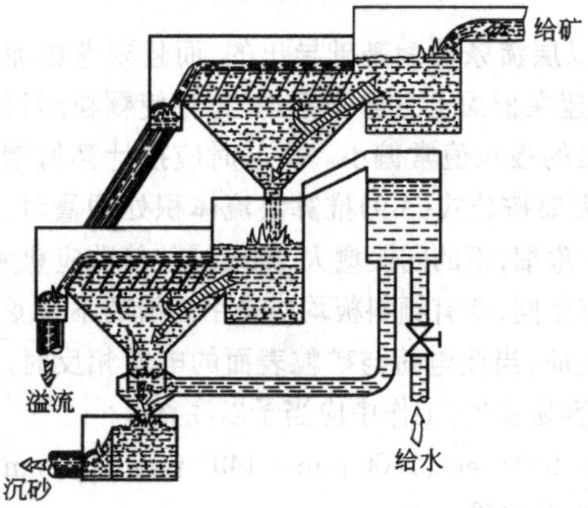

图 3-12　双层倾斜板水力分级箱

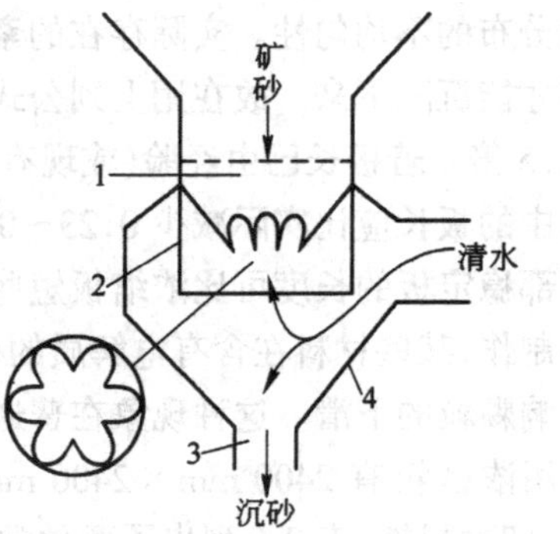

图 3-13　双层倾斜板浓密箱脱泥室

1—干涉板；2—导流罩；3—排砂口；4—给水套

在这里倾斜板的作用与浓密箱不同，主要是用来均匀分布上升水流，因此板的间距较大，一般为 100～200 mm，板长 400～600 mm。只作一层布置。溢流表面面积为 3 m^2。分级粒度为 0.25 mm 时，处理量为 400～800 m^3/h。设备工作期间很少发生堵塞事故。存在的主要问题是排砂口磨损大，1～2 天即需更换一次排砂嘴。

3.3　机械分级机

3.3.1　设备结构及工作原理

在选矿厂用于同磨矿机组成闭路工作的分级机，需要有提升运输沉砂的机构，因此这类分级机被称为机械分级机，其实分级过程仍是借颗粒的沉降速度不同进行的。

机械分级机除主要作为磨矿的辅助设备进行预先分级和检查分级外，有时也用于对含黏土矿石进行洗矿以及对矿浆进行脱泥、脱水。

根据运输沉砂机构的形式不同，机械分级机可分为螺旋分级机、耙式分级机和浮槽分级机等。其中螺旋分级机构造简单，操作方便，分级槽具有较大的倾斜角度，便于同磨矿机作自流连接，故应用较普遍。其他形式的分级机虽然在我国仍有使用，但已停止制造。

螺旋分级机的外形是一个矩形斜槽，槽底倾角为 12°～18.5°，底部呈半圆形。槽内安装有 1 或 2 个纵长的轴，沿轴长连续地安置螺旋形叶片。借上端传动机构带动螺旋轴旋转。如为双螺旋，从上部来看螺旋叶片均是向外转动。矿浆由槽的旁侧给入。在槽的下部形成沉降分级面。粗颗粒沉到槽底然后被螺旋推向上方排出，在运输过程中并进行脱水。未及沉降的细颗粒被表层矿浆流携带经溢流堰排出。分级过程与在分泥斗中基本相同。在分级槽下端有一个框架。框架的上部横梁设有提升装置，用以调节螺旋叶片距槽底的距离，并在停车时将螺旋轴抬起，以防止矿砂沉积埋住螺旋叶片。典型的螺旋分级机结构示于图 3-14 中。

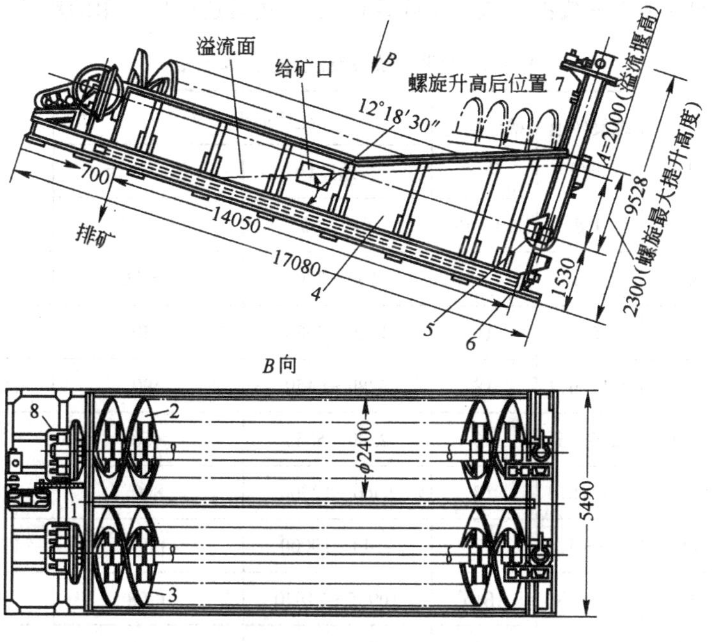

图 3-14 ϕ2400 浸入式螺旋分级机

1—传动装置;2、3—左、右螺旋;4—水槽;5—下部支座;6—放水阀;7—升降结构;8—上部支承

螺旋分级机按分级液面的高低又可分为高堰式和浸入式(或称沉没式)两种。高堰式分级机的溢流堰高于下端螺旋轴的中心,而低于螺旋叶片的上缘。分级液面的长度不大,液面可直接感受到螺旋叶片上的搅动作用,故适于粗粒级分级使用,分级粒度多在 0.15 mm 以上。浸入式分级机的下端螺旋叶片完全浸入在液面以下,分级面积大而又平稳,适于细粒级分级,分级粒度在 0.15 mm 以下。它的溢流生产率较高。此外还有一种低堰式螺旋分级机,其分级液面低于下端螺旋轴承,液面很小,搅动作用大,主要用于含泥矿石的洗矿。各类螺旋分级机的基本区别如图 3-15 所示。

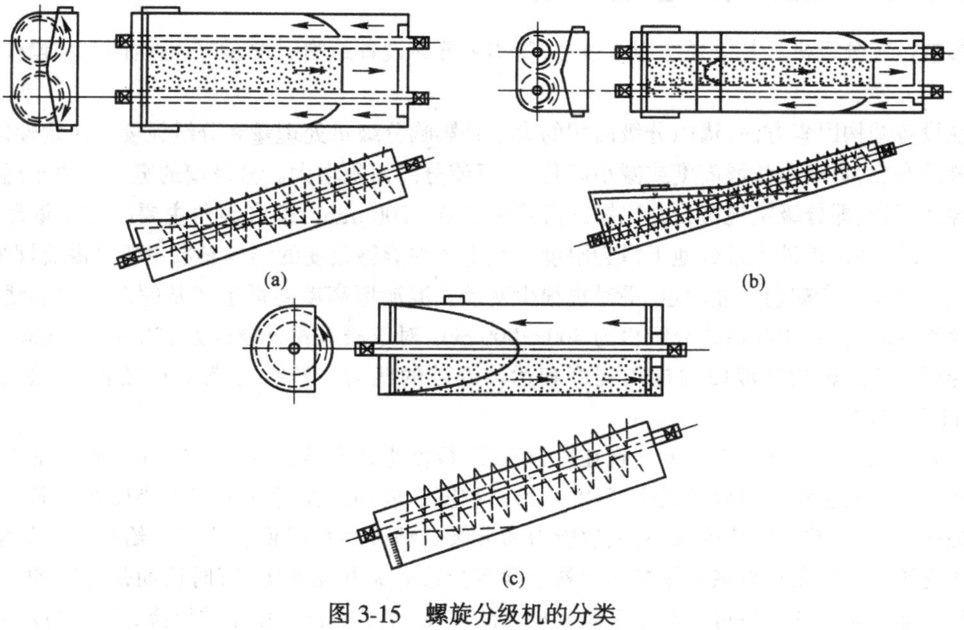

图 3-15 螺旋分级机的分类

(a) 高堰式;(b) 浸入式;(c) 低堰式

螺旋分级机的规格以螺旋的个数和螺旋直径表示,我国选矿厂常用的规格列于表3-6中。

表3-6　常用螺旋分级机的技术规格

类　型	螺旋直径/mm	螺旋转速/$r \cdot min^{-1}$	槽底坡度/(°)	生产能力/$t \cdot d^{-1}$		电动机功率/kW	
				按返砂计	按溢流计	主　轴	升　降
高堰式单螺旋分级机	500	9.8	14~18	54~260	13.5~77	1.1	
	1000	7.6	14~18	130~700	50~260	5.5	
	1500	2.5~6	16	1120~2680	230	7.5	2.2
	2000	2.1~6.1	18	3280~6450	400	7.5~1.3	3
高堰式双螺旋分级机	1500	2.5~6	16	2240~5360	460	7.5	2.2
	2000	3.1~6.3	18	6560~12900	800	17~30	3
	2400	2.6~5.4	17	9140~19000	1100	17~30	3
	3000	1.5~3	18.5	10935~21870	1788	40	3
浸入式双螺旋分级机	1500	4	16	2240~5360	460	7.5	1.5
	2000	3.5~5.4	15	5600~11600	640	17~22	3
	2400	3.5	18.5	16970	1900	22	3
	3000	1.5~3	18.5	15635~31270	3226	40	3

3.3.2　螺旋分级机操作技术

3.3.2.1　影响螺旋分级机工艺效果的因素

影响螺旋分级机工艺效果的因素很多,基本可分为设备结构因素、矿石性质因素和操作条件因素三个方面。

在设备结构因素方面,槽内分级面积的大小是影响分级机处理量和分级粒度的决定性因素。增大槽的宽度,提高溢流堰高度或减小倾角,均可使分级面积增大。分级槽的宽度取决于运送返砂的螺旋直径(即分级机规格),并比螺旋直径大100~200 mm。槽底倾角主要决定于返砂的必要提升高度,并以矿砂不过分地下滑为限度。在生产中能够改变的结构参数主要是溢流堰高度,但该项因素在生产初期一经确定,平时也很少变动。溢流堰高度习惯上指从螺旋轴中心线到溢流堰顶端的斜高,对于高堰式分级机为400~800 mm,对于浸入式分级机为930~2000 mm。

螺旋的转速影响到液面的搅动程度和运输返砂的能力。转数与螺旋直径有关,在1.5~10 r/min范围内。

矿石性质对分级的影响主要表现在矿石密度、粒度组成和含泥量三个方面。矿石密度几乎正比地影响于按重量计的分级机生产能力;给矿粒度组成和含泥量的影响主要反映在矿浆黏度上。黏度增大,矿粒沉降速度减小,处理能力和分级的精确性均降低。所以在给矿中含泥多时,即需预先脱泥。但是在机械分级机的给料中含有少量矿泥并无妨害,有时反而是有利的。因为借助矿泥增加矿浆的黏性可以抑制矿浆紊动度的发展,使矿粒得以稳定地沉降,分级粒度不致发生过分敏感的变化。对含泥多的及细粒级矿石分级,最好在低浓度下进行,这样有助于提高分级效率。

在浮选厂向磨矿循环中添加的药剂和由回水带来的药剂对分级过程甚至磨矿作业均有影响。起分散作用的药剂和起凝聚作用的药剂会使颗粒的沉降速度有很大差异。这个问题在实际工作中常被忽视,但是它的影响却是颇大的。

分级机在操作中的主要调节因素是给矿浓度。浓度不仅影响到分级粒度,而且影响到该粒度下的处理能力。在某一临界容积浓度下,沉淀量达到最大值,对应于该值的重量浓度称为临界浓度。在临界浓度下分级机的处理量达到最大。

临界浓度随矿石的密度和含泥量而变,并与规定的分级粒度有关。矿石密度愈高,按重量计的临界浓度亦愈高。但含泥量增加,临界浓度将降低。分级粒度对临界浓度的影响与含泥量相同,即随着分级粒度的降低,临界浓度减小。表 3-7 列出了不同性质矿石在不同的分级粒度下的临界浓度值。

表 3-7 在不同的分级粒度下获得最大处理量的临界浓度(%质量)

矿石性质	分级粒度/mm				
	0.3	0.2	0.15	0.10	0.075
含硅很高的矿石	25.0	22.2	20.0	20.0	16.5
硅质矿石	22.2	20.0	20.0	18.0	14.5
中等含硅量矿石	22.2	20.0	18.0	16.5	13.5
中硬矿石	20.2	18.0	18.0	16.5	12.5
中等含泥量矿石	20.0	18.0	16.5	14.5	11.0
泥质矿石	20.0	16.5	14.5	12.5	9.0

实际生产中固定给矿浓度,则溢流浓度随之亦不变,分级产物的粒度也因而少变。故控制分级机的给矿浓度也就成为控制溢流粒度的有效手段。与磨矿机组成闭路工作的分级机,磨矿产物进入分级机之前必须由恒压水池补加定量的水,以保证给矿浓度为适宜值。

实践中基于下步选别作业对浓度的要求,分级机的给矿浓度常比临界浓度为高。此时若再增加给入的水量,仍可使溢流粒度变细,相应地沉砂量增加。但是分级机本身毕竟不能制造细粒级,随着循环的返砂量增大,进入分级机的矿量又复增多,于是给矿浓度随之增大,溢流粒度又恢复变粗。归根结底,这是由于分级粒度要由磨矿机的细级别生成量决定。分级机的溢流产物即是磨矿的最终产物。分级机的功能只在于及时分离出合格的粒级,减少过磨;并为磨矿机提供适当的高浓度返砂,借以提高磨矿效率。分级机在这些方面对磨矿机服务好了,磨矿设备的能力充分发挥出来,溢流粒度才能有限度地降低。所以对机械分级机工作条件的选择既要服从选别作业的要求,又要考虑为磨矿机充分服务。

为了提高分级效率,可考虑采用筛分设备代替粗粒级的机械分级机,而在细分级作业中则应采用水力旋流器。

3.3.2.2 螺旋分级机的维护检修

螺旋分级机的常见故障及其消除方法参见表 3-8。

表 3-8　螺旋分级机常见故障及其消除方法

常见故障	原　因	消除方法
螺旋主轴内孔严重磨损	分级机在使用过程中,出现违章操作(如:停车后再重新启动时没有将下部支座提起),导致主电机启动后螺旋部运转,而下部支座不能起到支撑螺旋主轴的作用,使螺旋轴与下部支座产生扭力,将下部支座的一个端盖扭裂。这样,矿浆从裂纹处渗入了下部支座,当矿浆渗满了下部支座时,使支座内的轴承失去作用(不能旋转);而在主轴旋转,下部支座不能旋转的条件下,使主轴与下部支座连接处的 10 个 M20 的螺栓全部剪断,螺旋主轴连续旋转将螺旋主轴内孔(与下部支座配合处)严重磨损	由于螺旋主轴内孔与下部支座的磨损为转动的,所以螺旋主轴的内孔磨损比较圆,而且四周比较均匀。 按螺旋主轴的内孔配车 1 个钢套,钢套的内径与下部支座的套配车,焊固在螺旋主轴孔内,将新的下部支座定位在钢套,再与螺旋主轴紧固。这样,既保证了螺旋主轴与下部支座的同轴度,又保证了连接强度
断轴	(1) 强度不够:分级机空心轴一般由厚壁无缝钢管制成,而现有轴是由 $\delta=20$ 的钢板弯制成半圆形对焊而成,因此强度不够; (2) 工艺原因:料浆浓度较高造成分级机螺旋叶片结疤严重,再者球磨机出口筛板空隙偏大,碎球等铁块杂物进入分级机槽内,造成卡槽,使分级机运行负荷增大; (3) 操作维护原因:磨机系统停车时,刷洗不彻底,物料结块;给下次运行带来困难;设备产能提高,运转率提高,清理、检修工作没有及时适应调整;螺旋体装配调整不到位	分级机螺旋空心轴断裂后,因备件供应及新轴费用较高等原因,主要依靠现场修复; 将螺旋体断裂的两部分从槽内吊出放在检修场地,用枕木垫在下面,防止转动滑落,将螺旋体上的结疤清理干净,拆除断口处两侧 1.5～2 m 的卡箍、叶片等; 用 $\delta=20$ 的钢板分别弯制成 $R=280$ mm 和 $R=300$ mm 半圆形钢板各两块,长度均为 1 m,作为螺旋轴断裂处的内外加强板
主轴断裂	(1) 因生产中短暂停机,料浆沉淀或料浆浓度成分发生变化后导致重新开机时轴的扭矩瞬间加大产生裂纹; (2) 空心轴长期在碱液中和不正常的工况下运转,容易产生疲劳裂纹; (3) 受弯曲变形、磨损、轴承的振动、叶片的不平衡、料浆温度等因素影响,使主轴受力不均产生裂纹,造成断裂。综上所述,主轴运转一段时间后,受疲劳、扭曲、振动、碱腐蚀等多种原因的共同作用,以及在焊接应力的影响下,主轴断裂	(1) 做两个支撑架,把主轴支撑起来,需注意安全可靠; (2) 拆除断口修复处 1m 范围内的叶片、衬铁、支撑架等,清理结疤,必要时进行打磨; (3) 若断口与伞齿轮距离较近,需拆除伞齿轮,将短轴清理干净; (4) 修复断口

3.4　水力旋流器

3.4.1　概述

水力旋流器最早在 20 世纪 30 年代末在荷兰出现。水力旋流器是利用回转流进行分级的设备,并也用于浓缩、脱水以致选别。它的构造很简单,如图 3-16(a)、(b)所示。主要是由一个空心圆柱体 1 和圆锥 2 连接而成。圆柱体的直径代表旋流器的规格，它的尺寸变化范围很大，由 50 mm 到 1000 mm，通常为 125～500 mm。在圆柱体中心插入一个溢流管 5，沿切线方向接有给矿管 3，在圆锥体下部留有沉砂口 4。矿浆在压力作用下，沿给矿管给入旋流器内，随即在圆筒形器壁限制下作回转运动。粗颗粒因惯性离心力大而被抛向器壁，并逐渐向下流动由底部排出成为沉砂。细颗粒向器壁移动的速度较小，被朝向中心流动的液体带动由中心溢流管排出，成为溢流。

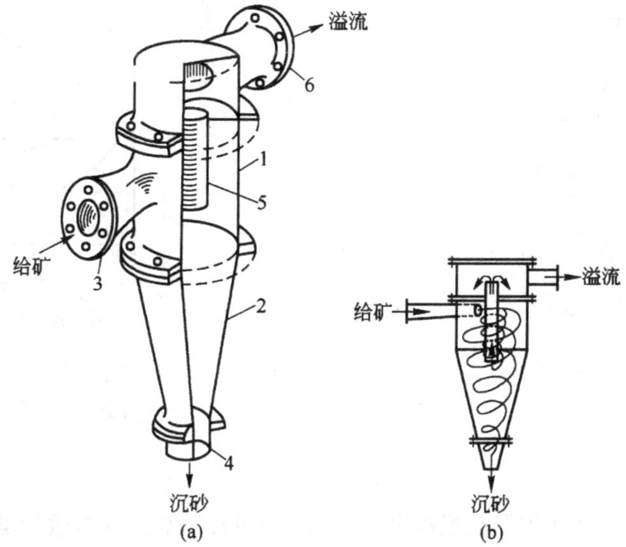

图 3-16 水力旋流器

1—圆柱体；2—锥体；3—给矿管；4—沉砂口；5—溢流管；6—溢流管口

水力旋流器是一种高效率的分级、脱泥设备，由于它的构造简单，便于制造，处理量大，在国内外已广泛使用。它的主要缺点是消耗动力较大，且在高压给矿时磨损严重。采用新的耐磨材料，如硬质合金、碳化硅等制作沉砂口和给矿口的耐磨件，可部分地解决这一问题。此外，当用于闭路磨矿的分级时，因其容积小，对矿量波动没有缓冲能力，不如机械分级机工作稳定。

3.4.2 水力旋流器分级原理

为明了矿物颗粒在旋流器内的分离过程，有必要先说明液流的运动特性。矿浆给入旋流器后呈螺旋线状，一面回转一面向中心推移，最后由上下两端排出，如图 3-17 所示。矿浆的这种流动属于空间运动体系，为此要查明液流的速度分布，须将旋流器内任一点的速度分解为三个互相垂直的方向，即切线方向、径向方向和平行于轴线的方向。盖勒萨尔(D.F.Kelsall，1952 年)曾以内径 76 mm 的透明水力旋流器，用光学方法观测加入水中的铝粉运动速度，在给水量约为 50 L/min 条件下，得到了下述三个方向速度的变化规律。

3.4.2.1 切向速度分布及旋流器内压强变化

图 3-18 为液体在旋流器的不同水平断面及不同半径 r 处的切向速度 u_r 分布图。由图可见：

(1) 在同一断面上切向速度 u_t 随回转半径 r 的减小而增大，只有在靠近溢流管处才随 r 的减小而减小。u_t 的最大值约在溢流管半径的 0.6～0.7 倍处，在那里流速达到入口处速度的 1.5～2 倍。

在达最大值前，切向速度分布虽然在不同断面上略有区别，但基本符合下列关系式

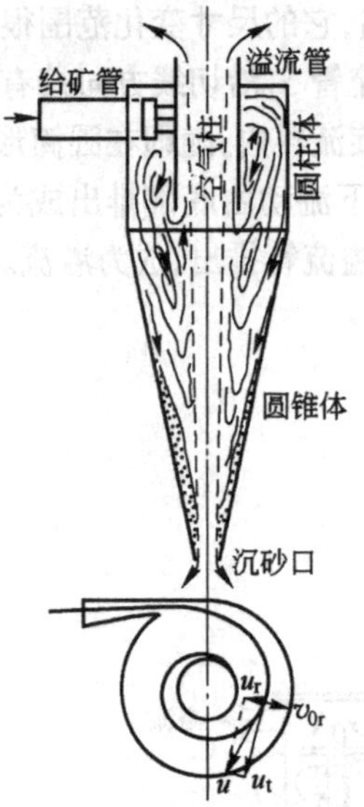

图 3-17　矿浆在水力旋流器内流动示意图

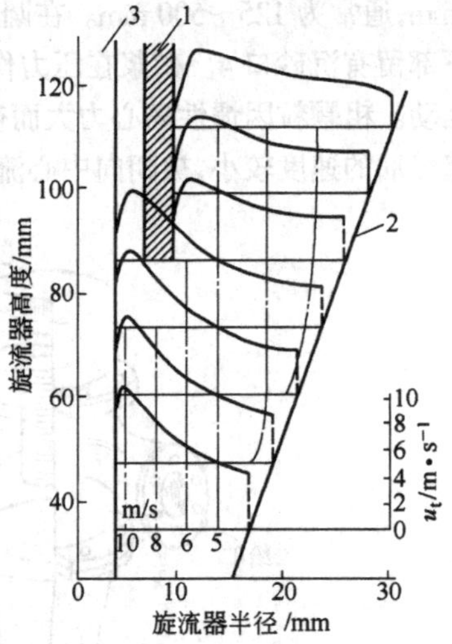

图 3-18　液流在水力旋流器内的切向速度分布
1—溢流管；2—锥壁；3—空气柱

$$u_t r^n = 常数 \tag{3-15}$$

式中　n——指数，匈牙利达尔扬教授提出为 0.50～0.90，日本人藤本敏治确定为 0.50～0.83；旋流器的工作条件不同，n 值亦不同；同一旋流器的不同断面处，n 值略有差异，但仍可用平均值表示。

指数 $n<1$ 表明，旋流器内液体的回转属于半自由涡运动。

(2) 图 3-18 中的点划线为 u_t 的等值线。由图可见，除近壁处外，等 u_t 线近于垂直，即在不同断面的同一半径处，切线速度都接近相等。

增大给矿压力，液流的进口速度 u_t 随之增大，但半自由涡段内 $u_t r^n$ = 常数的规律不变。液体因回转运动而产生惯性离心力，由内向外压强逐渐增大。

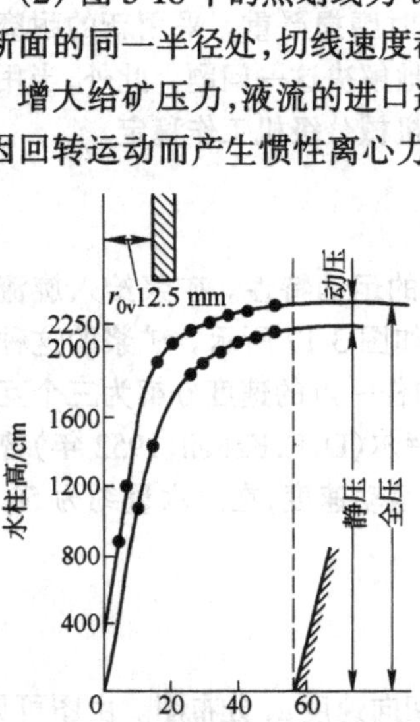

图 3-19　旋流器内压力分布

旋流器的体积处理量也大致随压力的平方根成正比增加。在旋流器的中心，矿浆作高速回转并向四周扩展的结果，形成了一个回转自由面，内中出现一低压空气柱(见图 3-19)。空气柱的形状一般为圆柱形。当沉砂口处的通气孔缩小时，空气柱在底部缩小，并从沉砂口急剧地吸入空气。前苏联普拉克辛等人实际测量得出，空气柱沿高度的平均直径约为溢流管直径的 50%～60%。

3.4.2.2　径向速度分布及颗粒粒度沿径向排列

图 3-20 示出了在旋流器的不同断面处液体的径向分速度随半径 r 的变化情况。由图可见，径向速度的方向主要是向内的，在器壁处为最大。随着半径的减小，向内的速度亦减小，直至降低为零。然后受垂直断面上回转流的影响转而向外流动。在不同的高度处，速度为零的转折点亦不同；愈接近旋流器的下部，向外的径向速度愈小。

3.4.2.3 轴向速度 u_a 的分布及对分级粒度的影响

液体进入旋流器的初期沿轴向的运动方向基本是向下的，但由于下面的流动断面愈来愈小，内层矿浆即转而向上流动。盖勒萨尔测定得到的液流在不同半径处的轴向速度分布如图 3-21 所示。

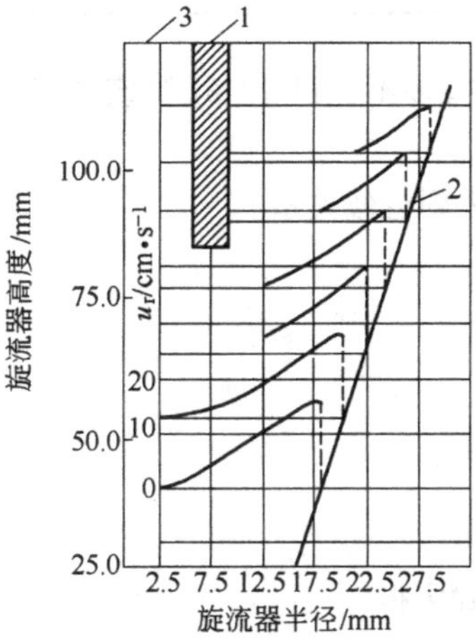

图 3-20 液流速度在旋流器内的径向分布

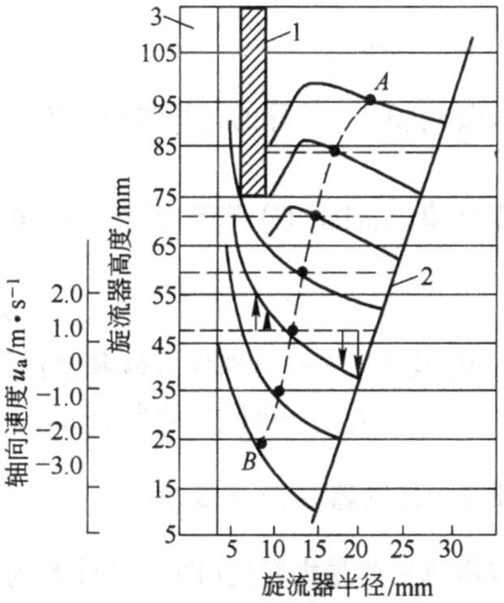

图 3-21 液流在旋流器内的轴向速度分布

1—溢流管；2—锥壁；3—空气柱

将轴向速度方向的转变点 $u_a=0$ 连接起来，可得到一个空间圆锥面，即图 3-21 中虚线 AB 所围成的锥形面。此面称做轴向零速包络面。包络面外的矿浆向下运动，除一部分因形成回流转入到内层外，多数是由沉砂口排出。内层矿浆则基本向上由溢流管排出。只是在溢流管口以上的液体因不能从顶部排出而向下回流。如果溢流管插入深度过小，这部分矿浆即构成短路流出，结果一些粗颗粒也被带入溢流中。除这一情况外，进入溢流的基本为零速包络面以内的矿浆。故该包络面的空间位置在很大程度上决定了分级粒度的大小。

3.4.3 水力旋流器的工艺计算

3.4.3.1 旋流器的处理能力

按给矿矿浆体积计算的旋流器处理能力 Q(L/min)多是按管流的局部阻力关系导出，前苏联波瓦洛夫曾就此提出的半经验公式为

$$Q=K_0 d_f d_{0v}\sqrt{gH} \tag{3-16a}$$

或

$$Q=K_1 D d_{0v}\sqrt{gH} \tag{3-16b}$$

式中 D——旋流器直径，cm；

d_f 和 d_{0v}——分别为给矿管和溢流管直径，cm；

H——旋流器的进口压力（表压力），kg/cm^2；

K_0 及 K_1——系数，$K_0=\dfrac{K_1}{d_f/D}$，按表 3-9 确定。

当给矿口为矩形断面时，d_f 按下式计算

$$d_f=\sqrt{\frac{4}{\pi}bl} \tag{3-17}$$

式中 b 和 l——矩形给矿口断面的宽和长,cm。

表 3-9 旋流器在不同的 $\frac{K_1}{d_f/D}$ 条件下系数 K_0 及 K_1 值

d_f/D	0.10	0.15	0.20	0.25	0.30
K_0	5.8	5.1	4.9	4.9	5.2
K_1	0.58	0.78	0.98	1.22	1.56

按公式(3-16)计算的旋流器处理能力,与实际对比误差多不超过 10%,故该式基本是适用的。

据塔津(TarJan. G)研究,沉砂体积与溢流体积之比有下列近似关系

$$\frac{V_s}{V_{0v}}=1.1\left(\frac{d_s}{d_{0v}}\right)^3 \tag{3-18}$$

式中 V_s 及 V_{0v}——分别为沉砂和溢流体积产量,L/min;

d_s——沉砂口直径,cm。

3.4.3.2 旋流器的分离粒度

按溢流中的最大粒度(即 d_{95})计算的分离粒度可由下式求得

$$d_{95}=1.5\sqrt{\frac{Dd_{0v}\beta_u}{d_sK_DH_0^{0.5}(\rho_i-\rho)}} \tag{3-19}$$

$$K_D=0.8+\frac{1.2}{1+0.1D} \tag{3-20}$$

式中 β_u——给矿中固体重量百分浓度,%;

K_D——旋流器直径修正系数;

H——旋流器的进口压力(表压力),MPa。

3.4.4 旋流器操作技术

3.4.4.1 影响旋流器工作的因素

A 旋流器的结构参数

旋流器的结构参数包括圆柱体直径 D、给矿口当量直径 d_f、溢流管直径 d_{0v}、沉砂口直径 d_s 和锥角 α;在次要方面还有圆柱体高 h_w 和溢流管插入深度 h_{0v}。

在一般情况下,穆得(J.J.Moder)等人建议各结构参数应保持下列关系

$$2d_f+d_{0v}\approx0.5D \text{ 及 } \frac{d_{0v}}{d_f}\approx2$$

前苏联波瓦洛夫则认为应有下列关系:

$$d_f=(0.2\sim0.4)D \text{ 或 } d_f=(0.4\sim1.0)d_{0v}$$

沉砂口大小可按沉砂与溢流的体积量关系,由公式(3-18)确定。

溢流管径与沉砂口径之比 d_{0v}/d_s 称作角锥比。试验得出,分级用旋流器的角锥比以 3～4 为适宜。

旋流器的直径 D、给矿口直径 d_f 和溢流管直径 d_{0v},是影响处理量 Q 和分级粒度 d_{cr} 的主要参数,在各结构参数比值不变的情况下,将公式(3-16)加以比例转换,可以得出矿浆体积处理量

与旋流器直径的大致关系为

$$Q \propto D^2 \tag{3-21}$$

随着流量增加,矿浆的向心流速亦增大,分级粒度变粗,由式(3-19)可以看出

$$d_{95} \propto \sqrt{D} \tag{3-22}$$

因此,在进行粗分级时常选用较大直径旋流器;在细分级时则用小直径旋流器。如果后者处理能力不够用,可以将多台组装在一起使用。

旋流器的给矿口和溢流管相当于两个窄口通道,增大其中任何一个断面积均可使矿浆体积处理量接近于成正比增加。但此时溢流粒度将变粗,分级效率也要下降。为了提高分级效率和降低分级粒度,给矿口和溢流管直径应相对于圆柱体取小的比例值。

沉砂口是旋流器中最易磨损的部件,常因磨耗而增大了排出口面积,使沉砂产量增大,浓度降低。但此时对给矿体积影响并不大。沉砂口的大小与溢流管直径配合调整,是改变分级粒度的有效手段。

锥角的大小影响矿浆向下流动的阻力和分级自由面的高度。一般来说细分级或脱水用的旋流器采用较小锥角,最小达到10°~15°;粗分级或浓缩用时采用较大锥角,多为20°~45°。

旋流器的圆柱体高 h_w 对处理能力无大影响,但对分级效率和分级粒度则有一定的影响。增大圆柱体高度与减小锥角的效果大致相同,可以使分级粒度变细并提高分级效率。溢流管的插入深度一般接近于圆柱体高度,但当圆柱体高度超过它的直径较多时,则可降低该值。为了避免矿浆短路流动,溢流管口的下缘应距给矿口有足够距离。

B 旋流器的操作参数

旋流器的操作参数包括给矿压力、矿石粒度组成、给矿浓度以及溢流和沉砂的排出方式等。

给矿压力是影响旋流器处理能力的重要参数,并在较小程度上影响分级粒度。此外给矿压力还关系到分级效率和沉砂的浓度。提高给矿压力,矿浆的流速增大,黏度的影响减小,分级效果可以得到改善,沉砂浓度也会提高。但是带来的问题是沉砂口磨损增大,其他易耗件更换也频繁。所以在处理粗粒原料时,只要有可能总是愿意采用低压力(0.05~0.1 MPa)操作;而在处理矿泥及细粒原料时,则应采用高压力(0.1~0.3 MPa)给矿。

给矿粒度组成和给矿浓度对分级效率和产物浓度有重要影响。在给矿压力足够高时,给矿浓度主要影响溢流浓度,而对沉砂影响较小。但给矿浓度对分级效率却影响较大,分级粒度愈细,给矿浓度应愈低。例如我国的锡矿重选厂由试验得出,当分级粒度为0.075 mm时,给矿浓度以10%~20%为宜;分级粒度为0.019 mm时,浓度应取5%~10%。处理含泥量大或微细原料时,则应采用较高给矿压力或以小直径旋流器多台并联工作。

用于分级的旋流器最佳工作状态应是沉砂呈伞状喷出,伞的中心保留有不大的空气吸入孔。空气在向上流动的同时带动内层矿浆由溢流管排出,因而有利于提高分级效率;此时的伞面夹角不宜过大,以刚能散开为宜。旋流器用于浓缩时沉砂可取绳状排出,这样的沉砂浓度最高。而在用于脱水时,可令沉砂以最大角度的伞状排出,这样的沉砂浓度最低。相应可获得含固体量最多的溢流。

旋流器工作参数的选择,多数情况是参照类似选厂的经验数据进行。

C 水力旋流器的配置和操作调整

在选矿厂旋流器可以代替机械分级机与磨矿机组成闭路工作,亦可代替水力分级机或分泥斗进行选别前的分级和脱泥。水力旋流器还可与浓密机配合工作,预先脱出部分固体沉砂,以减轻浓密机负荷。不同用途的旋流器结构参数和作业条件差别很大。我国的系列规格直径由

100 mm到 500 mm 不等,主要供分级作业使用,特殊用途的旋流器多是自行设计制造。

旋流器的安装方法多是垂直放置,但实际上亦可卧置、斜置或倒置。倒置的旋流器沉砂中细粒级减少,分级效率还有所提高。

旋流器的给矿方式基本有三种,如图 3-22 所示。

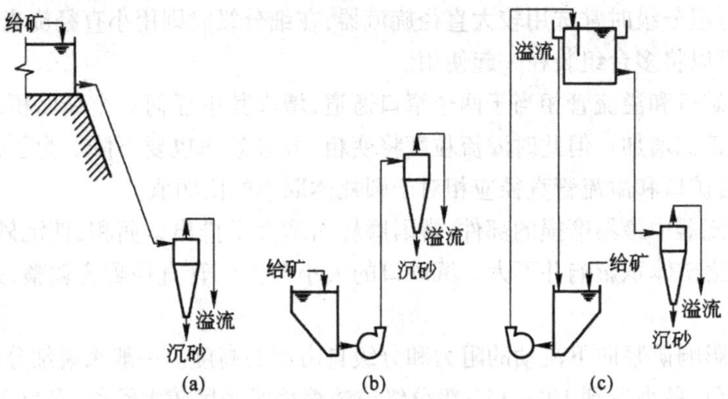

图 3-22　水力旋流器的给矿方式

(a) 借高差自流给矿;(b) 砂泵直接给矿;(c) 稳压箱给矿

三种给矿方式中,第一种最为理想,但多数选厂难以有这种工作条件,第三种是人为造成第一种条件,照样可以保持压头稳定,但只能在低压给矿时使用,因为设置稳压箱的厂房难得有很大高差。第二种给矿方式可有效地利用动力,管路少,便于维护,只要有适当的给矿控制装置,经济技术效果比第三种优越。

旋流器工作起来磨损是很厉害的,因此常需加耐磨衬里。所用材质有橡胶、辉绿岩铸石及硬质陶瓷等。在沉砂口、溢流管的筒内段及给矿口等易磨损部分还需制成可更换件。为了保持沉砂口直径尽量少变,亦可将沉砂口制成可变的结构,图 3-23(a)是其中的一种,它采用厚的耐磨橡胶制成,在橡胶与外壁间留有空隙,内中充满高压液体。借助于手动或机械力推动液体可以补偿因磨损而增大的沉砂口径。这项调控还可自动地进行,如图 3-23(b)所示,在旋流器中心插入一个测定真空度的探测管,当沉砂口增大时,中央空气柱的真空度降低,由探测管反映到检测系统,通过执行机构增加机械推力,即可紧缩沉砂口的大小。

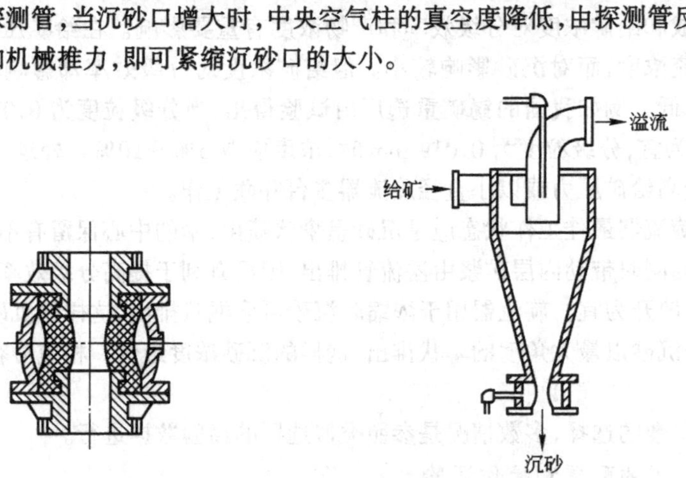

图 3-23　可调节的旋流器沉砂口

(a) 直径可收缩的沉砂口;(b) 带有真空探测管的自动调节的沉砂口

使用旋流器应掌握的要点是：

(1) 根据分离粒度和处理的矿浆量，选择好旋流器的结构参数(各部尺寸)。

(2) 选择适当的旋流器给矿方式。

(3) 稳定旋流器的给矿压力。因为给矿压力直接影响旋流器的处理量和分级粒度，给矿压力越大，矿浆流速越高，旋流器的处理量就越大，同时矿浆在旋流器中旋转速度和离心力也越大，分级粒度也越细。确定分级粒度以后，就要求一定的压力与之相适应，压力过大则沉砂中混入的细粒增多，压力过小则溢流中混入的粗粒增多，这都会降低分级效率。

(4) 注意旋流器沉砂口直径的变化。沉砂口增大时，则沉砂量增大，浓度降低，沉砂中细粒增多，溢流量减小，溢流变细；反之，如沉砂口减小，则沉砂浓度增高，溢流中粗粒增多，溢流量增大。

沉砂口是最易磨损的，因此常用衬胶或其他耐磨材料的方法减缓磨损。

(5) 给矿浓度要适当。浓度大小直接影响产品的浓度和粒度。给矿浓度太低时，分级效率高但干矿处理量下降；给矿浓度太高时，矿浆的黏度增大，分级效率下降。一般分级粒度越细，给矿浓度应越低。

(6) 旋流器给矿要用筛子隔除草渣、木屑等杂物，防止堵塞。

3.5 分级效果的评价

在理想情况下，分级作业应和筛分一样是将原料按预定的界限粒度分成粗、细两种产物，如图 3-24(a)所示。但是实际上受水流的紊动和大尺度漩涡的搅动，颗粒的密度以及形状差异的影响，将使一部分粗颗粒混入到细级别中，一部分细颗粒也进入到粗级别中，如图 3-24(b)所示。这样的不同粒度颗粒在对立产物中混杂，反映了分级效果不完善，这就是我们所要讨论的分级效率问题。

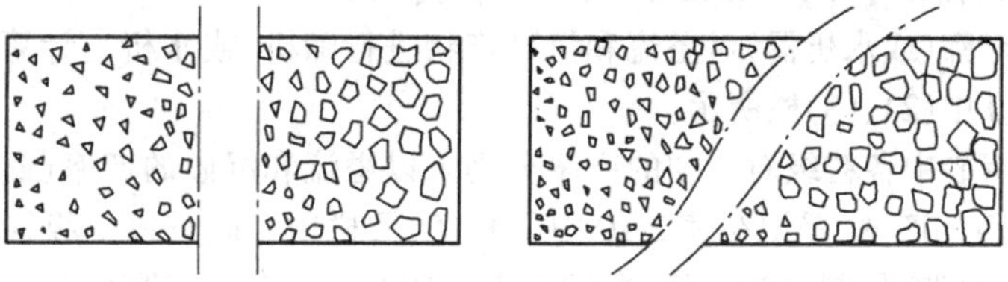

(a) (b)

图 3-24 分级产物对比

(a) 理想的分级情况；(b) 实际的分级情况

常见有两种表示分级效率的方法，一是图示法，一是公式计算法。但是不论用哪种方法，评定的指标总是在与理想的分离结果作对比中得出。习惯上对于大于 0.075 mm 的粒级以方孔的套筛筛分结果作为标准，而对于小于 0.075 mm 粒级则以仔细的水析结果为准。

3.5.1 用粒度分配曲线评定分级结果

分配曲线是用作图法获得效率判据的方法之一。如图 3-24(b)所示，如果将分级产物内的颗粒也按粒度差别由小到大排列起来，就会看到，各种颗粒在对立产物中的混杂是有规律的。原料中某一极窄粒级距分离的界限粒度愈远，则混杂量愈少。我们将某粒级进入沉砂、溢流产物中的重量用百分数表示，称为粒级分配率。显然可见，每个极窄级别在沉砂和溢流中分配率之和应等于 100%。而且所有粒度大于分级界限粒度的粗颗粒在沉砂产物中的分配率应大于 50%，在溢流中则应小于50%;那些小于分级界限粒度的细颗粒,分配率的变化恰好相反。由此可以推断出,分级的实际界限粒度应是在沉砂和溢流中分配率各占50%的极窄级别的粒度值。称此为分离粒度,用 d_{50}表示。这是分级的实际界限粒度,需在对实际产物分析后得出。它与操作中预计的分级粒度,多数情况不完全一致。

表示原料中各个粒级在溢流或沉砂中的分配率随粒度变化关系的曲线称作粒度分配曲线。在这种曲线上不仅可查得分离粒度值,而且可看出分级效率的高低。

表3-10是一组绘制分配曲线应用的计算实例,现就此说明曲线的绘制方法如下:

表3-10 分级产物的粒度组成和分配率计算

粒度级别/mm		产物粒度组成(占本产物比例)		产物粒度组成(占原料比例)			粒级分配率/%	
		溢流/%	沉砂/%	溢流/%	沉砂/%	原料/%	溢流中	沉砂中
(1)		(2)	(3)	(4)	(5)	(6)	(7)	(8)
	+0.84		11.0		3.9	3.9		100.0
-0.84	+0.42	0.3	42.3	0.2	15.3	15.5	1.3	98.7
-0.42	+0.25	3.5	21.9	2.2	7.9	10.1	21.8	78.2
-0.25	+0.15	7.8	6.8	5.0	2.5	7.5	66.7	33.3
-0.15	+0.105	3.9	1.4	2.5	0.5	3.0	83.3	16.7
-0.105	+0.075	4.0	1.2	2.5	0.4	2.9	86.2	13.8
-0.075	+0.00	80.5	15.4	51.5	5.6	57.1	90.2	9.8
合　计		100.0	100.0	63.9	36.1	100.0		

(1) 首先自溢流和沉砂产物中取出有代表性的试样,直接称重或借金属品位计算出对原料的产率。在本例中溢流产率 $\gamma_{ov}=63.9\%$,沉砂产率 $\gamma_s=36.1\%$。

(2) 用同一组套筛(或水析器)对溢流和沉砂产物进行筛析(或水析),计算出各粒级对本产物的产率,如表3-10中(2)、(3)栏所示。

(3) 将溢流和沉砂中各粒级对产物的产率分别乘以溢流和沉砂的产率(此时按小数计),得到各粒级相对于原料的产率,登记在表3-10中(4)、(5)两栏中。此时每个级别在溢流和沉砂中的产率之和即是该级别在原料中的产率,登记在表3-10中(6)栏中。第(6)栏各值相加之和应等于100%。

(4) 将每一粒级在溢流和沉砂中相对于原料的产率,除以原料中该粒级产率,即得该粒级在溢流和沉砂中的分配率,如表3-10中(7)、(8)两栏所示。同一级别在两产物中的分配率之和为100%。

(5) 如图3-25所示,以横坐标表示粒度,左侧纵坐标自上而下为溢流中各粒级的分配率 ε_{ov},右侧纵坐标自下而上为沉砂分配率 ε_s。以表3-10所列分配率值视为该粒级范围内中间极窄级别的分配率。于是沿各粒级表示分配率的水平线段的中点连线,得到一光滑曲线,即是分配曲线。曲线上任一点的横坐标表示该极窄级别的粒度。左侧纵坐标即是该粒级在溢流中的分配率,右侧纵坐标为在沉砂中的分配率。当分配率在两产物中各为50%时,对应的粒度值即是分离粒度 d_{50}。在图3-25中分离粒度 $d_{50}=235\ \mu m$。

根据分配曲线的形状可以评定分级效率。曲线愈接近于竖直,亦即主要线段愈陡,表示分级进行的愈精确,此时分级效率愈高。在理想条件下,分配曲线的中间段应为在分离粒度 d_{50}处垂直于横轴的直线。

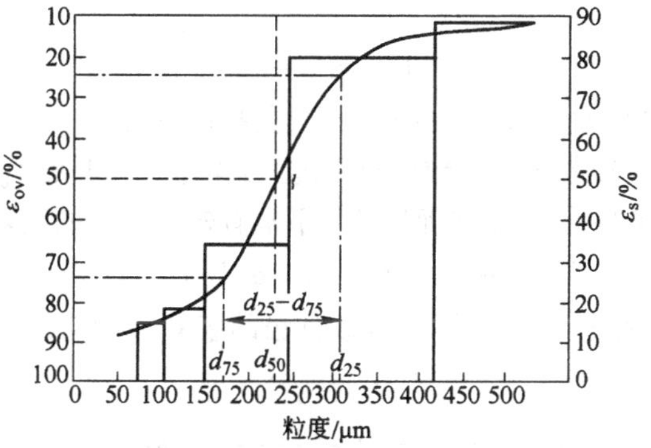

图 3-25　粒度分配曲线

因此,可以用分配曲线的中间段偏离垂直线的倾斜程度表示分级效率。为了能用数值进行评定,通常取分配率为25%或75%的粒度值与分离粒度的差值作为衡量尺度,称作可能偏差,用 E_f 表示。由于这一区间的分配曲线往往仍不是直线,故可能偏差即用平均值表示为

$$E_f = \frac{d_{25} - d_{75}}{2}$$

式中　d_{25} 及 d_{75}——分别为溢流(或沉砂)中分配率为25%及75%的粒度值。在图3-25中 $d_{25} = 315\ \mu m$, $d_{75} = 175\ \mu m$。

故

$$E_f = \frac{315 - 175}{2} = 70(\mu m)$$

上述评定分级效率的方法是从统计学观点研究颗粒在产物中的分布规律得出。可能偏差原是概率论中评定随机变量(此处为粒度)围绕数学期望(此处为分离粒度)分布的分散度的一种测度,故又可称为概率偏差。

分配曲线亦可用来评定原料按比重分离(选)的结果。此时需将选别产物用重液分离得到分离成多个比重级别,然后算出各比重级别在轻、重产物中的分配率,再绘出分配曲线,即可得到分离比重 δ_{50} 及按比重分选的可能偏差 E_p。这样的曲线称作比重分配曲线,在评价选煤效果中应用很普遍。

3.5.2　分级效率计算式

上述分配曲线绘制起来很麻烦,故实践中常是应用公式计算的判据来表示分级效率。

公式判据应有明确的物理意义,它必须同时反映出产物在质(纯度)和量(回收率)两方面提高的幅度,而且应当用相对的百分数表示。迄今已经提出了不下十几种计算效率的公式,但是完全满足上述要求的并不多,下面介绍最常用的一种。

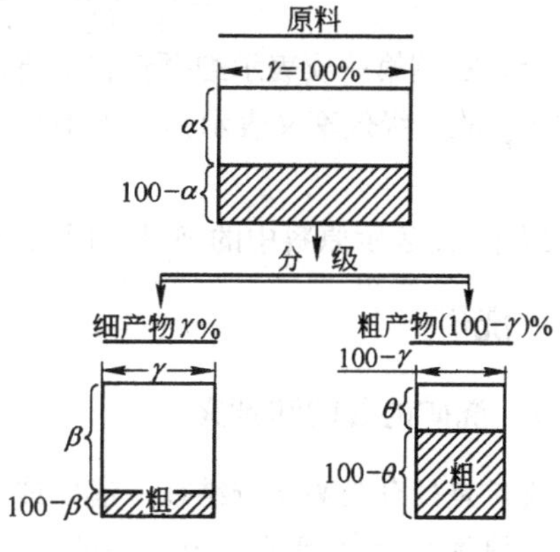

图 3-26　计算分级效率的示意图

如图3-26所示,设原料中小于分级粒度(或某指定的粒度)的细颗粒含量(按重量计)为 α(%),分级后细粒产物的固体产率为 γ(%),其中细颗粒的含量为 β(%)。但此时应将溢流中含量为 α(%)(相对于溢流中固体量)的细颗粒视作未经分级机械地由原料中移入的量。于是真正经过分级进入到溢流中的细颗粒

量 P 应是

$$P=\gamma(\beta-\alpha) \tag{3-23}$$

式中 γ 反映溢流产物的数量,$(\beta-\alpha)$表示了质的提高幅度。

在理想情况下,小于分级粒度的颗粒应全部进入到溢流中,于是 $\gamma_0=\alpha$(γ_0 为理想条件下溢流的产率,%),且应 $\beta=100\%$。可见在理想条件下被有效分级出的细颗粒量 P_0 应为

$$P_0=\gamma_0(100-\alpha)=\alpha(100-\alpha) \tag{3-24}$$

因此分级效率 η(%)被定义为:实际被有效分级的细颗粒量与理想条件下被分级的细颗粒量之比,用百分数表示

$$\eta=\frac{P}{P_0}=\frac{\gamma(\beta-\alpha)}{\alpha(100-\alpha)}\times 100 \tag{3-25}$$

由细颗粒级在产物中的分配平衡关系知

$$100\alpha=\gamma\beta+(100-\gamma)\theta$$

故得

$$\gamma=\frac{\alpha-\theta}{\beta-\theta}\times 100 \tag{3-26}$$

式中　θ——沉砂中细颗粒含量,%。

将公式(3-26)代入公式(3-25)中得到分级效率的计算式为

$$\eta=\frac{(\alpha-\theta)(\beta-\alpha)}{\alpha(\beta-\theta)(100-\alpha)}\times 10^4 \tag{3-27}$$

上式中 α、β、θ 的值由筛分或水析法求得。

已知原料中的细颗粒在溢流产物中的回收率 ε 用下式计算

$$\varepsilon=\frac{\gamma\beta}{100\alpha}\times 100 \tag{3-28}$$

将上式代入公式(3-25)中,并令括号中的 $\alpha=\gamma_0$,则得

$$\eta=\frac{\varepsilon-\gamma}{100-\gamma_0}\times 100 \tag{3-29}$$

上式表明,分级效率又可表示为溢流产物中细颗粒的回收率与溢流产率的差值同理想条件下溢流中细颗粒的回收率与溢流产率的差值之比。

将公式(3-25)变换写法,则可得到分级效率的另一种含义

$$\eta=\frac{\gamma(\beta-\alpha)\times 100}{\alpha(100-\alpha)}=\frac{\gamma(100\beta-\alpha\beta-100\alpha+\alpha\beta)}{\alpha(100-\alpha)}$$

$$=\frac{\gamma\beta(100-\alpha)}{\alpha(100-\alpha)}-\frac{\gamma\alpha(100-\beta)}{\alpha(100-\alpha)}=\frac{\gamma\beta}{\alpha}-\frac{\gamma(100-\beta)}{100-\alpha}$$

上式右侧第一项表示细颗粒在溢流产物中的回收率 ε_{fp},第二项为粗颗粒在溢流产物中的回收率 ε_{cp},故分级效率又表示为溢流中粗、细两种颗粒的回收率之差,即

$$\eta=\varepsilon_{fp}-\varepsilon_{cp} \tag{3-30}$$

式中,ε_{fp}表示原料中的细颗粒回收到溢流产物中的数量;ε_{cp}表示对溢流产物质量的影响。

3.6　洗矿

3.6.1　洗矿的目的和意义

洗矿是处理与黏土胶结在一起的或含泥多的矿石的工艺方法。在某些沉积的砂矿床或出露地表的原生矿床中,矿石含有较多的风化黏土。这些黏土将坚硬的矿块包裹起来,形成胶结块或泥浆体。用水力浸泡、冲洗并辅以机械搅动,将被胶结的矿块解离出来并与黏土相分离,这便是

洗矿。实质上洗矿是包括了碎散和分离两项作业。

某些坡积或残坡积氧化严重的赤铁矿石、褐铁矿石，在胶结物黏土中含铁矿物很少，在洗矿之后作为最终尾矿丢弃，所得块状矿石即可作为最终产物应用。这时的洗矿便成为独立的选别作业。

在我国洗矿多是设在选别前作为准备作业使用。在处理砂锡矿时，利用洗矿方法分离出粗粒的不含矿的废石，所得细粒级部分再经脱泥入选，可以减少处理矿量。井下采出的钨矿石，尽管含泥不很多，但为了手选或磁选，亦常需要洗矿。某些含泥多的金属矿石，预先用洗矿方法将矿泥与矿块分离开来，可以避免在操作中堵塞破碎机，筛分机以及矿仓等设备。有些矿石的原生矿泥和矿块在可选性上(如可浮性、磁性等)有很大差别，经过洗矿将泥、砂分开，分别处理，可以获得更好的选别指标。在这种情况下，洗矿虽然仍是一项辅助作业，但对整个生产过程却有重大影响。

矿石中的胶结物——黏土的性质，对矿石的可洗性有重大影响。黏土由长石、石灰石、页岩等风化而成。岩石风化留在原地的为原生黏土，经过风、水搬运过的为次生黏土。黏土的成分是含有云母、褐铁矿、绿泥石、石英、方解石和角闪石混合物的天然水成矾土硅酸盐。黏土的粒度微细，主要由小于 2 μm 的颗粒组成。在微细颗粒中间牢固地保持着水分，因而实际上黏土是由固相和液相(水)组成的两相系统。

含黏土的矿石经过水的浸泡，是否易于分散，这与黏土本身的塑性和膨胀性有关。

塑性是表示黏土在一定的含水范围内，受压发生变形而不断裂。压力除去后继续保持原形而不流动的性质。黏土保持有塑性的最低含水量称为塑性下限(或称塑限)。测定方法是将黏土搓成 3 mm 直径的线条，在该线条开始节节断裂时的含水量即是该值。随着含水量增加到一定限度，黏土开始具有流动性，此时的含水量称为塑性上限(或称液限)。黏土的塑性大小即以塑性上限的含水率 B_a 和塑性下限的含水率 B_b 之差表示，称为塑性指数，写成 K

$$K = B_a - B_b$$

黏土的塑性指数愈高，在水中愈难分散。因而洗矿也愈难进行。

黏土的膨胀性是指黏土被水湿润后，体积增大的性质。在湿润前黏土被少量水固着，各颗粒间处在黏结力作用之下。遇水后水分子渗入到颗粒的空隙内，黏结力解除而体积增大。这一过程进行得愈快，矿石就愈容易碎散。

黏土的膨胀性与其致密程度有关。黏土微粒间的空隙愈小，则水分愈不容易渗入，膨胀过程进展愈慢。同时膨胀性也与黏土的润湿性有关。固体颗粒的润湿性愈强，水分子愈容易渗入。润湿能作功而促使黏土体积膨胀。膨胀性的大小可用膨胀后的体积 V_2 与膨胀前的体积 V_1 之差 $V_2 - V_1$ 表示。但是这种表示方法未能反映膨胀的速度，对评定矿石可洗性的意义是不够充分的。

矿石的可洗性与黏土的塑性、含水量、膨胀性、渗透性以及矿石中黏土与颗粒量之比有关。黏土的塑性愈小、膨胀性和渗透性愈强，则矿石愈易洗。矿石中块状物料含量愈多，在洗矿中产生冲击搅拌作用将愈大，亦能加速过程的进行。由于这些因素错综复杂地作用在一起，所以至今未能找到一个准确的评定矿石可洗性的方法，下面几种方法可以根据实际情况参考使用：

(1) 根据黏土的塑性指数 K 或 K/γ 评定。γ 为原料中粒度小于 3 μm 的黏土重量百分数。按此方法将塑性指数大于 15 的黏土列为高塑性黏土，最难洗。塑性指数为 7～15 的为中塑性黏土，具有中等可洗性。塑性指数为 1～7 的为低塑性黏土，最容易洗，当然这种划分也是人为的，还可以按其他界限区分。这一方法只考虑了矿石中所含黏土的性质，没有顾及矿石的结构、组成等方面的影响。在以黏土为主要成分决定着矿石的可洗性时，可以采用这种方案评定。

(2) 在生产实践中，若矿石必须借助机械力碎散，而润湿膨胀作用较小时，可以用碎散单位重量矿石所需电能来评定。依此方法，碎散并分离单位重量矿石的电耗低于0.25 kW·h/t 的为易洗性矿石，电耗量为0.25～0.5 kW·h/t 为中等可洗性矿石，电耗量为0.5～1.0 kW·h/t 的为难洗性矿石。

实际评定矿石的可洗性亦可根据在相同条件下碎散两种矿石所需时间之比确定。处理标准矿石所需时间与处理同样重量待测矿石所需时间之比称为该矿石的可洗性系数。可洗性系数是一个相对的概念，它反映了碎散待测矿石与标准矿石洗矿机处理量之比。这种方法比较实用，但只能在相当规格的设备中试验才较为可靠。

洗矿所需要的时间，既取决于矿石的可洗性，也与洗矿方法有关。在利用水和机械力联合作用时，难洗矿石必要的洗矿时间大于10 min，中等可洗性矿石约5～10 min，易洗矿石小于5 min。

表3-11列出了矿石按可洗性的分类，可供评定时参考。

表3-11 矿石按可洗性的分类

矿石类别	黏土的性质	黏土的塑性指数	必要的洗矿时间/min	单位电耗/$kW·h·t^{-1}$	一般可用的洗矿方法
易洗矿石	砂质黏土	1～7	<5	<0.25	振动筛冲水
中等可洗性矿石	黏土在手上能擦碎	7～15	5～10	0.25～0.5	圆筒洗矿机或槽式洗矿机，洗一次
难洗矿石	黏土粘结成团在手上很难擦碎	>15	>10	0.5～1.0	槽式洗矿机洗两次或水力洗矿筛与擦洗机联合

洗矿的完善程度用洗矿效率衡量。洗矿效率习惯上按指定粒度的细粒级回收率计算。洗矿效率与矿石可洗性、洗矿时间、水流冲洗力、机械作用强度等因素有关。在其他条件相同时，洗矿效率随时间的增长而增加。图3-27示出了洗矿效率随时间的变化关系。由图可见，洗矿时间增加到一定程度后，洗矿效率提高缓慢，但设备处理能力却要随时间的增长直线地下降。

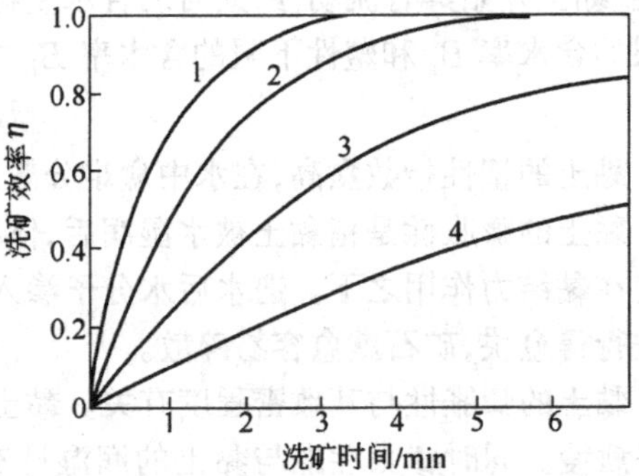

图3-27 洗矿效率与洗矿时间的关系曲线
1—易洗矿石；2—较易洗的矿石；
3—中等可洗性矿石；4—难洗矿石

图3-27中的曲线愈弯曲，表明洗矿速度愈高。对于同一种矿石，曲线的弯曲形状亦非一成不变。增加水压和耗水量，洗矿速度随之增加，提高水温也能加快洗矿速度，加入分散剂可加速分散过程，从而有助于提高洗矿速度。在以机械搅拌作用为主的洗矿机中，搅拌器、桨叶以及其他搅拌器械的运动速度，对洗矿的进程和产物质量也有很大影响。

3.6.2 洗矿设备

不同可洗性矿石所用的洗矿设备亦不同。我国常用的洗矿设备大致有如下几种。

3.6.2.1 利用筛分机械和机械分级机进行洗矿

格筛、振动筛和辊轴筛等筛分设备，当装上压力喷水管时，即可作为洗矿设备使用。借助于水力冲洗和矿粒在筛上翻滚振动，可以将粘附在大块矿石表面上的细泥洗掉。

格筛用于筛洗粗碎前的原矿，辊轴筛用于筛洗中碎前中等粒度矿石，而振动筛则用于处理中碎或细碎前的矿石。给水压力一般为0.2～0.3 MPa，水耗为1～2 m^3/t矿。当原矿含泥量不大、黏结性不强时，利用这些设备即可以达到洗矿的要求。但操作时必须注意矿石在筛面上成单层运动，否则覆盖在下面的矿石将不能被洗净。

当矿石需有某种不太强的擦洗力进行碎散时，可以采用圆筒洗矿筛洗矿。如图3-28所示，筛分圆筒是由冲孔钢板或编织筛网制成，筒内设有高压冲洗水管。借助筛筒旋转促使矿石翻转、互相撞击而得到碎散。冲洗过程如图3-29所示。小于筛孔的细颗粒和矿泥经过接料漏斗排出，粗粒矿块则由圆筒的尾端卸下。

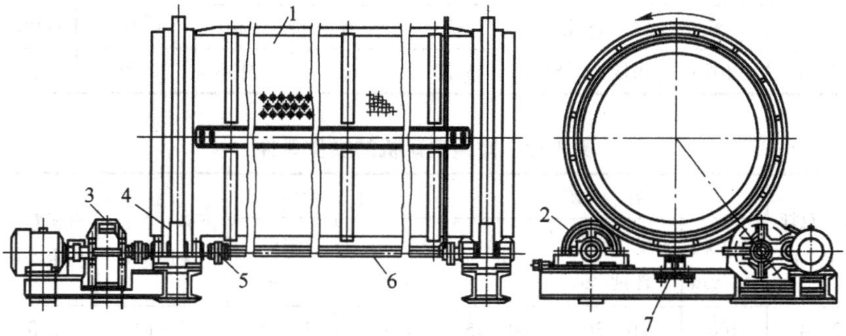

图3-28　圆筒洗矿筛

1—筛筒；2—拖辊；3—传动装置；4—主传动轮；5—离合器；6—传动轴；7—支承轮

螺旋分级机亦可作为洗矿设备使用，特别是低堰式螺旋分级机(溢流堰低于螺旋的下轴承，见图3-15c)，具有较大的搅拌作用，可用于处理由其他洗矿机排出的细泥产物，从中脱出泥质部分。但这种设备的碎散能力不强，在用于处理泥团多的矿石时，洗矿效率不高。

图3-29　圆筒洗矿筛内的喷水装置

3.6.2.2　圆筒洗矿机

圆筒洗矿机又称带筛擦洗机。其构造如图3-30所示，主要由封闭的洗矿圆筒和连接在圆筒末端的双层筒筛构成。圆筒由四个托辊水平地支持在筒外的两个钢圈上。通过圆筒中部的齿圈由小齿轮带动旋转。在筒的内壁沿纵向安有衬板，衬板上有筋条。筋条呈螺旋线形布置，螺距向筒筛一端逐渐增大，用以搅动和推动物料排出。

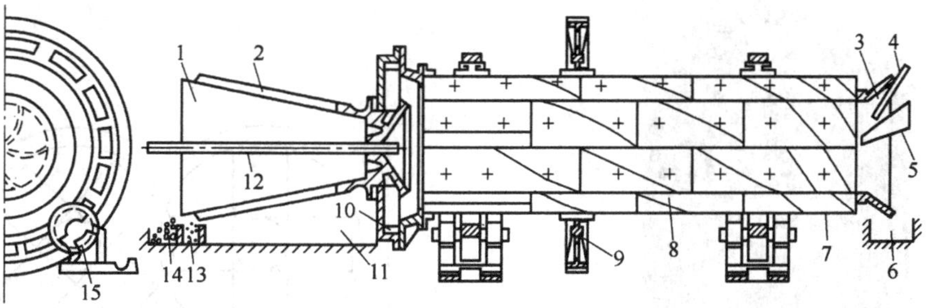

图3-30　圆筒洗矿机

1、2—锥形筒筛；3—进料口；4—水管；5—给矿槽；6—溢流矿浆槽；7—筒体；8—带筋衬板；9—齿轮；10—提升轮；11—细粒矿浆流槽；12—水管；13—中粒矿流槽；14—粗粒矿流槽；15—托辊矿石连同给矿水由圆筒的一端进料口给入，在筒内经过水的浸泡和在转动中互相冲击、摩擦，使黏土和矿块解离。从筒筛的排矿端引入高压水，与矿块作反方向流动。洗下的黏土和细颗粒随溢流从给矿端排出。块状和粒状物料则由圆筒末端的提升轮提起，卸于双层锥形筒筛上。在双层筛上也加入冲洗水。锥形筒筛与圆筒一起旋转，将物料筛分成粗、中、细三个粒级。细粒级与洗矿溢流合并。

我国某选厂使用的圆筒洗矿机的技术规格和操作条件见表 3-12 及表 3-13。

表 3-12 圆筒洗矿机的技术规格

筒体/mm		筒筛/mm		外形尺寸/mm			衬板筋条高/mm	转速/$r \cdot min^{-1}$	安装功率/kW
内径	长	长	筛孔	长	宽	高			
1120	3620	1070	内层 25 外层 5	5520	2650	2130	90	21.5	22.5

表 3-13 圆筒洗矿机的操作条件

处理量/$t \cdot d^{-1}$	吨矿总耗水量/m^3	给矿			溢流		沉砂 -2 mm 含量/%	洗矿粒度界限/mm	洗矿效率/%
		最大粒度/mm	-0.075 mm 含量/%	浓度/%	-2 mm 含量/%	浓度/%			
600～700	2～4	100	20～30	40～45	80～85	20～25	5～10	2.0	80～85

对洗矿结果有重大影响的工艺因素是圆筒转速和用水量。一般为了保证获得较高的洗矿效率和适当的处理量，采用的转数多为临界转数的 0.5～0.6 倍。洗矿的用水量以达到将矿石洗净为限。给入洗矿机的总水量应使溢流浓度保持在 20%～25% 为宜。设置在筒筛内的高压水管，应沿纵向呈一排水柱喷射到筛面上，这样才能达到良好的冲洗效果。

圆筒洗矿机适于处理含矿块较多的中等或难洗性矿石。给矿粒度不得超过 100 mm。过大的给矿块会把提升轮排矿口堵死，并增加筒内衬板的磨损。该设备的优点是工作平稳可靠，洗矿效率较高。经过筒筛筛分，可以得到三种粒级产物，一次即能完成洗矿和分级任务。但这种设备对泥团的擦洗碎散作用较弱，不适于处理块矿少、泥团多的矿石。

3.6.2.3 槽式洗矿机

槽式洗矿机和一般螺旋分级机结构类似，即在一个半圆形的斜槽内装有两根带搅拌叶片的轴，如图 3-31 所示。叶片为不连续的桨叶形，其顶点的连线为一螺旋线。螺旋线的直径为 800 mm，螺距 300 mm，两轴的旋转方向相反，如图 3-32 所示。

图 3-31 槽式洗矿机

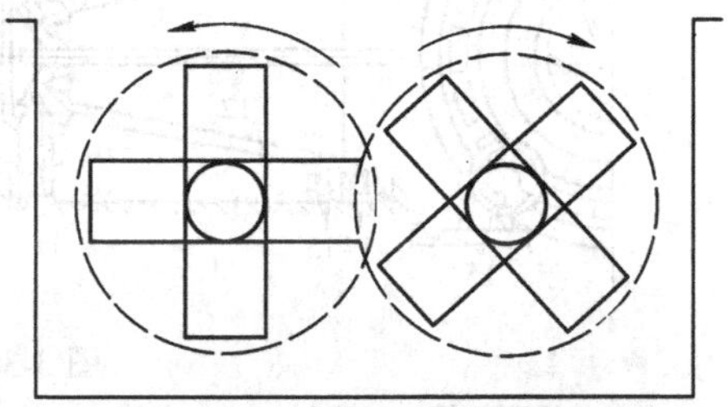

图 3-32 槽式洗矿机桨叶的转动方向

矿浆由槽的下端给入，泥团的胶结体被叶片切割、擦洗，并借斜槽上端给入的高压水冲洗，将黏土和矿块分离。洗下的黏土物质，从下端的溢流槽排出。粗粒物料则借叶片推动，从槽上端的排矿口排出。洗矿时间由槽长、螺距和轴的转速共同决定。在一定的设备工作条件下，洗矿效率还与给矿量、给矿浓度和矿石可洗性有关。

这种洗矿机具有较强的切割、擦洗能力，对小泥团的碎散能力亦较强，故适合于处理矿石不太致密、矿块粒度中等且含泥较多的难洗性矿石。其优点是生产能力较大，洗矿效率较高；缺点是入洗的矿块粒度受限制，一般不得大于 50 mm。否则螺旋叶片即易被卡断，甚至出现断轴事故。

某选厂处理残坡积砂锡矿，所用槽式洗矿机的技术规格及操作条件见表 3-14 及表 3-15。

表 3-14　槽式洗矿机的技术规格

规格 长×宽/mm×mm	外形尺寸 长×宽×高/mm×mm×mm	轴长 /mm	轴转速 $/r\cdot min^{-1}$	槽容积 $/m^3$	槽倾角 /(°)	安装功率 /kW	重量/t
6660×1500	9000×2200×2430	6660	21	6	12	22.5	8.6

表 3-15　槽式洗矿机的操作条件

处理量 $/t\cdot d^{-1}$	吨矿总 耗水量$/m^3$	给矿			溢流		沉砂 −2 mm 含量/%	洗矿粒 度界限/mm	洗矿 效率 /%
		最大粒 度/mm	−0.075 mm 含量/%	浓度/%	+2 mm 含量/%	浓度 /%			
800～1100	4～6	50	60～70	22～28	<3	12～18	14～17	2.0	>90

3.6.3　洗矿流程

洗矿流程的选择要根据矿石的可洗性和作业要求进行，至今尚无明确的规章可循。但从所用的设备和工作特点来看，基本有两类洗矿流程：一是由普通的筛分机械（格筛、振动筛、圆筒筛等）组成的流程；另一类是由专门的洗矿设备组成的流程。

利用普通筛分机械组成的洗矿流程，通常是与选厂破碎车间的碎矿流程结合在一起，碎矿流程中的筛分设备同时也是洗矿设备，不需要另外增加专门设置。这种流程节约投资且操作方便。当原有的筛分设施不够用或不合用时，亦可另外补充设置少量洗矿筛等设备。这样的流程适合于处理原矿含泥少、黏土的塑性指数低且很少结团的矿石。我国处理脉钨矿的选厂，在手选前的洗矿多采用此类流程。

例如某选厂，原矿为粗粒不均匀嵌布的石英脉黑钨矿，矿石风化严重，呈蜂窝状，但细泥含量少，−0.075 mm 粒级只占 10.91%，又多是粘附在矿块表面上。选厂采用带有一定搅动能力的圆筒洗矿筛洗矿。同时将粗颗粒筛分成两个粒级，分别进行正手选（拣出废石）和反手选（选出含钨矿块）。圆筒洗矿筛的筛下产物给到振动筛上分级、脱水。得粗粒产物入中碎机，细粒产物送螺旋分级机中再行洗矿、脱泥。脱泥的溢流产物送泥矿系统单独处理，流程如图 3-33 所示。

圆筒洗矿筛规格为 ϕ1500 mm×4000 mm，具有孔径为 18 mm 和 25 mm 两种筛孔。处理能力为 116 t/h，耗水量 2.18 m^3/t 矿，水压为 0.16～0.2 MPa。洗矿效率按 18 mm 粒度计 E_{18} = 89.05%；按 25 mm 粒度计 E_{25} = 82.99%。取得较高效率的原因，除了设备的工作条件适合于矿石性质外，原矿中含水较多，在运输的矿车和索斗中预先得到浸泡，对加速碎散分离也起了相当大的作用。

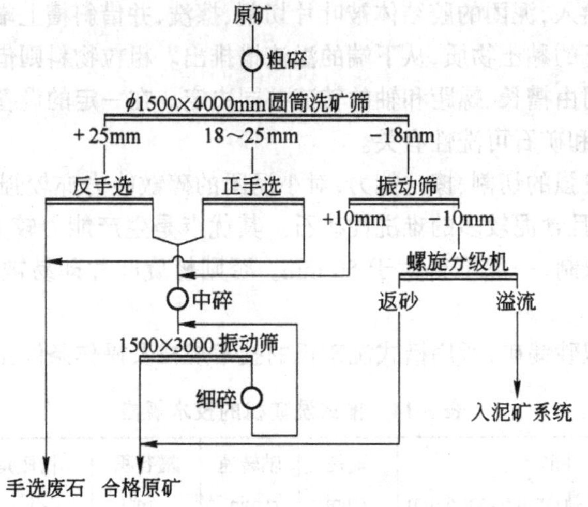

图 3-33　某选厂破碎洗矿流程

对于那些含泥多,黏土塑性高,又多粘结成团的矿石,即需采用专门的洗矿设备,并且要进行两次甚至三次洗矿才能将黏土同矿砂基本分离开来。坡积和残坡积砂锡矿多属这种类型矿石。

某选厂处理的人工堆积(早年选过的尾矿)和自然堆积的砂锡矿,送往选厂的原矿含锡0.329%,含铁26.68%,在+50 mm粒级中基本不含有价金属,可作废石丢弃,-2 mm粒级占原矿的88.42%,-0.075 mm粒级矿泥占原矿的59.96%,其中不少属于胶体微粒,黏结性强,粗砂被它们粘结在一起,属于难洗性矿石。

该厂采用如图3-34所示洗矿流程。矿石先经水力洗矿筛进行第一次洗矿,隔除+50 mm废石并分散部分泥团(泥团有些是原生的,有些是在水运过程中粘结成的),入厂后矿石再用槽式洗矿机进行第二次洗矿。槽洗机的沉砂(+2 mm)给入一段磨矿机,溢流(-2 mm)入旋流器分级、脱泥,然后送选别。

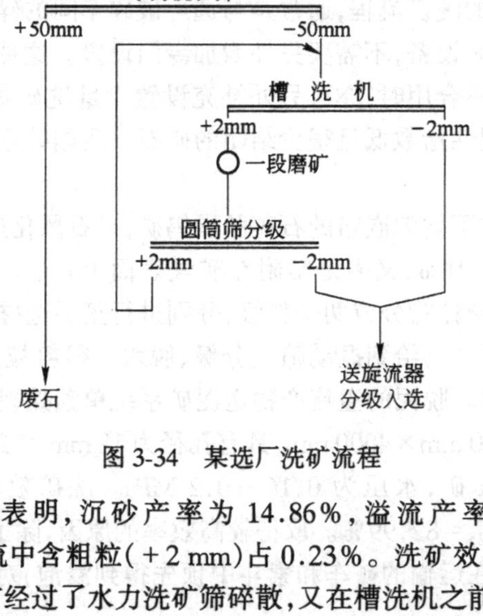

图 3-34　某选厂洗矿流程

对槽洗机的测定结果表明,沉砂产率为14.86%,溢流产率为85.14%。沉砂中含泥(-0.075 mm)4%以下;溢流中含粗粒(+2 mm)占0.23%。洗矿效率达到95.76%。收到这样良好效果的主要原因是原矿经过了水力洗矿筛碎散,又在槽洗机之前用筛板除去了+2 mm粗粒级，减轻了槽洗机的负荷。此外在水力洗矿筛之后设置了足够容量的储矿池，将泥砂均匀混合配矿，也为槽洗机创造了良好的工作条件。

本章小结

(1) 水力分级是根据矿粒在运动介质中沉降速度的不同，将粒度级别较宽的矿粒群，分成若干窄粒度级别产物的过程。在分级作业中，介质大致有三种运动形式：垂直的、接近水平的和回转的运动。

(2) 分级和筛分作业的性质相同，均是将粒度范围宽的粒群分成粒度范围窄的产物。但是筛分是比较严格地按几何尺寸分开，而分级则是按沉降速度差分开。矿石的粒度、形状以及沉降条件对分离的精确性均有影响。

(3) 水力分级在选矿中的应用主要是：

1) 在某些重选作业(如摇床选矿、溜槽选矿等)之前，对原料进行分级，分级后的产物分别入选；

2) 与磨矿作业构成闭路工作，及时分出合格粒度产物，以减少过磨；

3) 对原矿或选别产物进行脱泥、脱水；

4) 测定微细物料(多为 −0.075 mm)时粒度组成。

(4) 本章重点讨论了水力分级原理、分级效率的计算，常见水力分级设备的结构，分级特点及应用，洗矿的基本原理和洗矿设备的构造。

复习思考题

3-1 常用的水力分级设备由哪些，其性能特点如何？

3-2 简述水力分级在选矿中的应用。

3-3 简述水力分级机的影响因素。

3-4 影响水力旋流器工作的因素有哪些？

3-5 水力旋流器与其他分级机相比，它有哪些优缺点？

3-6 水力分级的基本原理是什么？

3-7 使用旋流器应掌握哪些要点？

4 跳汰选矿

4.1 概述

现代的跳汰选矿主要是指在垂直的变速介质流中进行的选别过程。依所用介质不同,跳汰有水力跳汰和风力跳汰之分,实际生产中以水力跳汰应用最多。

跳汰选别时,矿石给到跳汰机的筛板上,形成一个密集的物料层,称作床层,从下面透过筛板周期地给入上下交变水流(有的是间断上升或间断下降水流)。在水流上升期间,床层被抬起松散开来,重矿物颗粒趋向底层转移。及至水流转而向下运动时,床层的松散度减小,开始是粗颗粒的运动变得困难了,以后床层越来越紧密,只有细小的矿物颗粒可以穿过间隙向下运动,称作钻隙运动。下降水流停止,分层作用亦暂停。直到第二个周期开始,又继续进行这样的分层运动。如此循环不已,最后密度大的矿粒集中到了底层,密度小的矿粒进入到上层,完成了按密度分层。这一过程如图 4-1 所示。用特殊的排矿装置分别接出后,即可得到不同比重的产物。

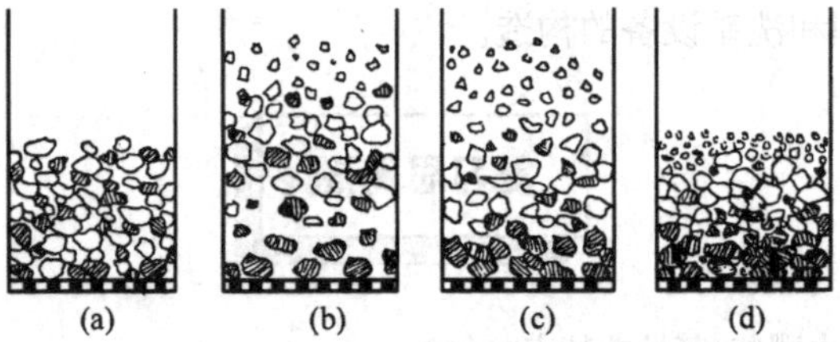

图 4-1　矿粒在跳汰时的分层过程
(a) 分层前颗粒混杂堆积;(b) 上升水流将床层抬起;(c) 颗粒在水流中沉降分层
(d) 水流下降,床层密集,重矿物进入底层

推动水流运动的方法是多种多样的,选矿用跳汰机最常见的是由偏心连杆机构带动橡胶隔膜作往复运动,借以推动水流在跳汰室内上下运动,见图4-2(a)。这样的跳汰机即称作隔膜跳汰机。选煤用的大型跳汰机采用周期鼓入压缩空气的方法推动水流运动,称作无活塞跳汰机,见图4-2(b)。此外亦可将筛网连同矿石一起在水中上下运动。这种跳汰机称作动筛跳汰机,如图 4-2(c)所示。

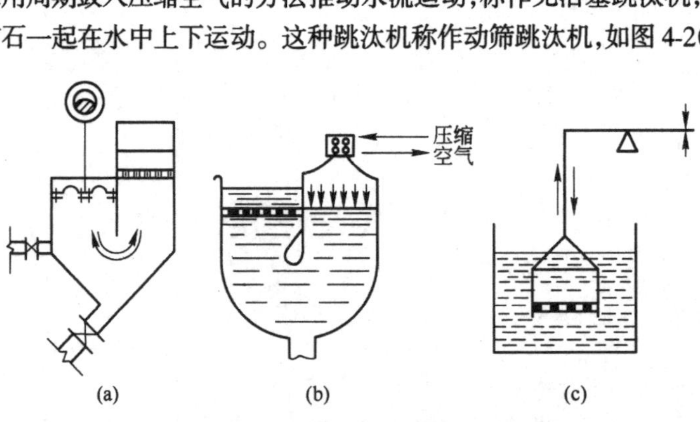

图 4-2　跳汰机中推动水流运动的方式
(a) 隔膜鼓动;(b) 空气鼓动;(c) 动筛跳汰(人工操作)

跳汰机中水流的运动速度和方向是周期变化的,这样的水流称作脉动水。脉动水每完成一次周期性变化所用时间称为跳汰周期。在一个周期内表示水流速度随时间变化关系的曲线称为跳汰周期曲线。这是反映水流运动特性最重要的曲线。水流在跳汰室内上下运动的最大距离为水流冲程,而隔膜或活塞本身运动的最大距离则称作机械冲程。水流或隔膜每分钟运动的循环次数称作冲次。床层厚度,周期曲线形式、冲程和冲次是影响跳汰选别过程的重要参数。

周期变化的水流属于非稳定流动(在这里基本为均匀的非稳定流)。床层在水流的动力作用下松散,松散度也是周期性变化的。但跳汰床层的松散度总的来说是不大的,在0.5~0.6之间。随着松散度的变化,颗粒运动受到床层的机械阻力也不固定。颗粒的运动既不是自由沉降,也不属于一般的干涉沉降。轻、重矿物颗粒在松散度不大的床层中主要借局部静压强差分层转移,水流的动力作用对颗粒的运动也有一定的影响。

跳汰选矿是处理粗、中粒矿石的有效方法。它的工艺操作简单,设备处理量大,并有足够的选别精确度,在生产中应用很普遍。处理金属矿石时给矿粒度上限可达30~50 mm,回收的粒度下限为0.2~0.075 mm。选煤的处理粒度范围为100~0.5 mm。跳汰选矿法广泛地用于选煤,同时并大量的用于选别钨矿、锡矿、金矿及某些稀有金属矿石;此外还用于选别铁、锰矿石和非金属矿石。国外早年曾用于处理铅锌矿石,但近年来已很少应用。

4.2 跳汰选矿原理

跳汰分层规律已在2.2.3节中进行了讨论,本节着重对跳汰周期曲线进行讨论。

4.2.1 跳汰水流的运动特性

考虑到选矿用跳汰机多是采用偏心连杆机构推动水流运动,故下面即以此种机械为例,分析水流的运动特性。

4.2.1.1 跳汰机内水流的运动规律

偏心连杆机构跳汰机内水流运动的速度、加速度和位移如图4-3所示,设传动轴上的偏心轮转数为 n(r/min,相当于冲次),角速度为 ω(rad/s),偏心轮的偏心距为 r(mm),机械冲程 $l=2r$(mm)。如偏心距在图中从上方垂线开始顺时针转动,经过 t 时间(s)转过 ϕ(rad)角,则应有:

$$\phi=\omega t \quad \omega=\frac{2\pi n}{60} \tag{4-1}$$

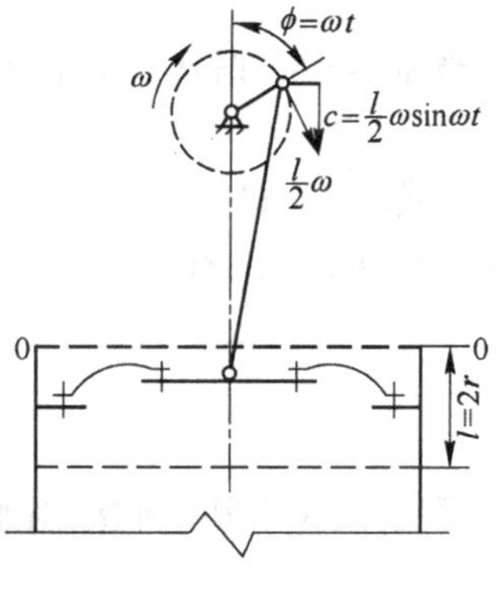

图4-3 偏心连杆机构运动示意图

当连杆相对于偏心距长度较大(一般隔膜跳汰机的连杆约为偏心距长的5~10倍以上)时,则偏心距端点的垂直分速度 c 可近似地认为等于隔膜的运动速度

$$c=r\omega\sin\phi=\frac{l}{2}\omega\sin\omega t \tag{4-2}$$

跳汰机的隔膜面积一般小于跳汰室的筛板面积,令

$$冲程系数\ \beta=\frac{隔膜面积}{筛板面积}$$

由于 β 值多数小于1,故跳汰室中的脉动水流速度 u 亦小于隔膜的运动速度 c。

$$u=\beta c=\beta\frac{l}{2}\omega\sin\omega t \tag{4-3}$$

将公式(4-1)代入式(4-3)中，整理后可得跳汰室中水流速度方程式为

$$u=0.524\times10^{-1}\beta ln\sin\omega t \tag{4-4}$$

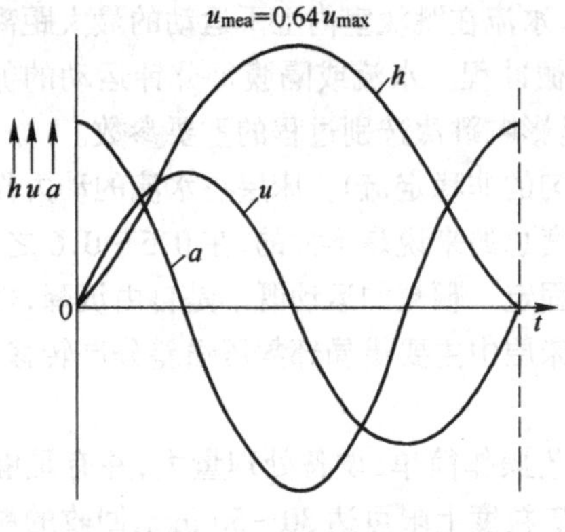

图 4-4 正弦跳汰周期的水流运动速度、加速度和位移曲线

上式表明，在偏心连杆机构跳汰机内，水流的速度曲线为一正弦函数曲线(见图 4-4)。当 $\omega t=0$ 或 π 时，水流速度最小，$u_{min}=0$。当 $\omega t=\pi/2$ 或 $3\pi/2$ 时，水流速度达最大 u_{max}

$$u_{max}=\beta\frac{\pi ln}{60}=\beta\times0.524\times10^{-1}ln \tag{4-5}$$

设跳汰周期为 T，则 $T=60/n$。在半个周期内水流将有一个上升或下降的冲程运动，故水流的平均运动速度 u_{mea} 为

$$u_{mea}=\frac{\beta l}{T/2}=\frac{\beta ln}{30}=\beta\times0.33\times10^{-1}ln \tag{4-6}$$

将式(4-5)中的 ln 值代入上式中，可得

$$u_{mea}=0.64u_{max} \tag{4-7}$$

水流的加速度 a 可通过速度的微分值求得，再将式(4-1)代入，得

$$a=0.548\times10^{-2}\beta ln^2\cos\omega t \tag{4-8}$$

可见水流的加速度变化为一余弦曲线(见图 4-4)。当 $\omega t=\frac{\pi}{2}$或$\frac{3\pi}{2}$时，$a=0$；$\omega t=0$ 或 $\omega t=\pi$ 时，水流的加速度达到最大值 a_{max}

$$a_{max}=0.548\times10^{-2}\beta ln^2 \tag{4-9}$$

水流在跳汰室内的位移高度，可由速度对时间的积分求得

$$h=\beta\frac{l}{2}(1-\cos\omega t) \tag{4-10}$$

当 $\omega t=\pi$ 时，跳汰室中水流位于最高位置 h_{max}

$$h_{max}=\beta l \tag{4-11}$$

由式(4-5)、式(4-9)、式(4-11)可以看出，水流速度和加速度的最大值及位移最大值与冲程、冲次间具有如下关系

$$u\propto(ln) \tag{4-12a}$$

$$a\propto(ln^2) \tag{4-12b}$$

$$h\propto(l) \tag{4-12c}$$

可见，改变冲程和冲次，对水流运动的速度、加速度和位移的影响是不相同的。

4.2.1.2 在正弦跳汰周期的各阶段，矿粒的分层过程

将图 4-5 中的一个正弦跳汰周期分成四个阶段，就各个阶段分别讨论分层的进展过程如下：

第Ⅰ阶段——水流上升运动前半期　水流在开始上升的前$\frac{\pi}{2}$周期内，速度由零增长到最大值，方向向上为(+)；加速度方向也为(+)，但由最大值减小到零。在此阶段初期，床层呈紧密状态。随着水流上升，上层细小颗粒开始浮动，接着当速度阻力和加速度附加推力之和超过了颗粒在介质中的重力时，整个床层脱离筛面升起，下部出现了松散的空间，但床层内颗粒仍难以相对转移。这一阶段的作用在于使床层占有一定的空间高度，为下一步的松散—分层创造条件。

第Ⅱ阶段——水流上升运动后半期　在周期$\frac{\pi}{2}\sim\pi$时间段内，加速度为(−)，水流作减速上

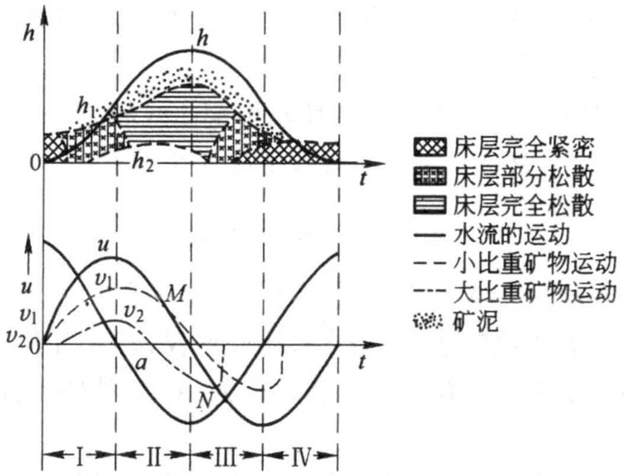

图 4-5 在正弦跳汰周期四个阶段床层的松散分层过程

h、h_1、h_2—水、轻矿物和重矿物的行程；u、v_1、v_2—水、轻矿物和重矿物的运动速度；a—水流运动的加速度

升。速度方向仍为(+)，但由最大降至零。床层的上层矿粒在速度阻力推动下继续上升，下层矿粒则在底层空间逐层向下剥落，出现了向两端扩展的松散形式，松散度逐渐达到最大。在此期间，矿粒与水流间的相对速度越来越小，甚至在图中的 M 点出现了轻矿物与水流相对速度为零的时刻。此时由于速度阻力的减小，矿物颗粒可以更充分地按重力加速度的不同相对运动，这是按比重分选矿石的最有利时机。

这一阶段水流的加速度方向向下，对按比重分层是不利的，但如前所述，其影响是不大的。

第Ⅲ阶段——水流下降运动前期 在周期的 $\pi\sim\frac{3\pi}{2}$时间段内。这一阶段内水流和大部分矿粒均转而向下运动，但水流因受强制推动，下降速度增加迅速，甚至超过了轻矿物的下降速度，故与重矿物间的相对速度也逐渐减小。这一阶段仍是按比重分层的有利时机，属于第Ⅱ阶段的继续。

底部重矿物颗粒在这一阶段已开始落到筛面上，沉降速度迅速变为零。整个床层也在下降中逐渐紧密起来，机械阻力开始增大。粒度较大的颗粒首先失去了活动性，而粒度较小的颗粒则在逐渐收缩的床层间隙中继续下降，结果使一些轻矿物粗颗粒分布到了床层的上部。

第Ⅳ阶段——水流下降运动后期 在周期的最后$\frac{\pi}{2}$时间段内，床层基本上落到了筛面，并在下降水流中变得愈来愈紧密。机械阻力达到了最大。粗大的和中等粒度颗粒已基本停止运动，只有细小颗粒在进行钻隙运动，这是本阶段特有的选别形式。控制好下降水流速度可做到只允许细粒重矿物进入底层，达到补充分层的目的，因此常需在水流下降期间补加筛下水。

实践表明，下降水流的吸入作用对分选宽级别，回收其中细粒重矿物是很有利的。但其强度必须控制适当。过强的吸入作用将会降低重产物的质量，并缩短一个周期内的有效分层时间，因而影响跳汰机的处理量。

4.2.2 跳汰周期曲线

实践中应用的跳汰周期曲线大致有如下几种类型。

4.2.2.1 正弦跳汰周期曲线

以偏心连杆机构传动的隔膜及活塞跳汰机就属于这种类型的曲线。标准的正弦跳汰周期曲线具有与其相同的上升、下降水流速度和作用时间。但由于颗粒自身还有沉降速度，所以颗粒实际处于松散悬浮状态的时间是很短的，平均松散度较小，且吸入作用又过强。因此在实际生产中常将正弦跳汰周期曲线变形应用。

(1) 上升水速大、作用时间长的不对称正弦跳汰周期曲线如图 4-6 所示。在筛下连续补加等速上升水流的情况下，标准的正弦跳汰周期曲线即变成了这种形式。其瞬时水沉速度 u 为：

$$u = \beta \frac{l}{2} \omega \sin\omega t + u_a \tag{4-13}$$

式中　u_a——筛下补加的等速上升水流流速，其余符号见公式(4-5)及图 4-3。

在这样的跳汰周期中上升水流的速度阻力强，床层比较松散，有利于提高设备处理量，适于处理较粗粒级矿石。但由于水流与矿粒间相对速度较大，对处理宽级别原料是不合适的。矿石应分级入选。

(2) 上升水速大于下降水速而作用时间相等的不对称跳汰周期曲线。在正弦跳汰周期的水流下降阶段，间断地补加筛下水，即可得到这样的周期曲线，如图 4-7 所示。

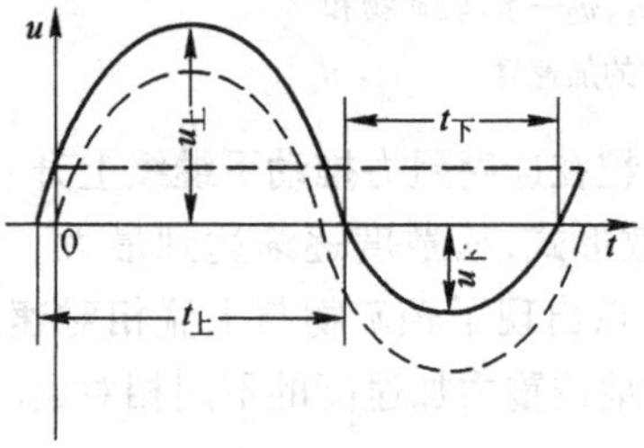

图 4-6　上升水速大、作用时间长的不对称跳汰周期曲线

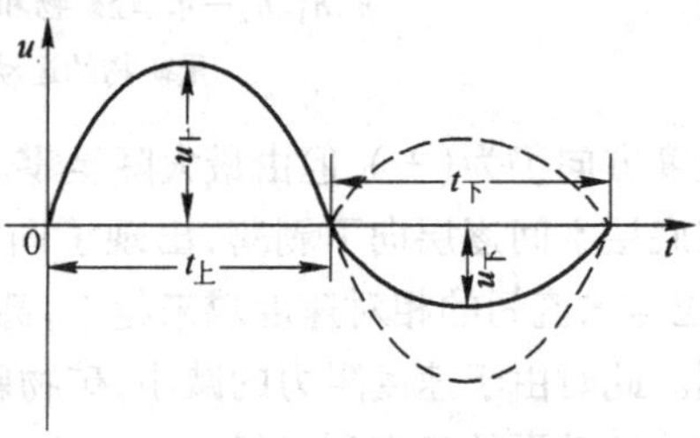

图 4-7　上升水速大于下降水速，而作用时间相等的不对称跳汰周期曲线

这种周期曲线比上一种减弱了上升水速的作用力，而下降水流在降低了速度的同时增长了作用时间，吸入作用稍有增强。故适于处理宽级别细粒物料。我国钨、锡矿选矿厂处理细粒级的跳汰机曾采用过这种类型的周期曲线。

(3) 复振跳汰周期曲线。采用两组偏心连杆机构，一组具有大的冲程、小的冲次($l = 6 \sim 18$ mm，$n = 100 \sim 200$ 次/min)；另一组具有小冲程、大冲次($l = 1.5 \sim 6$ mm，$n = 200 \sim 1000$ 次/min)。两组机构同时作用于隔膜，于是隔膜的运动便是两组正弦周期曲线叠加的结果，如图 4-8 所示。这就是复振跳汰周期曲线。

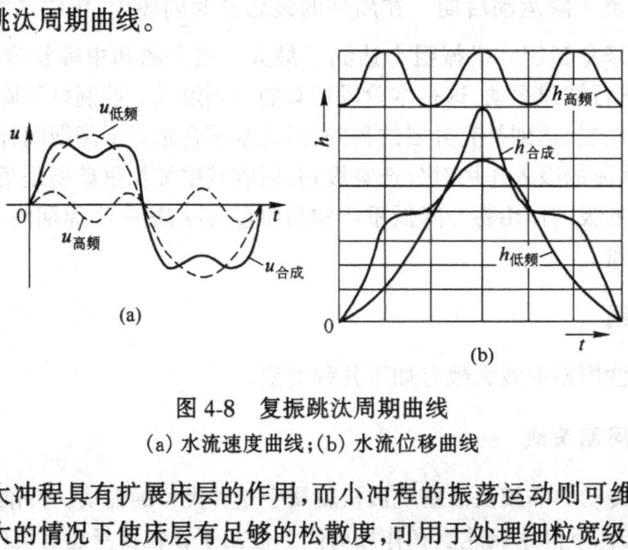

图 4-8　复振跳汰周期曲线
(a) 水流速度曲线；(b) 水流位移曲线

这种曲线中的大冲程具有扩展床层的作用，而小冲程的振荡运动则可维持床层松散。因而可在相对水速不甚大的情况下使床层有足够的松散度，可用于处理细粒宽级别原料。

4.2.2.2 上升水速大,但作用时间短的不对称跳汰周期曲线(倍尔得曲线)

以压缩空气驱动水流运动,并以一定结构的风阀控制进气与排气,则在进气期间水流被空气推动急速上升。接着供气中断,有一短暂休止期,水流只作较少的运动。当压缩空气排出时,水流则借自重下降,于是得到一个速度较缓而作用时间较长的下降水流,如图 4-9 所示。这种跳汰周期被用来处理宽级别或不分级(但已除去了煤泥)的煤。国外少数选厂也用于选别铁、锰及某些氧化铅锌矿石。

4.2.2.3 只有上升或下降水流的跳汰周期曲线

(1) 只有上升水流的跳汰周期曲线。利用周期开启的阀门间断地向跳汰室中引入筛下水,即可以得到这种周期曲线,如图 4-10 所示。矿粒在这种周期曲线下主要是按干涉沉降规律分层。粒度对按比重分层的影响较大,故只适用于分选窄级别原料或用来回收相对密度很大的贵金属(Au、Pt 等)。由于没有下降水流,床层比较松散,故设备处理量很高,选出的重产物也较纯净,但回收率较低。

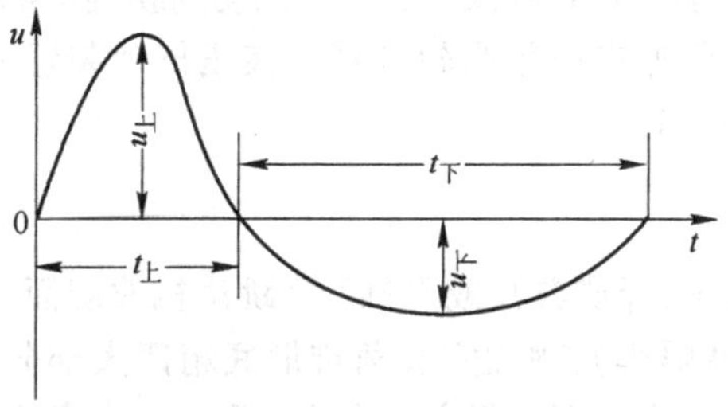

图 4-9 上升水速大但作用时间短的不对称跳汰周期曲线

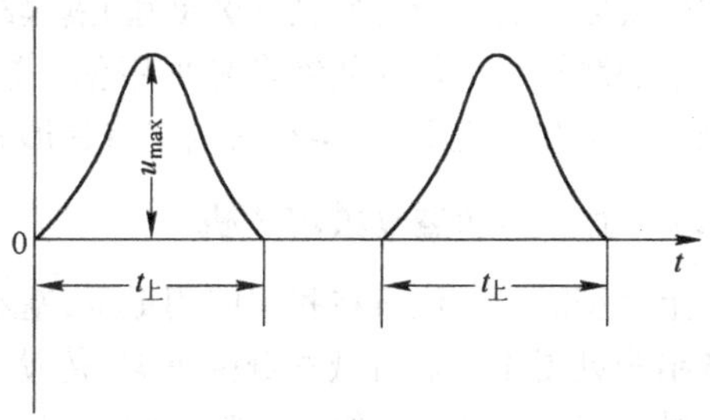

图 4-10 只有上升水流的跳汰周期曲线

(2) 只有下降水流的跳汰周期曲线。当筛板向上运动时,动筛跳汰机的水流相对于筛板向下流动,床层在被提升过程中变得紧密。当筛板向下运动时,床层失去支持,好像在静水中沉降一样。水流相对床层的这种流动可视为只有下降水流的跳汰周期曲线,一些简单的动筛跳汰机即属于这种周期曲线。由于床层较少受到水流的动力推动,松散度小,吸入作用强,因而可处理宽级别或矿物比重差较小的原料。但是设备处理量则很低。

上述为几种常用的跳汰周期曲线,需要说明的是,在处理粗粒原料以较低冲次(25～40 次/min)工作时,周期曲线型式的影响是显著的。但在冲次较高时(100 次/min 以上),周期曲线型式的影响变得不明显了。

在评价周期曲线型式的好坏时,抛开给料的性质是很难说清楚的。例如我国在 20 世纪 50 年代末期,根据麦依尔理论将当时选煤应用的上升水速大而作用时间短的不对称跳汰周期,经改用卧式风阀(原为立式),增长了进气后的休止期,结果显著地提高了设备处理量,改善了分选效果。但是英国人阿穆斯特隆(D.G.Armstlons,1964 年),用带有可变周期曲线形式的特制风阀跳汰机处理 −3.2 mm+0.42 mm 粒级的铬铁矿和石灰石人工混合试料,结果得出了与上述恰好相反的结论。即接近麦依尔的周期曲线(见图 2-23)分选效果最差,而接近倍尔得的曲线则获得了良好的分选效果。对这种情况可能有的解释是:倍尔得曲线适应了金属矿石的沉降速度,并在下部形成了有重介质作用的重矿物层;而麦依尔曲线在床层升起后水流速度的缓慢变化则适应了煤与矸石的沉降速度。

跳汰周期的选择还与生产规模、设备条件有关。选煤厂日处理矿量常很大,此时简化生产工艺流程该是主要考虑的问题。所以多愿意选择生产能力大而可处理宽级别的无活塞跳汰机,虽然此时需要增加一些辅助设备(如压气机等),但还是合算的。而在有色和稀有金属矿石选矿厂,入选的矿石量少,此时则宁愿采用结构简单、操作灵活的隔膜跳汰机。虽然它只能处理窄级别,为了进行预先分级需要增设筛分机等设备,但比起增设其他大型辅助设备还是方便得多。

4.3 跳汰机

水力跳汰机设备类型很多,根据设备结构和水流运动方式不同,大致可分为活塞跳汰机、隔膜跳汰机、无活塞跳汰机、水力鼓动跳汰机和动筛跳汰机5种。

活塞跳汰机以活塞推动水流运动,是跳汰机的原始型式,现在已基本被隔膜跳汰机取代。无活塞跳汰机以压缩空气推动水流运动,主要用于选煤。水力鼓动跳汰机是以间歇的上升水流(只有上升水流的跳汰周期曲线)进行选别,过去曾用在磨矿循环中回收粗粒贵金属矿物,因耗水量过大现在也已少用。机械化的动筛跳汰机结构复杂,生产中应用不多,只在简陋的条件下(如野外勘探、土法选矿等)采用人工动筛跳汰进行预先分选,有时也用于辅助机械化跳汰机进行粗精矿的分离。

目前在金属矿重选厂应用最多的是隔膜跳汰机,它也有多种类型。基本的分类方法是按隔膜的位置划分有:上动型(又称旁动型)隔膜跳汰机;下动型隔膜跳汰机和垂直侧动隔膜跳汰机。

隔膜跳汰机的传动装置多是采用偏心连杆机构,但亦有应用凸轮杠杆或液压传动装置的。机械外形很多呈矩形,近年来又制成有梯形和圆形跳汰机。

4.3.1 上(旁)动型隔膜跳汰机

上动型隔膜跳汰机在我国应用最早,基本由 Denver (译成典瓦或丹佛) 型跳汰机改制而成,设备结构见图4-11。机械本身由机架、传动机构(包括隔膜)、跳汰室及角锥形底箱四大部分组成。跳汰室共有两个。给料经第一室选别后再进入第二室选别。每室的水流分别由设在旁侧的隔膜推动运动。隔膜呈椭圆形,借周边的橡皮膜与机体连接,将水密封。位于隔膜上方的偏心传动机构通过摇臂带动隔膜上下运动。在隔膜室的下方设有筛下补加水管,补加水量由阀门控制。

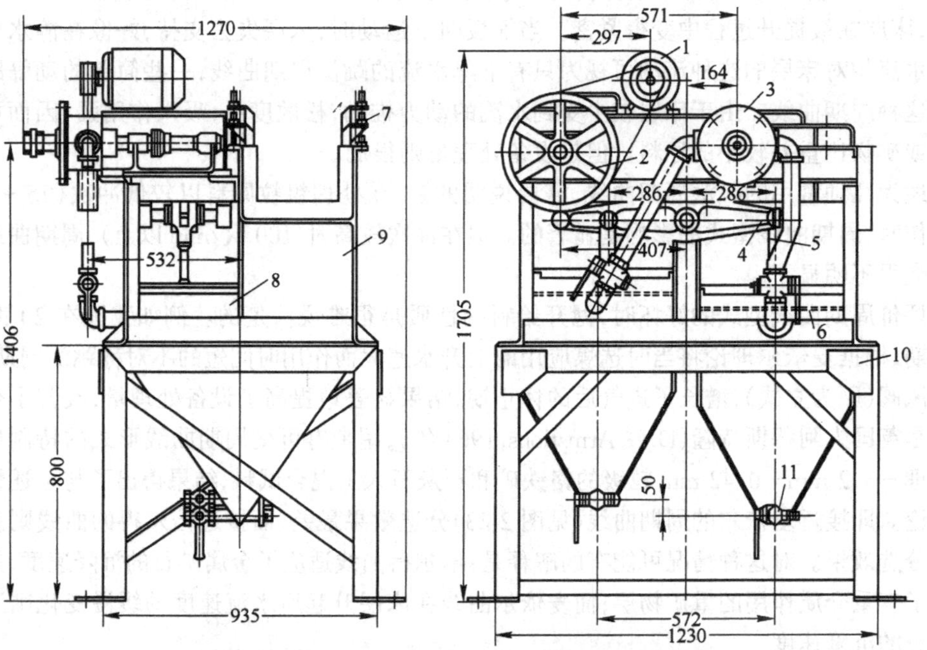

图 4-11　300×450 双室旁动型隔膜跳汰机

1—电动机;2—传动装置;3—分水器;4—摇臂;5—连杆;6—橡胶隔膜;7—筛网压板;8—隔膜室;9—跳汰室;10—机架;11—排矿活栓(图中尺寸单位为 mm)

补加水的方式有两种：一是连续补加，此时在正弦跳汰周期的基础上形成了上升水速大、作用时间长的不对称周期。另一种是在给水管路上安装分水阀，间断地补加筛下水。分水阀中的活瓣是旋转的，由主轴带动与摇臂同步运动。当隔膜上升时，阀门打开，水流进入筛下，减弱了吸入作用。当隔膜下降时停止给水。这样即形成了上升水速大于下降水速而作用时间相等的不对称跳汰周期。这种周期过去曾用在细粒级跳汰机中，但因分水阀结构复杂，易发生故障，现已少用。

跳汰机的隔膜面积与筛网面积接近、冲程系数 β 约为 0.7。机械冲程与脉动水的实际冲程相差不大。选别粒度上限可达到 12～18 mm。处理的粒度下限稍高，约为 0.2 mm。由于隔膜是位于跳汰室的旁侧压水，容易引起水速分布不均，故跳汰室的宽度一般不超过 600 mm。我国目前的定型产品只有每室宽×长＝300 mm×450 mm 双室串联的一种规格。它的技术性能见表 4-4。

分层后的轻产物随上部水流越过尾矿堰板排出，重产物的排出方式则有多种。处理粗、中粒原料时（$d>2\sim3$ mm），重产物停留在筛网上面，此时可采用中心管排料法排出，如图 4-12 所示。中心管 2 由跳汰机底箱侧壁直接通入筛板上方。它的位置在跳汰室中心距排矿端稍近一些。管口高出筛面一定距离。管 2 的外面安装有套筒 1，它的底缘离筛面有一定空隙并可调节。聚集在筒 1 外面的重产物借床层自身的重力通过底缘进入筒内，然后由管 2 排出。改变套筒下缘距筛面的缝隙大小，可以调节重产物的排出速度，相应地亦改变了精矿的质量和产率。

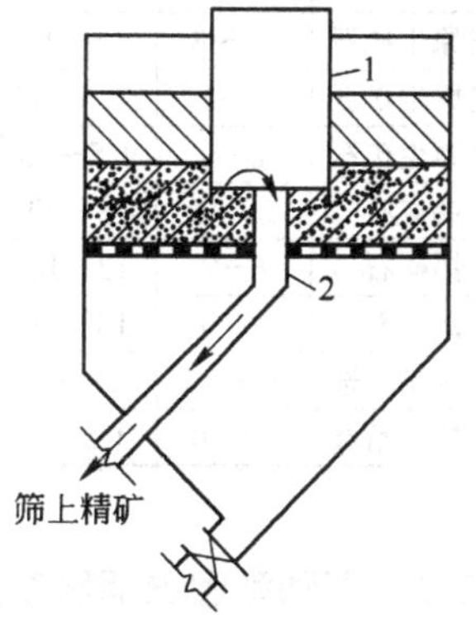

图 4-12 中心管排料法
1—外套筒；2—内套筒

当重产物的产率大时，因中心管的排料能力低而不敷用。此时可采用一端排料法排出。该法是在跳汰室末端靠近筛板处沿整个室的宽度开缝，从缝中排出重产物。这种排矿法在小规格设备上很少采用。我们留在下面吉山－Ⅱ型跳汰机中一并介绍。

在处理细料原料时，如果将筛孔尺寸也相应地减小，那么筛板的有效面积便会严重地降低，水流通过筛板的阻力随之大为增加。因此常在粗筛孔条件下采用人工床层透筛排料法排矿。人工床层是由一些比重接近重矿物或略高于重产物的粒状材料组成。有时即直接应用矿石中的重矿物制成，将它们在筛面上铺置成数个或十数个最大矿粒厚度的层。在跳汰过程中人工床层随水流稍有起伏运动，改变着床石的间隙大小。分层的重产物通过人工床层的曲折通道下落，犹如通过排矿闸门一样。改变床石的粒度及比重，相应地改变了重产物的排出数量和质量。为了避免床石在筛面上发生飘移和偏集，需在筛板上面增设方孔形的格子板。

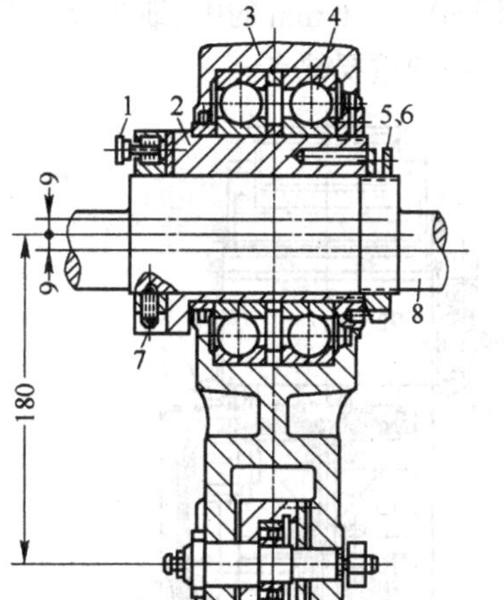

图 4-13 偏心套部分结构
1—定位销；2—偏心套环；3—连杆；4—轴承；5、7—紧固螺钉；6—螺帽；8—偏心轴

通过筛孔排入到底箱的重产物，在数量不多时，可以间断地打开底部活栓放出；而当数量较多时即需连续地排出。

隔膜的冲程和冲次均由传动系统调节。传动系统包括电动机、皮带轮、偏心套和隔膜等部件。偏心套为一副曲柄连杆机构，如图 4-13 所示。现有规格的跳汰机连杆长 180 mm，与鼓动隔膜的摇臂铰接。偏心距由两部分组成，一是偏心轴的偏心距 9 mm，二是偏心套环的偏心距 9 mm。调节偏心套环在偏心轴上的相对位置即可改变曲柄长度。当两个偏心距正向重合时，曲柄长为最大达 18 mm。当两偏心距反向重合时，曲柄长度最短为零。故连杆的冲程变化在 0～36 mm 之间。从摇臂支点折算到鼓动隔膜，计算的机械冲程长为 0～26 mm。机械的冲次由更换小皮带轮调节。一般有两种冲次，即 322 次/min 和 420 次/min。

上述排料方法及冲程、冲次的调节并不限于上动型隔膜跳汰机，其他型式的偏心连杆机构跳汰机也基本是这样。

表 4-1 列出了上动型隔膜跳汰机处理钨、锡矿石的操作条件和生产指标。

表 4-1　上动型隔膜跳汰机处理钨、锡矿石的操作条件和生产指标

原　料	给矿粒度/mm	冲程/mm	冲　次/次·min^{-1}	处理能力		精矿回收率/%	品位(WO_3 或 Sn)/%		
				t·(台·h)$^{-1}$	t·m^{-2}·h^{-1}		给　矿	精　矿	尾　矿
钨原生矿石	18～8	19～25	280～290	2.7～3.24	10～12	65	0.6		0.21
钨原生矿石	8～2	12.5～16	300～310	2.16～2.7	8～10	66～73	0.83～1.3		0.22～0.36
钨原生矿石	2～0	9.5～13	340～350	4.85～6.75	18～25	34～40	0.6～0.62		0.36～0.49
锡矿石	20～6	18～20	250～280	3.4～4.0	11～15	—	—		—
锡矿石	6～2	12～16	320～350	1.5～2.0	5.5～7.4	—	—		—
锡矿石	2～0	15～18	280～320	1.0	3.7	—	—		—
钨精矿精选	5～1.5	7～12	320～360	1.7	6.3	65～50	10～12	45～43	—
钨精矿精选	15～0	4.5～7	320～360	1.2	4.45	62～50	8～9	50～60	—

4.3.2　下动型圆锥隔膜跳汰机

下动型圆锥隔膜跳汰机原属前苏联米哈诺布尔型，后在我国又进行了改造，设备结构见图 4-14。它的特点是传动装置安装在跳汰室下方。隔膜为圆锥状，用环形橡皮膜与跳汰室连接。电动机及皮带轮设在机械一端，通过杠杆推动隔膜上下运动。其工作过程如图 4-15 所示。跳汰机没有单独的隔膜室，占地面积小。下部圆锥隔膜的运动直接指向跳汰室，水速分布较均匀，但隔膜承受着整个设备内的水和筛下精矿的重量，负荷较大。因受隔膜形状限制，机械冲程只能调到 20～22 mm。隔膜断面积也小，冲程系数只有 0.47 左右。跳汰室内脉动水速较弱，对粗粒床层松散较困难。故这种跳汰机不适于处理粗粒原料，一般只用于分选 -6 mm 的中、细粒级矿石。由于传动机构设置在机械下部，容易遭受水砂浸蚀，也是这种设备的重要缺点。

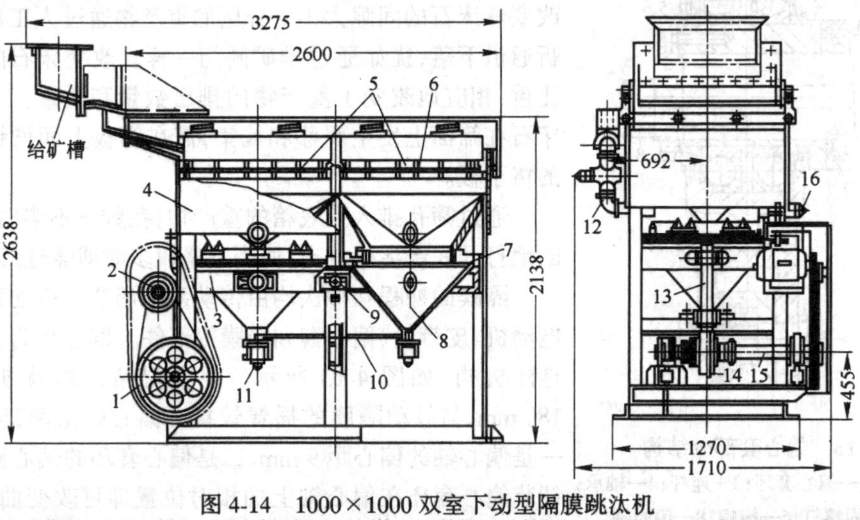

图 4-14　1000×1000 双室下动型隔膜跳汰机

1—大皮带轮；2—电动机；3—活动机架；4—机体；5—筛格；6—筛板；7—隔膜；8—可动锥底；9—支撑轴；10—弹簧板；11—排矿阀门；12—进水阀门；13—弹簧板；14—偏心头部分；15—偏心轴；16—木塞

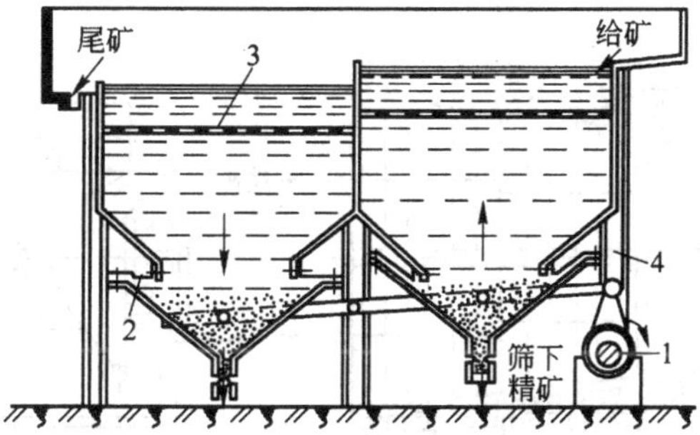

图 4-15 下动型圆锥跳汰机工作示意图
1—传动装置;2—隔膜;3—筛面;4—机架

为了适应选别粗粒级矿石的需要,江西大吉山钨矿重选厂用减小跳汰室筛板面积(将原来筛板宽度 1000 mm 减小为 670 mm,长度不变)的方法提高了冲程系数,减少了耗水量。用于处理粗粒矿石提高了分选指标。改进前后的指标对比见表 4-2。

表 4-2 下动型隔膜跳汰机改进前后的指标对比

指 标	改 进 前	改 进 后
筛面(宽×长)/mm×mm	1000×1000	670～1000
给矿粒度/mm	10～5	10～5
处理量/t·(台·h)$^{-1}$	8.8～11.7	12.7～17.8
作业回收率/%	30～40	52～62
精矿品位(WO_3)/%	10	53
尾矿品位(WO_3)/%	0.16～0.21	0.11～0.13
每吨矿石耗水量/m^3	15	8.5

下动型隔膜跳汰机的技术性能列于表 4-4 中。

4.3.3 侧动型隔膜跳汰机

侧动型隔膜跳汰机的隔膜是垂直地安装在跳汰室筛板下面的侧壁上。按隔膜的运动方向区分,与矿流运动方向一致的称为纵向侧动隔膜跳汰机,与矿流运动方向垂直的称为横向侧动隔膜跳汰机。下面介绍两种常用的横向隔膜跳汰机。

4.3.3.1 梯形跳汰机

梯形跳汰机是参照国外同类设备由我国自行设计制成的,于 1966 年定型推广使用,它的结构如图 4-16 所示。全机共有 8 个跳汰室,分为两列,每列四个室。两列背靠背用螺栓连接起来形成一个整体。每两个相对的跳汰室为一组,由一个传动箱伸出通长的轴带动两侧垂直隔膜运动。全机共有两台电动机,每台驱动两个传动箱。传动箱内装有偏心连杆机构,借改变轴上偏心套的相对位置调节冲程。筛下补加水由两列设在中间的水管引入到各室中。在水流进口处有弹性的盖板,当隔膜前进时,借水的压力使盖板遮住进水口,水不再给入;当隔膜后退时盖板打开,补充给入筛下水,从而造成下降水速弱、上升水速又不太强的不对称跳汰周期。

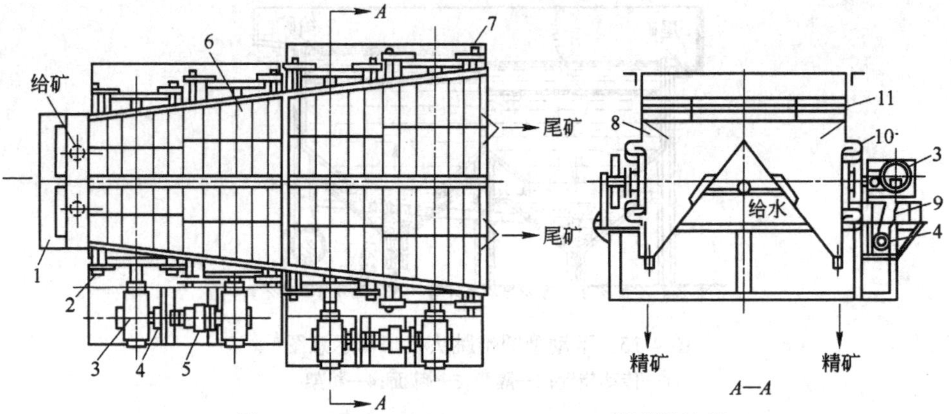

图 4-16　1200－2000 mm×3600 mm 梯形跳汰机

1—给矿槽；2—前鼓动箱；3—传动箱；4—三角皮带轮；5—电动机；6—后鼓动箱

7—后鼓动盘；8—跳汰室；9—三角带；10—鼓动隔膜；11—筛板

整个跳汰机的筛面自给矿端向排矿端扩展，成梯形布置。全机工作面积很大，一台给矿端宽1200 mm，排矿端宽2000 mm。长3600 mm的跳汰机（写成1200－2000 mm×3600 mm），总面积达到5.76 m^2。重产物采用透筛排料法排出。为使脉动水流均匀地分布在整个筛面上，隔膜与筛板间保持着一定的高度差，并在筛板下面设置倾斜挡板，以使水流的流动长度大致相等，避免靠近隔膜的部分床层鼓动过大。

这种跳汰机由于结构上的特殊性而具有如下一些特点：

(1) 筛面沿矿浆流动方向由窄变宽，矿浆的流速被减缓。在上述规格的跳汰机中，当给矿量为16t/(台·h)、矿浆浓度为20％、每个跳汰室的筛下补加水量为2.6 m^3/h情况下，尾矿端的矿浆流速只有给矿端的78％。由于流速降低，床层又逐渐减薄而有利于细粒重矿物的回收。其他的矩形跳汰机则因筛下补加水的积累而在后阶段矿浆流速增大，给分选带来不利影响。

(2) 各跳汰室的冲程、冲次可以单独调节。第一室内的矿浆流动快，床层厚，可以采用大冲程、低冲次的操作制度。以下各室矿浆流速变缓，床层减薄，则可逐渐减小冲程，增大冲次。从而有可能适应于矿石性质获得更好的工艺指标。

(3) 鼓动隔膜采用U形橡胶环，允许有较大冲程，且在运动中产生的应力小，使用寿命增长。两列机体用螺栓连接，便于拆卸和安装，这对于流动性较大的选厂（如矿点分散的砂矿选厂）是很合适的。

梯形跳汰机处理量大，达到15～30t/(台·h)，一般用于选别－6 mm的矿石，最大给矿粒度可达10 mm。用于处理钨、锡、金及铁矿石收到了良好的效果：我国江西大吉山钨矿选厂用一台梯形跳汰机处理水力分级机的一、二室沉砂，直接丢弃尾矿，获得了相当好的指标。其可以代替10～14台摇床，有力地提高了选厂单位面积处理能力，试验结果见表4-3。

表 4-3　梯形跳汰机处理水力分级机的一、二室沉砂指标

处理量 /t·(台·h)$^{-1}$	给矿品位 (WO_3)/%	精矿		尾矿品位 (WO_3)/%	回收率/%	备注
		产率/%	品位(WO_3)/%			
22.46	0.26	16.2	1.38	0.042	86	1～4室的冲程分别为28、26、24、20 mm，冲次为134、145、167、220次/min
15.41	0.15	6.4	2.30	0.028	82	

我国制造的梯形跳汰机技术规格见表 4-4。

表 4-4 我国矿用隔膜跳汰机的技术性能

型式		上动型	下动型		侧动型				
跳汰室截面形状		矩形	矩形		矩形			梯形	
型号		LTP-34/2	LTA-55/2	LTA-1010/2	LTC-69/2	2LTC-79/4	2LTC-912/4	2LTC-366/8T	2LTC-6109/8T
跳汰室	宽×长/mm×mm	300×450	500×500	1000×1000	600×900	700×900	900×1200	(300－600)×600	(600－1000)×900
	单室面积/m^2	0.135	0.25	1.00	0.54	0.63	1.08	0.20～0.34	0.58～0.86
	列数	单列	单列	单列	单列	双列	双列	双列	双列
	总室数/个	2	2	2	2	4	4	8	8
	总面积/m^2	0.27	0.50	2.00	1.08	2.52	4.32	2.16	5.76
冲程系数		0.58	0.50	0.50	0.56	0.48	0.49	0.68～0.41	0.52～0.35
隔膜	冲程/mm	0～25	0～25	0～25	0～50	0～50	0～50	0～50	0～50
	冲次/次·min^{-1}	320,420	250～350	250～350	220～350	160～250	160～250	120～300	120～300
给矿粒度(不大于)/mm		12	5	5	12	12	12	5	5
处理能力/t·$(m^2·h)^{-1}$		2～6	1～5	5～15	6～9	5～15	7～25	3～6	10～20
每吨矿石耗水量/m^3		4～10	4～20	20～60	40～60	20～90	60～120	20～40	80～120
电机功率/kW		1.1	1.1	2.2	1.5	2.2	3.0	1.1×2	2.2×2
总重/kg		750	600	1520	1420	2450	3500	1600	4650
备注		俗称典瓦型		俗称米哈诺布尔型	俗称吉山－Ⅱ型				

4.3.3.2 吉山-Ⅱ型跳汰机

吉山-Ⅱ型跳汰机是大吉山选厂为适应该厂处理的矿石特点而制成的侧动隔膜跳汰机。在传动方式上它和梯形跳汰机有相同之处，但吉山-Ⅱ型跳汰机的冲程系数较大，可以处理粗粒级，但亦可处理细粒级矿石。筛面为矩形。粗粒精矿由筛板的一端排出。这些是与梯形跳汰机不同之处。

双室的吉山-Ⅱ型跳汰机结构如图 4-17 所示。设备主要由机架、传动机构、鼓动隔膜及筛面下方的角锥箱组成。最早制成的双室跳汰机的筛面尺寸为 920 mm×670 mm。现已有单列和双列之分。双列跳汰机有四个室，各室尺寸与最初制成的略有区别。传动机构密封在盛有机油的传动箱内，后者安装在设备的旁侧，便于润滑和维护。改变传动箱内主轴上的内外偏心套的相对位置，即可调节冲程长度。和梯形跳汰机一样，隔膜是用 U 形橡胶环及卡环连接在机体侧壁上，易于更换。冲程的可调范围较大，达到 40～50 mm。故选别粒度上限达到了 20mm。

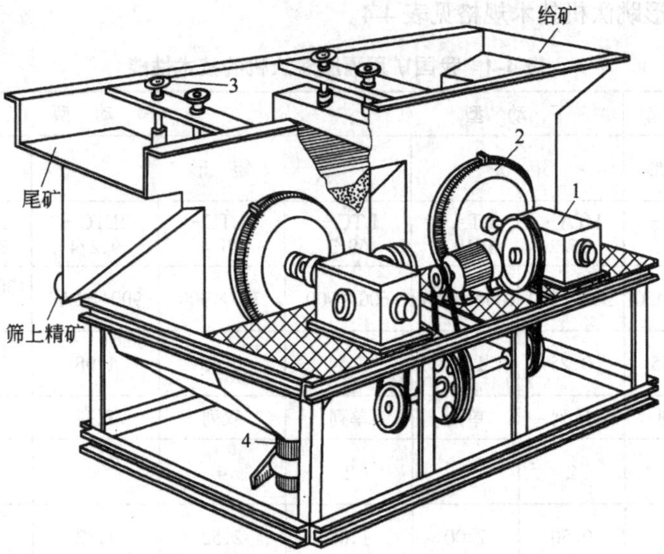

图 4-17　吉山-Ⅱ型跳汰机外形图

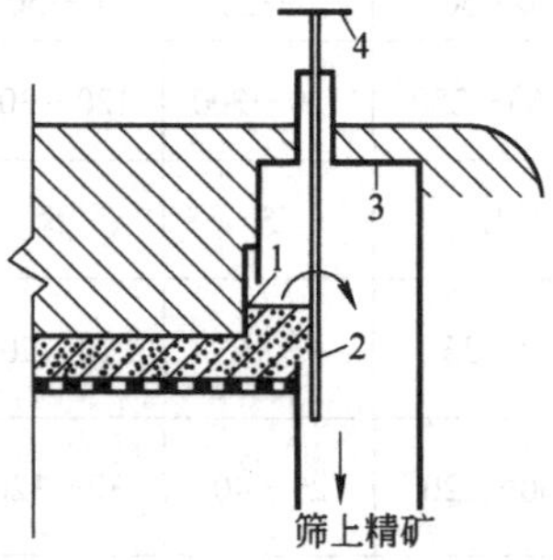

图 4-18　筛上精矿一端排料法
1—外阀门;2—内阀门(调节内阀门);
3—盖板;4—手轮

处理粗粒矿石时,筛上精矿采用一端排料法排出,如图 4-18所示。这种排料法是在筛面末端上方沿整个筛宽开缝,在精矿排出通道的内外设两道闸门,它们的高度均可以调节。外闸门的作用是防止脉石混入重产物中,它的下缘应插入到精矿层内并和筛面保持一定距离。调整这一距离即可改变精矿的质量。变化内闸门的高度则可控制精矿的排出速度,在闸门的上方设有尾矿盖板,用以将尾矿和精矿隔离开来。在盖板的两端有排气孔,以使内部压力与大气相通,便于精矿流动。一端排料法的优点是重产物可以顺着矿流流动方向沿整个筛面排出。对于大型跳汰机或产出的重产物数量大时,采用这种排料法是很合适的。

吉山-Ⅱ型跳汰机的技术性能列于表 4-4 中。根据大吉山选矿厂处理粗粒(15～5 mm)矿石的经验,这种跳汰机比下动型圆锥隔膜跳汰机获得了更为优越的工艺指标。

型号为 AM-30 的跳汰机是一种双列二室侧动隔膜跳汰机,专门用于处理粗粒铁矿石,故称为大粒跳汰机。这种跳汰机同样是用曲柄连杆机构传动,但其机械冲程较大,最大达 50 mm,给矿最大粒度可到 30 mm,设备处理量亦较大。

我国已定型的跳汰机系列产品技术特性列于表 4-4 中。

4.3.4　圆形跳汰机

圆形跳汰机实际可认为是由梯形跳汰机扩大而成,即将多个梯形跳汰机合并到一起,拼成圆形,再去掉侧壁就构成了圆形跳汰机。早期的圆形跳汰机属于罗克豪斯特(Lockhorst)型。1940 年在印度尼西亚勿里洞岛用于选别砂锡矿,该机的圆形筛面分作内外两圈共八个跳汰室(内圈两个,外圈六个)。每两室间设中间隔膜,由偏心连杆机构带动运动。该跳汰机占地面积相对较小,而处理能力很大;缺点是矿石在筛面上常出现分布不均现象,上层轻矿物借水力推动排出,所需水流速度很大,影响分层正常进行;而当用在采砂船上时,船身颠簸倾斜时又会使上述弊端加剧,因而设备难以发挥应有效益。

近年来由于资源贫化,原矿处理量愈益增加,于是这种处理量大的圆形跳汰机结构又重新受到重视。20 世纪 60 年代由荷兰和美国合作制成的圆形跳汰机(IHC-Cleaveland 型)就是适应这种需要而出现的一种设备。

圆形跳汰机的外形构造如图 4-19 所示。在设备的圆形分选槽上表面上放射状地分成若干个跳汰室(室数与设备规格有关,由最小的单室到最大的 12 室,详见表 4-5),每个室均独立地设有隔膜,并以特殊结构的液压装置推动运动。其传动装置由荷兰 I.H.C. 海洋采矿公司研制,特点是工作曲线为一种锯齿形周期曲线,如图 4-20 所示。这种曲线接近于前述倍尔得建议的周期曲线形式,能更好地适应矿石的沉降分层要求,故可分选较宽粒级的原料。跳汰机在工作过程中勿需补加筛下水,用水量可比其他型式跳汰机省一半,而回收率还有所提高。

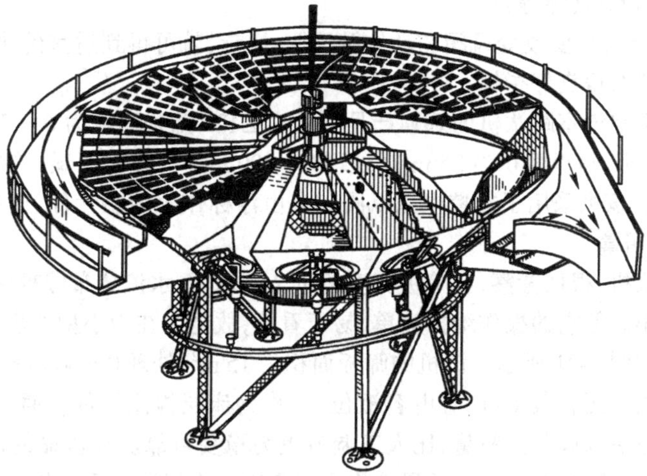

图 4-19 新型圆形跳汰机

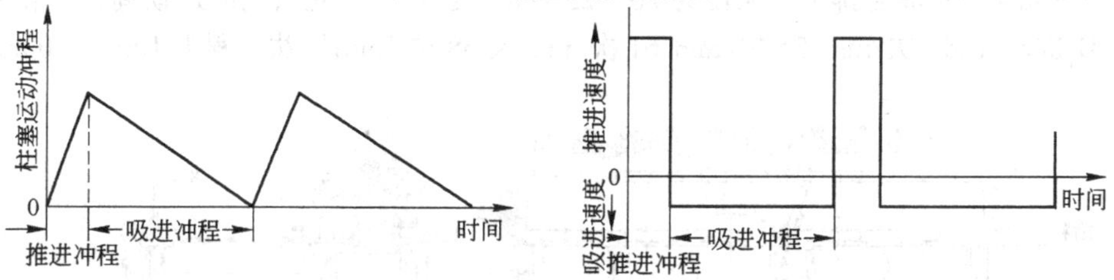

图 4-20 新型的圆形跳汰机周期曲线

表 4-5 IHC-Cleaveland 圆形跳汰机的技术规格

型 号	5	8	12	18	25
跳汰直径/m	1.5	2.4	3.6	5.5	7.5
跳汰室数/个	1	1	3	6	12
给矿管直径/m	0.4	0.4	0.7	1.1	1.8
每个跳汰室面积/m^2	1.64	4.40	3.26	3.80	3.47
隔膜直径/m	1.325	—	—	—	—
最大给矿粒度/mm	25	25	25	25	25
处理量/$m^3 \cdot h^{-1}$	10	19~38	38~85	85~175	175~350
单位筛面处理量/$m^3 \cdot (m^2 \cdot h)^{-1}$	6.1	4.3~8.6	3.9~8.7	3.7~7.7	4.2~8.4

4.3.5　无活塞跳汰机

这种跳汰机以压缩空气推动水流运动代替了早期的活塞，故被称作无活塞跳汰机（或称作鲍姆式跳汰机），至今仍主要用于选煤。

按跳汰室和压缩空气室的配置方式不同，无活塞跳汰机可分成两种类型：一种是压缩空气室配置在跳汰室旁侧，称作侧鼓式跳汰机；另一种是压缩空气室直接设在跳汰室的筛板下方，称作筛下空气室跳汰机。后一种设备出现较晚，但因其具有重量轻，占地面积小，水流沿筛面横向分布较均匀等优点，故近年来新设计的大型跳汰机多采用这种结构形式。与隔膜跳汰机比较，无活塞跳汰机的主要优点是：

(1) 取消了笨重的传动机构，动作轻便，借压缩空气驱动水流运动可以获得很大的冲程，适于处理给料粒度大的原料（煤等）；

(2) 操作调整灵活，只要改变风阀的动作及风压、风量，就可得到适宜的跳汰周期曲线，因而可处理宽级别原料并获得良好指标。

我国制造的筛下空气室跳汰机的系列产品型号为 LTX，筛板面积为 6 ～35 m^2，共六种规格。其中 LTX-35 型跳汰机，筛板面积为 35 m^2。处理 0～100 mm 不分级原煤，单位筛面生产能力达到 10～14t/(m^2·h)。该机采用了数控电磁风阀和自由浮标作为传感元件，通过执行机构控制排料，操作和调整灵敏可靠。

对于侧鼓式跳汰机，根据考察，当筛板宽度超过 2 m 以后，水流分布即难保持均匀稳定，因此这类设备的规格较小。但它的操作维护简单，易于看管，故至今在中小型选煤厂仍多采用。

侧鼓式跳汰机如图 4-21 所示。该机的筛板面积为 15 m^2，处理 0～50 mm 原煤的生产能力为 135～195 t/h，机内由测压管装置（内置电容液位计）作为床层检测元件。通过 KZD 可控硅装置控制排料叶轮的转速借以调节排料量，比人工调节更为稳妥可靠。在机械的前段选出比重最大的矸石（尾煤），这一段即称作矸石段；后段选出中间产物为中煤段。重产物（矸石及中煤）采用筛下排料与一端排料法联合排出。风压为 20～25 kPa（表压）。改变风阀的运动周期可使跳汰冲次具有 41 次/min、46 次/min、55 次/min、61 次/min 及 68 次/min；跳汰冲程为 100～150 mm。

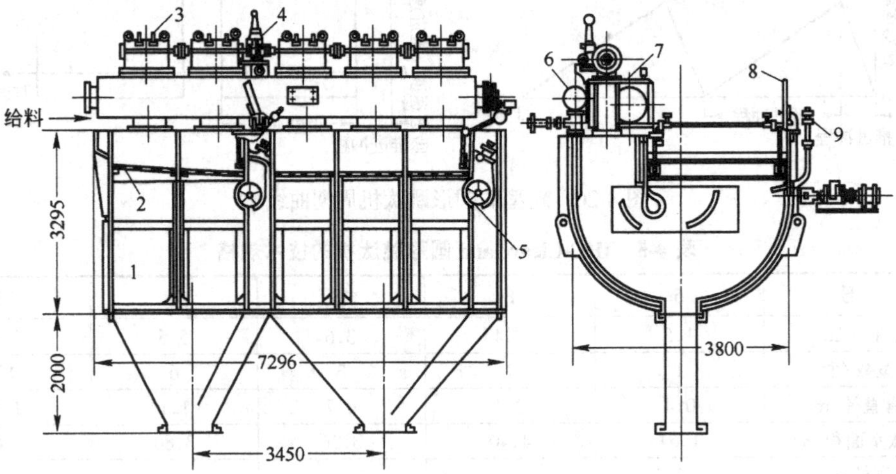

图 4-21　LTG-15 型侧鼓式跳汰机

1—机体；2—筛板；3—风阀；4—风阀传动装置；5—排料装置；
6—水管；7—风包；8—手动阀门；9—测压管

无活塞跳汰机的风阀有立式风阀与卧式风阀两种。旧式的跳汰机采用立式风阀，而20世纪60年代以后制造的跳汰机几乎全部改用了卧式风阀,其工作原理如图4-22所示。在横卧的套筒内有一个旋转的滑阀,在滑阀与套筒上均开有孔,当滑阀的开孔旋转至对应的套筒开孔时,即进行排气。在套筒的外面还有一个调整套,可用以改变套筒开孔的大小,以便调节进气与排气的相对时间。这种风阀的膨胀期时间较长,使得水流的下降运动转变缓慢。跳汰周期曲线如图4-23所示,这样的周期曲线更能适应比重小的原煤的沉降速度变化,延长了有效分层的松散期,故卧式风阀普遍地比立式风阀提高了设备单位处理量,且在分选宽级别或不分级的煤时,改善了选别指标,因此过去使用立式风阀的老设备也换上了卧式风阀。

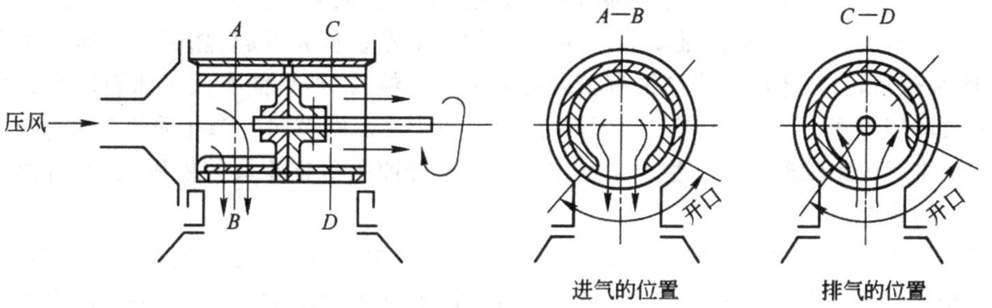

图4-22　卧式风阀工作示意图

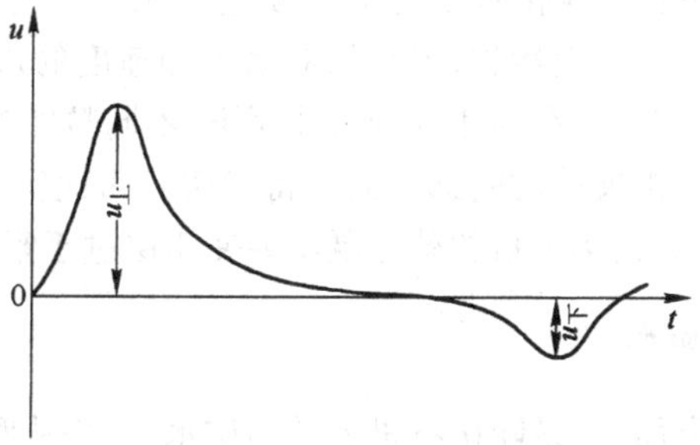

图4-23　卧式风阀的跳汰周期曲线

无活塞跳汰机在处理100～0 mm或50～0 mm的煤时,可以不经分级入选。分选粒度下限一般为0.5～1 mm。采用侧鼓式跳汰机有时可达0.3 mm。处理更大块的原煤时,例如200或150 mm的原煤应将－10 mm或－15 mm的粒级筛除。筛下的细粒煤(称作末煤)在专门的跳汰机中处理。这样的跳汰机称作末煤跳汰机。

在国外亦有应用无活塞跳汰机处理铁、锰和其他氧化铅锌矿石的实例。例如,巴西皮凯洛(Picarrao)选矿厂采用原西德制造的风力鼓动跳汰机选别6～1.6 mm铁矿石,单位面积处理量为3t/(m²·h)。可从含铁47%的给矿中,选出含铁66%的精矿,回收率约90%,这对于处理大宗矿量的铁矿石是很有意义的。

4.4　跳汰机操作技术

4.4.1　跳汰选矿的工艺因素

下面讨论的是与生产直接有关的跳汰工艺因素,包括冲程、冲次、给矿水及筛下补加水的影响,床层及人工床层的组成、筛板落差的作用,以及给矿性质、单位生产率等问题。

4.4.1.1 冲程、冲次

跳汰机的冲程、冲次(一般用机械冲程、冲次表示)组合直接影响到床层的松散度和松散方式,是跳汰操作的基本参数。

就一般情况来讲,床层的松散形式可有三种:一种是自上而下地一端扩散型。当给矿的粒度范围较宽,上升水速又是缓慢增大时会有这种松散形式,但实践中并不多见。第二种是床层首先整体地抬起,下部出现一个主要由介质充满的空间,于是松散度自下而上地增大。在上升水速大,作用时间短的不对称周期中,常有这种松散形式。在以正弦跳汰周期处理窄粒级矿石时,也有这种情况。它的基本特征是平均上部床层较紧密,下部松散度大。第三种松散方式介于上述两者之间,床层在初期上升水流推动下,上部轻矿物及细颗粒首先升起,随后在迅速增大的水流作用下,床层被抬起,在床层的底部留有较多粗而重的颗粒(特别是铺有人工床石时),那里的松散度将不会增加很多,于是像床层的中间部分一样,成为决定颗粒向底部穿透的关键部位。这种松散形式是生产中比较多见的。生产中操作人员用探杆或手检查床层的松散度,通过改变筛下水量做适当的调整。

床层的性质不同,冲程、冲次的适宜组合值亦不同,理论和实践均表明有如下一些制约关系:

(1) 床层厚、给矿量大,相应地需有较大冲程。随着冲程的增大,为使床层有足够的扩展时间,冲次要相应地减小。

(2) 给矿粒度粗或矿石密度大,则举升床层所需的上升水速亦大,此时亦需有较大冲程。

增大冲程或增大冲次均可使水速增加,但它们对水流加速度的影响却不是对等的。随着冲次的增加,水流的加速度迅速增大。在加速度推力作用下,不同粒度颗粒的运动速度差别将被缩小,同时因周期时间缩短,床层扩展的时间减少而变得紧密。因此实践中总是采用大冲程、低冲次或小冲程、高冲次配合工作。其实质目的就是既不要使床层过于紧密也不要过分松散。

4.4.1.2 给矿水和筛下补加水

进入跳汰机的水来自两方面,一是随矿石进入的给矿水,二是从筛下连续或间断补加的筛下水。这两部分水最后通过尾矿堰板和底部精矿管排出,构成跳汰机的总耗水量。

给矿水主要用来预先湿润矿石并便于均匀地连续给矿。给矿水不宜过大,按浓度计算一般不超过20%~25%。筛下水可补充调整床层的松散度。处理窄级别原料时,可以适当增大筛下水,以提高分层速度。处理宽级别原料应减少筛下水,以加强吸入作用。筛下水量大有助于提高精矿质量,但会使尾矿中金属损失增加。

一般由筛下水构成的上升水速是不大的,在0.2~0.6 cm/s范围内,若按干涉沉降速度计算,只能悬浮起0.5 mm的石英颗粒。但筛下水需有稳定的压力(0.1~0.2 MPa),且要避免水速发生波动。

跳汰机的总耗水量随给矿粒度、密度、床层厚度及精矿排出方式不同而不同,波动范围很大,一般在3.5~8 m^3/t矿石之间。

4.4.1.3 床层厚度和人工床层

床层厚度与处理的矿石性质有关。处理矿物比重差大的原料可采用薄一些的床层,以加速分层。而在处理比重差小的原料时,或在要求得到高质量精矿的情况下,床层可厚些。一般来说厚的床层工作稳定,便于操作,但因松散所用时间较长,设备处理量将被降低。

床层的总厚度习惯上用筛面至尾矿堰高度计算。改变堰板高度,床层厚度亦随之改变。在用隔膜跳汰机处理粗粒原料时,床层总厚度应不小于给矿中最大颗粒直径的5～10倍,一般在120～300 mm之间。

处理细粒原料时采用人工床层(又称床底砂)进行透筛排料。此时人工床石的密度、粒度、形状及铺置的厚度对重产物的排出速度和质量有重要影响。人工床层在水流上升阶段同样应当悬浮起来。但其松散度不要与上部矿石层有较大差别。在水流下降阶段,人工床层很快变得紧密,控制着重产物的排出速度和质量。为此,对人工床石的选择应当是:

(1) 人工床石的粒度应达到入选矿石最大粒度的3～6倍以上,并比筛孔尺寸大1.5～2倍,而比重则以接近或略小于重矿物的比重为宜。这样的床石能够始终保持在床层的底部,并有适当的空隙允许重矿物细颗粒通过。生产中为了便于获得这种床石,常常即选用原矿中的重矿物粗颗粒使用。有时亦采用耐磨耗的铸铁球、磁铁矿等材料。

(2) 人工床石的铺置厚度影响精矿的产率和质量。处理易选矿石时,人工床层可薄些;处理低品位矿石时,则应厚些。我国钨、锡矿重选厂处理细粒级跳汰机的人工床层厚度一般为10～50 mm,而在处理铁矿石时则为最大给矿粒度的4～6倍。

位于人工床层上部的矿石层厚度,一般为给矿最大粒度的20倍以上。虽然这样,其绝对厚度还是比粗粒跳汰机内的床层薄得多。

4.4.1.4 筛板落差

相邻两个跳汰室筛板的高差称作落差。落差有助于推动床层颗粒的纵向运动,影响设备处理能力和产物质量。处理矿物比重差大的原料时,落差可大些;处理难选的或细粒级原料时,落差应小些。我国制造的上动型隔膜和梯形跳汰机各室间有50 mm落差。处理粗粒级原料的设备,落差达到100 mm或更大。

4.4.1.5 给矿矿石性质和单位生产率

为了获得最佳的生产指标,给矿的粒度组成、比重组成和给矿浓度应尽量保持稳定少变,特别是给矿量更不要波动太大。

实践表明,可以采用不同的条件组合(冲程、冲次、床层厚度和筛下水量)而获得同样的最佳选别指标。现代的跳汰机操作自动控制原理,是在给矿量增大时,能够相应地加大冲程,提高床层松散度,以获得适当量的精矿产率,维持工艺指标少变。

为了便于比较,跳汰机的生产率除了用台、时给矿量(t/(台·h))计算外,还用单位筛面的处理量表示。与其他重选法相比,跳汰选矿法是一种工艺简单而设备处理量大的选矿方法。因此,被广泛采用。几种不同类型跳汰机处理钨、锡、铁矿石的生产能力列于表4-6中。由表可见,跳汰机的单位生产率是随着给矿粒度的增大而增大,随矿物比重差的减小而减小。如果对产物的质量要求不高,跳汰机的生产率可以达到很大。

表4-6 常用跳汰机的生产率

跳汰机类型	钨矿石			锡矿石			铁矿石		
	给矿粒度/mm	处理量/$t\cdot(台\cdot h)^{-1}$	处理量/$t\cdot(m^2\cdot h)^{-1}$	给矿粒度/mm	处理量/$t\cdot(台\cdot h)^{-1}$	处理量/$t\cdot(m^2\cdot h)^{-1}$	给矿粒度/mm	处理量/$t\cdot(台\cdot h)^{-1}$	处理量/$t\cdot(m^2\cdot h)^{-1}$
上动型	18～8	2.7～3.24	10～12	20～6	3～4	11～15	—	—	—
	8～2	2.16～2.7	8～10	6～2	1.5～2	5.5～7.4	—	—	—
	2～0	4.86～6.75	18～25	2～0	1.0	3.7	—	—	—

续表 4-6

跳汰机类型	钨矿石			锡矿石			铁矿石		
	给矿粒度/mm	处理量/t·(台·h)$^{-1}$	处理量/t·(m^2·h)$^{-1}$	给矿粒度/mm	处理量/t·(台·h)$^{-1}$	处理量/t·(m^2·h)$^{-1}$	给矿粒度/mm	处理量/t·(台·h)$^{-1}$	处理量/t·(m^2·h)$^{-1}$
下动型	8～5	6～10	3～5	—	—	—	—	—	—
	5～2	5～7	2.5～3.5	—	—	—	—	—	—
吉山-Ⅱ型	8～4	6.7～10	10～15	—	—	—	—	—	—
梯型	1.5～0.25	15～20	2.6～3.5	5～0	16.2	2.8	10～2	16～20	2.8～3.5
	—	—	—	—	—	—	2～0	15.0	2.6

4.4.2 跳汰机的维护检修

4.4.2.1 跳汰机床层运动不正常现象和表现特征及原因

跳汰机床层运动不正常现象和表现特征及原因见表 4-7。

表 4-7 跳汰机不正常现象和表现特征及原因

现象	表现特征	原因
(1) 床层过紧	床层不能松散,用手很难插入,水流下降时,床层甚至露出水面,矿石运动速度慢,尾矿跑连生体,甚至出现单体矿物现象	(1) 给矿量大,粒度粗,冲程与筛下水量小 (2) 筛面普遍被阻塞或人工床层太厚,密度太大,粒度太粗 (3) 冲次太大
(2) 床层过松	水平运动不平稳,甚至水面左右摆动,用手插入感觉不到阻力,床层运动快,尾矿中跑单体或连生体,筛上精矿品位高,筛下精矿品位低	(1) 冲程过大 (2) 筛下水过大 (3) 床层和底砂太薄,或粒度太细
(3) 床层紊乱	床层翻花,床层各部松散不均匀,水流紊乱不平稳。用手插入床层,可感觉各部松散不一,尾矿中有连生体与单体	(1) 筛面磨损或堵塞,或是筛面安装不平稳或部分松动 (2) 给矿浓度过稀 (3) 给矿分布不均匀

4.4.2.2 隔膜跳汰机的维护

跳汰机维护的好坏,不仅影响设备的寿命,而且对选别效果影响很大。由于跳汰机类型不同,它的维护重点也各不相同。这里仅介绍隔膜跳汰机的维护,其重点维护项目如下:

(1) 加强运动部件的维护。运动部件除了要按规定要求安装好之外,在运转过程中要注意加油,并要定期检修,使运转部件的接触点保持规定的间隙,不要过紧或过松;要注意保持运转部件的清洁,以免磨损或锈坏部件。

(2) 加强对筛网的维护。筛网的好坏直接影响跳汰机的分选效果,筛网的安装要平稳、紧固,要经常清理筛网,以防堵塞。当筛网磨损较大时,应及时修理或更换。

(3) 加强对隔膜的维护。跳汰机的隔膜是橡皮胶制品,安装时要平整、紧密,鼓动时不能漏水,要保护隔膜不受损坏。如果发现隔膜破损,应及时修理或更换。

本章小结

(1) 跳汰选矿是指在垂直的变速介质流中进行的选别过程。依所用介质不同,跳汰有水力跳汰和风力跳汰之分,实际生产中以水力跳汰应用最多。

(2) 跳汰选矿是处理粗、中粒矿石的有效方法。它的工艺操作简单,设备处理量大,并有足够的选别精确度,在生产中应用很普遍。处理金属矿石时给矿粒度上限可达 30～50 mm,回收的粒度下限为 0.2～0.075 mm。选煤的处理粒度范围为 100～0.5 mm。跳汰选矿法广泛地用于选煤, 并大量地用于选别钨矿、锡矿、金矿及某些稀有金属矿石。此外,还用于选别铁、锰矿石和非金属矿石。

(3) 跳汰机中水流的运动速度和方向是周期变化的,这样的水流称作脉动水。脉动水每完成一次周期性变化所用时间称为跳汰周期。在一个周期内表示水流速度随时间变化关系的曲线称为跳汰周期曲线。这是反映水流运动特性最重要的曲线。水流在跳汰室内上下运动的最大距离为水流冲程,而隔膜或活塞本身运动的最大距离则称作机械冲程。水流或隔膜每分钟运动的循环次数称作冲次。床层厚度,周期曲线形式、冲程和冲次是影响跳汰选别过程的重要参数。本章结合跳汰分选原理讨论了跳汰时的水流运动特性及生产实用的跳汰曲线。

(4) 水力跳汰机设备类型很多,根据设备结构和水流运动方式不同,大致可分五种:①活塞跳汰机;②隔膜跳汰机;③无活塞跳汰机;④水力鼓动跳汰机;⑤动筛跳汰机。本章重点讨论生产中常用跳汰机的结构、工作原理、性能及应用。

(5) 影响跳汰分选的因素包括冲程、冲次、给矿水及筛下补加水的影响,床层及人工床层的组成、筛板落差的作用,以及给矿性质、单位生产率。

复习思考题

4-1 简述跳汰过程中物料分层经过。

4-2 简述具有垂直升降交变水流的跳汰机的两股水流及其作用。

4-3 简述跳汰机的结构特点和工作原理。

4-4 试分析影响跳汰机工作效果好坏的因素。

4-5 某处理 −4 mm 选金用隔膜跳汰机,原矿中重矿物很少,脉石主要是石英。采用粒度 18 mm 长石作人工床层,操作中筛下排矿量太大,问该如何处理。

4-6 隔膜式跳汰机怎样维护?

5 溜槽选矿

5.1 概述

借助在斜槽中流动的水流进行选矿的方法统称为溜槽选矿。这种方法在很久以前即被采用,直到现在在某些偏僻的矿山还保留着原始的操作方式,但是现代的溜槽选矿已经走向机械化和自动化了,矿流的运动形式也变成多种多样的了。

溜槽选矿可以处理粗细差别很大的矿石,给矿粒度最大达到100～200 mm,最细又可小至10 μm,当然这是要在不同的设备上分选。处理2～3 mm以上粒级的溜槽称为粗粒溜槽,处理2～0.075 mm的溜槽称为矿砂溜槽,而给矿粒度小于0.075 mm的溜槽则称为矿泥溜槽。目前广泛应用的是后两者,其中尤以矿泥溜槽因其处理微细粒级具有特殊的效能而受到更大的重视。

根据处理矿石粒度、结构形式和矿流运动方式的不同,溜槽可分如下几种:

(1) 粗粒固定溜槽:包括选粗粒钨、锡用的溜槽和选金用的溜槽;

(2) 尖缩溜槽:有扇形溜槽、圆锥选矿机等;

(3) 带式溜槽:在连续运转的皮带上分选,如皮带溜槽

(4) 螺旋形溜槽:包括固定的和旋转的螺旋选矿机、螺旋溜槽;

(5) 离心溜槽:包括各种型式的离心选矿机;

(6) 固定的平面矿泥溜槽:有铺布溜槽、匀分槽和圆槽等。

溜槽选矿广泛地用于处理钨、锡、金、铂、铁以及某些稀有金属矿石,尤其在处理低品位砂矿中占有重要地位。

5.2 粗粒溜槽

粗粒溜槽是用木材或铁板制成的长槽,选钨锡矿石用和选金用粗粒溜槽在结构上还略有不同,分述如下。

5.2.1 选别钨、锡砂矿用的粗粒溜槽

我国在解放初期曾采用粗粒溜槽处理砂锡矿。这种溜槽最早来自马来亚。槽宽1 m,长达80～100 m,称作马来亚溜槽。广西平桂矿务局在使用中将其缩短到30 m,宽度改为1.5 m,延缓了矿浆流速,提高了回收效果。但后来因矿石性质变化即不再使用。

这种溜槽的结构如图5-1所示,安装坡度为0.02～0.08。槽内每隔1～2 m安置挡板。在操作中挡板可重叠加高。给矿要预先除去粗粒卵石及细粒级。入选粒度范围大约是10～1 mm。工作开始时先从溜槽首端放入2～5条挡板。给矿后用特制的耙子从槽的末端逆着水流向上耙动,称为耙松,目的是使床层保持松散。随着沉积物向末端延伸,不断地加置挡板。直到沉积物在槽内积累到一定厚度时,停止给矿。接着放入清水,一面继续耙松一面取下上层挡板以便将轻矿物及矿泥清洗出去,最后获得品位约为10%～15%的粗锡精矿。

溜槽内水流的紊动度较大,不可能有效地回收细粒重矿物。小于0.075 mm的锡石回收率尚不及1%。总回收率一般为50%～60%。单位面积生产能力很低,只有0.2～0.3 t/(m^2·h),设备笨重,劳动强度大,它代表了一种原始的溜槽生产方式。

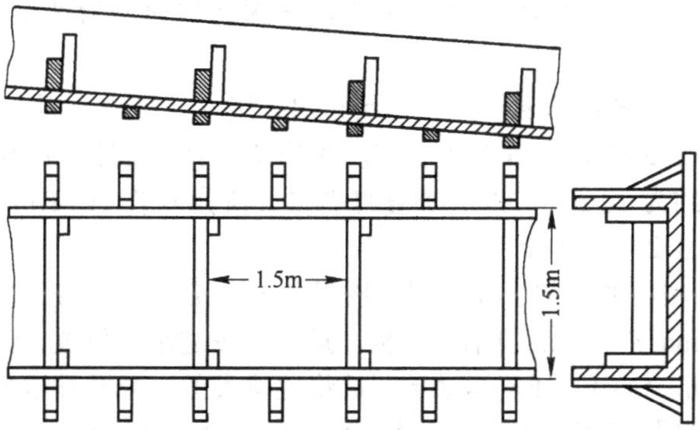

图 5-1 选锡用粗粒溜槽

5.2.2 选金用粗粒溜槽

选金用粗粒溜槽直到现在还是国内外处理砂金矿的主要粗选设备。它的结构简单,生产成本低廉,处理贫的砂金矿能够有效地选出大量废弃尾矿,因此不论在陆地上或采金船上,都还在广泛地应用。

由于金的比重较大,沉积能力较强,故选金用溜槽要比选钨锡用溜槽长度为短。挡板间距也小些,以便造成较强的涡流松散床层。设在陆地上的大溜槽长度一般为 15 m 左右,宽度多为 500～600 mm。倾角可在 5°～8°之间调节。给矿粒度范围很大,甚至不经分级亦可选别。由于我国砂金矿中的金粒基本不超过 10 mm,故在选别前都将 10～20 mm 以上的砾石筛出。其作业回收率一般为 60%～70%,单位面积负荷介于 0.1～1.5 $m^3/(m^2\cdot h)$之间,平均为 0.5～1.25 $m^3/(m^2\cdot h)$(m^3 为采前埋藏矿砂的体积)。

在处理含金量较多的矿石时,为了补充回收微细的金粒,在主溜槽的尾部还可接着铺设一组副溜槽,它的总宽度为主溜槽的 4～10 倍。分成数个区间(槽),每个区间宽 700～800 mm,长度为 6～12 m。副溜槽中水层较薄,流速变缓,有利于微细金粒的沉积。

用在采金船上的粗粒溜槽,沿船身两侧彼此挨近地放置。在船甲板中心沿纵向设圆筒筛,在圆筒筛两侧与船身成垂直配置的溜槽,称为横向溜槽。它的宽度与筛孔的区段相对应,为 600～800 mm。这种溜槽用来对筛下产物进行粗选。粗选的尾矿给入沿纵向配置的溜槽进行扫选。后者可以补充回收粗粒金及其他重矿物,称为纵向溜槽。典型的配置形式如图5-2所示。横向

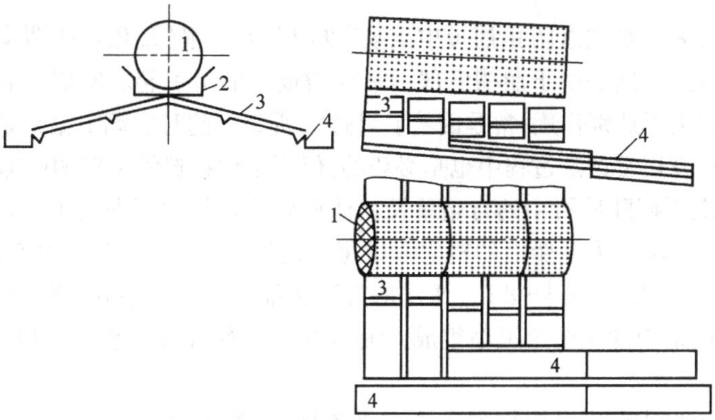

图 5-2 采金船上的溜槽配置
1—圆筒洗矿筛;2—分配器;3—横向溜槽;4—纵向溜槽

溜槽的坡度通常为5°～7°。纵向溜槽可接受两个或更多的横向溜槽的尾矿，此时它的坡度要比横向溜槽的坡度减少0.5°～1°。

在中小型采金船上，各种溜槽通常是作单层布置并用木板制成。而在大型采金船上，如果不设置跳汰机，则溜槽常是双层的并用钢板制成。溜槽给矿的液固比为10～12∶1。矿浆流速为1～1.6 m/s，矿浆深度约为20 mm。单层溜槽的单位负荷为0.3～0.4 $m^3/(m^2·h)$，而双层溜槽的单位负荷则为0.2～0.25 $m^3/(m^2·h)$。

图5-3表示选金用粗粒溜槽的工作原理。该溜槽长4 m，宽0.4 m，高0.35 m，用钢板制成。槽底每隔0.4 m设50 mm×50 mm角钢作挡板。角钢边按逆水流放置，当矿浆由首端给入后，在槽内作快速的紊流流动。漩涡的回转运动不断地将比重大的金粒及其他重矿物转送到底层。在那里水流的紊动作用减弱，容积浓度达到很大。因此轻矿物的粗大颗粒很难进入，只有细小的重矿物颗粒通过间隙进入底层，形成重矿物层。重矿物层被挡板阻滞，留在槽内；上层轻矿物则被水流推动，排出槽外。

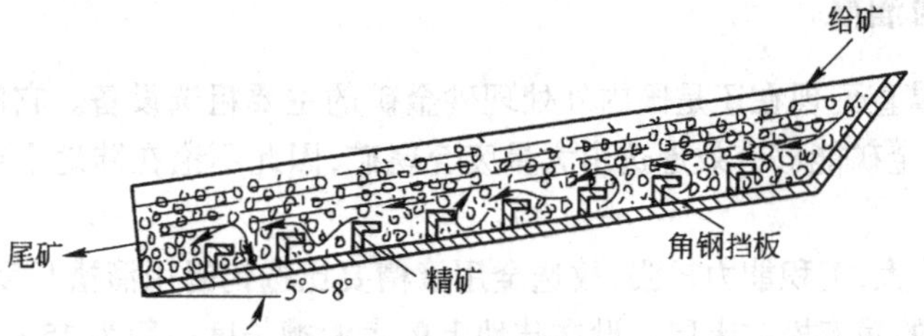

图5-3　选金用粗粒溜槽

由于紊流的脉动速度很不稳定，所以这种分层过程是很粗糙的。矿浆在槽内的流速对选别效果有决定性影响。流速过小，床层没有足够的松散度，脉石颗粒将大量混入到精矿层内。若流速过大，又会使片状的以及细小的金粒被水流带走。故给矿体积和槽底坡度是粗粒溜槽作业的重要参数。此外，给矿浓度也有很大影响，给矿的最小液固比随给矿粒度的增大和挡板高度的增大而增加。根据生产经验，粗粒选金溜槽的大致操作条件如表5-1所示。

表5-1　选金用粗粒溜槽的适宜操作条件

给矿粒度/mm	<6	6～12	12～25	25～50	50～100	100～200	>200
最小液固比 R	6～8	8～10	12～25	12～14	14～16	16～20	16～20
水层深度系数 a	2.5～3.0	2.0～2.2	1.7～2.0	1.5～1.7	1.3～1.5	1.2～1.3	1.0～1.2
矿浆最小流速 $u/m·min^{-1}$	1.0～1.2	1.2～1.6	1.4～1.8	1.6～2.0	1.8～2.0	2.0～2.5	2.5～3.0

溜槽在操作中还要特别注意防止挡板中出现“堆溜”和“掏溜”现象。所谓掏溜就是溜槽中所存留的精矿被矿浆带走。这是由于溜槽底部不平或挡板变形所引起。所谓堆溜则是矿砂堆积于溜槽中，不再松散，失去了选别作用，常是因给矿量过大所致。此时应调节给矿量并用耙子耙松床层。耙松床层的工作在正常选别过程中也是必要的，但不必像在选钨锡溜槽中那样频繁地进行。

选金溜槽的清洗周期随矿石中的含金量及其他重矿物含量的不同而不同。陆地上的大溜槽可间隔5～10 d清洗一次。采金船上的横向溜槽每天清洗一次，纵向溜槽每5 d左右清洗一次。每次清洗时间短者2～3 h，长者4～8 h。清洗的方法在细节上略有不同，但基本上都是由预先加水清洗和去掉挡板后集中冲洗两个工序组成。最后获得少量含金的重砂矿物，再送跳汰机或摇床精选。

选金溜槽的挡板型式很多。按排列方式有直条挡板、横条挡板及网格状挡板等。图5-4示出了几种典型的挡板型式。

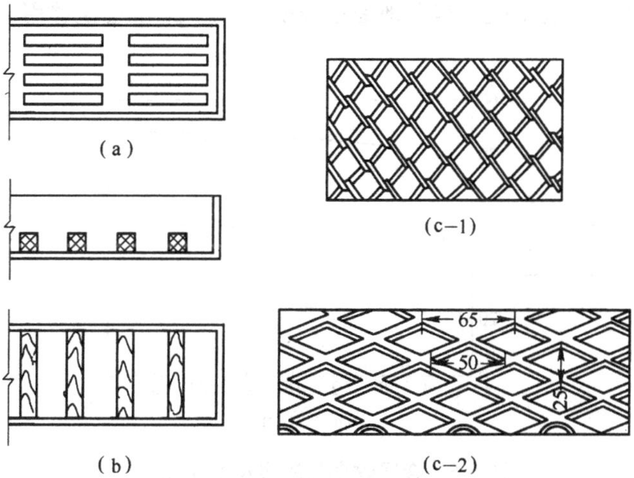

图 5-4 选金用粗粒溜槽的挡板型式

(a) 直条挡板;(b) 横条挡板;(c) 网格状挡板(图中数字单位为毫米)

直条挡板是由断面为 75 mm×75 mm 的方木或直径为 50～70 mm 的圆木作成。沿水流方向平行排列,彼此间距离为 40～75 mm。这种挡板水流阻力小,水耗少。适用于捕集较粗粒的金、铂。横条挡板是垂直于水流方向排列,可用方木条、方木块或角钢等做成。这样排列能形成较强的涡流,有利于清洗出轻矿物并阻留下粗粒重矿物,但微细的金粒则容易损失到尾矿中。网格状挡板系用铁丝编织或将铁板冲割成缝拉伸而成,后者在采金船上应用较多。为了避免重矿物细颗粒被涡流带走,还经常在挡板下面铺置一层粗糙铺面,常用者有苇席、毛垫、毛毡、长毛绒等。这些编织物具有足够的粗糙度和缝隙,能够捕集细小的金粒,借以提高回收率。

挡板的选择与给矿粒度和矿石性质有关。当给矿粒度大且需要促进原矿碎解时,应选用高度较大且耐磨的横条形挡板。目前应用较多的是角钢。横条挡板的间距应大于给矿最大粒度 2～3 倍。水面大致应高出挡板高度一倍以上。水流与挡板高度之比称为水层深度系数,其适宜值已列于表 5-1 中。

在已知待处理的干矿量(通常按采掘原矿砂体积计)时,溜槽的总宽度 $\sum B$(m)按下式计算

$$\sum B = \frac{V}{3.6hu} \tag{5-1}$$

$$V = Q(1+R) \tag{5-2}$$

式中 V——给入的矿浆体积,m^3/h;

Q——给入溜槽的矿砂体积,m^3/h;

R——矿浆体积液固比,可按表 5-1 数据选取;

h——溜槽内矿浆的最小深度。与给矿最大粒度 d 有关,按 $h=ad$ 关系确定,a 值由表 5-1 选取;

u——溜槽内矿浆最小流速,m/s,可由表 5-1 查得。

确定出溜槽的总宽度后,根据选定的一条溜槽的宽度 B(通常为 0.4～1.5 m),即可求得溜槽的条数

$$n = \frac{\sum B}{B} \tag{5-3}$$

溜槽的长度通常由经验确定。实测得知,在溜槽的前 3 m 之内所捕集的金达到金总回收率的 95%。可见溜槽过长是没有意义的。图 5-5 是溜槽长度与金回收率的关系曲线。随着金的粒

度不同,曲线形状亦有所变化。但一般陆地溜槽长度在 10～20 m 已足够用。采金船上横向溜槽长度多不超过 4～6 m。

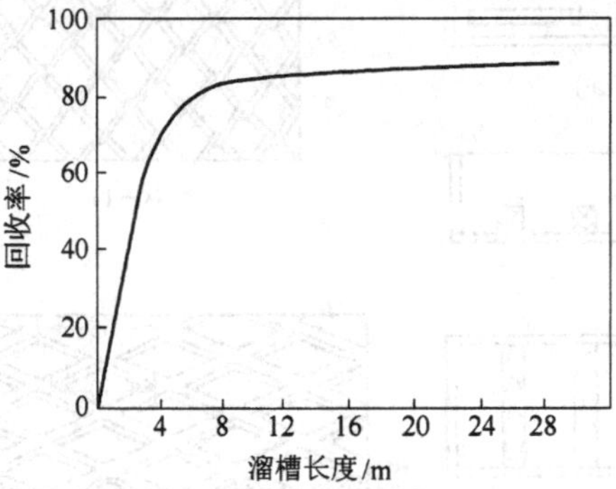

图 5-5　金回收率与溜槽长度的关系

溜槽的结构简单,拆迁方便,可就地取材土法上马。缺点是操作劳动强度大,单位面积生产率低。因此近年来有被跳汰机和螺旋选矿机代替的趋势。

5.3　固定的矿泥溜槽

我国劳动人民在长期开发钨、锡、金等矿产的生产实践中,曾创造出各种各样的矿泥选别设备。例如流传在云南、广西、江西等省选别钨、锡用的砖槽(选钨用的称作皁槽)、浇槽、匀分槽、圆槽、铺面(布)溜槽以及在北方各省用于选金的铺面溜槽等。它们在机械化设备应用之前,一直是主要的选别手段,具有相当高的工艺指标。此外在云南用于精选矿泥的"敲锅",还具有特殊的分选效能。研究这些"土设备"的分选原理,不仅具有实际意义,而且对改善机械化设备也是有启发性的。

5.3.1　铺面(布)溜槽

这是一种最简单的具有单一坡度的溜槽。槽宽 1～1.5 m,长 2～3 m,上面不设挡板,而铺以各种铺面物。处理钨、锡矿泥用的铺布溜槽和选金用铺面溜槽具有同样的结构形式。在槽头设有分配矿浆用的匀分板。图 5-6 所示是处理钨、锡矿泥用的铺布溜槽。给矿粒度多在 0.075 mm 以下。采用短绒毛的棉线布或棉绒布作铺面物。给矿浓度为 8%～10%。在槽面上形成不大于 1 mm 厚的流膜均匀流下。重矿物沉积在布面上,轻矿物随矿浆流排出。当沉积物积累到一定数量后,将铺布取下,在容器中清洗以回收重矿物。这样间歇地工作每昼夜处理量不超过 600 kg。用于钨矿泥的粗选回收率可达 75%。

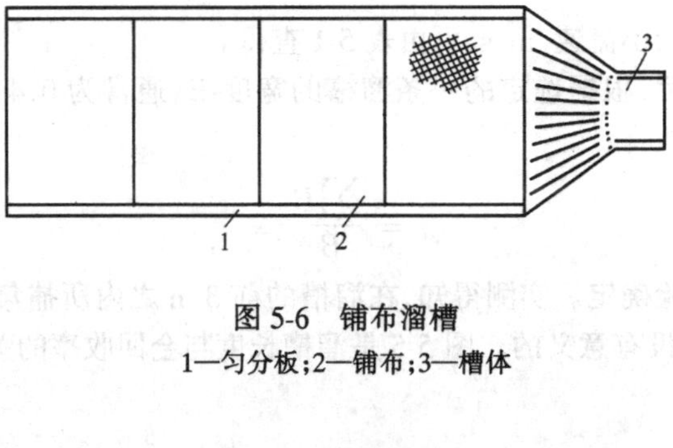

图 5-6　铺布溜槽

1—匀分板;2—铺布;3—槽体

选金用铺面溜槽常在一些脉金矿用于处理混汞或者浮选的尾矿,作为扫选设备使用。给矿粒度多不超过 1 mm。铺面物随给矿粒度而异,处理较粗粒的原料,水层厚度为 10～0.5 mm,采用较粗糙的长绒织物(绒长达 5 mm),如毛毯、棉毯、尼龙毯、带纹格的橡胶板等。处理细粒原料,水层厚度在 5 mm 以下时,应用细纹的短绒织物,如麻布、棉绒布等。有的选厂甚至用砖块将木溜槽底面磨出纤维毛刺代替软铺面物,也收到了良好捕收效果。清砂工作大约每班进行 1～2 次。

铺面溜槽清砂劳动量大,目前只在小型矿山或机械化选厂作为补充环节使用。过去在大型选厂曾大量应用的机械化自动溜槽和云锡翻床的工作原理与此相同,只是利用机械自动地按时翻转床面进行清洗,这类设备目前在我国已基本被离心选矿机所取代。

5.3.2 匀分槽

匀分槽又称放槽,是由砖槽和浇槽发展而来。矿浆(浓度为 25%～30%)通过匀分板连续地给入槽内。而在砖槽和浇槽上则是将矿砂堆放在坡面上,借人工戽水或用水管注水形成矿浆流沿槽面流下进行选别。

匀分槽由木板或水泥制成,结构如图 5-7 所示,槽面具有两个坡度,在上面流动的矿浆层很薄,不超过 1～2 mm,流速也较低,流态接近于层流。矿浆经匀分板(见图 5-8)给入后,在流经第一个坡面时即初步完成了分层。在流经坡面的转折处,发生不太强的水跃,使混杂在底层的轻矿粒升起,并被液流带走。接着因坡面变缓,底层重矿物首先沉下,接着是粗粒的重矿物及中间比重物,最后在槽的末端沉积下粗粒轻矿物。悬浮于上层的微细矿粒随矿浆流越过溢流堰排出槽外。随着给矿的持续进行,沉积物愈来愈厚,溢流堰板也用人工逐步加高,直到沉积层达到相当高的厚度时,停止给矿,进行清槽工作。清槽时先将槽尾部的排矿管打开,用水管冲下靠近尾部的沉积物,是为尾矿。接着冲洗溜槽腰部的产物,属于中矿。最后是槽头部的沉积物,即是精矿。这样得到的产物经常需要继续进行选别。

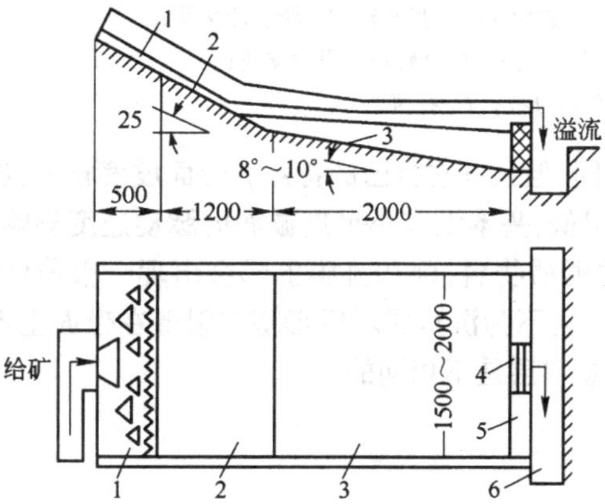

图 5-7 匀分槽结构示意图

1—匀分板;2—第一坡面;3—第二坡面;
4—溢流堰板;5—排矿管;6—尾矿沟

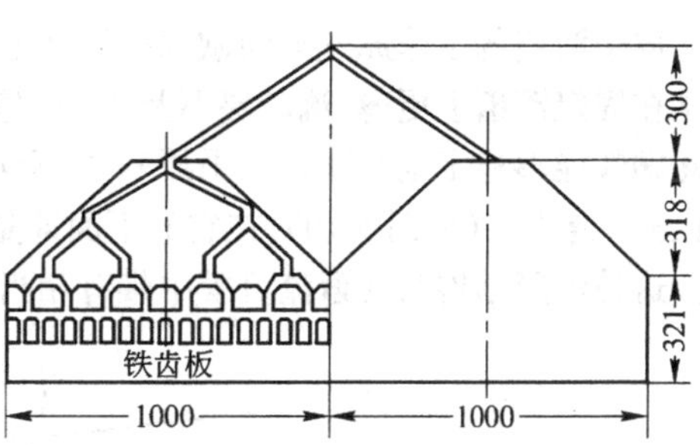

图 5-8 水泥质匀分板示意图

匀分槽能有效地回收 37～19 μm 粒级的钨、锡矿物。但是它的占地面积较大,单位面积的处理量也较小,现只在机械化程度不高的小型选厂中使用。

5.4　皮带溜槽

皮带溜槽属平面可动溜槽类设备。槽面具有单一的坡度和宽度，且重矿物采用沉积方式产出。

皮带溜槽是我国于20世纪60年代初期研制成功的一种矿泥选别设备，它的构造如图5-9所示。分选是在无极皮带1的上表面进行。带面长约3000 mm，带宽1000 mm。皮带两侧有挡边，以防矿浆溢出。在距首轮5的中心400～600 mm处设给矿匀分板16，矿浆成一薄层沿带面向下流动，在流动过程中发生分层，重矿物沉积在带面上，轻矿物则绕过尾轮流入尾矿槽12中。这一区间为粗选带。皮带逆着矿流向上运行，携带重矿物脱离给矿点后，受到沿给水匀分板3流下的薄层水流冲洗，将轻矿物进一步脱出。这一段长约600 mm，为精选带。当带面上的精矿绕过首轮后，受到来自冲洗水管7的水流冲洗，将重矿物排入精矿槽9中。在带面下方有精矿刷8，与带面作相反方向转动，可补充将精矿卸净。为保证带面平整，带面下面设有多个托辊17支撑，皮带坡度为13°～17°，可用调坡螺杆11调节。

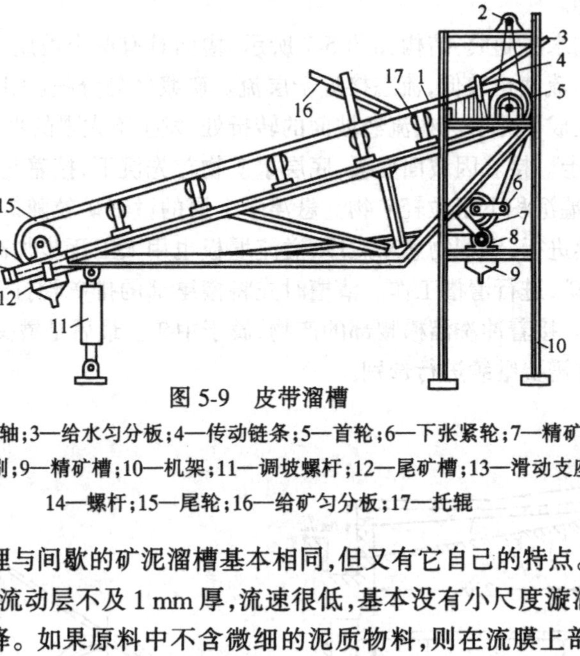

图5-9　皮带溜槽

1—带面；2—天轴；3—给水匀分板；4—传动链条；5—首轮；6—下张紧轮；7—精矿冲洗管；8—精矿刷；9—精矿槽；10—机架；11—调坡螺杆；12—尾矿槽；13—滑动支座；14—螺杆；15—尾轮；16—给矿匀分板；17—托辊

皮带溜槽的工作原理与间歇的矿泥溜槽基本相同，但又有它自己的特点。带面坡度较大，流膜比在固定溜槽上更薄，流动层不及1 mm厚，流速很低，基本没有小尺度漩涡的脉动速度影响，因此颗粒能够稳定地沉降。如果原料中不含微细的泥质物料，则在流膜上部会出现一很薄（约0.1 mm）清水层（见图5-10），在它的下面即是流变层，再下为沉积层。后者基本附着在带面上不动。这种流膜结构与弱紊流流膜中带有相当厚度的悬移层是不相同的。

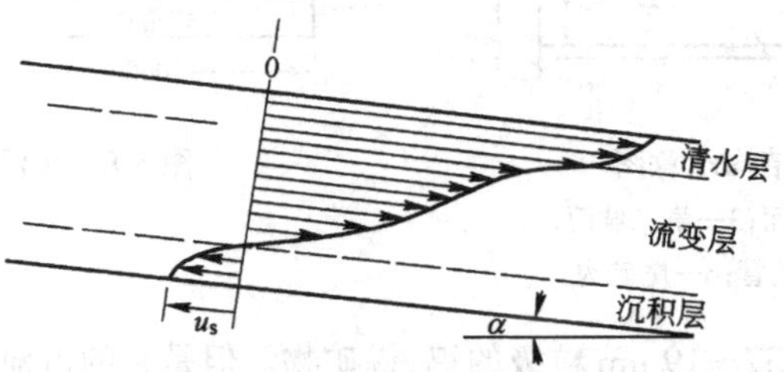

图5-10　在皮带溜槽上流膜的结构和流速分布示意图

对分选效果有影响的参数包括设备条件和给矿条件两个方面。属于设备条件的有:带面的运动速度、带面坡度、精选段和粗选段的长度以及工作状况等。属于给矿条件的因素主要是给矿浓度和给矿体积。这种溜槽利用大坡度提高剪切流动速度,同时又在平整的带面上采取薄膜形式流动。流态近似呈层流,避免了微细粒矿物损失。富集比高,一次作业达 5~6 倍以上。对 $-37\sim+10\ \mu m$ 粒级回收率优于摇床,缺点是处理量低,单层溜槽只有 1.2~3 t/d,故该设备适合于精选作业使用。为了提高处理能力,又研制出了双层和四层皮带溜槽,能力相应有所提高,国内多将这种设备与离心选矿机配合使用,用来精选钨、锡、钽铌矿泥的粗精矿。

皮带流槽的技术规格和操作条件见表 5-2。用于处理不同类型的锡矿石的生产指标列于表 5-3。

表 5-2 皮带流槽的技术规格和操作条件

项　目	单　位	数　值	项　目	单　位	数　值
带面(长×宽)	mm	3000×1000	洗涤水量	m^3/(台·d)	粗选 3~6,精选 7~10
带面坡度	(°)	13~17	洗涤水压	MPa	0.05
带面速度	m/min	1.8	传动功率	kW	1.7(四联共轴传动)
处理量	t/(台·d)	粗选 2~3,精选 0.9~1.2	占地面积	m^2	5.1
给矿浓度	%	25~35	设备重量	t	0.7

表 5-3 皮带溜槽处理不同类型的锡矿石的生产指标

作 业 名 称	原 矿 类 型	给矿品位(Sn)/%	精矿品位(Sn)/%	尾矿品位(Sn)/%	作业回收率/%	富集比(倍)
初次(第一次)精选	残坡积砂矿	2.50	12.75	0.60	80	5.1
	氧化脉矿	1.83	7.50	0.50	78	4.1
	锡石硫化矿	0.75	3.75	0.22	75	4.9
最终(第二次)精选	残坡积砂矿	12.75	49.73	1.82	89	3.9
	氧化脉矿	7.50	41.50	1.84	79	5.5
	锡石硫化矿	3.75	25.49	0.43	90	6.8

5.5 扇形溜槽和圆锥选矿机

扇形溜槽是一种能够连续工作的溜槽类设备。20 世纪 60 年代初经改进后又制成圆锥选矿机。设备的结构特点为给矿端宽,排矿端窄,矿浆在槽面上作稳定的非等速流动。给矿浓度相当高,达到 50%~60%固体重量,适于处理细粒级(3~0.038 mm)矿石。但近年来也在研究用于处理微细粒级矿石。

5.5.1 扇形溜槽

扇形溜槽的构造很简单,如图 5-11 所示。槽底为一光滑的平面,由给矿端向排矿端作直线收缩,故这种溜槽在西方国家又称为尖缩溜槽。槽底的倾角较大,给入的高浓度矿浆

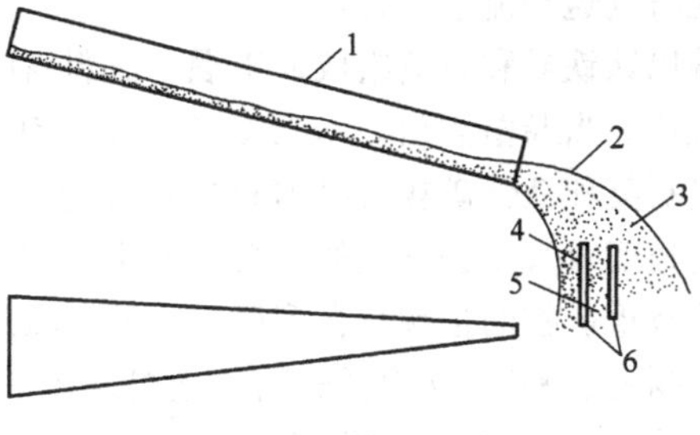

图 5-11 扇形溜槽的工作示意图
1—溜槽;2—扇形面;3—轻产物;4—重产物;5—中矿;6—截矿板

在沿槽流动过程中发生分层。重矿物不再沉积下来,而是以较低速度沿槽底流动。轻矿物以较高速度在上层流动。由于槽壁收缩,矿流厚度不断增大。当流至端部窄口排出时,上层矿浆冲出较远,而下层则接近于垂直落下,矿浆呈扇形面展开。应用截取器将扇形面分割即可得到重产物、轻产物及介于两者之间的中间产物。这种溜槽以扇形面排矿为特征,故称其为扇形溜槽。

扇形溜槽产物的截取方式除直接沿扇形面切割外,亦可借扇形板分割或在排矿端的槽底沿横向开缝接出重产物,如图 5-12 所示。沿扇形面切割排矿最为简单,改变分割板的高度即可调节产物的数量和质量。采用扇形板排矿时,一般是将槽的一个侧壁延伸,在排矿口外制成扇形板。矿浆贴附于扇形板流动,流动宽度被更大程度的展开,分带情况可看得更加清楚。分割产物的楔形块安装在扇形板上。改变楔形块的位置即可调节产物的数量和质量。沿槽底开缝的排矿方法是在槽底开有几道横缝,少者 1~2 道,多者 6~8 道,缝宽多不超过 2~3 mm。分层后的底部重矿物由缝隙排出。这种排矿方法适合于重矿物含量高的矿石选别。据研究可比其他排矿方法提高回收率 10%~15%。

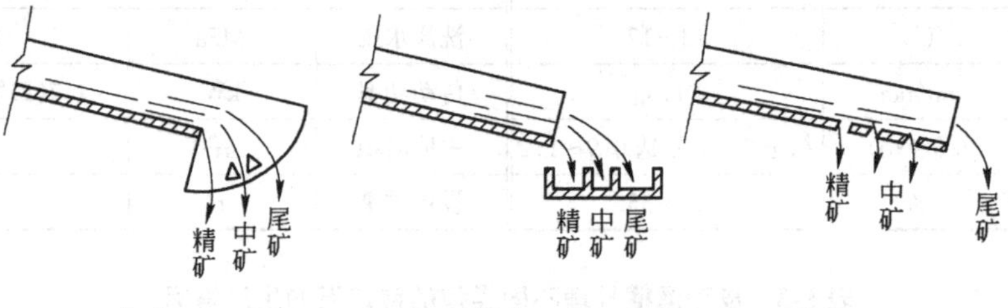

图 5-12　扇形溜槽产物的截取方式
(a) 扇形板截取;(b) 截料槽截取;(c) 开缝截取

扇形溜槽的分选原理可以从它的工作特点入手分析。主要的工作特点是给矿浓度高、槽面尖缩以及倾角较大。

扇形溜槽的倾角多在 16°~20°范围内,其正切值为 0.287~0.364。一般认为颗粒在水中的动摩擦系数为 0.3。这样看来,扇形溜槽倾角的正切值便接近于或超过了矿粒的动摩擦系数,这是保证矿浆不发生沉积的重要条件。

前苏联保嘎托夫等人在 1962 年曾对扇形溜槽的分选原理进行了多方面研究。他们认为,当以水代替矿浆,在同样适宜的流量下(每厘米槽宽给入量为 4~8 cm^3/s),水流在溜槽上端流动的雷诺数为 800~1500,而靠近末端则达到 3000~5000。若换成矿浆,在上半部流动的雷诺数接近于或小于 300,应属层流流动。过渡到末端 1/4 长度内,出现了明显的紊流,滴入带色液体,可以清楚地看到这种流态变化。

曾以钛铁矿和石英组成人工混合试料,在 300 mm×13 mm×1000 mm 溜槽中考查了矿粒的运动规律。当溜槽倾角为 18°,给矿浓度为 50%,流量为 153 cm^3/s 时,按矿浆的流速分布计算出各粒级石英和钛铁矿颗粒沿槽长的速度分布,如图 5-13 所示。由图可见,密度小的颗粒从一开始运动速度就大于密度大的颗粒。而密度相同的颗粒,粒度小者运动速度总是小于粒度大的颗粒。只有重矿物的粗颗粒在溜槽的最后一段运动速度发生了明显的改变。

根据上述测定,保嘎托夫对分选机理作了这样的描述。在矿浆给入槽内的初期是以一薄层作层流流动,轻、重矿物在运动中存在着速度差。随着矿浆层逐渐增厚,矿粒变为多层运动。此时粒度小的颗粒穿过粗颗粒间隙转入下层,因而比粗颗粒具有更小的运动速度。及至矿粒进入到紊流作用区,受上升脉动速度影响,颗粒群沿高度重新分布。重矿物的粗颗粒因沉降速度大,重又进入到底层。在图 5-13 中,即表现为钛铁矿的粗颗粒在溜槽末端运动速度变小。固体颗粒聚集在矿流底层,使那里的矿浆浓度和黏度均达到很大数值,因而可继续保持层流流动。如果底层钛铁矿的密度按 4.5~5.5 g/cm^3 计,则当重量浓度为 81.5%时,容积浓度应为 0.49~0.45,即比不规则颗粒的自然堆积容积浓度 0.5~0.6 略小一些。这样高的容积浓度只可在切变运动中才可保持,故认为底层是层流流态是可信的。

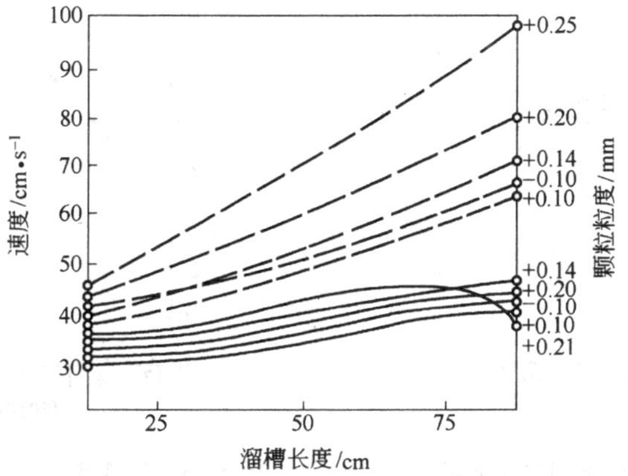

图 5-13 不同粒度的石英和钛铁矿颗粒沿溜槽长度的速度变化

虚线—石英;实线—钛铁矿

保嘎托夫从轻、重矿物的运动速度差角度对溜槽中的分层现象作出解释。他认为,由于轻矿物的运动速度较大,在接近溜槽末端时,因颗粒间互相拥挤,轻矿物转入到上层快速流中,而重矿物则留在下层低速流中。这种解释当然有一定道理,但保嘎托夫忽视了底部流变层借静压强差进行的分层作用。德国弗赖贝克矿业学院早期研究扇形溜槽的赫尔弗利希特(R.Helfrlcht)则指出了下部形成流动的重矿物层对分选的重要意义。当原矿中重矿物含量低于 1.5%~2%时,重矿物层难以形成,分选效果急剧变坏。

扇形溜槽的较大坡度与高浓度给矿是互为补充的条件。前者保证了不发生沉积层,而后者又可借黏度的增大使矿流的紊动度减小,下部保持着较厚的黏性流层。保嘎托夫观察到了这种流动状态,称之为沿层运动,这与我们所说的流变层运动是一致的。

在溜槽的后部四分之一段内,紊流的出现妨碍了细粒重矿物的沉降,所以这种溜槽对微细粒级的重矿物回收效果较差。

5.5.1.1 影响扇形溜槽工作的因素

影响扇形溜槽工作的因素可分为操作因素和设备结构因素两个方面,前者包括给矿浓度、溜槽坡度及处理能力等。

(1) 给矿浓度。给矿浓度是扇形溜槽操作中最为重要的条件,需要很好地控制。对不同物料给矿的浓度范围是 50%~72%固体重量(约为 26%~48%容积浓度)。矿浆浓度的影响还与固体给矿量有关。给矿量愈大,浓度的影响愈敏感。图 5-14 示出了在不同的处理量和重矿物含量下浓度对重矿物回收率的影响。当浓度较低时,矿浆流动的紊动度较大,回收率下降。随着浓度的增大,矿浆黏度迅速增高,分层速度降低,回收率在达某最大值后也转而下降。当浓度过大时,矿浆变得难以流动,固体颗粒开始沉积,分层过程遭到破坏。

(2) 溜槽坡度。溜槽坡度和给矿浓度共同影响于矿浆的流动速度,对选别指标也有重要影响。由图 5-15 可见,降低给矿浓度和给矿量在小坡度条件下工作,可以达到高的回收率指标。

选别砂矿时，溜槽坡度在13°～25°范围内变化，常用者为16°～20°。随着矿浆浓度的增大及给矿粒度变粗，坡度应当加大。最佳倾角应比开始有沉积物形成时的临界倾角大1°～2°。

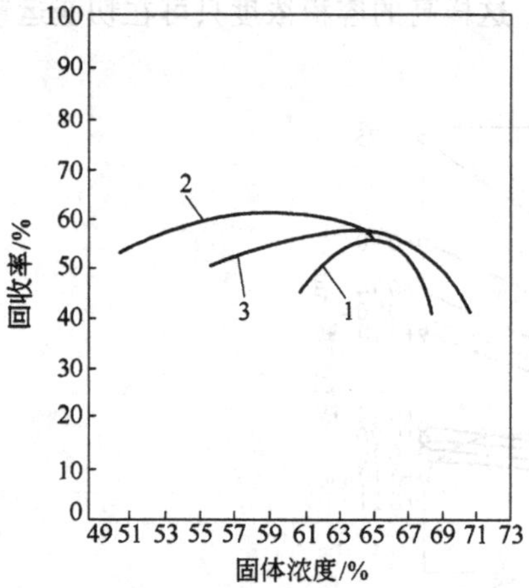

图5-14　矿浆浓度对重矿物回收率的影响
（精矿产率 $\gamma_{con}=25\%$（固定））
1—处理摇床尾矿，重矿物含量14.3%，
给矿量700～799 kg/h，溜槽倾角23°；
2—砂矿原矿，重矿物含量31.5%，
给矿量300～499 kg/h，溜槽倾角21°；
3—砂矿原矿，重矿物含量31.5%，
给矿量550～699 kg/h，溜槽倾角23°

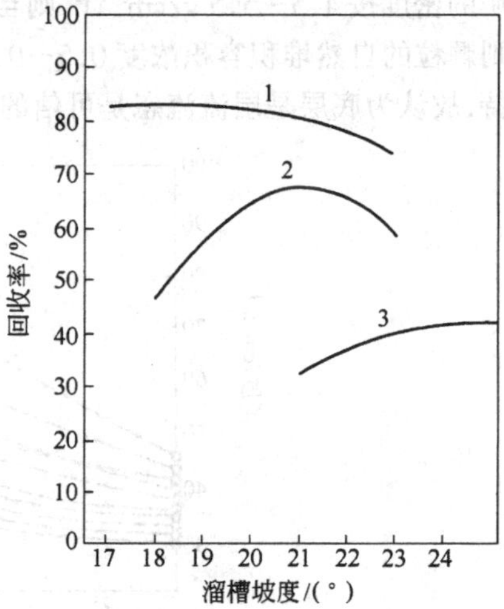

图5-15　溜槽坡度对重矿物回收率的影响
（精矿产率 $\gamma_{con}=25\%$（固定））
1—处理摇床尾矿，重矿物含量5.15%，
给矿量200～299 kg/h，给矿浓度49.0%～51.9%，
2—摇床尾矿，重矿物含量14.3%，
给矿量350～449 kg/h，给矿浓度64.0%～65.9%；
3—砂矿原矿，重矿物含量31.5%，
给矿量900～1049 kg/h；给矿浓度69.0%～71.9%

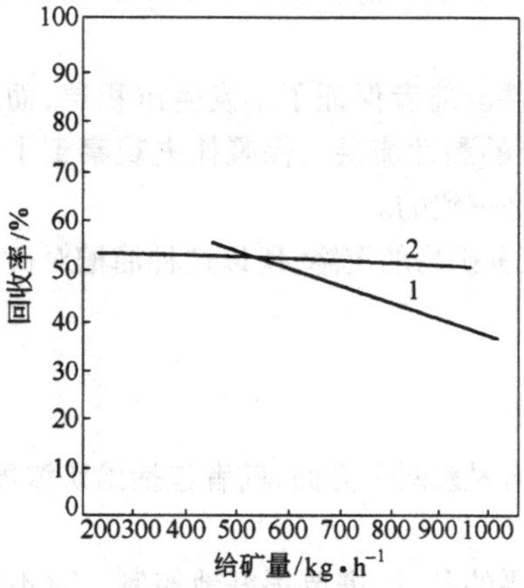

图5-16　给矿量对重矿物回收率的影响
（精矿产率 $\gamma_{con}=25\%$（固定））
1—处理摇床尾矿，重矿物含量14.3%，
给矿浓度60.0%～62.9%，溜槽倾角23°；
2—砂矿原矿，重矿物含量31.5%，
给矿浓度60.0%～61.9%，溜槽倾角23°

(3) 给矿量。即在一定浓度下的给矿体积，可以在较宽范围内变化而对分选指标影响不大。图5-16表示两种不同性质的原料给矿量对重矿物回收率的影响。

扇形溜槽的单槽给矿量可达900～1400 kg/h，而以900 kg/h为适宜。随着给矿量增加，重矿物回收率降低。给矿粒度细、重矿物含量减少以及排矿口变窄时均可使处理量减少。

设备的结构因素包括溜槽的尖缩比、长度、底面材料和结构形式等。

(1) 尖缩比，是指排矿口与给矿端宽度之比。扇形溜槽的给矿端宽一般是125～400 mm，排矿端宽10～25 mm，故尖缩比介于1/10～1/20之间。据研究得出，处理大于100 μm的原料时，尖缩比以1/10～1/12为宜，小于100 μm的原料以1/8～1/9为佳。尖缩比还同溜槽的用途有关，粗选用溜槽常比精选及扫选用溜槽尖缩比大些。排矿口的宽度，从经验看，应不小于给矿中最大颗粒直径的20倍。

(2) 溜槽长度,目前应用的扇形溜槽长度在 600～1500 mm 之间,一般认为适宜的长度为 1000～1200 mm。过分增大槽长对提高单位面积处理量不利。槽长减小到 400～600 mm,分层时间不足,处理量将急剧下降。

(3) 槽底材料及结构形式。槽底材料对分选的影响主要表现在粗糙度上。带有凸棱的槽底面会引起强的涡流,对保持稳定的层流层不利。过于光滑的底面又不易造成大的速度梯度,也不合用。经过多种材料的对比试验得出,玻璃钢、铝合金、聚乙烯塑料等最适于制造槽体。利用木板制作时,最好涂以耐磨涂层,否则用久会出现纤维毛刺,分选效果随之下降。

扇形溜槽的底面一般均制成平的,矿浆沿槽的底面平行流动。结果两侧的矿浆因受到侧壁阻滞而改变方向,形成沿壁滚动的漩涡,并与槽底部的漩涡结合作上下翻滚运动。如图 5-17a 所示,这就是所谓的侧壁效应。其直接后果是扰乱了床层,特别是侧壁附近的底部,重矿物也被搅起,造成金属流失。

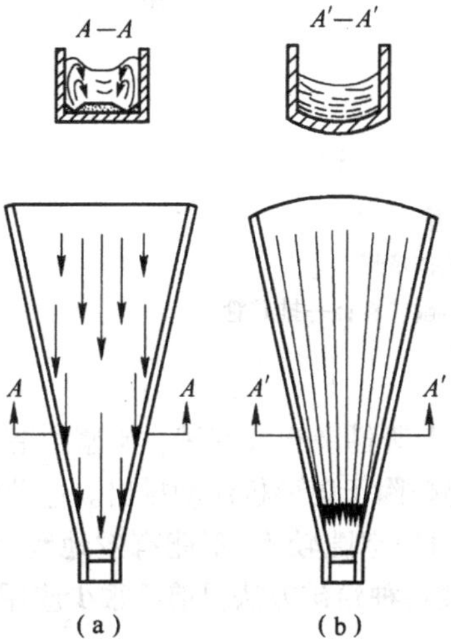

图 5-17 平底槽上的侧壁效应和弧形底槽上的矿浆流动轨迹

(a) 平底扇形溜槽;(b) 弧形底扇形溜槽

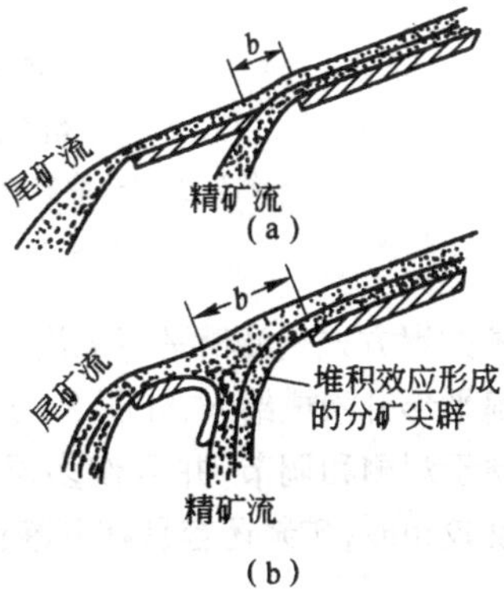

图 5-18 直角开缝截矿板与弧形开缝截矿板工作示意图

(a) 锐边截矿板;(b) 圆弧截矿板

我国坂潭锡矿的工程技术人员与工人相结合,采用增大尖缩比和将槽底制成弧形面两种方法,很好地解决了这一问题。弧形底面的弧度大小相当于相应直径倒锥体内表面的一部分。因此,矿浆沿槽流动时即平均地向中心收缩,不再受到侧壁的阻滞作用,如图 5-17(b)所示。将尖缩比增大到 1/3.5～1/5,也可收到良好的效果。

坂潭锡矿还改进了槽底开缝的形式。过去在排矿端的截矿板是制成直角形式,开缝较窄,常发生堵塞事故,且因磨损较快,宽度易发生变化,坂潭锡矿采用弧形截矿板,如图 5-18 所示。开缝宽度增大到直角截矿板宽度的 3～5 倍。重矿物颗粒在表面上发生堆存,避免了对截矿板的直接磨损,减少了堵塞事故。精矿质量与直角截矿板相同。

5.5.1.2 扇形溜槽的配置

扇形溜槽的单槽工作面积很小,每次选别的富集比也较低,故实际工作中总是将多槽组装在一起,成为组合溜槽。

最早出现在美国的扇形组合溜槽是圆形配置,称作卡伦(H.B.Connon)圆形溜槽,如图 5-19

所示。它是将48个扇形溜槽组装一个锥形面上,由中心矿浆分配器通过径向支管将矿浆给入环形给矿槽中,再由给矿槽排出经三角形挡板进入扇形溜槽。溜槽末端的产物用环形截矿板截取。它的优点是配置紧凑、单位占地面积处理量高。缺点是对产物的质量不便观察,而且难于作多层配置。

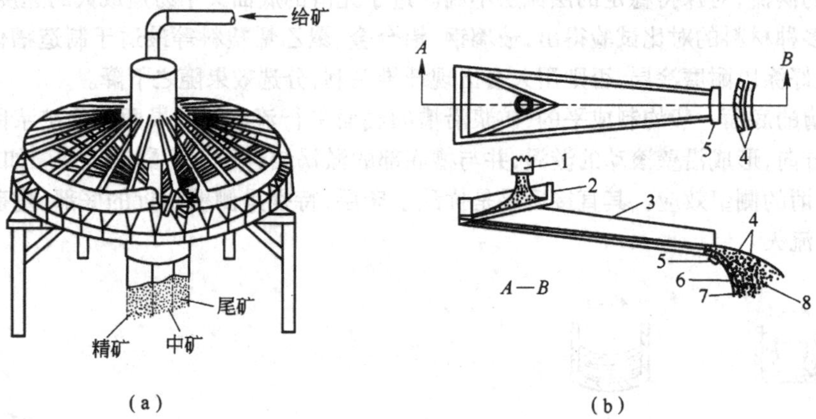

图5-19 卡伦圆形组合溜槽
(a) 组合溜槽外形;(b) 一个单槽工作情形
1—给矿管;2—给矿挡板;3—扇形溜槽;4—环形截矿板;5—排矿管;
6—精矿;7—中矿;8—尾矿

另一种配置方式是溜槽平行地沿直线排列,在美国称作卡普科展开式溜槽。矿浆由溜槽给矿端下方的扁平形升液槽给入,如图5-20所示。分层后的产物贴附于扇形板流动排出。这种配置和排矿方法便于观测和调节,并可作多层安装。缺点是各槽间的空隙较大,不能有效地利用地面。在给矿粒度较粗时,矿浆还容易在升液槽内发生沉淀堵塞,故这种给矿方法目前已很少应用。

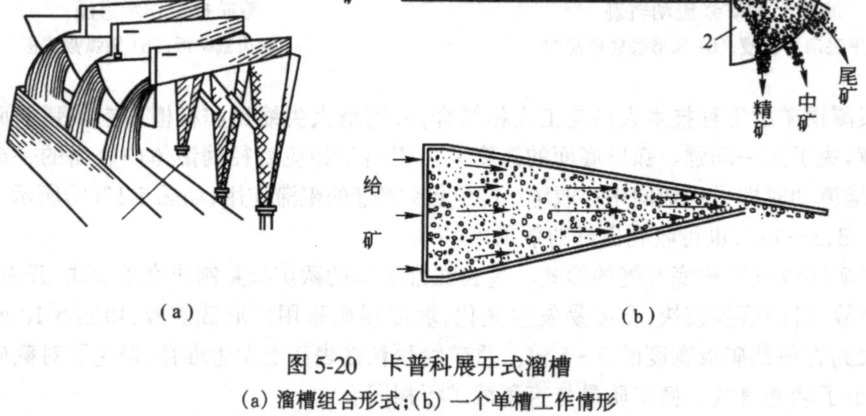

图5-20 卡普科展开式溜槽
(a) 溜槽组合形式;(b) 一个单槽工作情形
1—槽体;2—扇形板;3—分矿楔形块

后期的组合溜槽多是将槽体颠倒排列并作多层配置,如美国的霍巴特溜槽和前苏联制成的组合溜槽即采用这种配置形式。图5-21是前苏联制成的斯科格-2型(CKF-2)组合溜槽的外形结构图。该项设备由24个尺寸为250 mm×20 mm×1000 mm的单槽组成。设备上方设有回转式矿浆分配器。上联槽用于粗选，下联中间槽用作精选，其余槽作扫选用。每个溜槽底部有 4 个横缝，宽度可在 0～2 mm 之间变化。上联溜槽的产物自然流入下联溜槽内。整个设备可产出粗精矿、中矿和尾矿三种产物。

我国在应用扇形溜槽的选矿实践中创造出了多种组合方式。其中由坂潭锡矿研制成功的 SL_1 型圆形多层溜槽和 SL_2 型多层多段组合溜槽更是别具一格。两种溜槽均适合处理低品位砂矿。SL_1 型组合溜槽具有 7 层结构，如图 5-22 所示。每层溜槽均作圆锥形布置，另外还有辅助的精选溜槽。采用槽底开缝方法排出重产物。SL_2 型组合溜槽是由三层四段扇形溜槽组成，配置方式如图 5-23 所示。上层粗选用的第 1、2 槽给矿宽度较大，在槽的末端中心线上加置楔形分矿板，构成为燕尾形，可避免溜槽过分延长。其他各槽亦因用途不同，各有不同的结构尺寸。这一设备处理量达到 30t/h，最后可产出粗精矿和废弃尾矿两种产物。

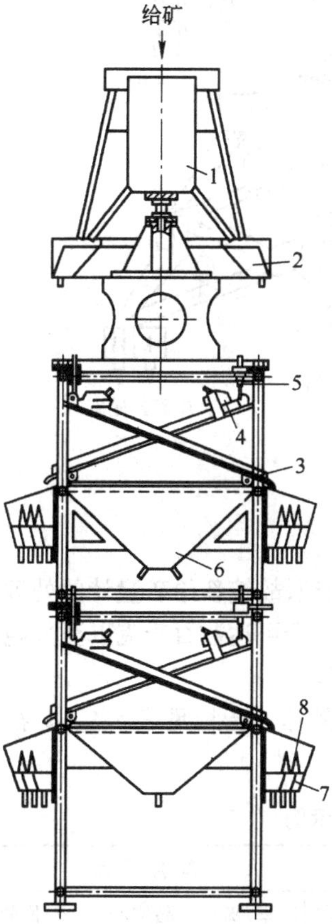

图 5-21　斯科格-2 型组合溜槽

1—回转给矿器；2—分室的环形给矿槽；
3—扇形溜槽；4—降低流速并沿槽宽分配矿浆的挡板；
5—调坡机构；6—接受由槽底缝隙所排精矿的受矿槽；
7—接受端部产物的受矿槽；8—分割器

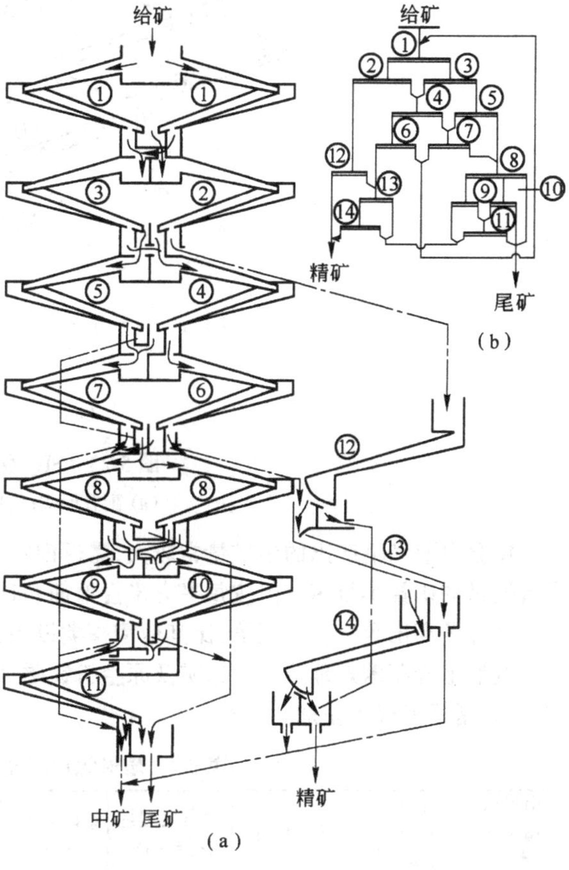

图 5-22　SL_1 型组合溜槽

(a) 垂直配置方式；(b) 流程结构

5.5.1.3　扇形溜槽的应用

扇形溜槽的处理粒度范围是 2.5～0.038 mm，合乎这一粒度要求的物料可不再分级入选。降低给矿粒度上限，其回收粒度下限亦可降低。但小于 26 μm 的重矿物总是难以回收。设备处理量大是扇形溜槽的特长。故多作为粗选设备用于处理重矿物含量低且含泥少的海滨砂矿或陆地砂矿，至今尚很少用于选别磨碎的产物。它的优点是结构简单、易于制造，本身不需要动力。缺点是富集比低，对微细粒级回收效果差，且难以产出最终精矿，选出的粗精矿要在摇床、螺旋选矿机中进行精选。

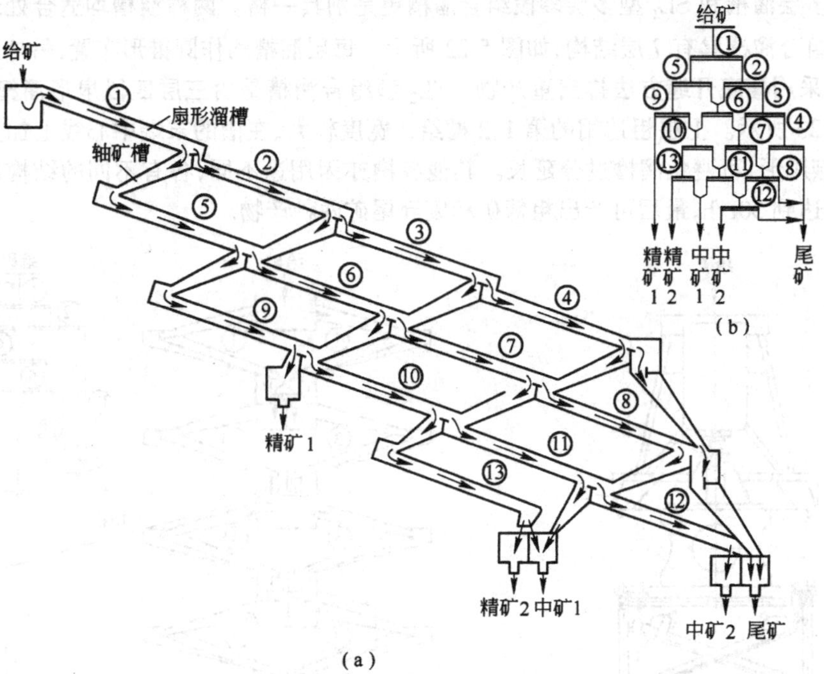

图 5-23 SL_2 型组合溜槽

(a) 配置形式；(b) 流程结构

组合扇形溜槽产出的中矿量常较大，需返回本设备循环处理，故按新给矿量计的处理量要比设备通过的矿量小得多。但按每平方米占地面积计的生产能力仍可达数百千克以至数吨。比摇床的处理量高出数倍至十数倍，比其他溜槽类设备也高出许多。

扇形组合溜槽处理贫的砂锡矿及原生钒钛磁铁矿粗粒级的作业指标见表 5-4。矿石性质不同，选别指标有很大差别。

表 5-4 扇形组合溜槽的选矿指标示例

扇形溜槽组合类型	占地面积 /m^2	矿石性质	设备处理量 /t·(台·h)$^{-1}$	给矿粒度 /mm	给矿浓度(固体) /%	选别指标			
						产物	产率/%	品位/%	回收率/%
坂潭 SL_2 型共 13 槽按三层四段配置	约 3.2	坂潭贫砂锡矿。重矿物主要为锡石、铌铁矿、独居石、锆英石、钛铁矿、磷钇矿等。脉石矿物主要为石英	30	0.83～0.075	约 60	精矿	3.51	0.573%Sn 0.321%$(Ta、Nb)_2O_5$	81.71 71.89
						尾矿	96.49	0.0047%Sn 0.005%$(Ta、Nb)_2O_5$	18.29 28.11
						原矿	100.00	0.0246%Sn 0.0153%$(Ta、Nb)_2O_5$	100.00 100.00

续表 5-4

扇形溜槽组合类型	占地面积/m^2	矿石性质	设备处理量/$t\cdot(台\cdot h)^{-1}$	给矿粒度/mm	给矿浓度（固体）/%	选别指标			
						产物	产率/%	品位/%	回收率/%
共16槽按直径2米圆形配置	约3	大庙钒钛磁铁矿弱磁选的尾矿经水力分级1～2室产物	24～32	0.4～0.1	53～63	精矿	36.7	16.53% TiO_2	68.2
						中矿、尾矿	63.3	4.47% TiO_2	31.8
						原矿	100.0	8.90% TiO_2	100.00

5.5.2 圆锥选矿机

圆锥选矿机由扇形溜槽改进而成。将圆形配置的扇形溜槽的侧壁去掉，形成一个倒置的锥面，这便是圆锥选矿机的工作面。由于消除了扇形溜槽的侧壁效应和对矿浆流动的阻碍，因而改善了分选效果，提高了设备处理能力。

这种选矿机最早由澳大利亚昆士兰索思波特矿产公司制成，研制人为赖克特，故在国外又称为赖克特圆锥选矿机。1959年用于处理澳大利亚低品位海滨砂矿（重矿物含量2%～4%）。以后在重矿物含量降低到0.5%～2.0%时，又制造了不同结构的多段选矿机，1964年开始大规模在工业上应用。

我国用于选别海滨砂矿的单层圆锥选矿机的结构如图5-24所示。分选锥的直径约为2 m，分选带长750～850 mm，锥角146°（锥面坡度17°）。在分选锥面的上方设置一正锥体，用于向下面的分选锥分配矿浆，称为分配锥。高浓度矿浆由分配锥中心给矿斗均匀流下，通过分配锥与分选锥之间的周边缝隙进入分选锥。在分选锥锥面上的选别过程与在扇形溜槽上相同。进入底层的重矿物由环形开口缓缓流入精矿管中，上层含轻矿物的矿浆流以较高速度流到中心尾矿管。调节喇叭口状的环形截矿板的高度即可改变轻、重产物的数量和质量。除了这种排矿方法外，重矿物亦可由靠近分选锥面末端的环形开缝排出。

为了提高设备处理能力，分选工作面可制成双层的。图5-25所示是我国荣成锆矿使用的双层圆锥选矿机的结构。分选锥层间距离为70 mm。分配锥在周边间断开口，因而能平均地将矿浆分配到两个锥面上。

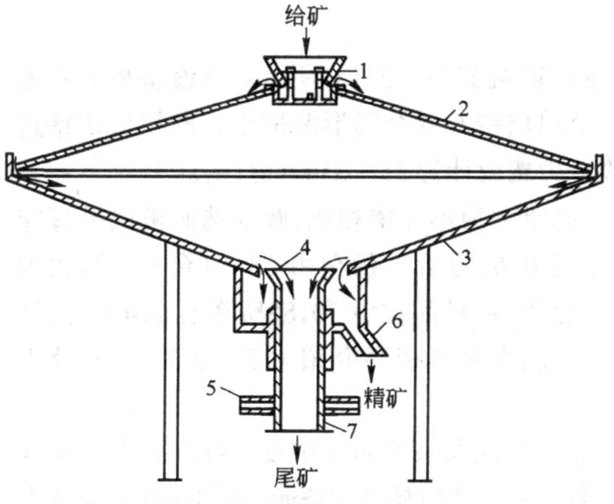

图5-24 单层圆锥选矿机

1—给矿斗；2—分配锥；3—分选锥；4—截料喇叭口；5—转动手柄；6—精矿管；7—尾矿管

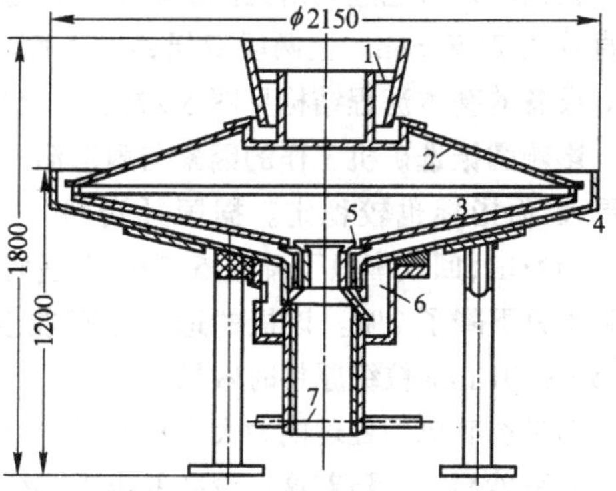

图5-25 双层圆锥选矿机

1—给矿斗；2—分配锥；3—上层分选锥；4—下层分选锥；5—截料喇叭口；6—精矿管；7—尾矿管

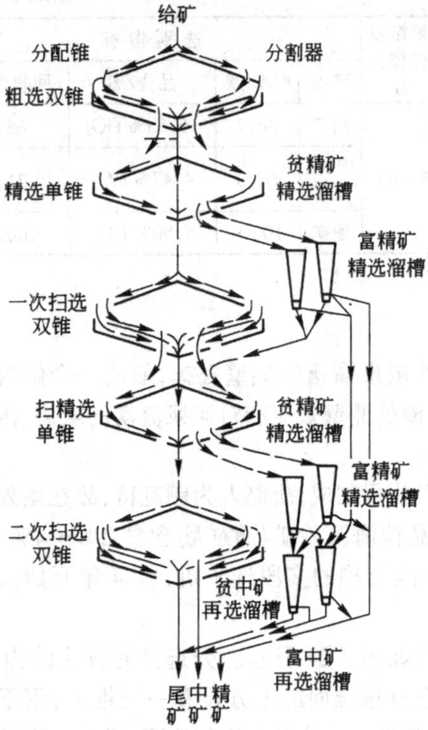

图 5-26　三段圆锥选矿机工作示意图

单层锥和双层锥可以单独工作亦可联合起来应用。现时应用的圆锥选矿机多是呈多段配置,在一台设备上实现连续的粗、精、扫选作业。图5-26 示出了三段圆锥选矿机的工作过程。为了平衡各锥面的处理矿量,给矿量大的粗选和扫选圆锥被制成双层的,精选圆锥为单层的。单层圆锥选出的重产物再在扇形溜槽上精选。所用扇形溜槽均带有扇形板以提高分选的精确性。这样由一个双层锥,1～2 个单层锥和一组扇形溜槽构成的组合体,被称为一个分选段。底层最末段通常不再设单锥。由各段双层锥产出的重产物在进入单层锥精选时需加水降低浓度,而轻产物在进入扫选锥分选前最好脱除部分水量。设备最后产出废弃尾矿、粗精矿,还有产率大约占 20% 的中矿。中矿一般返回本设备循环处理。

澳大利亚制造的赖克特圆锥选矿机在国际上销售很广,其圆锥的直径为 1.8 m。锥角是它的重要参数,随给矿浓度而异。当给矿浓度为 55%～66%时,锥角为 154°～140°,即槽面坡度为 13°～20°,通常为 17°。有的圆锥工作面被制成曲面,在下端最陡处的倾角比上端大 3°～6°。工作圆锥(分配锥和分选锥)用玻璃钢制造,并以橡胶铺面。在排矿缝等易磨损处还镶有耐磨件,可以随时更换、调节。整个工作锥体安装在一圆形钢制框架中。设备重量轻而处理量大。一台重 2.5 t 的四段圆锥选矿机处理能力达到 60～75 t/(台·h)。包括操作面积在内大约占有 3.7 m 直径的地面。设备的主要缺点是空间高度大,因而使其应用受到限制。此外在操作上的缺点是不易观察到选别状况,截取板的位置(或槽底面开缝大小)需要在对产物进行选别考查(在小型摇床或螺旋选矿机上)后才能确定是否合适。

我国广州有色金属研究院试制的三段七锥圆锥选矿机如图 5-27(a)所示。该设备最大圆锥的直径为 2150 mm。上两段双层锥的下面各有两个单层锥及 6 个扇形溜槽作该段粗精矿精选用。设备的基本流程结构见图 5-27(b)。全机处理能力按设计为 55～65 t/(台·h)。

影响圆锥选矿机工作的因素与扇形溜槽相同。同组合扇形溜槽相比,圆锥选矿机的处理能力更大,而指标也较稳定。据国外资料,三段圆锥选矿机的给矿量在由 53 t/(台·h)增加到 98 t/(台·h),回收率只下降了 5.5%;在适宜的给矿量下,给矿品位由 10.85%降至 1.4%时,回收率也只下降了 2%。该机的适宜处理粒度范围,据澳大利亚资料介绍为 3～0.15 mm;处理 0.15～0.01 mm 粒级原料时效果很差。

圆锥选矿机的处理能力大而作业成本低廉,适合于处理大宗低品位矿石。可以装设在陆地选厂或采砂船上。随着这一设备的出现,解决了长期以来处理细粒级设备能力低的问题,被认为是重选设备发展的重大革新。

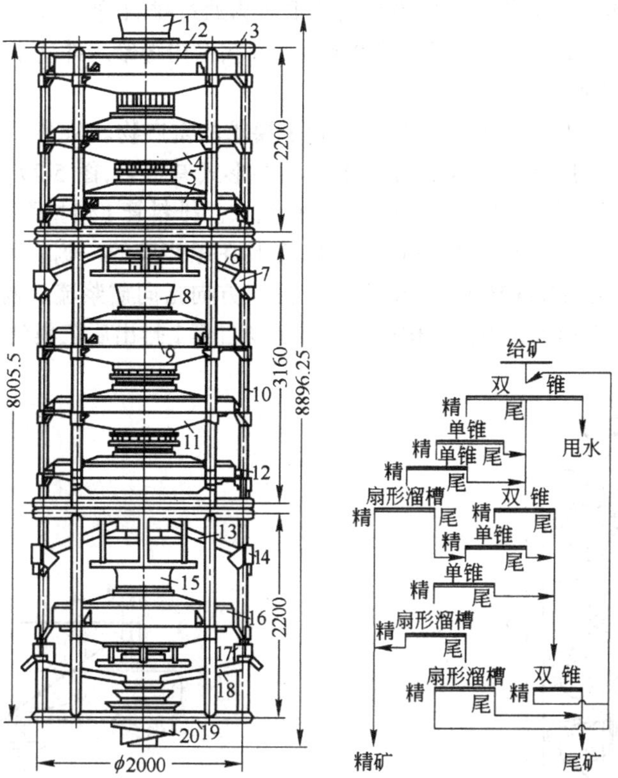

(a) (b)

图 5-27 三段七锥圆锥选矿机结构图

(a) 设备结构;(b) 流程结构

1—给矿槽;2—双层圆锥;3—上支架;4、5—单层圆锥;6—扇形溜槽;7—上接分矿器;8、15—给矿槽;9—双层圆锥;10—中支架;11、12—单层圆锥;13—扇形溜槽;14—中接分矿器;16—双层圆锥;17—下接分矿器;18—扇形溜槽;19—下支架;20—总接矿器

5.6 螺旋选矿机和螺旋溜槽

将一个窄的溜槽绕垂直轴线弯曲成螺旋状,便构成螺旋选矿机或螺旋溜槽。螺旋选矿机最早(1941 年)由美国汉弗莱(I.B.Humphreys)制成。故国外常称作汉弗莱分选机。螺旋溜槽出现较晚,大约是在 20 世纪 60 年代末期开始在工业上使用。它与螺旋选矿机不同之处是具有较宽和较平缓的槽底,因而适于处理更细粒级的原料。矿浆在这两种设备上回转流动所具有的惯性离心加速度同重力加速度相比大约在同一数量级内,均是影响选别的重要因素。

5.6.1 螺旋选矿机

5.6.1.1 设备构造和分选过程

螺旋选矿机的主体工作部件是一个螺旋形溜槽。螺旋有 3～5 圈,用支架垂直地安装起来,如图 5-28 所示。螺旋槽的断面为抛物线或椭圆形的一部分。槽底在纵向(沿矿流流动方向)和横向(径向)均有相当的倾斜度。矿浆自上部给入后,在沿槽流动过程中发生分层。进入底层的重矿物颗粒趋向于向槽的内缘运动,轻矿物则在快速的回转运动中被甩向外缘。于是密度不同的矿物即在槽的横向展开了分带。沿内缘运动的重矿物通过排料管排出。由最上方第 1～2 个排料管得到的重产物质量最高,以下产物质量降低。在槽的内缘给入冲洗水,有助于提高精矿的质量。尾矿由槽的末端排出。

截料器及排料管的作用在于及时排出质量合乎要求的重产物。从第二圈开始配置,共有 4～6 个,在重矿物含量高时,可以多达 10 个。截料器的形式有很多,图 5-29 所示是其中的一种。它由排料管 1、固定刮板 2 和可动刮板 3 等主要零件组成。排料管 1 借垫圈 6 和螺母 5 固定在螺旋槽上。固定刮板是一块带有橡皮封底的金属板,安装在螺旋槽的内侧。可动刮板可绕一个小轴旋转,借以改变与固定刮板间构成的开口范围。开口方向指向矿浆流。调整好可动刮板的位置后,旋紧螺钉 4,即可将刮板 3 固定在槽面上。重矿物自管 1 排出后汇集到一个总管中引出,但亦可分别收集。

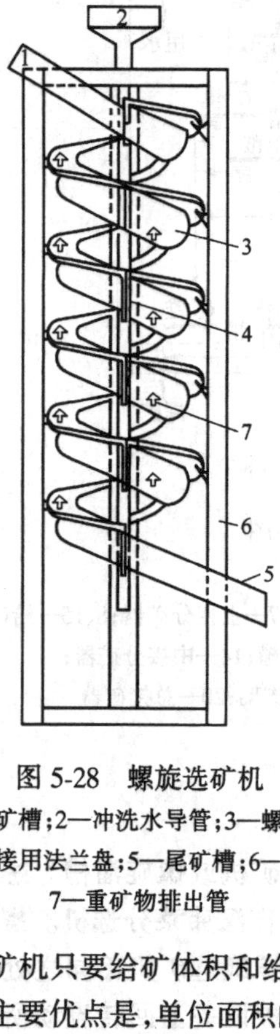

图 5-28　螺旋选矿机

1—给矿槽;2—冲洗水导管;3—螺旋槽;4—连接用法兰盘;5—尾矿槽;6—机架;7—重矿物排出管

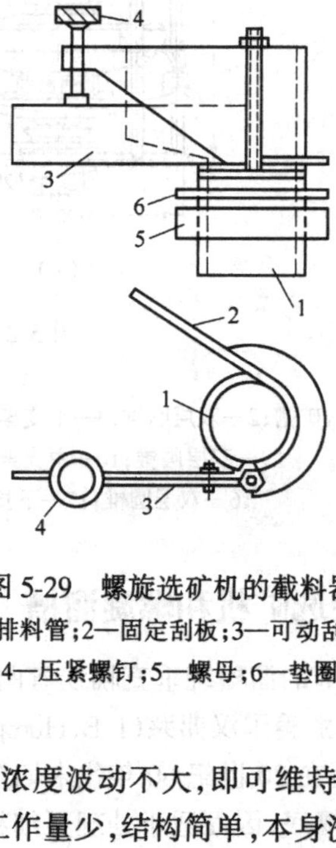

图 5-29　螺旋选矿机的截料器

1—排料管;2—固定刮板;3—可动刮板;4—压紧螺钉;5—螺母;6—垫圈

螺旋选矿机只要给矿体积和给矿中重矿物的含量少变,浓度波动不大,即可维持工作正常。该项设备的主要优点是,单位面积的处理量大,生产中调节工作量少,结构简单,本身没有运转部件,因此在问世后迅速得到了推广。缺点是设备高度较大,对连生体及粗颗粒重矿物的回收效果较差。

5.6.1.2　螺旋选矿机工作原理

为了说明螺旋选矿机(包括螺旋溜槽)的工作原理,先熟悉一下有关螺旋槽的几何特性。

现在通用的螺旋槽的断面形状、螺距和螺旋半径均是不变的。槽面是以其横断面为动线,绕垂直轴线按固定的螺旋角旋转得到的轨迹。在槽面上某一点的纵向倾角 α 正切,可以用螺距与该点回转一周的周长之比表示,即

$$\tan\alpha = \frac{t}{2\pi r_i} \tag{5-4}$$

式中 t——螺距，m；

r_i——螺旋面上任意一点距回转轴线的半径，m。

由公式(5-4)可见，螺旋槽的纵向倾角在不同半径处并不一样，随半径 r_i 的减小而增大。通常以螺距 t 与螺旋的最大直径之比 $t/2R$ 表示螺旋的结构特性。

如图 5-30 所示，螺旋线本身的曲率半径总是大于其在水平面上的投影圆(即螺旋圆)的曲率半径。最外侧螺旋线的曲率半径 R_f(m)与螺旋半径 R 的关系为

$$R_f = \frac{R}{\cos^2\alpha_f} \tag{5-5}$$

式中 α_f——最外圈螺旋线的纵向倾角，即通常所谓的螺旋角。

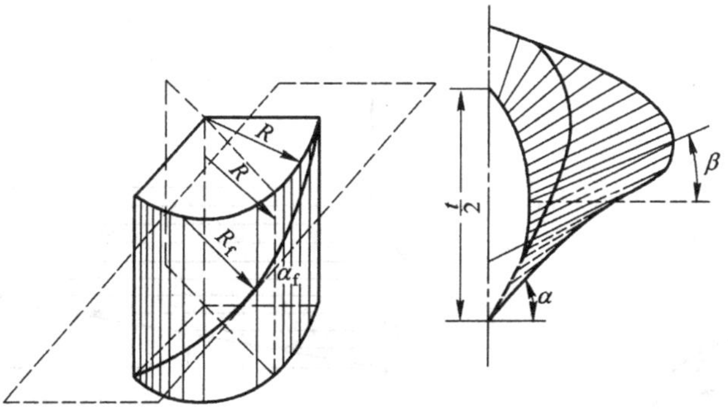

图 5-30 螺旋槽的几何特性

在螺旋槽的垂直横向断面上任一点的径向切线与水平面的夹角 β 称为横向倾角。纵向倾角和横向倾角与该点相切的槽面最大倾斜角 γ 间的关系为

$$\tan\gamma = \sqrt{\tan^2\alpha + \tan^2\beta} \tag{5-6}$$

液流在螺旋槽面上的运动主要由槽面的几何特性决定。前苏联阿尼金在对螺旋槽面上的液流进行了模拟考查后得出：

(1) 在槽面的径向半径处，水层的厚度和平均流速很不一样。愈向外缘，水层厚度愈大，流动亦愈快。给入的水量增大，湿周亦向外扩展，而对靠近内缘的流动特性影响不大，如图 5-31(a)、(b)所示。随着流速的变化，液流在螺旋槽内表现有两种流态：靠近内缘的液流接近于层流，而靠近外缘呈现为紊流。

据测定，靠近螺旋槽的内缘液流厚度最小，为 2～3 mm。中间靠外处厚度最大，为 7～16 mm。在水层最厚处流动速度最大，达到 1.5～2 m/s。流速分布同样是离槽底愈高，流速愈大。

(2) 液流在螺旋槽内存在着两种不同方向的循环运动。其一是沿螺旋槽纵向的回转运动；其二是在螺旋槽的内外缘之间的横向循环运动，这一运动又称作二次环流，如图 5-32 下图所示。两种流动的综合结果，使上下层液流的流动轨迹有所不同，如图 5-32 上图所示。改变槽的横断面形状，对下层液流的运动特性没有明显的影响。

布祺在研究螺旋槽内液流的运动时，提出了二次环流的见解。根据他的计算，在螺旋槽某指定半径处，液流的纵向流速沿高度的分布为一抛曲线，而在槽的横向二次环流的速度分布为一复杂的曲线，如图 5-33 所示。

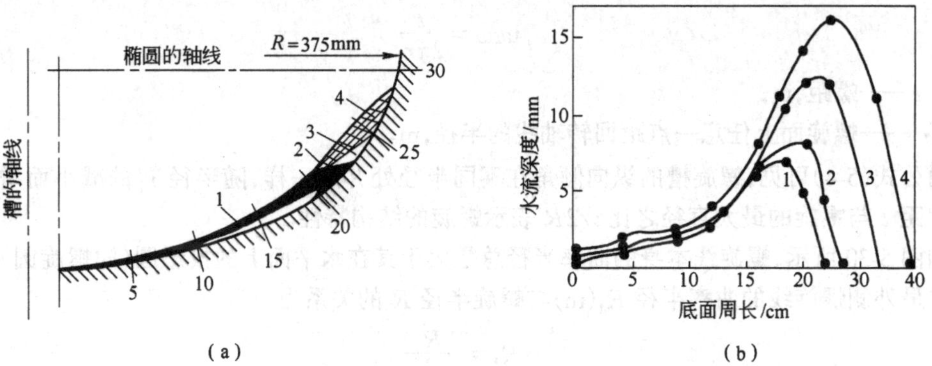

图 5-31　不同流量下，液流厚度沿螺旋槽横断面的变化

1—流量 0.61 L/s；2—0.84 L/s；3—1.56 L/s；4—2.42 L/s

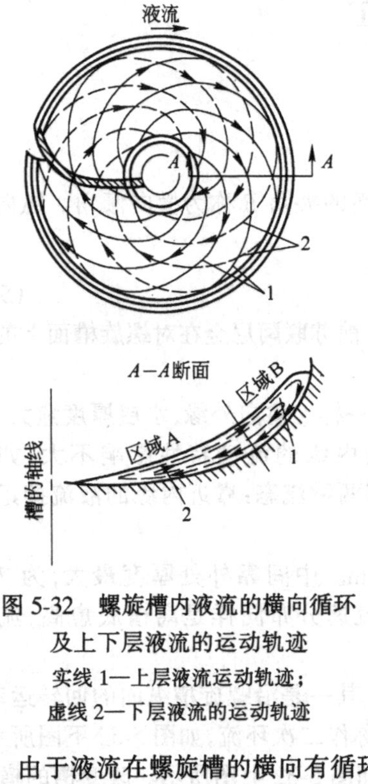

图 5-32　螺旋槽内液流的横向循环及上下层液流的运动轨迹

实线 1—上层液流运动轨迹；

虚线 2—下层液流的运动轨迹

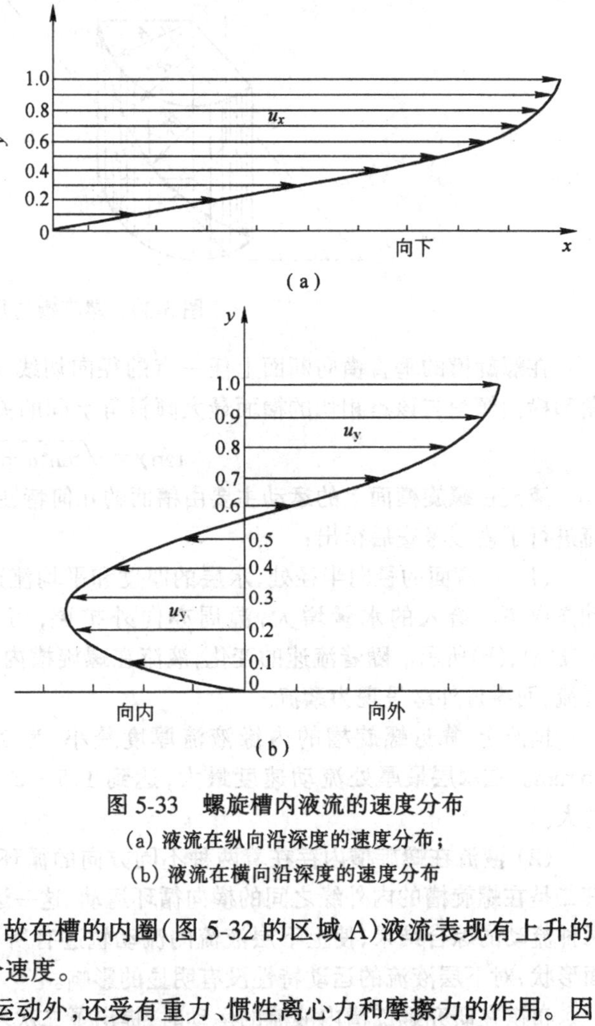

图 5-33　螺旋槽内液流的速度分布

(a) 液流在纵向沿深度的速度分布；

(b) 液流在横向沿深度的速度分布

由于液流在螺旋槽的横向有循环运动，故在槽的内圈（图 5-32 的区域 A）液流表现有上升的分速度，而在外圈（区域 B 中）则有下降的分速度。

矿粒在螺旋槽面上除受流体动力推动运动外，还受有重力、惯性离心力和摩擦力的作用。因而颗粒的运动特性与水流的运动并不相同。为了说明颗粒的运动情况，我们先来分析一下颗粒的受力性质和作用方式：

(1) 流体对颗粒的动压力。即由速度阻力构成的对颗粒的动压力作用,可用如下公式表达

$$R_d = \psi d^2 (u_{dmea} - v)^2 \rho$$

如果颗粒的运动方向与液流方向不一致,则式中颗粒速度 v 应为在水流方向上的分速度。

流体的动压力推动矿粒沿槽的纵向运动,并在运动中发生松散和分层。由于液流速度沿深度分布的差异,悬浮在上层的矿泥及分层后的轻矿物颗粒具有很大的纵向运动速度,因而派生出相当高的离心加速度。而位于下层的重矿物颗粒沿纵向运动的速度则较低,离心加速度亦较小。从而引起轻、重矿物在螺旋槽的横向展开分带。

属于流体动力因素的次要方面还有液流作横向循环的法向(垂直于槽底)分速度和紊动脉动速度。它们也在推动矿物粒群悬浮松散,并有助于轻矿物颗粒向槽外排送。但同时这也是造成微细重矿物颗粒损失的原因之一。

(2) 颗粒在水中的重力 其大小为

$$G_0 = \frac{\pi d^3}{6}(\delta - \rho)g$$

重力的作用方向始终是铅直向下。由于螺旋槽在纵向和横向均有倾斜,故重力的分力除了推动颗粒沿纵向移动外,也在促使其向槽的内缘运动。

(3) 颗粒的惯性离心力。在水中颗粒的离心力方向与其回转半径相一致,并大致与所在位置的螺旋线的曲率半径相重合。故离心力的大小可用下式表示

$$C_0 = \frac{\pi d^3}{6}(\delta - \rho)\frac{v_t^2}{r_q}$$

式中 v_t——颗粒沿槽面回转运动的线速度;

r_q——颗粒所在位置的螺旋线曲率半径。

由于离心力的方向是指向螺旋线的曲率半径,故仍可分解为平行于槽底面与垂直于槽底面两个分力。其垂直于槽底面的分力(法向分力)增大了颗粒作用于槽底的正压力,而平行于槽底的横向分力则与重力的横向分力方向相反。颗粒的横向运动方向即决定于此二力的相对大小。

(4) 槽底摩擦力。颗粒沿槽底运动所受到的摩擦力与其运动方向相反。摩擦力 F 的大小取决于正压力与摩擦系数的乘积

$$F = fN$$

式中,正压力 N 由颗粒在水中的重力与离心力的法向分力之和构成。对于那些与槽底面直接接触的矿物颗粒,摩擦力的作用最为显著。位于上层的矿物颗粒受水介质润滑影响,摩擦力减小。微细的颗粒呈悬浮态运动,不再有固体界面间的摩擦力。

上述各种力构成一个空间力系,为了考查它们对轻、重矿物颗粒运动的影响,应将它们分解为沿槽面纵向(X 方向)、横向(Y 方向)和法向(Z 方向)三个互为垂直的分量,如图 5-34 所示。在纵断面(XZ 面)和横断面(YZ 面)上方向向下的作用力为重力在该平面上的投影。离心力只存在于 YZ 平面上,在纵断面上没有离心力的分力。由图可以看出,轻矿物颗粒受有更大的沿槽面纵向作用力,而重矿物所受沿槽面纵向作用力则较小。在横断面上轻矿物亦有较大的向外缘方向的作用力,而重矿物颗粒则受到较大的向内缘方向的作用力。故结果轻、重矿粒的运动方向发生了差异。图 5-35 示出了两种密度不同矿物颗粒的运动轨迹。图中ψ_1 和ψ_2 分别为轻矿物和重矿物颗粒的运动轨迹与相应点的槽面螺旋线在空间的夹角。

矿粒群在螺旋槽中的分选、大致经过三个阶段。第一阶段主要是分层。矿粒群在沿槽底运动过程中,重矿物逐渐转入底层,轻矿物进入上层,分层机理与一般弱紊流斜面流选矿是一样的。这一阶段在第一圈之后即初步完成。接着进入第二阶段,轻、重矿物沿横向展开(分带)。具有较

小离心加速度的底层重矿物移向内缘，上层轻矿物移向中间偏外区域，在水中悬浮着的矿泥则被甩到最外圈。矿浆的横向循环运动及槽底的横向坡度对这种分布有着重要作用。这一阶段大约要持续到螺旋槽的最后一圈。并且不同比重和粒度的矿物颗粒达到稳定运动所经过的距离亦不同。最后到第三阶段，运动达到平衡，不同性质的矿粒沿各自的回转半径运动，完成选别过程，如图 5-36(a)、(b)、(c)所示。矿粒分层和分带的作用区域主要发生在横断面的中部，该处的特点是矿浆浓度基本不变，矿粒层和水层间具有较大的速度梯度。槽底的粗糙度和矿浆的流速对保证分层和分带正常进行具有重要意义。

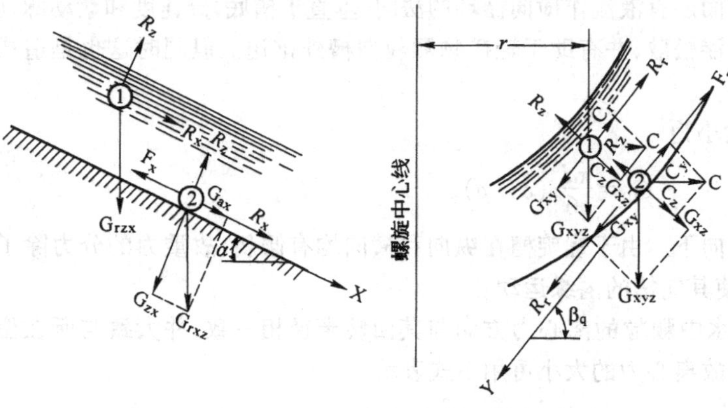

(a) *XZ*断面　　(b) *YZ*断面

图 5-34　在螺旋槽纵向和横向断面上上层轻矿物和下层重矿物的受力情况

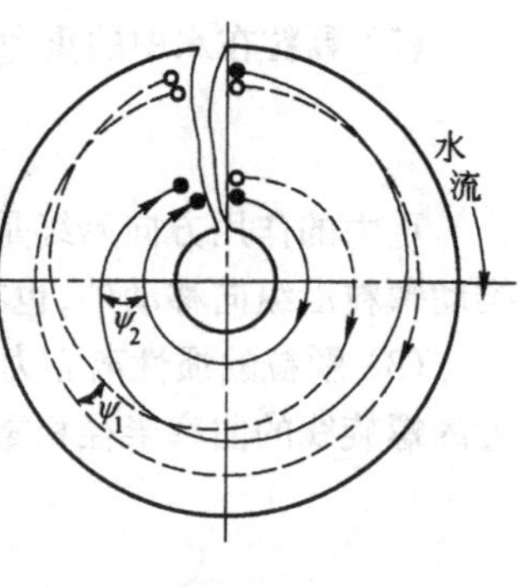

图 5-35　轻矿物颗粒和重矿物颗粒在螺旋槽面上的运动轨迹在水平面上的投影图
●—重矿物颗粒；○—轻矿物颗粒

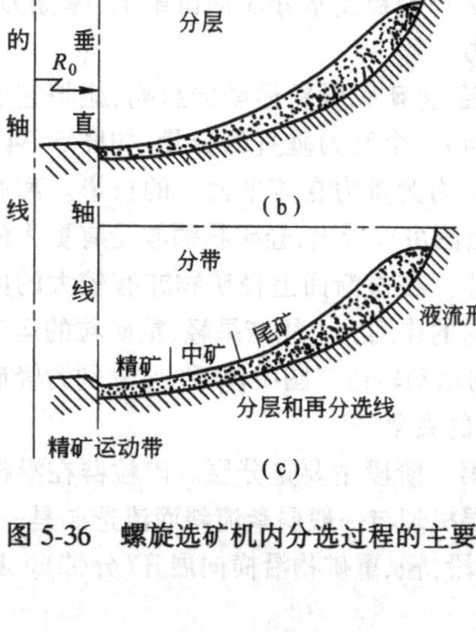

图 5-36　螺旋选矿机内分选过程的主要阶段

5.6.1.3　影响螺旋选矿机工作的因素

影响螺旋选矿机工作的因素可从螺旋的结构参数和操作条件两方面来讨论。属于螺旋槽结构参数的有螺旋直径、槽的横断面形状、螺距和螺旋圈数等。

螺旋的直径代表螺旋选矿机规格并决定着其他结构数值的基本参数。研究表明，处理 1～2 mm 的粗粒级原料，以采用大直径(1000 mm 以上)螺旋为有效；处理小于 0.5 mm 的细粒级应采用较小直径的螺旋。在选别 0.075～1 mm 的原料时，采用直径为 500、750 和 1000 mm 的螺旋选矿机均可以收到较好的效果。

螺旋槽曾经采用过的断面形状有圆弧形、抛物线形、长轴为水平的椭圆弧形、长轴为垂直的椭圆弧形、倾斜的直线形等。研究表明，在处理小于 2 mm 的原料时，以长短轴尺寸之比为 2∶1 的椭圆形断面效果最好(见图 5-37(e)),且长轴的一半应等于螺旋直径的 1/3。在处理 −0.2 mm 的微细原料时,以采用抛物线断面为宜。

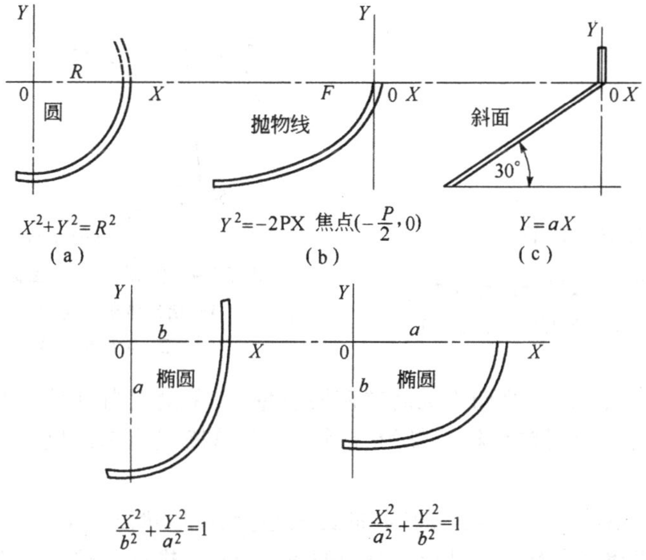

图 5-37　试验过的螺旋槽断面形状

螺距的相对大小通常以螺距与螺旋直径之比表示。这一参数影响着矿浆在槽内的流动速度和厚度。处理粒度为 2～0.2 mm 原料的螺旋选矿机,其螺距要比处理 −0.2 mm 原料的螺旋溜槽小些。螺距过小时不易形成精矿带。试验表明,对于工业型的螺旋选矿机螺距与直径之比以采用 0.4～0.6 为适宜,相应的外缘纵向倾角为 7°～11°。对于螺旋溜槽来说,上述比值则应为 0.5～0.6,相应外缘纵向倾角是 9°～11°。

螺旋槽的长度和圈数取决于矿石分层和分带所需运行的距离。试验查明,对于水流来说由内缘运行到外缘沿槽所行经的距离约为一圈半。但对于矿粒来说则远大于此数。螺旋槽的有效长度由圈数和直径共同决定。在同样的长度下,增加圈数比增大直径可收到更好的选别效果。一般处理易选的砂矿螺旋槽有 4 圈已足够用,处理难选矿石可增加到 5～6 圈。处理粒度为 0.07～0.2 mm 钨矿石时螺旋圈数对工艺指标的影响见图 5-38。

在操作条件方面影响螺旋选矿机工作的因素有给矿体积、给矿浓度、冲洗水量以及矿石本身的性质等。

给矿体积和给矿浓度是最重要的影响因素。它们又同时决定着固体处理量。试验表明,当给矿体积不变时,重矿物的回收率是随着浓度的增加呈曲线关系变化(见图 5-39 中曲线 1)。浓度过低时,固体颗粒成一薄层沿槽底运动,不再发生分带;浓度过高,矿浆流动变慢,亦将影响床层的有效松散和分层。在这两种情况下,重矿物的回收率均要下降。实践表明,螺旋选矿机可有较宽的给矿浓度范围,在固体重量占 10%～35%时,对分选指标影响不大。

如果保持固体给矿量不变而增大给矿浓度,则给矿矿浆体积将减小。这时浓度对回收率的影响有如图 5-39 中曲线 2 所示变化关系。

保持给矿浓度不变而改变给矿体积,其对选别指标的影响与浓度变化的影响基本相同。适宜的给矿体积随设备规格和矿石性质不同而不同,通常需要由试验确定。

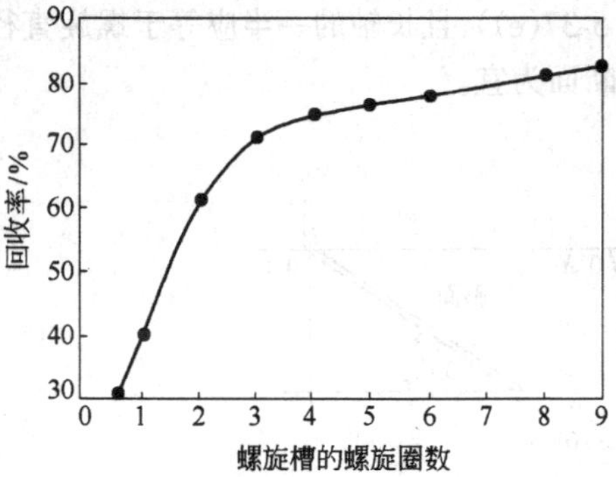

图 5-38　螺旋槽圈数对分选粒度为 0.07～0.2 mm 钨矿石回收率的影响

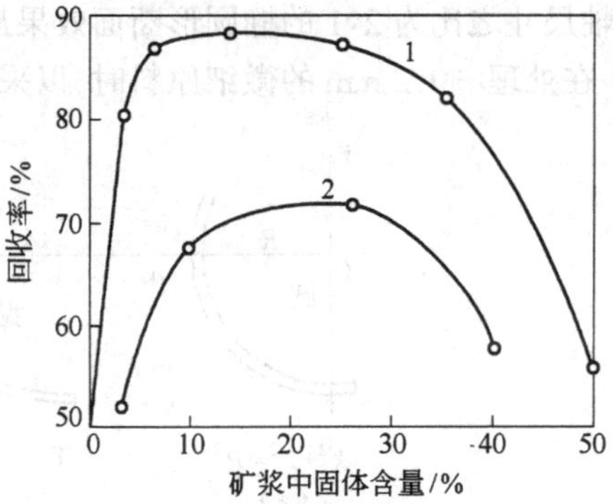

图 5-39　给矿浓度对重矿物回收率的影响

1—给矿体积不变时的人工混合矿石；

2—给矿量不变时的原矿石

在螺旋槽内缘喷注冲洗水有助于提高精矿的质量，在用量适当时对回收率的影响并不大。在调节水量时以能清楚地观察到精矿带为合适。一台单槽螺旋选矿机的耗水量约在 0.05～0.2 L/s 范围内。

原料的性质包括给矿的粒度，轻、重矿物的比重差，颗粒形状以及重矿物的含量等。给矿允许的最大粒度与螺旋槽直径有关。对于工业型的 ϕ1000 mm 螺旋选矿机来说，轻矿物的给矿粒度上限可达 12 mm。但其中的重矿物颗粒则不宜超过 2 mm。对于 ϕ500 mm 的螺旋选矿机重矿物的粒度上限为 1 mm。有效回收粒度范围随螺旋直径的减小而减小，一般工业型设备为 2～0.075 mm。矿物比重差愈大，分选效果愈好。颗粒的形状对分选效果有重要影响。当有用矿物为扁平形而脉石接近圆形时，分选最易于进行。反之则分选困难。

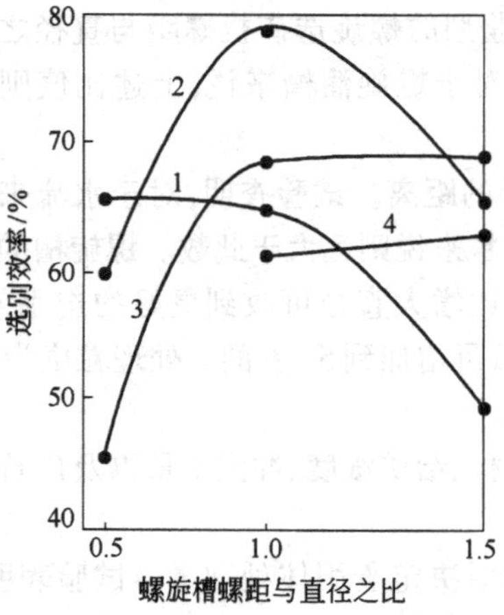

图 5-40　在不同的螺距与螺旋直径之比的螺旋选矿机中选别含有不同重矿物量的混合试料的选别效率

曲线 1、2、3、4 的重矿物含量分别为 2%、10%、20%、40%

试验表明，原料中重矿物含量对分选效率有较大的影响。图 5-40 表示四种不同比例的人工混合试料在不同的螺距与直径之比的螺旋槽中选别结果对比。由图可见，当矿石中重矿物含量少时（图中曲线 1），宜采用螺距与直径比值较小的螺旋槽选别；而当重矿物含量高时，则应采用比值较大的螺旋槽选别。

螺旋选矿机的处理能力主要决定于螺旋槽的直径，其次还有入选原料的粒度、密度和矿浆浓度。

5.6.1.4　螺旋选矿机的制造和应用

螺旋选矿机出现以后，在美洲国家被大量地用于选别铁矿石（红矿）。早期的汉弗莱选矿机用铸铁制造。后又改用合金铸造或铸铁加耐磨衬里。西欧国家和澳大利亚近期生产的螺旋选矿机采用玻璃钢制造。英国在制造时将两个螺旋槽组装在一个中心轴上，生产能力提高了一倍。前苏联将欧美国家的螺旋选矿机直径约为 600 mm 放大到直径 750～1200 mm，用于选别品位低的有色金属和稀有金属矿石。

我国自 1955 年开始研制螺旋选矿机，最早用旧轮胎制成直径 750、900、1000 和 1200 mm 规格，用于选别砂锡矿石。以后又制成不同规格的水泥质和铸铁螺旋选矿机。并最早地制成了双头、三头和四头陶瓷螺旋选矿机，曾广泛地应用于选别含钛、含锆的砂矿，获得了良好的分选效果。只是因为后来矿石性质发生了变化，使用量减少了。国产的螺旋选矿机的技术规格和性能见表5-5所示。

表5-5 螺旋选矿机技术规格和性能

参数	FLX-1型 $\phi600\times339$ 铸铁螺旋选矿机	FLX-1型 $\phi600\times360$ 铸铁螺旋选矿机	FLX-1型 $\phi600\times360$ 玻璃钢衬胶螺旋选矿机
直径/mm	600	600	600
选矿槽横断面几何形状	复合椭圆	复合椭圆	复合椭圆
螺距/mm	339	360	360
圈数(可以增减)	5	5	5
精矿排料孔数	15	15	15
外形尺寸(直径×高)/mm	880×2430	880×2460	880×2354
处理量/$t\cdot h^{-1}$	1~1.5	1~1.5	1~1.5
总重量/kg	400	400	98

螺旋选矿机结构简单，无运动部件，容易制造，占地面积小，单位处理量高，操作维护也较简便，工艺指标较好，故问世以来各国均乐于采用，该种设备适于处理含泥少的矿砂，给料粒度以2~0.1 mm为佳，在处理含泥高的脉矿磨矿产品时，应进行脱泥或分级，否则将降低精矿质量和回收率。粒度下限一般可到0.04 mm以下。

5.6.2 螺旋溜槽

螺旋溜槽与螺旋选矿机在结构上的差别在前面已经谈过了。螺旋溜槽的工作特点是在槽的末端分别截取精、中、尾矿，且在选别过程中不加冲洗水。

螺旋溜槽设备外形如图5-41所示。螺旋槽是设备的主体部件，由玻璃钢制成的螺旋片用螺栓连接而成。在螺旋槽的内表面涂以耐磨衬里，通常是聚氨酯耐磨胶或掺人造金刚砂的环氧树脂。最近则在糊制螺旋槽体的同时在内表面带上含辉绿岩粉的耐磨层。在螺旋槽的上方有分矿器和给矿槽；下部有产物截取器和接矿槽。整个设备用槽钢垂直地架起。

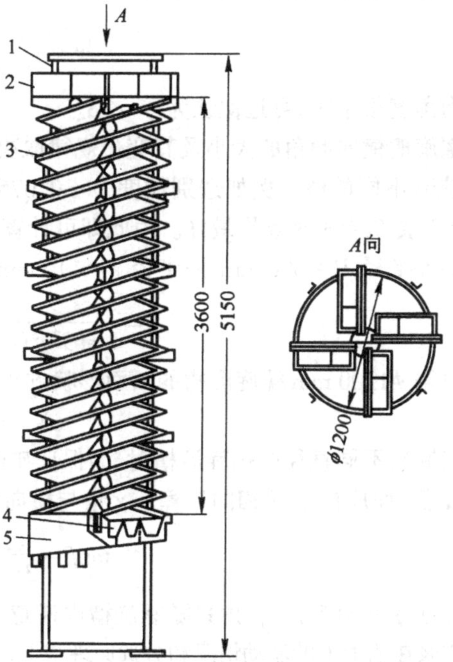

图5-41 $\phi1200$ mm四头螺旋溜槽外形

1—槽钢机架；2—给矿槽；3—螺旋溜槽；4—产物截取器；5—接矿槽

螺旋槽的断面形状为一立方抛物线，方程式为

$$X=aY^3$$

它的坐标图形如图5-42所示。取坐标原点O为螺旋槽外缘，立方抛物线上的下4点A为螺旋槽内缘，曲线OA即是螺旋槽的主体工作面。为防止槽中的矿浆外溢，在曲线OA的两端分别加一挡板BA和OC，这样就构成了螺旋槽断面的整个轮廓线$BAOC$。

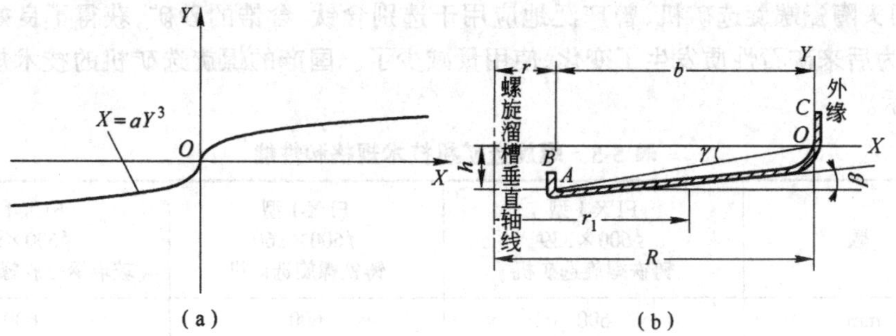

图 5-42　螺旋溜槽的横断面形状

(a) 坐标图;(b) 横断面形状

由图 5-42b 可得到槽面上任一点的横向倾角的正切

$$\tan\beta=\frac{\mathrm{d}Y}{\mathrm{d}X}=\frac{1}{3a^{1/3}(R-r_{\mathrm{i}})^{2/3}} \tag{5-7}$$

在立方抛物线上,两端点的连线 OA 与水平轴的交角 γ 称为下斜角。其值取决于内缘 A 点的坐标位置

$$\tan\gamma=\frac{Y_A}{X_A}=\frac{1}{a^{1/3}(R-r)^{2/3}} \tag{5-8}$$

式中　r——螺旋槽内缘距中心轴线的距离。

内缘 A 点处的横向倾角称为初始角,以 β_A 表示

$$\tan\beta_A=\frac{1}{a^{\frac{1}{3}}(R-r)^{\frac{2}{3}}} \tag{5-9}$$

当角度很小时,可近似认为 $\gamma=3\beta_A$。

螺旋槽横向倾角的大小及其变化规律取决于下斜角 γ 值。处理不同密度和粒度的原料,角度 γ 应有不同的值。例如选别粒度为 −0.075 mm 粒级占 74% 的我国司家营铁矿石,试验得出以 $\gamma=9°$ 或 $\beta_A=3°$ 时效果最好。由此即可计算出 ϕ1200 mm 螺旋溜槽的断面形状方程式如下:已知螺旋外半径 $R=600$ mm,内半径 $r=110$ mm,代入式(5-8)中得

$$a=\frac{1}{(\tan9°)^3(600-110)^2}\approx0.001$$

故得 ϕ1200 mm 螺旋溜槽的断面形状方程式为

$$X=0.001Y^3$$

当制造不同直径的螺旋溜槽时,为保证矿浆在槽面上流动相似,槽断面的曲线方程式不应取同一 a 值,而应按 γ 角相同计算。γ 角与横向倾角 β 的关系为

$$\tan\beta=\frac{(R-r)^{2/3}}{3(R-r_{\mathrm{i}})^{2/3}}\tan\gamma \tag{5-10}$$

即在 γ 角确定后,β 角只随螺旋槽内任意半径 r_{i} 而变。

矿浆在槽面上的流动情况和分选原理与上述螺旋选矿机基本相同,差别是在槽面的更大宽度内矿浆为层流流动。因此螺旋溜槽可以回收更微细的粒级,且可在槽的末端分带截取精、中、尾矿。

影响螺旋溜槽工作的因素 从设备结构方面来讲,仍然是螺旋槽直径、螺距及螺旋槽圈数。增大螺旋直径处理量可大为增加,但粒度回收下限也随之升高。ϕ400 mm 螺旋溜槽的回收粒度下限为 20 μm,而 ϕ1200 mm 螺旋溜槽则为 40 μm。螺距的大小同样以 t/D 表示,变化在 0.4~0.8 之间,一般取 0.5~0.6。处理微细粒级原料采用小值。螺旋圈数一般为 4~6 圈。

操作中主要的控制因素是给矿体积和给矿浓度。选别较粗粒级时,给矿体积可大些,处理细粒级则要小些。粗选作业的给矿浓度要比精选作业浓度低些,例如选别赤铁矿时,粗选的给矿浓度为30%～40%,而精选时则需控制在40%～60%为好。在实际操作中,给矿体积和给矿浓度在±5%范围内波动对分选指标无大影响。

我国制造的工业型螺旋溜槽的技术特性见表5-6。这种设备在处理细粒嵌布的赤铁矿石时获得不错的效果。用它从磁选尾矿中补充回收弱磁性铁矿物,当给矿品位为12.73%时,选出的精矿品位为60.48%,回收率49.46%。与离心选矿机配合使用,以螺旋溜槽处理粒度大于40 μm 的水力旋流器沉砂,经过一次粗选,一次精选,可以得到精矿品位66.20%,尾矿品位11.60%,作业回收率为80.5%的指标。

表5-6 工业用螺旋溜槽技术规格和操作条件

参数		数值	参数		数值
螺旋槽外径/mm		1200	纵向倾角/(°)	内缘	46
螺旋槽内径/mm		220		中径	18
螺距/mm		720		外缘	11
螺距与外径之比		0.6	给矿粒度/mm		0.2～0(-200目占38%～52%)
头(层)数		4	给矿体积/$m^3 \cdot h^{-1}$		10～14
圈数		5	给矿浓度/%		25～35
横向倾角/(°)	内缘	3	处理能力/$t \cdot h^{-1}$		4～5
	中径	5	外形尺寸(长×宽×高)/mm		1400×1400×5820
	外缘	90	设备重量/kg		550

为了进一步改进提高螺旋溜槽的选矿效果,我国研制了使螺旋溜槽槽体进行旋转的旋转螺旋溜槽。设备结构如图5-43所示。螺旋槽体为双层(头),用铝合金制造。槽体由下部传动机构带动沿矿浆流动方向缓慢回转。槽断面呈立方抛物线形、椭圆形或斜直线形,槽面铺以橡胶衬里,上面与螺旋直径成斜向布置有格条或三角刻槽。槽面在回转中的轻微振动和加强了的离心力,促使给矿能更快地分带,轻、重矿物运动轨迹差异明显,分选效果优于一般固定螺旋溜槽或螺旋选矿机。富集比高,有效分选粒度范围为0.6～0.05 mm,粒度回收下限略高于螺旋溜槽。该设备对铌钽矿、钒钛磁铁矿的磁选尾矿(含钛铁矿)、砂锡矿石进行了工业试验,均取得了满意效果。在砂锡矿的分选试验中,效果接近摇床。

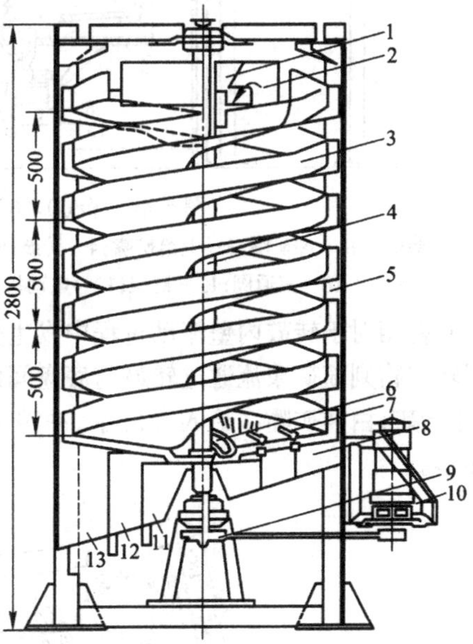

图5-43 旋转螺旋溜槽结构图

1—给水斗;2—给矿斗;3—螺旋溜槽;4—竖轴;5—机架;6—冲洗水槽;7—截料器;8—截料槽;9—皮带轮;10—调速电机;11—精矿槽;12—中矿槽;13—尾矿槽

5.7 离心溜槽

离心溜槽是借助离心力进行流膜选矿的设备，矿浆在截锥形转筒内流动，除受有离心力的作用之外，松散—分层的原理与其他重力溜槽相同。

5.7.1 卧式离心选矿机

5.7.1.1 设备构造和分选原理

图 5-44 是标准的 ϕ800×600 卧式离心选矿机结构图。设备的主要工作部件为一截锥形转鼓 4，给矿端直径为 800 mm，向排矿端直线增大，坡度（半锥角）为 3°～5°。转鼓垂直长为 600 mm。借锥形底盘 5 将转鼓固定在中心轴上，并由电动机 12 带动旋转。上给矿嘴 3 和下给矿嘴 13 伸入到转鼓内，矿浆由给矿嘴喷出顺切线方向附着在鼓壁上，在随着转鼓旋转的同时，并沿鼓壁的斜面流动，构成为在空间的螺旋形运动轨迹。

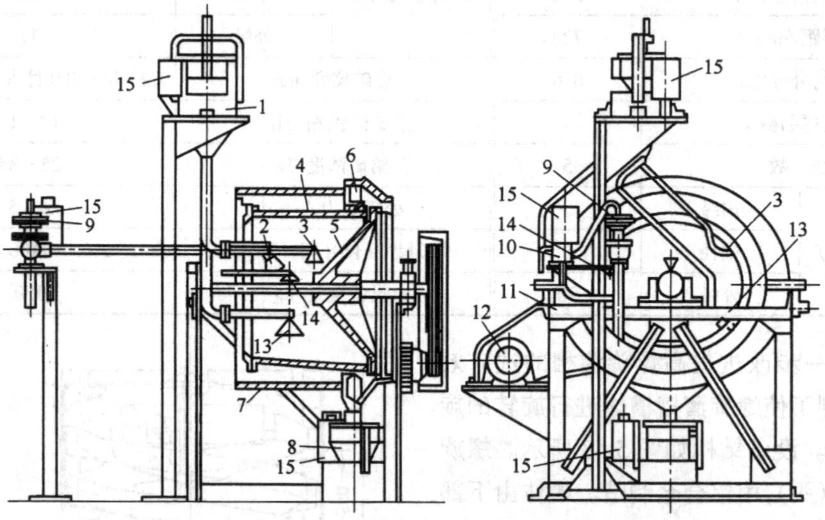

图 5-44 ϕ800×600 卧式离心选矿机结构图

1—给矿斗；2—冲矿嘴；3—上给矿嘴；4—转鼓；5—底盘；6—接矿槽；7—防护罩；8—分矿器；9—皮膜阀；10—三通阀；11—机架；12—电动机；13—下给矿嘴；14—洗涤水嘴；15—电磁铁

矿浆在相对于转鼓内壁流动过程中发生分层，进入底层的重矿物即附着在鼓壁上较少移动，而上层轻矿物则随矿浆流通过转鼓与底盘间的缝隙（约 14 mm）排出。当重矿物沉积到一定厚度时，停止给矿，由冲矿嘴 2 给入高压水，冲洗下沉积的精矿。如将转鼓面展开，则可见到图 5-45 所示图形。

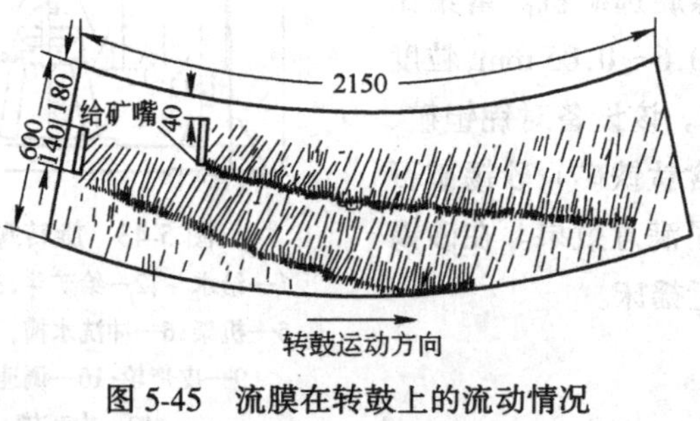

图 5-45 流膜在转鼓上的流动情况

离心机的给矿、冲水和精、尾矿的排出均是自动进行,由附属的指挥机构和执行机构完成。指挥机构为一时间继电器。执行机构包括给矿斗 1 中的断矿管,冲洗精矿的三通阀 10 和皮膜阀 9(有的选矿厂已用电磁水阀代替了三通阀和皮膜阀),以及分别排送精、尾矿的分矿器 8。它们各按时间继电器的供电时间,由电磁铁带动动作。当需要停止给矿时,断矿管摆动到回流管一侧,与此同时三通阀被关闭,低压水对皮膜阀的封闭压力撤除,高压水随即进入到转鼓内,分矿器也同时由尾矿管一侧摆动到精矿管一侧。高压水将沉积的重矿物冲洗下来通过精矿管排走。待精矿冲洗完了,执行机构又推动各部件恢复到原位,继续给矿选别。

除上述电磁控制机构外,有的设备亦采用凸轮杠杆机构进行操作控制。为了提高精矿质量,在转鼓内还设有洗涤水嘴 14,在给矿的同时喷洒洗涤水(目前除在精选作业中有时使用外,一般较少应用)。整个转鼓用防护罩 7 封闭。防护罩在排矿一端兼作接矿槽。

5.7.1.2 工作影响因素

给矿性质对离心机的工作有重要影响,离心机适于处理 - 0.075 粒级的矿泥。给矿中含有粗颗粒重矿物时分选效率降低。同样,微细的泥质部分 (- 10 μm)增多,对分选也不利,必要时应预先脱泥。

当给矿性质一定时,操作方面的主要影响因素是给矿体积、给矿浓度、转鼓转速和周期时间。后者在生产中是不易改变的。操作中主要应控制前二者稳定、少变。

(1) 给矿体积。给矿体积直接影响着矿浆的流速,随着给矿体积增大,紊动度增强,此时设备的处理量增加,但重矿物的产率减小,质量有所提高。

(2) 转鼓的转速。转鼓转速从两个不同方向影响选别过程,一方面提高转速可使颗粒的惯性离心力增大,使床层趋于压实,分层难以有效进行;另一方面又可使矿浆的轴向流速增大,增强切变松散的能力。但是这两种作用随转速的增长总是惯性离心力大于轴向流速,故随着转速的增加,结果将是重矿物的沉积量增多,回收率增加而精矿品位下降。处理锡矿泥时,转速对选别指标的影响关系如图 5-46 所示。

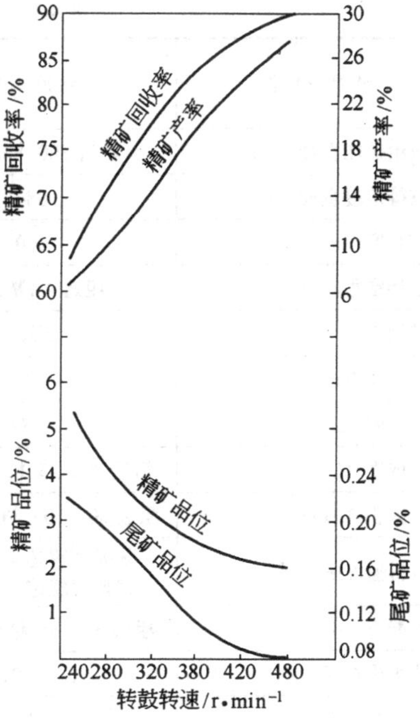

图 5-46 离心机处理锡矿泥转鼓转速对选别指标的影响

(3) 给矿浓度。给矿浓度是通过黏度影响着分层过程,已经知道,在重力场矿浆视黏度随固体容积浓度的增加而增大,在离心机的转速不变时,依同样道理,视黏度也是随给矿浓度的增大而增大。但在回转流中,离心加速度又使颗粒的惯性力增大,于是因颗粒间的碰撞、摩擦而表现出来的切变阻力亦随之增大,即离心力对矿浆的视黏度也是有影响的。当以均质液体的黏度概念衡量矿浆的黏度时,只能是反映某特定条件下相当于黏度的影响,称其为黏度效应。

离心机的适宜给矿浓度与矿石比重、粒度组成和矿泥含量有关。随着给矿浓度增大,矿浆的流动性降低,分层速度变缓,故精矿的产率及回收率增加,而品位降低。过大的给矿浓度会使分层难以进行,分选效率急剧下降。

随着给矿浓度的增加,离心机的处理能力相应提高,大规格的离心机比小规格的离心机生产能力可以大幅度地增加。但是,随着转鼓长度的增大,在流膜变厚和离心加速度减小的同时,回收粒度下限也要升高。

由上述讨论可知,离心机转鼓的长度及半锥角是对工艺条件有决定性影响的结构参数。而转鼓的直径则只是正比例地影响着干矿处理量。在给矿粒度微细时,应当采用较短的转鼓;而在给矿粒度较粗时,则可应用较长的转鼓。如果要求不改变工艺效果而提高处理能力,就只能在不改变转鼓长度的情况下,增大离心机的直径。

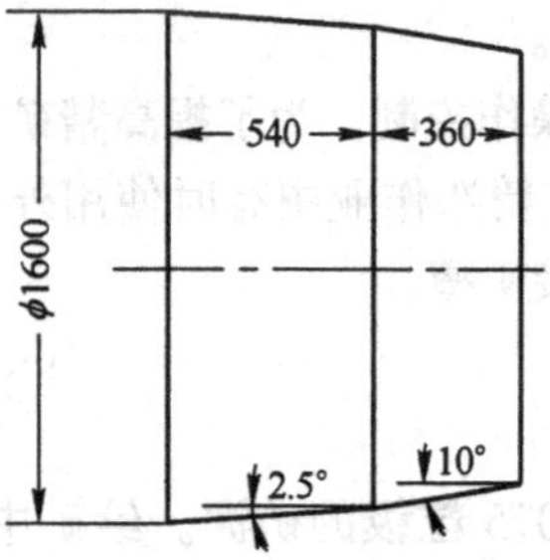

图 5-47 ϕ1600×900 双锥度转鼓断面示意图

5.7.1.3 结构类型及应用

近年来离心机的设备规格、结构已有了很大发展。转鼓由最早的铸铁或钢板卷制,发展成铸铝转鼓;规格由 ϕ800×600 发展到 ϕ1600×900,并且还有更大规格的离心选矿机在试制之中。

在结构改革中最有意义的是将单锥度改为双锥度或多锥度。图 5-47 是 ϕ1600×900 双锥度转鼓断面结构。试验表明它比同规格单锥度转鼓具有更为优越的分选效果(见表 5-7)。由云锡公司设计制成的 ϕ2000×1100 双转鼓离心机,具有三个锥度,初步试验表明,可比 ϕ800×600 离心机提高处理能力 10 倍,并改善了分选指标。

表 5-7 离心选矿机规格和技术特性

设备规格	ϕ800×600	ϕ1600×900	
		单锥度	双锥度
转鼓给矿端直径/mm	粗选 800,精选 779	1600	
转鼓排矿端直径/mm	884	1757	
转鼓长度/mm	600	900	
转鼓半锥角/(°)	粗选 4°,精选 5°	5°	10°及 2.5°
选矿周期	2′30″	2′43″	2′43″
断矿时间/s	30″	27″	27″
给矿粒度/μm	-74	-100	
给矿浓度/%	粗选 20~25,精选 15~20	精选 25~28	精选 15~20
给矿体积/L·min⁻¹	粗选 90~100,精选 70~80	精选 320	精选 360
转鼓转速/r·min⁻¹	锡矿泥粗选 450~500 锡矿泥粗选 300~400	铁矿石精选 180~200	铁矿石精选 180~210
处理能力/t·d⁻¹	粗选 30~35,精选 15~20	精选 110~120	精选 75~100
冲洗水压/MPa	0.5~0.8	0.5~0.8	0.5~0.8
冲洗水量/t·h⁻¹	2	6.2	6.2
电动机功率/kW	3	10	10
占地面积/m²	2.3	6.46	6.46
外形尺寸(长×宽×高)/mm	1800×1300×2700	3425×1885×3325	3425×1885×3325
设备总重/t	1.066	3.438	3.438

双锥度转鼓能够改善分选效果的原因,是由于克服了单锥度坡面时矿浆流速和矿物沉降能力间的矛盾关系所致。在双锥度转鼓的小锥度段,颗粒具有较大的法向正压力,向下滑动的分力减弱,因而沉积能力增强。在大锥度段矿浆可以形成较大的流速,一直延续到小锥度段,保证了足够高的流动速度梯度,有利于分层进行。这样就在提高重矿物回收率的同时,获得了良好的精矿品位。

但是锥度的配合必须适当,过大的锥角变化会在转折处产生强烈的水跃,消耗动能并使重矿物难以沉积。所以采用多锥度将锥角缓变比一次变化效果更好。由于在小锥度鼓面上获得了高速度的矿浆流,因而分层作用可保持更长的距离,精矿层的品位沿鼓长的分布变得更为均匀了。在单锥度和双锥度转鼓面上沉积物的结构对比见图 5-48(a)、(b)。

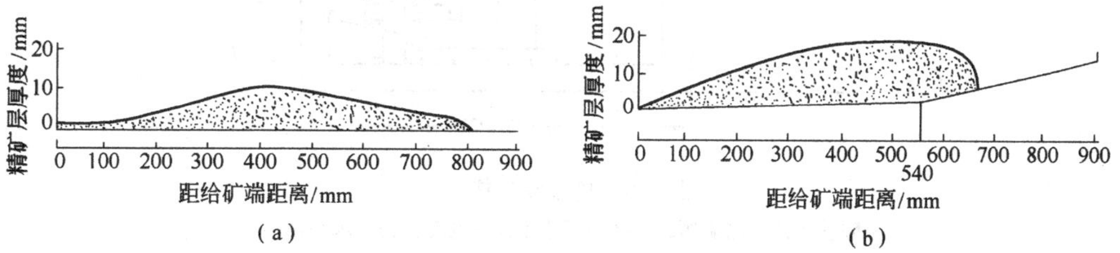

图 5-48 双锥度和单锥度转鼓面上的沉积物结构对比

双锥度离心机的另一个重要优点是对给矿浓度的适应性较强,浓度甚至低至 10%仍可进行分选。而同样规格的单锥度离心机在给矿浓度低到 10%时,很少有沉积物形成。

经过鉴定定型的离心机的技术规格和操作条件如表 5-7 所示。离心机处理钨、锡矿泥的给矿粒度为 -0.075 mm,回收粒度下限达到 10 μm。经过一次精选后产出粗精矿再用皮带溜槽精选。处理赤铁矿石的 $\phi1600\times900$ 离心机,给矿粒度略粗一些,为 -0.1 mm,粒度回收下限为 13 μm。离心机的处理能力大、粒度回收下限低、工作稳定是它的重要优点。缺点是耗水量大,富集比不够高、工作不能连续进行、附属的控制机构易发生故障。目前我国有关单位正在研制连续排矿的离心机,而国外已有连续排矿离心机用于生产的报道。

5.7.2 离心盘选机

该机主要用于砂金矿石的分选。主体部件是一个半圆形转盘,转盘内表面铺有橡胶制带有环状槽沟的衬里。整机结构示于图 5-49 中。由电动机驱动水平轴旋转,再由伞齿轮带动垂直轴使选盘转动。矿浆由中心管给入,在选盘的带动下,借助离心力附着在衬胶壁上,呈流膜状沿螺旋线向上流动。在流动中矿粒发生松散—分层。重矿物滞留在槽沟内,轻矿物随矿浆向上流动,越过选盘的上缘进入尾矿槽。经过一段时间后(选金约 20 min),重矿物在槽沟内积聚一定数量,随即停止给矿,设备也停转,用人工加水冲洗槽沟内沉积的重砂,打开底部中心排矿口排出,得到精矿。设备技术性能和工艺参数列于表 5-8。

表 5-8 离心盘选机的技术性能和工艺参数表

项目	技术性能	项目	工艺参数
选盘直径/mm	868	给矿时间/min	20
转速/$r\cdot min^{-1}$	120	给矿液固比(液:固)	5:1
安装功率/kW	2.2	最大给矿粒度/mm	8
外形尺寸(长×宽×高)/mm	950×1326×1326	含泥量(-0.075 mm 占%)	15
设备重量/kg	500	干矿处理量/$t\cdot h^{-1}$	5

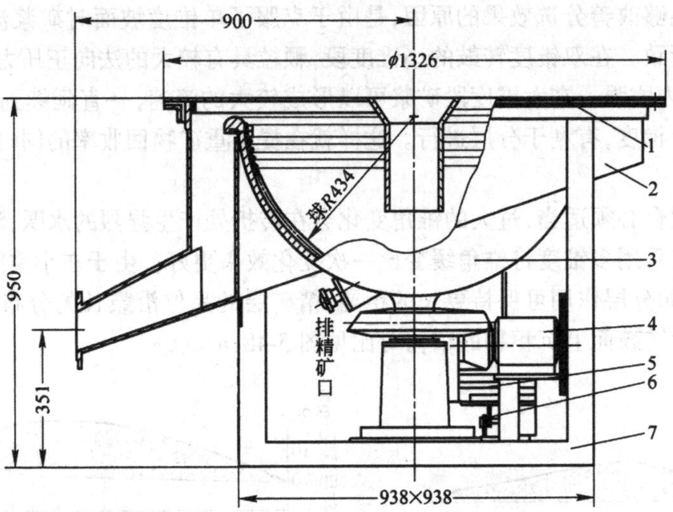

图 5-49　离心盘选机

1—防砂盖;2—尾矿槽;3—半球面选盘;4—电动机;5—水平轴;6—电动机架;7—机架(图中数字单位为 mm)

某金矿采用由皮带给矿机、悬臂洗矿筒筛、回转式排放砾石的皮带机以及固定溜槽、离心盘选机、摇床组成的砂金洗选机组,选别砂金矿石。矿石中自然金集中在 5~0.12 mm 粒级内。原矿经洗矿筛分后,用固定溜槽回收粗粒金,细粒金由六台离心盘选机进行回收。机组处理能力达 40 m^3/h,金的总回收率为 85%~86%,其中固定溜槽回收率为 21%~29%,盘选机回收率 55%~63%。机组便于砂金选矿的拆迁搬运,工作运转可靠,但盘选机需要人工操作,尚有待实现自动化。

5.7.3 离心选金锥

离心选金锥是离心盘选机的改进型。离心盘选机在运转中常出现盘面槽沟被矿砂埋没的现象,而且盘面的加工制造也比较困难。因此,有人将盘面改成倒置的截锥形,制成了离心选金锥,或称立式离心选矿机。该设备结构如图 5-50 所示,在截锥形的分选锥内表面上镶有同心环状橡胶格条。矿浆由给矿管给到底部分配盘上,分配盘在转动中将矿浆甩到锥体内壁上。在离心力分力的作用下,矿浆越过条沟向上流动,粒群在流动中发生松散—分层。进入底层的重矿物颗粒被条沟阻留下来,而轻矿物则随矿浆流向上流动,越过锥体上沿排出,即是尾矿。经过一段时间分选(约 30 min),重矿物积聚一定数量后,即切断给矿,设备也停止运转,用水管引水人工清洗槽沟内的重矿物(约需 10 min),使之由下部中心管排出,即得到精矿。设备的技术性能和操作条件如表 5-9 所示。

表 5-9　ϕ600 离心选金锥的技术性能和操作条件表

项　目	技术性能		项　目	操作条件
	LXZ-600Ⅰ型	LXZ-600Ⅱ型		
分选锥上-下端直径/mm	600~300	600~300	转速/r·min^{-1}	150~180
锥体高度/mm	260	260	最大给矿粒度/mm	5
锥体断面锥角/(°)	60	60	给矿浓度/%	20~50

续表 5-9

项　　目	技术性能		项　　目	操作条件
	LXZ-600Ⅰ型	LXZ-600Ⅱ型		
传动方式	圆弧齿蜗轮减速	皮带轮减速	给矿矿浆体积/$m^3 \cdot h^{-1}$	5～12
电动机功率/kW	1.1 实耗 0.7	1.5 实耗 0.8	干矿处理量/$t \cdot h^{-1}$	3～6
机重/kg	170	230		
外形尺寸(长×宽×高)/mm	1000×1000×800	1000×1000×1000		

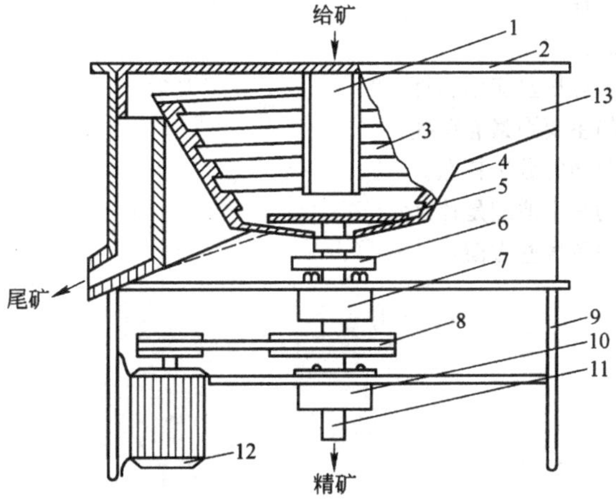

图 5-50　离心选金锥

1—给矿管；2—上盖；3—橡胶格条；4—锥盘；5—矿浆分配盘；6—甩水盘；7—上轴承座；8—皮带轮；9—机架；10—下轴承座；11—空心轴；12—电动机；13—机械外壳

该机属于低离心强度的设备，对给矿粒度适应性强，可以用于处理砂金矿石或粗粒脉金矿石。在分选 -5 mm 砂金矿时，离心力强度可取 6～8 倍；处理 -0.5 mm 脉金磨矿产品时，离心力强度值可取 8～12 倍。给矿浓度亦可在较宽范围内变化，且不必预先脱泥。对单体金的回收率一般达到 90%～96%，富集比为 800～1600 倍。此种设备结构简单、重量轻、安装时不必预设水泥基础。可以组装在砂金的洗选机组中，也可安装在脉金选厂的摇床或浮选设备前，用以回收粗粒金。该设备的单位占地面积处理量大、运转平稳，已在山东等地的金矿选厂中应用。

本章小结

(1) 借助在斜槽中流动的水流进行选矿的方法统称为溜槽选矿。溜槽选矿广泛地用于处理钨、锡、金、铂、铁以及某些稀有金属矿石，尤其在处理低品位砂矿中占有重要地位。

(2) 溜槽选矿可以处理粗细差别很大的矿石，给矿粒度最大达到 100～200 mm，最细又可小至十数微米。溜槽因处理矿石粒度不同、结构形式和矿流运动方式的差异而可作如下分类：

1) 粗粒固定溜槽　包括选粗粒钨、锡用的溜槽和选金用的溜槽；

2) 尖缩溜槽　有扇形溜槽、圆锥选矿机等；

3) 带式溜槽　在连续运转的皮带上分选，如皮带溜槽；

4) 螺旋形溜槽　包括固定的和旋转的螺旋选矿机、螺旋溜槽；

5) 离心溜槽　包括各种形式的离心选矿机；

6) 固定的平面矿泥溜槽　有铺布溜槽、匀分槽和圆槽等。

(3) 本章介绍了各类溜槽的基本知识和分选原理。

(4) 本章重点讨论各类溜槽的结构特点、性能和应用以及生产中影响分选的主要因素。

复习思考题

5-1 现用砂金选别粗粒溜槽常有微细粒金损失在尾矿中，试设想采取何种措施可以补充回收这部分金粒？

5-2 简述影响螺旋选矿机工作的因素。

5-3 简述溜槽选矿的工作原理。

5-4 螺旋溜槽有哪些优缺点？

5-5 扇形溜槽和圆锥选矿机有哪些应用和特点？

5-6 影响离心选矿机选别的主要因素有哪些？

5-7 简述尖缩溜槽和皮带溜槽的分选特点。

5-8 离心选矿机分选矿物的基本原理是什么？

5-9 离心选矿机的操作要注意哪些方面？

6 摇床选矿

摇床属于流膜选矿类设备，它由早期的固定式和可动式溜槽发展而来。直到20世纪40年代，摇床还是同固定的平面溜槽、回转的圆形溜槽和振动的带式溜槽划为一类，统称作淘汰盘。到了50年代，摇床的应用日益广泛且占据了优势，于是便以它的不对称往复运动为特征而自成体系。

6.1 概述

最早期的摇床是利用打击方法造成床面不对称往复运动，1890年在美国制成用于选煤。选矿用的摇床是在1896～1898年由威尔弗利（A. Wilflcy）研制成功。采用偏心连杆机构推动床面运动。这种摇床直到现在还在沿用，习惯上称为威氏摇床。但是现在的摇床形式已经是多样化了。

所有的摇床基本上都是由床面、机架和传动机构三大部分组成。典型的摇床结构如图6-1所示。平面摇床的床面近似呈矩形或菱形。在床面纵长的一端设置传动装置。在床面的横向有较明显的倾斜。在倾斜的上方布置给矿槽和给水槽。床面上沿纵向布置有床条（俗称来复条）。床条的高度自传动端向对侧逐渐降低，并沿一条或两条斜线尖灭。整个床面由机架支撑或吊起，机架上装有调坡装置。

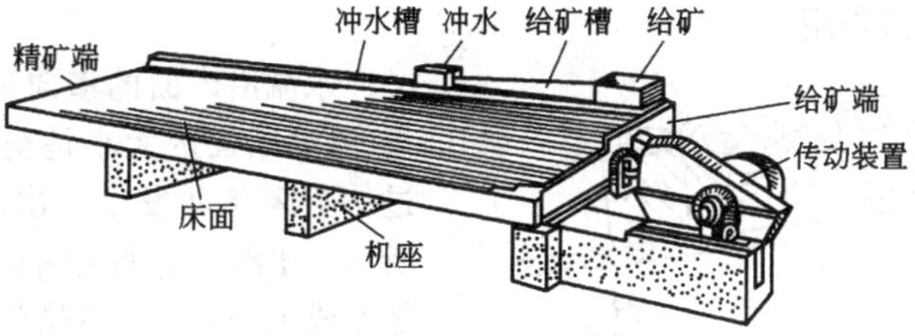

图6-1 典型的摇床外形图

原料（矿浆或干料）给到给矿槽内，同时加水调配成浓度为25%～20%的矿浆，自流到床面上。矿粒群在床条沟内因受水流冲洗和床面振动而被松散、分层。分层后的上下层矿粒受到不同大小的水流动压力和床面摩擦力作用而沿不同方向运动。上层轻矿物颗粒受到更大程度的水力推动，较多地沿床面的横向倾斜向下运动。于是这一侧即被称作尾矿侧。位于床层底部的重矿物颗粒直接受床面的差动运动推动移向传动端的对面，该处即称为精矿端。矿粒的密度和粒度不同，运动方向亦不同，于是矿粒群从给矿槽开始沿对角线呈扇形展开，如图6-2所示。产物沿床面的边缘排出，排矿线很长，故摇床能精

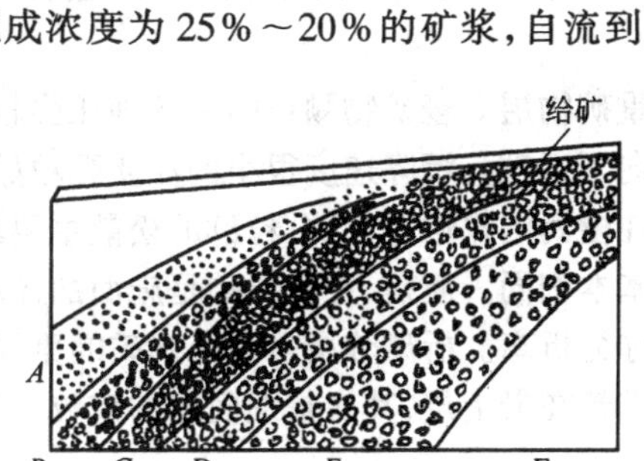

图6-2 矿粒在床面上的扇形分布

A—精矿；*B*—中矿Ⅰ（次精矿）；*C*—中矿Ⅱ；*D*—贫中矿；*E*—尾矿；*F*—溢流及矿泥

确地产出多种质量不同的产物。

摇床的分选精确性高是它的突出优点。原矿经过一次选别即可得到部分最终精矿、最终尾矿和1～2种中间产物。精矿的富集比很高，在处理低品位的钨、锡矿石时，富集比可达到300左右。

平面摇床便于看管和调整。它的主要缺点是占地面积大、处理能力低。为了解决这一问题，国内和国外已研制出多种型式的多层摇床。我国还制成了特殊结构的离心摇床。

摇床主要用于处理钨、锡、有色和稀有金属矿石。多层摇床和离心摇床还用于选别黑色金属矿石和煤炭。处理金属矿石的有效选别粒度范围是3～0.02 mm，选煤时给矿粒度上限可达10 mm。摇床常作为精选设备与离心选矿机、圆锥选矿机等配合使用。

摇床在我国钨、锡矿选矿生产中占有重要地位，使用时间也较早。例如云南锡业公司从1913年开始使用摇床，直到现在仍大约有80%最终精矿产自摇床。赣南钨矿所用摇床数量也很大，大部分细粒最终尾矿也是产自摇床。这些厂矿在长期使用中积累了丰富的经验，为改进和发展我国的摇床选矿工艺创造了良好条件。

6.2 摇床的分选原理

从上面简单的介绍中可以知道，摇床分选包括松散分层和运搬分带两个基本内容。它们共同在水流冲洗和床面的差动作用下完成。床条的形式、床表面的摩擦力和床面倾角对完成分选过程有重要影响。

6.2.1 粒群在床面上的松散分层

在前面曾讨论了粒群在斜面流中松散分层的一般过程。所述分选原理对摇床同样适用，但摇床还有它独特的分选作用。

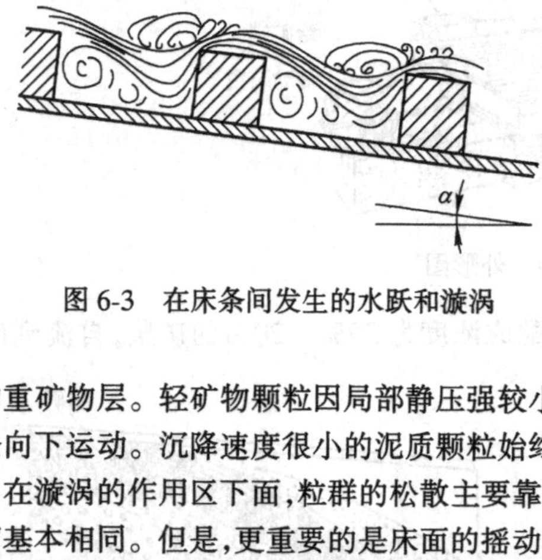

图6-3 在床条间发生的水跃和漩涡

水流沿床面的横向流动，不断地跨越床条，流动断面的大小是交替变化的。其每经过一个床条即发生一次小的水跃，如图6-3所示。水跃产生的漩涡在靠近下游床条的边缘形成上升流，而在槽沟中间形成下降流。水流的上升和下降推动着上部粒群松散悬浮，并可使重矿物颗粒转入底层。水跃对底层影响很小，在那里粒群比较密集，可形成稳定的重矿物层。轻矿物颗粒因局部静压强较小，不再能进入底层，于是就在横向水流推动下越过床条向下运动。沉降速度很小的泥质颗粒始终保持着悬浮状态，随着横向水流一起排出。

在漩涡的作用区下面，粒群的松散主要靠床面摇动的机械力实现。其分层规律与一般平面溜槽基本相同。但是，更重要的是床面的摇动，导致细重矿粒钻过颗粒的间隙，沉于最底层，这种作用称为析离。析离分层是摇床选矿的重要特点，它使按密度分层更趋完善。分层结果是：粗而轻的矿粒在最上层，其次是细而轻的矿粒，再次是粗重矿粒，最底层为细重矿粒。

6.2.2 矿粒在床面上的运搬分带

粒群在床面上的扇形分带也是在水流冲洗力和床面差动运动的联合作用下发生的。

6.2.2.1 横向水流的冲洗作用

横向水流由给矿水和冲洗水两部分组成并布满在整个床面上。在沿斜面流动过程中对矿粒施以动压力(阻力)。水流速度愈大,这种动压力亦愈大,因而使矿粒运动速度加大。增加给水量或增大床面横向坡度均可增加水流速度。但增大坡度同时也增加了颗粒沿斜面的重力分力,可使矿粒的运动速度更大程度地增加,但不同粒度和密度颗粒的横向运动速度差却要减小。

在横向水流推动下,位于同一层面高度的颗粒,粒度大的要比粒度小的运动为快,密度小的又比密度大的运动为快。矿粒的这种运动差异又由于分层后不同密度和粒度颗粒占据了不同的床层高度而愈明显。水流对那些接近床条高度的颗粒冲洗力最强,因而轻矿物的粗颗粒首先被冲下,横向运动速度为最大。随着床层向精矿端移动,床条的高度降低,原来占据中间层的矿物颗粒不断地暴露在上表面。于是轻矿物的细颗粒和重矿物的粗颗粒相继被冲洗下来,形成不同的横向运动速度。床条的高度变化对沿尾矿侧排出不同质量产物有重要作用。

位于底层的重矿物细颗粒横向运动速度最小。它们一直被推送到床面末端的光滑区域。在那里水层减薄,近似呈层流流态。颗粒在这样的水流冲洗下,运动速度可按下述公式计算:

$$v = u_{\mathrm{d \cdot mea}} - v_0(f\cos\alpha - \sin\alpha)$$

具有较小沉降末速的轻矿物颗粒,获得了较大的横向运动速度,因而最终将混杂的细小脉石颗粒清除,提高了精矿质量。这一区域称作精选区。与此相对的靠近床头的部分则是粗选区。在这两者中间床条尖灭前一段宽度为复选区(参阅图 6-2)。颗粒沿纵向由粗选区向精选区运动可视为精选过程,而沿横向的运动则属于扫选过程。

我国钨、锡重选厂的生产工人,根据长期的操作经验,用“挤”、“削”、“洗”三个字简单而明了地概括了矿粒在床面上的分层和分带过程。

6.2.2.2 床面差动运动所具有的纵向运搬作用

所谓差动运动就是指床面从传动端以较低的正向加速度向前运动,到了冲程的中点附近,速度达到最大,而加速度降为零。接着负向加速度急剧增大,使床面产生急回运动,再返回到中点。接着改变加速度的方向,以较低的正向加速度使床面折回,如此进行差动往复摇动。

颗粒在床面上发生相对运动的条件是颗粒的惯性力大于床面的摩擦力。颗粒的惯性力由床面运动的加速度引起。只有当矿粒获得的惯性力大于矿粒与床面的摩擦力时,矿粒才有可能在纵向对床面作相对运动。

6.2.2.3 不同性质矿粒在床面上的分带

床面上扇形分带是不同性质矿粒横向运动和纵向运动的综合结果。大密度矿粒具有较大的纵向移动速度和较小的横向移动速度,其合速度方向偏离摇动方向的倾角小,趋向于精矿端;小密度矿粒具有较大的横向移动速度和较小的纵向移动速度,其合速度方向偏离摇动方向的倾角大,趋于尾矿端。大密度粗粒及小密度细粒则介于上述两者之间,不同性质矿粒在床面上的运动及分离情况见图 6-4 和 6-5。

床面上的床条(或刻槽)不仅能形成沟槽,增强水流脉动,增加床层松散,利于矿粒分层和析离。而且,所引起的涡流能清洗出混杂在大密度矿层内的小密度矿粒,改善分选效果。床条高度由传动端向精矿端逐渐降低,使分好层的矿粒,依次受到横向水流的冲洗。最先受到冲洗的是处于上层之粗而轻的矿粒;重矿粒则沿沟槽被继续向精矿端运搬。这些特性,对摇床的分选起很大作用。

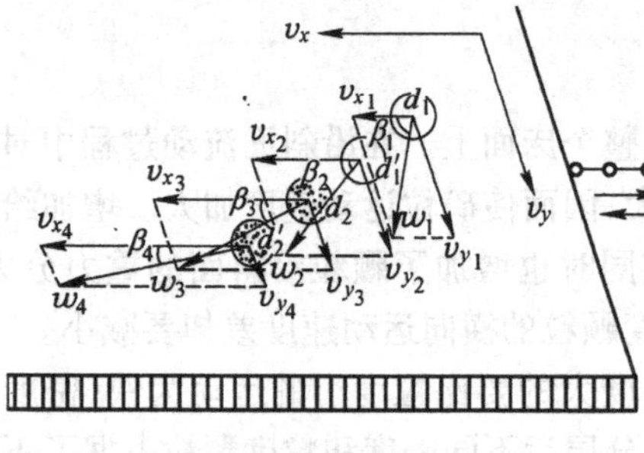

图 6-4　不同密度和粒度颗粒在床面上的偏离角变化

d_1、d'_1—轻矿物的粗颗粒和细颗粒；

d_2、d'_2—重矿物的粗颗粒和细颗粒

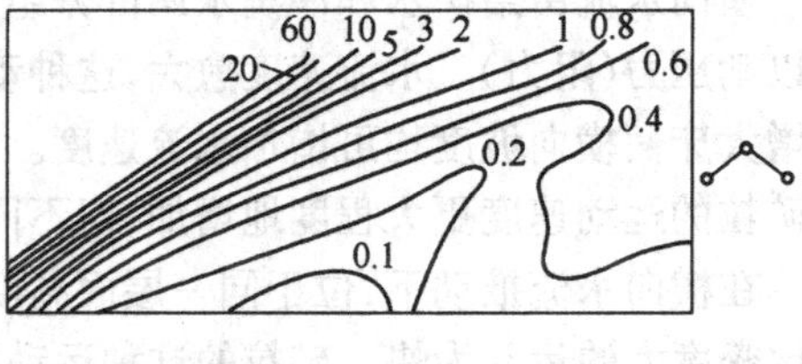

图 6-5　摇床床面上锡的品位分布测定图

综上可见，摇床选矿的特点是：

(1) 床面的强烈摇动，使松散分层和运搬分离得到加强。分选过程中，析离分层占主导，使按密度分选更加完善；

(2) 它是斜面薄层水流选矿的一种，因此，等降的矿粒可因其移动速度不同而达到按密度分选；

(3) 不同性质矿粒的分离，不单纯取决于纵向和横向的移动速度，而是取决于它们的合速度偏离摇动方向的角度。

6.3　摇床的类型

生产中应用的摇床类型很多。从用途上来分有：矿砂摇床(处理 2～0.075 mm 粒级矿砂)、矿泥摇床(处理 −0.075 mm 粒级矿泥)；选矿用摇床、选煤用摇床等。从构造上来分，因床头结构、床面形式和支撑方式不同而分为 6-S 摇床、云锡式摇床和弹簧摇床等。近年来在国外还推广一种悬挂式多层摇床，这种摇床在我国也已研制成功并用于生产中。此外，我国还制成一种特殊结构的离心摇床，已在选煤厂成功地应用。

离心摇床是在床面作回转运动中借惯性离心力强化选别过程的设备。它的特点是用多块弧形床面(整机为 3～4 块刻槽床面)围成一个圆筒形，每个床面绕回转中心呈阿基米德螺线展开。因此当圆筒形回转时，矿浆及冲洗水能够沿床面横向运动。不同密度和粒度的矿粒在床面上呈扇形展开，在床面搭接的开缝处排出尾矿及中矿。重矿物被推送到精矿端排出。在整个机体外面围以圆筒形罩子。罩子的内表面镶嵌着环形槽。不同比重的矿物进入槽中由底部孔口排出。

离心摇床在我国最早用于从弱磁选的尾矿中补充回收假象赤铁矿等矿物，获得了良好效果。但由于存在着振动强烈、噪音大、杆件焊缝易出现断裂、生产中事故较多等缺点，故在金属矿选矿厂未能获得推广。后在煤炭系统对其进行了改造，将原来的床头只传动一组床面改为两组床面(即改为双头式)，如图 6-6 所示。在中空轴内安装一根贯穿两床体和软、硬弹簧的调节平衡杆，使振动力自相平衡，同时缩小了长宽比，采用生漆涂层的刻槽床面，用于处理 −0.5 mm 的煤泥。每台设备生产能力达到 12～18 t/h。该设备定名为 SLY-1.8 型双头离心摇床。某选煤厂生产实践表明，比原来用浮选法处理煤泥，节省了油药消耗，避免了对环境污染。在技术指标相近的情况下，经济指标比浮选法优越。从而为处理煤泥提供了一种经济而有效的手段。

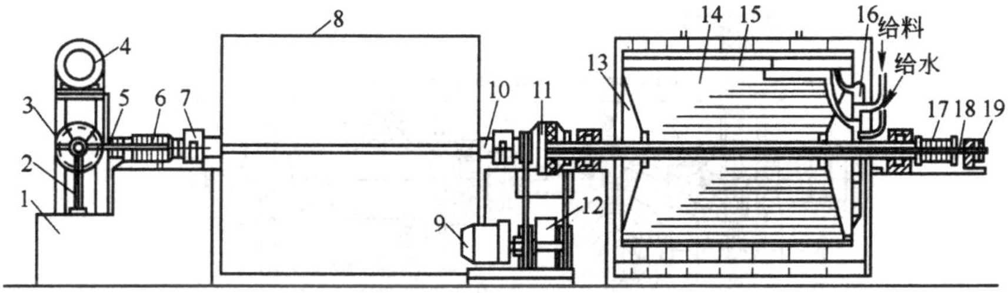

图 6-6　SLY-1.8 型双头离心摇床结构简图

1—基础；2—弹簧板；3—偏重轮；4—摇动电机；5—连接板；6—软橡胶弹簧；7—双向滚动轴承；8—接矿外罩；9—转动电机；10—中空大轴；11—硬橡胶弹簧；12—减速机；13—支承圈；14—床板；15—料水槽；16—料水环；17—冲程调节螺母；18—调节平衡杆；19—大螺母

6.3.1　6-S 摇床

这种摇床基本上是沿袭了早期威尔弗利摇床的结构形式。在我国最早由衡阳矿山机器厂制造，故又称为衡阳式摇床。设备结构如图 6-7 所示。这种摇床采用偏心连杆式床头，见图 6-8，电动机经大皮带轮 14 带动偏心轴 7 旋转，摇动杆 5 随之上下运动。由于肘板座 4(即调节滑块)是固定的，当摇动杆向下运动时，肘板 6 的端点向后推移，后轴 11 和往复杆 2 随之向后移动，弹簧被压缩。通过连动座 1 和往复杆 2 带动整个床面向后移动。当摇动杆向上移动时，受弹簧的伸张力推动，床面随之向前运动。

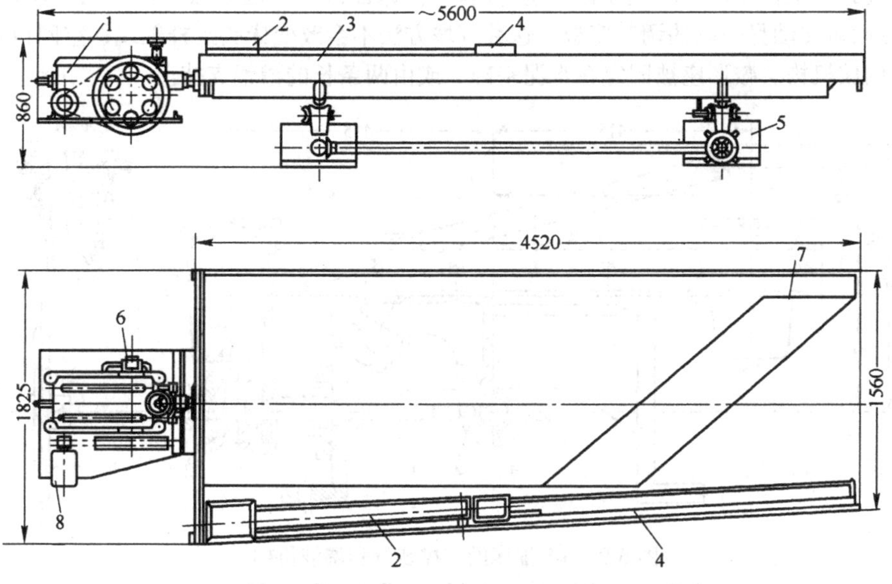

图 6-7　6-S 摇床

1—床头；2—给矿槽；3—床面；4—给水槽；5—调坡机构；6—润滑系统；7—床条；8—电动机

床面向前运动期间，肘板间的夹角是由大向小变化。肘板端点的水平移动速度则由小向大变化。故床面的前进运动即由慢而快。反之在床面后退时，则由快而慢，从而造成了差动运动。

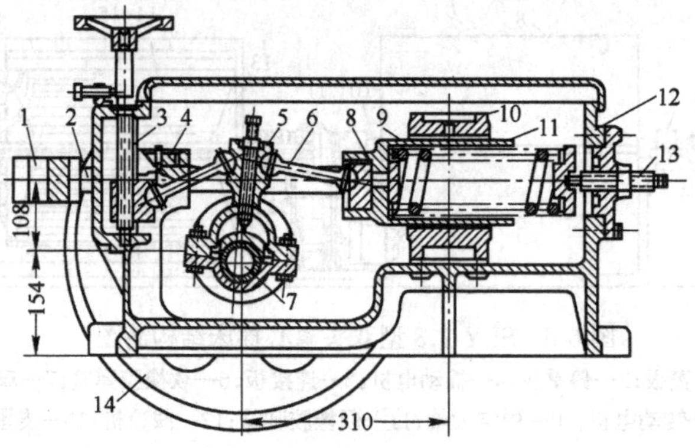

图 6-8　偏心连杆式床头

1—连动座;2—往复杆;3—调节丝杆;4—调节滑块;5—摇动杆;6—肘板;7—偏心轴;8—肘板座;9—弹簧;10—轴承座;11—后轴;12—箱体;13—调节螺栓;14—大皮带轮

转动手轮(手轮与丝杆 3 相连),上下移动滑块 4,即可调节冲程。旋动螺栓 13 可以改变弹簧的压紧程度,而床面的冲次则需借改变皮带轮的直径来调节。

床面的支撑装置和调坡机构共同安装在机架上。6-S 摇床的床面采用四块板形摇杆支撑,如图 6-9 所示。这种支撑方式会使床面在垂直平面内作弧形起伏的往复运动,从而引起轻微的振动;如果将摇板向床头端略加倾斜(4°～5°),还会使床面上粒群的松散和运搬作用加强,因而更适合处理粗粒的矿砂。支撑装置用夹持槽钢固定在调节座板上,后者则座落在鞍形座上。当用手轮通过调节丝杆使调节座板在鞍形座上回转时,床面倾角即随之改变。在调节丝杆上装有伞齿轮,可同时转动另一端的调节座板。这种调坡方法不会改变床头拉杆轴线的空间位置,故称为定轴式调坡机构。鞍形座被固定在水泥基础上或由两条长的槽钢支持。

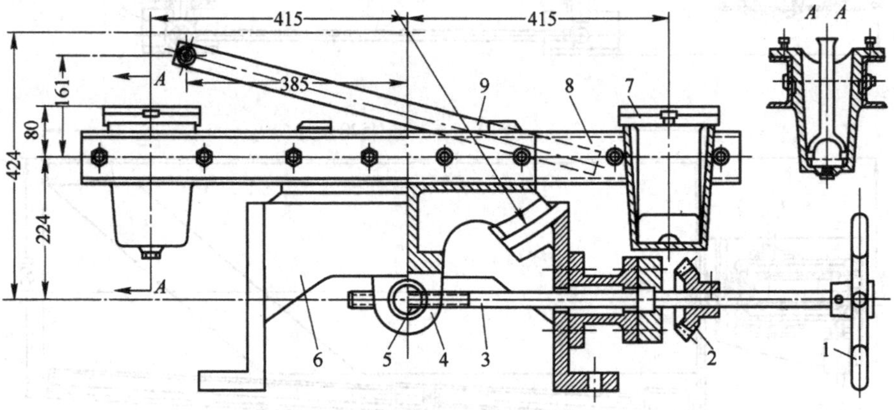

图 6-9　6-S 摇床的支撑装置和调坡机构

1—手轮;2—伞齿轮;3—调节丝杆;4—调节座板;5—调节螺母;6—鞍形座;7—摇动支撑机构;8—支持槽钢;9—床面拉条

床面外形呈直角梯形。在木制框架内,用木板沿斜向(与轴线交角为 45°)拼成平面。上面铺以薄橡胶板并钉上床条。用于选别粗砂的摇床,沿纵向有 1°～2°倾斜,在精矿端抬高;用于选别矿泥的摇床则在纵向有 0.5°左右的向下倾斜。纵向坡度的大小借支撑机构上的螺钉调节。

这种摇床主要适合选别矿砂,但亦可用来处理矿泥。横向坡度的调节范围较大(0°～10°),

调节冲程容易。在改变横向坡度和冲程时,仍可保持床面运行平稳。弹簧放置在机箱内,结构紧凑。这些都是6-S摇床的优点。缺点是安装的精度要求较高,床头结构复杂,易磨损件多。在操作不当时还容易发生折断拉杆事故,旧式的6-S摇床在机箱内盛有较多润滑油,常有漏油现象。改进后的摇床头在箱体外面偏心轴末端安有小齿轴油泵,进行集中润滑,箱内只有少量机油,减免了漏油事故。

6.3.2 云锡式摇床

这种摇床由苏式CC-2型摇床经我国云锡公司改进而成。设备结构如图6-10所示。该设备最初由贵阳矿山机器厂制造,故习惯上又称为贵阳式摇床。在结构上它又与国外的普拉特-奥(Plat-O)型摇床类似。

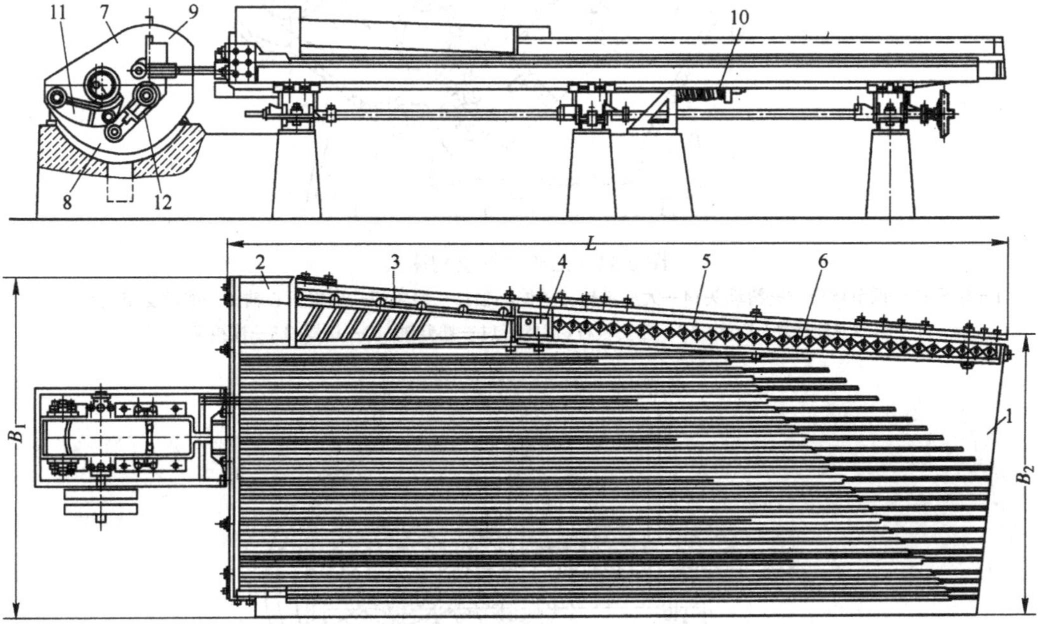

图6-10 云锡式摇床

1—床面;2—给矿斗;3—给矿槽;4—给水斗;5—给水槽;6—菱形活瓣;7—滚轮;8—机座;9—机罩;10—弹簧;11—摇动支臂;12—曲拐杠杆

云锡式摇床采用凸轮杠杆式床头传动,如图6-11所示。滚轮6被活套套在偏心轴5上。当偏心轴5在图中逆时针转动时,滚轮6便压迫摇动支臂(台板)向下运动,其摆动量通过连接杆(卡子)9传给曲拐杠杆(摇臂)10。通过滑动头3和拉杆1拖动床面作后退运动并压缩位于床面下面的弹簧。当床面转向前进时,弹簧伸张,推动床面运动。

整个传动机构被置于一个密闭的铸铁箱内。冲程是借旋动手轮改变滑动头在摇臂上的位置调节。滑动头上移,冲程增大,下降则减小。台板偏心轴7也是制成偏心的,具有2 mm偏心距,可用来调整滚轮与台板的接触点位置,从而改变床面运动的不对称性。床面的冲次同样是借改变皮带轮的直径调节。

还采用一种简化的凸轮杠杆式床头,称为凸轮摇臂式床头,如图6-12所示。这种床头直接由偏心轴上的滚轮5推动摇臂8运动。在图中偏心距是逆时针回转的,因而可使床面后退的时间小于前进运动的时间,且造成了负向加速度大于正向加速度,从而形成有运搬作用的差动运动。摇动轴 9 有 4 mm 偏心距，轴的一端伸出箱外，旋动轴 9 即可改变滚轮与摇臂的接触点位置，从而调节床面的差动性。

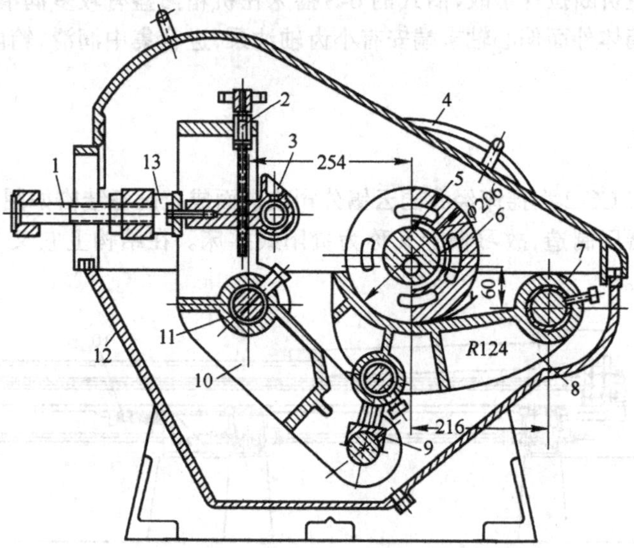

图 6-11　凸轮杠杆机构床头

1—拉杆；2—调节丝杆；3—滑动头；4—大皮带轮；5—偏心轴；6—滚轮；7—台板偏心轴；8—摇动支臂（台板）；9—连接杆（卡子）；10—曲拐杠杆（摇臂）；11—摇臂轴；12—机罩；13—连接叉

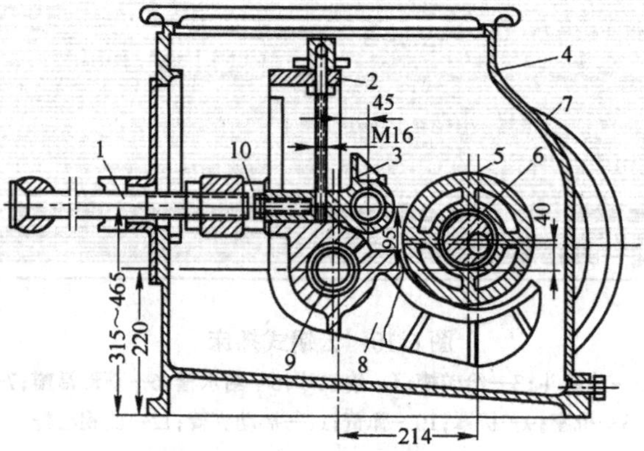

图 6-12　凸轮摇臂式床头

1—拉杆；2—调节螺杆；3—滑动头；4—箱体；5—滚轮；6—偏心轴；7—皮带；8—摇臂；9—摇动轴；10—连接叉

云锡式摇床的机架比较简单，床面采用滑动支撑方式，在床面的四角下方固定有四个半圆形突起的滑块，滑块被下面长方形油碗中的凹形支座所支承，如图 6-13(a)、(b)所示。油碗中盛有机油，床面在滑块座上呈直线往复运动。这种支承方式的优点是：运动平稳，且可承受较大的压力；缺点是运动阻力较大。调坡机构位于给矿和给水槽的一侧，在该侧的两个油碗下面各有三个支脚，支撑在三个三角形的楔形块上，如图 6-13(a)所示。转动手轮 1 推动楔形块 5，床面的一侧即被抬高或放下，横向坡度随之改变。这样调坡会使床头拉杆的轴线位置有所变化，故称之为变轴式调坡机构。

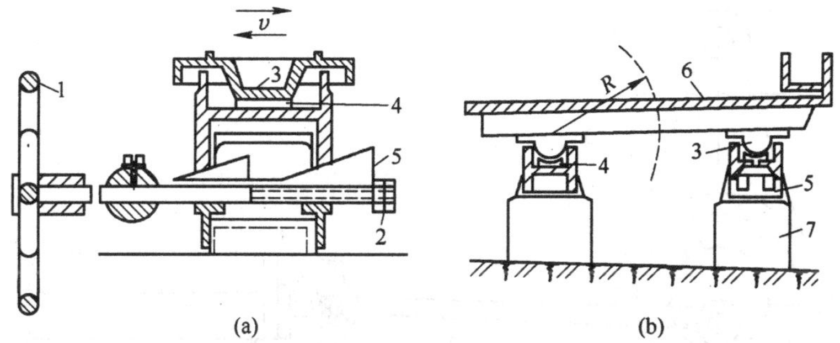

图 6-13　云锡摇床的滑动支承和楔形块调坡机构示意图

1—调坡手轮；2—调坡拉杆；3—滑块；4—滑块座；5—调坡楔形块；6—摇床面；7—水泥基础

云锡式床面的外形和尺寸与 6-S 摇床基本相同，所不同的是床面在纵向连续有几个坡度。采用漆灰（生漆与煅石膏的混合物）或聚氨酯作耐磨涂层。床条形状与 6-S 摇床有很大不同，并随处理物料粒度而异。

云锡式床头运动的不对称性较大，且有较宽的差动性调节范围以适应于不同的给料粒度和选别要求。床头机构运转可靠，易磨损的零件少，且不漏油。缺点是弹簧安装在床面底下，检修和调节冲程均不方便（调冲程时需先放松弹簧）；床面的横向坡度可调范围小（0°～5°）；当横坡及冲程调节过大时，将由于床头拉杆的轴线与床面重心的轴线过分分离而引起床面振动，故这种摇床适合于在横向坡度较小时处理细粒级、特别是矿泥时使用。

6.3.3　弹簧摇床

这种摇床以软、硬弹簧作为差动运动机构，与前述摇床相比别具一格。其构造如图 6-14 所示，床头包括传动装置和差动装置两部分。传动装置由电动机 4、偏心轮 2（或偏重轮）及摇杆 5 构成。摇杆 5 的一端借其上的卡弧紧固在床面连接器的小轴上。中间套以橡皮环，形成柔性连接（见图 6-15）。摇杆的另一端铰接在偏心轮的轴上。借两条 A 型皮带将偏心轮直接悬吊在电动机的皮带轮上。当电动机运转时，偏心轮即以其惯性力推动床面运动。这种运动又通过拉杆传递给差动装置。差动装置包括橡胶硬弹簧，钢丝软弹簧，弹簧箱及冲程调节手轮等部件。当床面作后退运动时，软弹簧被压缩，速度逐渐减慢。此时在硬弹簧与弹簧箱壁间出现一个空隙。当床面转而向前运动达到末端时，硬弹簧即与弹簧箱壁相撞击。撞击后又被迅速反弹回来，因而形成很大的一个负向加速度。由此引起的差动运动可以有很大的正、负加速度差值。故更适于处理微细的矿泥。

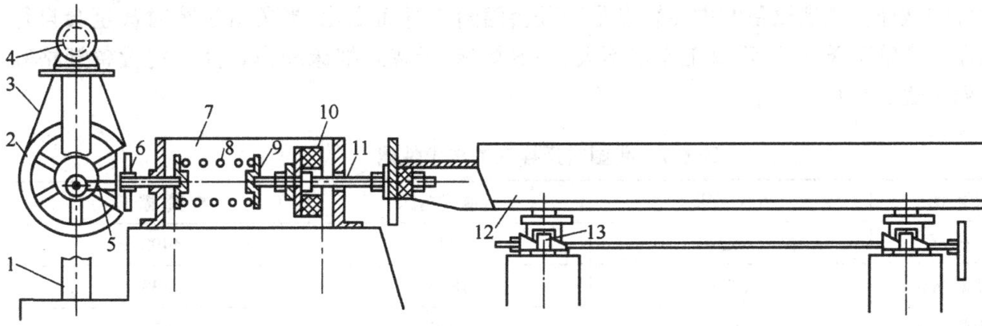

图 6-14　弹簧摇床结构示意图

1—电动机支架；2—偏心轮；3—三角胶带；4—电动机；5—摇杆；6—手轮；7—弹簧箱；8—软弹簧；9—软弹簧帽；10—橡胶硬弹簧；11—拉杆；12—床面；13—支撑调坡装置

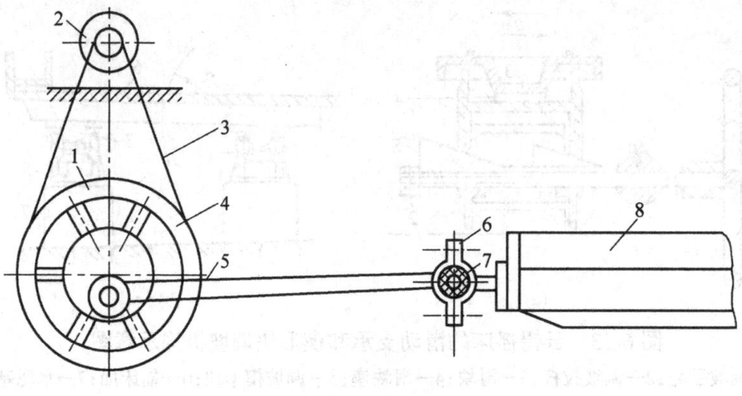

图 6-15　摇杆柔性连接示意图

1—偏心轮；2—电动机；3—三角胶带；4—偏心轮；5—摇杆；6—卡弧；7—胶环；8—床面

传动装置起着启动和维持正常运转的供能作用；而床面运动的差动性则主要由软、硬弹簧的刚性差异决定。如果将软、硬弹簧都去掉，让偏心轮单独带动床面，则床面的冲程即变得很小。可见，偏心轮主要并不起激振作用。但偏心轮的重量和偏心距的大小，必须和床面的重量和冲程相适应，否则将会因供能不足而带动不了床面运动。

偏心轮的重量和偏心距大小按下列经验公式计算

$$Wr = 0.17QS$$

式中　W——偏心轮重量，kg；

Q——床面等运动件重量，kg；

r——偏心距，mm；

S——床面冲程，mm。

由上式可见，要想获得不同的冲程，W 与 r 的乘积不应是定值，即偏心轮重量和偏心距应是可变的。

冲程的大小亦可借旋动手轮调节。旋紧丝杆，软弹簧被压缩，储能增加，于是冲程即加大。但这种调节是有一定限度的。增大偏心距可以使这一限度扩大。冲次的改变照例只能借改变电动机转速或皮带轮直径达到。

弹簧摇床的床面和云锡式矿泥摇床一样，是用刻槽法制成床条。床面的支承方式也和云锡式摇床相同，并采用楔形块调节坡度，可调范围是 1°～4°。

弹簧摇床的造价不及 6-S 摇床的一半，在矿泥选别作业中指标略优于 6-S 摇床。因此受到了生产单位的欢迎。该项设备的主要缺点是冲程会随给矿量而变化，当负荷过重时甚至会自行停车。但在正常给矿条件下，看管工作量不大。6-S 摇床、云锡式摇床和弹簧摇床的设备规格和技术性能列于表 6-1 中。

表 6-1　我国常用摇床的技术性能

摇床类型	6-S 摇床	云锡式摇床	弹 簧 摇 床
长度/mm	4520	4330	4493
传动端宽/mm	1825	1810	1833
精矿端宽/mm	1560	1520	1577
床面面积/m^2	7.6	7.4	7.43

续表 6-1

摇床类型	6-S 摇床	云锡式摇床	弹簧摇床
床头机构	偏心连杆式	凸轮杠杆式	偏心弹簧式
运动曲线的不对称性	较小	较大	大
冲程范围/mm	8～36	8～22	8～17
冲次范围/次·min^{-1}	220～340	280～340	300～360
最大给矿粒度/mm	<3	<2	<2
处理能力/t·d^{-1}	15～108	5～36	处理 -0.075 mm 矿石时 3～8
用水量/L·min^{-1}	19～75	7～63	9～16 m^3/日
电动机功率/kW	1.1	1.1	1.1
横坡调节范围/(°)	0～10	0～4	1～4
支承方式	摇动	滑动	滑动或滚动
横坡调节机构	鞍型座定轴式	楔形块变轴式	楔形块变轴式
设备调整优缺点	冲程易调，弹簧安装位置好，床面纵坡较易改变	冲程难调，弹簧安装位置不佳，纵坡调节困难	冲程易调，弹簧安装位置不佳，纵坡调节困难
维护使用要求	安装精确度要求高，易发生断拉杆事故	安装精确度要求较低，工作可靠	安装精确度要求较低，不需用机油润滑，检修方便
结构情况、总重量、应用	结构复杂，总重 1350 kg，适于选别粗砂	结构较简单，摇床头重 450 kg，适于选别中、细砂和矿泥	结构简单，易于制造，总重约 850 kg，适于选别细砂和矿泥

6.3.4 多层化摇床

摇床的单机处理量小，占地面积大是妨碍它大量应用的重要缺点。为解决此项问题，摇床已向多层化方向发展。我国在 20 世纪 50 年代后期制成了双层摇床、四层摇床和六层矿泥摇床。但由于床面重心与传动轴线不相重合，常引起振动而未获推广。前苏联早年制成折叠式双联三层摇床，牌号为雅斯克-1 型。其组合形式是将床面沿纵长切开成三段，然后折叠起来配置在一起，并将这样的两组装配在一个机架上。这种摇床的单位面积处理量可比普通摇床高一倍以上。在 20 世纪 60 年代英国威尔弗利(Wilfley)矿山机械公司也制成一种双层摇床。实际是两台单层摇床重叠配置而成，每层床面均由单独机构传动。但床面、给水槽、给矿槽则采用了玻璃钢制造。设备重量轻、高度小，使用方便。

但是这些双层及多层摇床在安装方式上仍未脱离坐落式结构。它们的共同缺点是运转时传给基础的惯性力较大，要求建筑物需有相当高的抗震强度。

基于这种原因，早在 20 世纪 50 年代国外即开始研究悬挂式多层摇床。1957 年在美国出现了悬挂式多偏心惯性床头。随之即制成了一种特殊形式的悬挂式多层摇床。这种摇床与以前坐落式摇床迥然不同，因而被誉为是摇床发展史上的重大创新。

最早在美国制成的双层悬挂式摇床是供选煤使用的。1961 年又制造了三层选煤用悬挂式摇床，型号为康森科-666(Concenco-666)。1973 年制成了改进型的选矿用三层悬挂式摇床定名为康森科-999。我国在 1975 年也研制成了悬挂式多偏心惯性床头，随后在 1977 年制成了我国自己的四层悬挂式摇床。在工业试验中经过调整改进，选别效果良好。

由我国北京矿冶研究院制成的悬挂式四层摇床的传动装置和床面分别用钢丝绳悬吊在金属支架或建筑物的预制钩上。床头的惯性力通过球窝连接器传给摇床框架，使床面与床头连动。

床面用蜂窝夹层结构的玻璃钢制造。床面中心间距为 400 mm。在钢架上设置能自锁的蜗轮蜗杆调坡装置。后者与精矿端的一对钢丝绳相连接。拉动调坡链轮，钢丝绳即在滑轮上移动，从而改变床面的横向坡度。矿浆和冲洗水由给矿槽、给水槽分别给入到各层床面。产物由连接在床面上的精矿槽及坐落在地面上的中矿槽及尾矿槽排出。

悬挂式四层摇床的床头为一组多偏心的惯性齿轮，在一个密闭的油箱内安装两对齿轮。齿轮轴上安有偏重锤。大齿轮的齿数及节径比小齿轮大一倍，其速比为 2。传动电动机安装在齿轮罩上方，直接带动小齿轴运转。在上下齿轮相对地转动中，偏重锤的垂直方向分力始终是互相抵消的。而在水平方向，当大齿轮轴上的偏重锤与小齿轮轴上的偏重锤同在一侧时，惯性离心力相加，达到最大。而当大齿轮再转过半周，小齿轮转过一周时，惯性离心力相减，成为最小。由此便在水平方向产生了差动作用力。大齿轮的转数即是床面的冲次。改变偏重锤的重量(用加配重片的方法)则可改变冲程。调节冲次时不会影响到冲程。

悬挂式多层摇床不仅提高了单位地面的处理能力，而且省去了笨重的基础，不再对建筑物有冲击振动，运转噪声小，维护简单，在基建投资和操作管理上都是有利的。

6.4 床面的运动特性

6.4.1 床面的运动特性判据

床面的运动特性由床头机构决定。对床头运动的分析早就存在两种方法。一是图算法，另一个是实测法。实测法是采用配备有速度和加速度传感器的测振仪直接量得床面的位移、速度和加速度曲线。这种方法简便迅速，但需有相应的仪器设备。在条件不具备时亦可在传动皮带轮上(非柔性连接设备)画成若干等分，以手扳动皮带轮，画出转角与床面位移的关系曲线，然后推算出速度和加速度曲线。图算法是根据床头中机件几何尺寸关系，用作图法先获得位移曲线及其数学逼近方程式，然后再推导出速度和加速度方程式及曲线。这种方法不仅对已有的摇床，而且对设计中的摇床亦可作出分析，但工作量较大。

对于柔性连接的惯性床头，通过运动学分析亦可大致地推算出床面的位移曲线和速度、加速度曲线。在设计新的摇床机构时，可以用这种方法预先推算，但因计算常忽略一些次要因素，故所得结果只是大致地符合实际，在生产中还需进行调整。

对摇床头运动特性分析的目的是要获得对床头效率的正确评价，迄今为止所提出的效率判据还只限于对差动性的评定。下面介绍两种常用的评定效率的 E_1、E_2 参数法。

由图 6-16 可知，E_1、E_2 参数的意义分别定为：

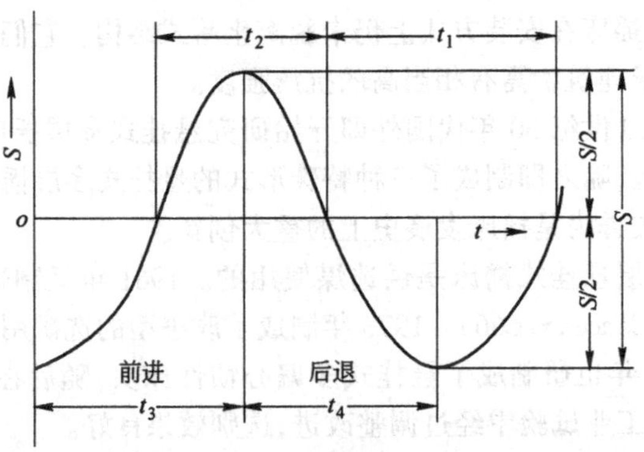

图 6-16　床面运动差动性图示

$$E_1=\frac{\text{床面前进的前半段}+\text{后退后半段所需时间}}{\text{床面前进的后半段}+\text{后退前半段所需时间}}=\frac{t_1}{t_2}$$

$$E_2=\frac{\text{床面前进所需时间}}{\text{床面后退所需时间}}=\frac{t_3}{t_4}$$

显然,由于床面呈差动运动,$t_1>t_2$,故总是 $E_1>1$。对于 E_2 来说,则既可大于 1 亦可小于 1。当 $E_2>1$ 时,意味着床面前进的时间 t_3 增长,后退的时间 t_4 缩短,颗粒向后滑动的可能性减小,因而有利于颗粒相对于床面向前运动。但 E_1 与 E_2 比较,E_1 表明了床面作急回运动的强弱,因而比 E_2 更为重要。在选别细粒级矿石时,不仅需要 E_1 大于 1,亦要求 E_2 大于 1。

6.4.2 偏心连杆机构床头的运动分析

偏心连杆机构床头在冲程 $S=11.18$ mm,冲次 $n=300$ 次/min 条件下,用数学逼近方法得到的床面位移、速度和加速度如图 6-17 所示。

偏心连杆机构的差动性判据 E_1 系偏心轴的几何中心回转到左右极限位置时,由偏心距所构成的上、下方最大的夹角决定。由于下方的回转角(后退行程后半段往返时间)总是大于上方回转角(前进行程后半段往返时间),故 $E_1>1$。差动性判据 E_2 则由偏心距上、下极限位置所构成的右侧与左侧夹角的比值决定(偏心轴作逆时针方向回转)。这一比值与冲程滑块的上下位置有关,当该滑块位于右侧水平运动滑块的轴线上方位置时,$E_2>1$;当该滑块位于右侧水平运动滑块的轴线上时,$E_2=1$,偏心轴作正向回转与作逆向回转效果一样;当该滑块位于右侧水平运动滑块的轴线下方位置时,$E_2<1$。因此,这种机构在移动滑块的位置变化时,E_2 值亦随之改变,床面的差动性将随之变化。

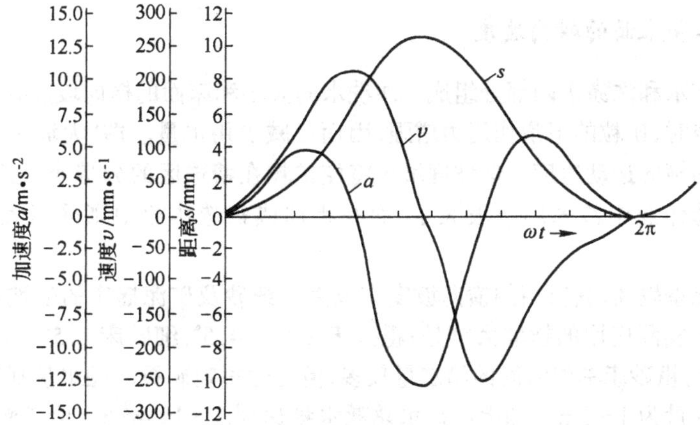

图 6-17 偏心连杆式床头的运动特性曲线

s、v、a—分别为床面位移、速度和加速度曲线

6.5 摇床操作技术

6.5.1 摇床的工艺操作因素

对工艺指标有影响的摇床操作因素包括:冲程、冲次、给矿浓度、冲洗水、床面横向坡度、原料粒度组成及给矿量等。

6.5.1.1 冲程、冲次

冲程冲次的组合值决定着床面运动的速度和加速度。为使床层在切变运动中达到适宜的松散度要求，床面应有足够的运动速度，而从输送重产物的要求来看，床面还要有适当的正负加速度差值。冲程冲次的适宜值主要与入选物料粒度有关。处理粗砂的摇床给矿粒度粗、床层又较厚，此时既需要有足够大的层间斥力进行松散，又需要有相对较长的时间扩展床层高度，故总是要求有较大冲程，较小冲次；处理细砂和矿泥的摇床条件则正好相反，其冲程冲次的相乘值也要比处理粗砂的摇床低些。我国现在使用的三种摇床的冲程、冲次值大致如表 6-2 所示。

表 6-2　我国常用的摇床的适宜冲程、冲次范围

6-S 摇床			云锡式摇床			弹簧摇床			
给料	冲程/mm	冲次/次·min^{-1}	给料	冲程/mm	冲次/次·min^{-1}	给料粒级/mm	冲程/mm	冲次/次·min^{-1}	传动轮的偏心距/mm
矿砂	18～24	250～300	粗砂	16～20	270～290	0.5～0.2	13～17	300	32
矿泥	8～16	300～340	细砂	11～16	290～320	0.2～0.075	11～15	315	29
			矿泥	8～11	320～360	0.075～0.037 －0.037	10～14 8～13	360	26 22

除了入选的矿石粒度外，摇床的负荷及矿石比重也影响冲程、冲次大小。床面的负荷量增大或在进行精选时，宜采用较大的冲程、冲次组合值。适宜的冲程、冲次值最终还是要借试验或通过生产仔细考查确定。

6.5.1.2 冲洗水和床面的横向坡度

冲洗水由给矿水和洗涤水两部分组成。冲洗水的大小和床面的横向坡度共同决定着水流的流速。当增大横坡时，矿粒的下滑作用力增强，因而可减少用水量。即“大坡小水，小坡大水”均可使矿粒有同样的横向运动速度。但坡度增大将使矿粒在精选区的分带变窄，不利于更精细地分离。所以在精选作业中常采用小坡大水，而在粗选或扫选作业中则采用大坡小水，以节省水耗。

粗砂摇床的床条较高，其所用的横向坡度亦较大。细砂及矿泥摇床的横坡相应较小。云锡公司各选厂的摇床实际应用的横坡大概是：粗砂床 2.5°～4.5°，细砂床 1.5°～3.5°，矿泥床 1°～2°。从给水量来看，粗砂床单位时间的给水量较多，但处理每吨矿石的耗水量则较少。整个来说处理矿石的洗涤水量为 1～3 m^3，加上给矿水总耗水量达到 3～10 m^3/t。给矿粒度愈小，单位矿量的水耗愈大。

6.5.1.3 矿石在入选前的制备

为了便于选择摇床的适宜操作条件，矿石在入选前应进行分级。采用水力分级方法所获得的产物中，重矿物的平均粒度要比轻矿物小得多，因而有利于进行析离分层。生产中经常采用 4～6 室的干涉沉降水力分级机对原料进行分级。

摇床处理矿石的粒度上限为 2～3 mm(粗砂床)。矿泥摇床的回收粒度下限一般为 0.037 mm。再细的粒级受紊动水流影响就很难沉降回收。给料中若含有大量微细矿泥，不仅难于回收，而且因矿浆黏度增大，分层速度降低，还会招致较多重矿物损失。所以在原料中含泥(指 －10～20 μm 粒级)量多时，即需进行预先脱泥。

6.5.1.4 给矿浓度、给矿体积和处理量

给矿的矿浆浓度和矿浆体积既与按干矿计的处理量有关,同时也影响分选指标。随着给矿体积增加,处理矿量增大,精矿品位提高,而金属回收率则要下降。增大给矿浓度其结果与此类似。生产中控制给矿体积和给矿浓度是主要的操作环节。

按干矿计的摇床处理能力随给矿粒度的减小而急剧减小。处理量通常以 t/(台·h)或 t/(台·d)计算。为了便于对比也采用单位床面的给矿量 $t/(m^2 \cdot h)$或 $t/(m^2 \cdot d)$衡量。与其他厚床层的重选设备(如跳汰机)相比,摇床的单位处理能力是很低的。

表 6-3 列出了我国现用单层摇床的生产定额数据。随着给矿粒度和对产物的质量要求不同,摇床的处理能力变化很大。

表 6-3 单层摇床的生产定额

入选粒度/mm	处理含泥脉锡泥或砂锡矿,产出最终锡精矿/$t \cdot (台 \cdot d)^{-1}$	处理含泥脉锡泥或砂锡矿,产出粗锡精矿/$t \cdot (台 \cdot d)^{-1}$	处理石英脉钨矿,产出最终钨精矿/$t \cdot (台 \cdot d)^{-1}$
1.4~0.8	30	35	55
0.8~0.5	25	30	50
0.5~0.2	20	25	35
0.2~0.075	15	20	30
0.075~0.04	8	12	20
0.04~0.02	5	8	12

6.5.2 摇床维护与检修

(1) 根据来矿变化,及时调节洗涤水量和横向坡度,保持精矿带稳定并成一条直线。

(2) 经常清理砂槽、排矿孔,保证畅通无阻,下砂均匀,床面不产生拉沟急流。

(3) 每次检修后主动检查、调节冲程、冲次,使之保证符合技术要求。

(4) 开车前的检查:开车前认真检查安全挂罩是否齐全、摇床头有无漏油、润滑油路是否正常。分泥斗、分级箱各沟道、槽子是否畅通,有无杂物阻塞,设备电气是否正常。

(5) 摇床正常运转时要巡回检查:

1) 电机、床头油仓的温度、响声是否正常,地脚螺栓是否稳固,床面是否跳动,床头油仓内的油链是否转动。

2) 流程有无错乱,流向是否正确,管道、槽子有无通漏。

3) 分泥斗、分级箱溢流槽,分级箱阻砂条间隙是否畅通,及时清除床面泥垢。

4) 按要求补加足润滑系统的油量。

(6) 操作摇床注意事项:

1) 不得随便更换保险丝规格。

2) 不得在电器设备上放置工具和其他物品。

3) 工作场所保持足够照明,人行道畅通。

4) 遇突然停电,及时拉下电源开关。

本章小结

(1) 摇床属于流膜选矿类设备,以它的不对称往复运动为特征而自成体系。

(2) 摇床的分选精确性高是它的突出优点。原矿经过一次选别即可得到部分最终精矿、最终尾矿和1～2种中间产物。平面摇床便于看管和调整。它的主要缺点是占地面积大、处理能力低。摇床主要用于处理钨、锡、有色和稀有金属矿石。多层摇床和离心摇床还用于选别黑色金属矿石和煤炭。处理金属矿石的有效选别粒度范围是3～0.02 mm,选煤时给矿粒度上限可达10 mm。摇床常作为精选设备与离心选矿机、圆锥选矿机等配合使用。

(3) 所有的摇床基本上都是由床面、机架和传动机构三大部分组成。生产中应用的摇床类型很多。从用途上来分有:矿砂摇床(处理2～0.075 mm粒级矿砂)、矿泥摇床(处理-0.075 mm粒级矿泥);选矿用摇床、选煤用摇床等。从构造上来分,因床头结构、床面形式和支撑方式不同而分为6-S摇床、云锡式摇床和弹簧摇床等。本章重点讨论了摇床的基本构造、选分过程和工作原理。

(4) 床面的运动特性由床头机构决定,对摇床头运动特性分析的目的是要获得对床头效率的正确评价。本章介绍了偏心连杆机构床头的运动特性。

(5) 对工艺指标有影响的摇床操作因素包括:冲程、冲次、给矿浓度、冲洗水、床面横向坡度、原料粒度组成及给矿量等。

复习思考题

6-1　摇床选矿的基本原理是什么?

6-2　摇床选矿有哪些应用,有哪些优点和缺点?

6-3　摇床选择、安装和操作有哪些要点?

6-4　摇床的支承方式和调坡机构有哪几种?

6-5　影响摇床选别的因素有哪些?

6-6　摇床的摇动机构有哪几种?

6-7　摇床操作中常见的故障有哪些?

7　重介质选矿

7.1　概述

所谓重介质通常是指密度大于 1000 kg/m³ 的介质。在本书绪论中已经提到,这样的介质包括重液和重悬浮液两种流体。矿石在这样的介质中进行选别即称作重介质选矿。通常所选用的重介质密度,是介于矿石中轻矿物与重矿物两者的密度之间,即

$$\rho_2 > \rho > \rho_1$$

如前所述,在这样的介质中,轻矿物颗粒即不再能够下沉,而重矿物则可沉降下去。选别按阿基米德浮力原理进行,完全属于静力作用过程。流体的运动和颗粒的沉降不再是分层的主要作用因素,而介质本身的性质倒是影响选别的重要因素。

由于重液的价格昂贵,生产中几乎没有应用的。工业上应用的重介质实际都是重悬浮液。它是由细粉碎的高密度的固体颗粒与水(极少数是空气)组成的两相流体。高密度颗粒起着加大介质密度的作用,故又称作加重质,选别矿石用的加重质主要是硅铁,其次还有方铅矿、磁铁矿和黄铁矿等,它们的性质列于表 7-1 中。

表 7-1　选矿常用加重质的性质

种　类	密度/$g \cdot cm^{-3}$	摩氏硬度	配成悬浮液的最大物理密度/$g \cdot cm^{-3}$	磁　性	回 收 方 法
硅　铁	6.9	6	3.8	强磁性	磁　选
方铅矿	7.5	2.5～2.7	3.3	非磁性	浮　选
磁铁矿	5.0	6	2.5	强磁性	磁　选
黄铁矿	4.9～5.1	6	2.5	非磁性	浮　选
毒　砂	5.9～6.2	5.5～6	2.8	非磁性	浮　选

加重质首先要有足够的密度,以便在适当的容积浓度下(一般为 25%左右)配制成密度合乎要求的悬浮液。其次对加重质的要求是便于回收,能够用简单的磁选、浮选或分级等方法将被污染了的悬浮液净化。另外选择加重质也要注意来源广泛,价格便宜,且不要成为精矿的有害杂质。例如选别锑矿石时即不应当用方铅矿作加重质。

实际生产中应用最多的是硅铁加重质。这是一种专门冶炼成的硅铁合金。具有耐氧化、硬度大、带强磁性等特点。使用后经过筛分和磁选回收,可以返回再用。硅铁中含硅小于 13%时,韧性增加,给磨碎制备带来困难,而且在水中易于氧化。当含硅超过 18%时,磁性减弱不便回收。故以含硅 13%～18%,含铁 87%～82%的硅铁最适合使用。冶炼成块状的硅铁需经磨碎后使用。另有一种用喷雾法制成的硅铁,可直接形成细小的球形颗粒,在高浓度下悬浮液的黏度仍较小,便于使用,但制造困难。采用硅铁存在的问题主要是价格较高,对于块状硅铁制备又较麻烦。

当以方铅矿、磁铁矿、黄铁矿和毒砂作加重质时,一般取这些矿物的精矿直接使用。方铅矿硬度小、易泥化;磁铁矿和黄铁矿密度小,难以配成高比重悬浮液;毒砂虽然有相当高的密度,但

有毒性。这些是它们的缺点。但在以其精矿作加重质时,勿需特殊的制备过程,可以就地取材,而且一般来说价格较低,多数情况又可节省净化回收工作量,故在条件许可时仍多乐于采用。

加重质的颗粒粒度多数是-200目的占60%～80%,与入选矿块比较起来是很小的。微细的加重质颗粒均匀分散在水中,对于尺寸较大的矿块来说,便受到了像均质介质那样的浮力作用。这个问题在2.2.2节中已经讨论过了。

从理论上讲(见2.2.2节),重介质选矿完全是按矿粒在介质中受到的静压力差进行。矿粒的粒度和形状对分选不再起作用,故应能分选密度差很小的矿物混合物,且粒度范围也可以很宽。但是在实际生产中,粒度很小,特别是与介质密度接近的颗粒,其沉降速度变得很低而使分层时间大为增长,设备处理能力随之降低。因此,在入选前经常仍需将细小颗粒筛除。目前在重力场中进行的选别,给矿下限粒度约为2～3 mm(选煤为3～6 mm),采用重介质旋流器分选时,粒度下限可降至0.5 mm,给矿的粒度上限多数情况由原矿的粒度、嵌布特性和设备尺寸决定。对于矿石常为50～150 mm,对于煤炭为300～400 mm。

受加重质密度的限制,重悬浮液难以配成很高的密度,通常只能比轻矿物密度略高一些。故在金属矿选矿中,重介质选矿不能用来获得高品位的最终精矿,而只能除去密度低的单体脉石或采矿过程中混入的围岩,作为预先选别作业使用。这种方法最适合处理有用矿物为集合体嵌布的有色金属矿石,如铅锌矿、铜硫矿等。这类矿石在中碎以后即可有大量单体脉石产出,用重介质选矿法将其除去,使之不再进入磨矿和选别作业,可以大大降低每吨原矿的生产成本,并在实际上提高了选矿厂主选车间的处理能力。某些难以进行细磨选别的氧化铅锌矿石,经过这样的富集,有时亦可达到冶炼的最低品位要求。在我国重介质选矿法还用于处理井下采出的铁矿石和锰矿石,从中除去混入的围岩,恢复地质品位。此外,重介质选矿法在处理低品位的稀有金属矿石、非金属矿石,甚至在清理城市垃圾中亦均有所应用。

7.2 重悬浮液的性质

重悬浮液与均质液体不同,它的密度和黏性可以随加重质的性质和含量不同而变化。此外,重悬浮液在静置时容易发生沉淀,因此还有一个保持稳定性的问题。

悬浮液的密度、黏度和稳定性是互有联系的三个方面性质。其中密度是决定分离比重的关键性因素,但是对实际的分离密度和稳定性均有影响的却是悬浮液的黏性。

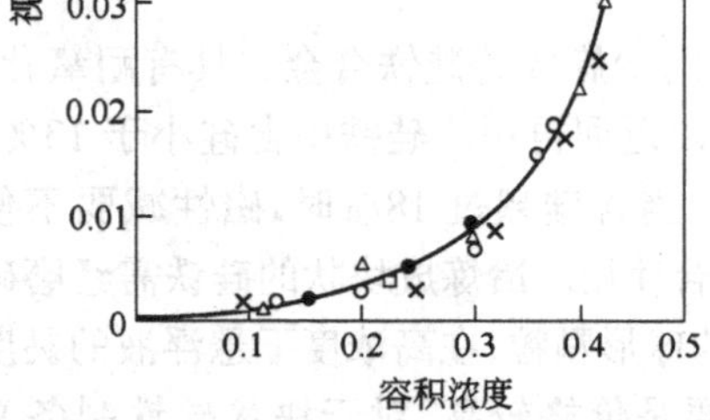

图7-1　悬浮液的视黏度随固体颗粒(0.075～0.037 mm)容积浓度的变化关系

●—石英;○—磁铁矿;×—硅铁;□—方铅矿;△—铅粉

7.2.1 重悬浮液的黏度

悬浮液的黏性包括了因固-液界面增大和颗粒间摩擦、碰撞所引起的流动切应力,外观看来即表现为黏性增强。因其与均质介质黏性形成的原因不完全相同,故所测得的黏度被称作视黏度。

当加重质颗粒的粒度和形状差别不大时,悬浮液的视黏度随容积浓度的增加而增加,与颗粒的密度基本无关。图7-1是几种不同的加重质在粒度为0.075～0.037 mm时,视黏度随容积浓度的变化关系。图示的测量结果可以用来对比不同悬浮液的流动特性。

由图 7-1 可见，视黏度随容积浓度的变化并非呈单一曲线关系。在低浓度时，黏度增加缓慢，并接近于直线关系。在中间段视黏度呈曲线关系增长，到较高浓度时，又呈直线关系迅速增大。对此可以大致地从悬浮液的黏度构成上给予解释。当固体浓度很低时，颗粒很少直接接触，只是因固-液界面增大而使内摩擦力略有增加。其增加值与颗粒体积含量大致成正比。以后随着容积浓度增大，颗粒间直接摩擦、碰撞就不可避免。据拜格诺研究，这种新增加的摩擦阻力开始时属于黏性切应力，以后浓度再增大又过渡为惯性切应力。于是视黏度即随容积浓度的增加呈曲线关系增加。

但是在容积浓度增加到相当高的数值以后，在多数悬浮液内部还将出现一种新的流变阻力因素，这就是悬浮液发生了结构化。其表现形式是悬浮质颗粒因直接接触而互相连结起来，形成一种空间网状结构物，对悬浮液的流动变形显示出更大的阻力，于是视黏度随容积浓度的增大而急剧增大。

有两种类型的结构化，一种是在微细的悬浮质表面水化膜间广泛地直接粘结形成的结构化。例如某些乳浊液、糊状物等属于此类。另一种形式结构化多出现在悬浮质形状不规则且带有疏水性的悬浮液内。此时固体颗粒为了降低它们的表面自由能，而通过尖棱、边角等处自发地连接起来，形成一种整体的或局部的空间结构物，如图 7-2 所示。在这种网状结构物中间包裹的水分子同时也失去了流动性，于是整个悬浮液具有了某种机械强度，流动性急剧地降低，视黏度也就变得非常大。某些流动性很差的矿浆属于这种类型。

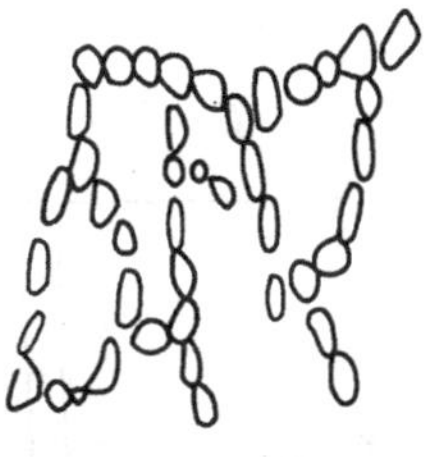
图 7-2 悬浮液结构化示意图

作分选介质使用的重悬浮液常常带有结构化特征。除此而外，那些微细的矿泥在水中也常形成结构化的悬浮液。不仅在高浓度下，在低浓度时部分颗粒互相结合也会形成局部结构化。某些带有剩磁的悬浮质(如硅铁、磁铁矿等)发生的磁团聚，也可归并到这种类型中来。

但是并非所有高浓度的悬浮液均可形成结构化，某些悬浮质颗粒或因不具备上述结合条件，或因粒度较粗，黏结力与重力比较起来居于次要地位而未能形成结构化。尽管如此，它们在高浓度时的流动特性也不同于在低浓度下的流动状态。

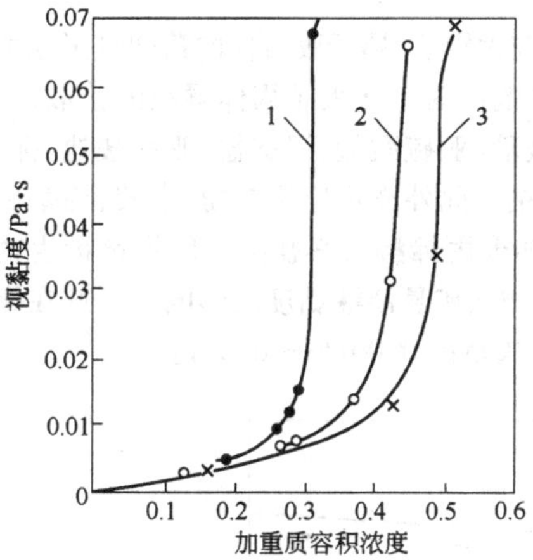

图 7-3 加重质的粒度对悬浮液视黏度的影响
1—粒度为 0.005～0 mm；2—粒度为 0.075～0 mm；3—粒度为 0.147～0 mm

加重质的比表面积不同，开始形成结构化的固体容积浓度亦不同，例如，当加重质比表面积，$S_r=5700\ cm^2/cm^3$ 时，在容积浓度 $\lambda=0.17$ 时开始出现结构化；当 $S_r=2600\ cm^2/cm^3$ 时，则是 $\lambda=0.21$ 开始结构化；当 $S_r=1770\ cm^2/cm^3$ 时，$\lambda=0.26$ 开始结构化。固体容积浓度低于上述各值时，悬浮液为非结构化，对于重介质选矿用的重悬浮液，严重结构化是不利的，最佳的分选结果得自非结构化和弱结构化悬浮液。

由于悬浮液的黏度和结构化的形成均与加重质的比表面积有关，因此一切与比表面积有关的因素：颗粒粒度、形状以及含泥量等亦均影响悬浮液的视黏度。图 7-3 示出了不同粒度方铅矿悬浮液的视黏度随容积浓度的变化关系。由图中可看出，加重质的粒度愈小，在同样容积浓度下，视黏度愈大，开始形成结构化的浓度亦愈低。

选矿用加重质的颗粒粒度与所应用的设备工作条件有关。较少机械搅动的悬浮液颗粒粒度最细，达到 -200 目的占 80%～90%；处于强烈搅拌中的悬浮液，加重质颗粒可以粗些，-200 目占 35%～55%。

加重质的形状愈接近球形，悬浮液的黏度愈小，图 7-4 绘出了石英和硅铁在形状改变后视黏度的变化对比。

矿泥含量对硅铁悬浮液黏度的影响示于图 7-5 中。这里所谓矿泥系指小于 10～20 μm 的颗粒。它们除了一部分是随原矿石进入者外，在使用过程中，加重质被磨剥也会生成矿泥。矿泥对结构化的形成影响是很大的，必须很好地限制。

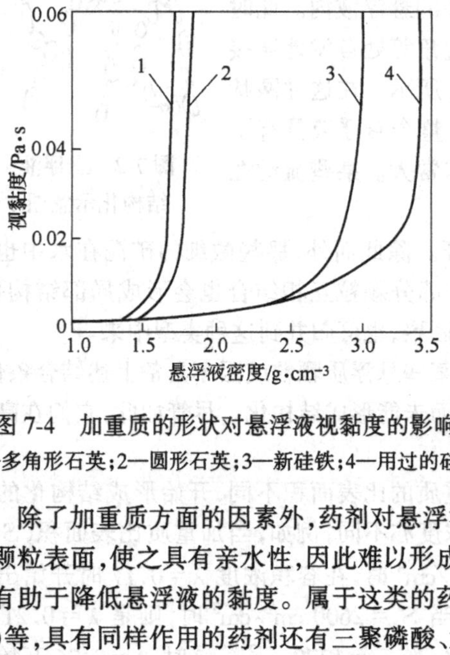

图 7-4　加重质的形状对悬浮液视黏度的影响

1—多角形石英；2—圆形石英；3—新硅铁；4—用过的硅铁

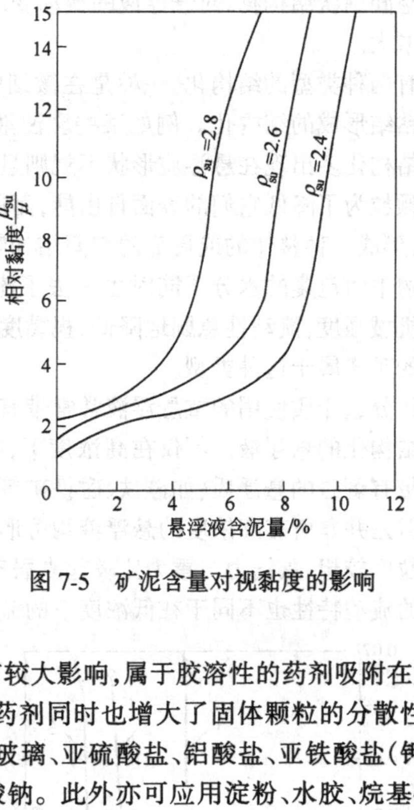

图 7-5　矿泥含量对视黏度的影响

除了加重质方面的因素外，药剂对悬浮液黏度也有较大影响，属于胶溶性的药剂吸附在加重质颗粒表面，使之具有亲水性，因此难以形成结构化。药剂同时也增大了固体颗粒的分散性，从而有助于降低悬浮液的黏度。属于这类的药剂包括水玻璃、亚硫酸盐、铝酸盐、亚铁酸盐（钾、镁盐）等，具有同样作用的药剂还有三聚磷酸、六聚偏磷酸钠。此外亦可应用淀粉、水胶、烷基硫酸盐、脂肪酸盐、聚酯衍生物、聚合酸及其盐类的衍生物（如聚丙烯酸及其盐类）、纤维素衍生物等等。图 7-6 示出了不同用量的水玻璃和六聚偏磷酸钠对磁铁矿悬浮液黏度的影响。药剂在颗粒表面因吸附方式不同，用量变化很大，一般波动于加重质重量的 0.001%～0.5%。

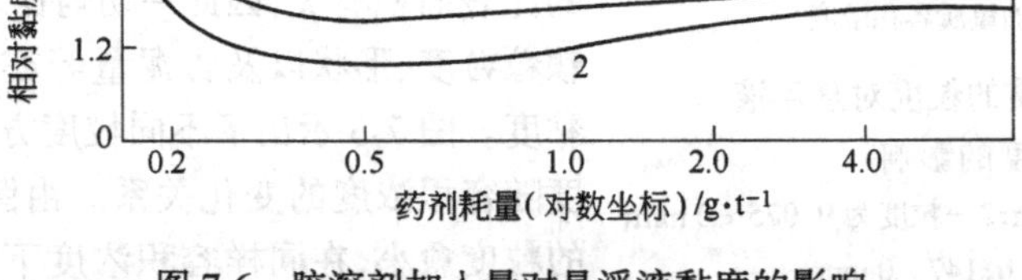

图 7-6　胶溶剂加入量对悬浮液黏度的影响

1—水玻璃；2—六聚偏磷酸钠

降低悬浮液的黏度可以提高矿石的分选速度，但悬浮液的稳定性随之降低，分选条件变得难于控制。生产中对黏度的要求首先是考虑分选的精确性，同时也要照顾到悬浮液的稳定性。

7.2.2　重悬浮液的密度

如前所述，水-固悬浮液的物理密度 ρ_{su}(g/cm^3)即是单位体积内水与加重质的质量之和：

$$\rho_{su}=\lambda(\delta_{hm}-1)+1 \tag{7-1}$$

式中　δ_{hm}——加重质密度，g/cm^3。

悬浮液的最大密度由加重质密度和允许的最大容积浓度共同决定。一般而言，采用磨碎（有棱角）的加重质容积浓度在17%～35%范围内，大部分在25%左右。而采用近于球形的加重质颗粒时，容积浓度可达43%～48%。它们相应的重量浓度为50%～60%及85%～90%。硅铁加重质的重量浓度达90%时，可以得到最大的悬浮液密度为3.8 g/cm^3。

按既定的悬浮液密度配制一定体积的重悬浮液，需要的加重质质量由下式计算。由质量平衡关系知

$$M+\left(V_{su}-\frac{M}{\delta_{hm}}\right)\rho=V_{su}\rho_{su}$$

故得

$$M=\frac{V_{su}\delta_{hm}(\rho_{su}-\rho)}{\delta_{hm}-\rho} \tag{7-2}$$

式中　M——加重质质量，kg；

V_{su}——悬浮液体积，L；

δ_{hm}、ρ——加重质及分散介质密度，g/cm^3，采用水时 $\rho=1$ g/cm^3。

在理论上，悬浮液的分离密度应等于它的物理密度。但是实际上受结构化因素影响，分离密度常常高于它的物理密度；而在非结构化悬浮液内，因加重质颗粒的沉降，分离密度既可高于物理密度又可低于物理密度，依分离界限层的位置而定。

设某体积为 V_{gr}的矿粒，在结构化悬浮液内向下运动，其运动开始时所遇到的静力作用除了悬浮液的浮力外，还有由静切应力引起的支持力，故矿粒向下沉降的条件应是

$$V_{gr}\rho_i g>V_{gr}\rho_{su}g+F_0 \tag{7-3}$$

式中　F_0——由静切应力引起的在颗粒沉降方向的摩擦力合力。

由于 F_0 的大小与颗粒的表面积和静切应力 τ_0 成正比，写成

$$F_0=\frac{1}{k}\tau_0 A_{gr} \tag{7-4}$$

式中　A_{gr}——颗粒表面积；

$\frac{1}{k}$——比例系数，据希辛柯测定，k 值与颗粒粒度有关，如图7-7所示。粒度大于10 mm时接近于一常数，$k\approx0.6$。

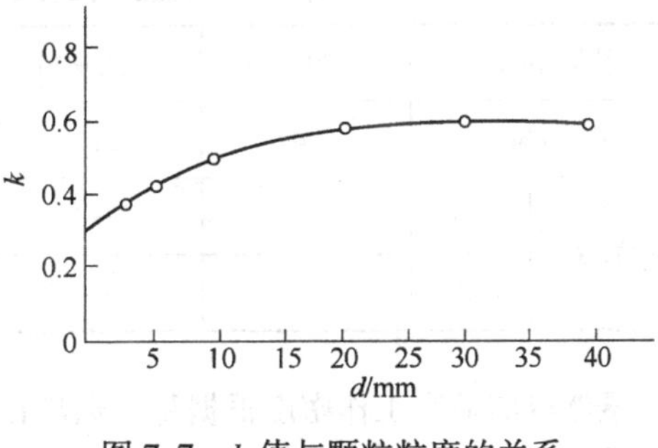

图7-7　k 值与颗粒粒度的关系

将式(7-4)代入式(7-3)中，并以 $V_{gr}g$ 除以式的两侧，则得

$$\rho_i>\rho_{su}+\frac{1}{k}\frac{\tau_0}{g}\frac{A_{gr}}{V_{gr}} \tag{7-5}$$

式中，$\frac{A_{gr}}{V_{gr}}$为颗粒的比表面积。由于 $V_{gr}=\frac{\pi d_v^3}{6}$，而 $A_{gr}=\pi d_A^2=\frac{\pi d_v^2}{\chi}$（参阅 2.1.1.1 节），故知

$$\frac{A_{gr}}{V_{gr}}=\frac{6}{\chi d_v} \tag{7-6}$$

将式(7-6)代入式(7-5)中可以得到

$$\rho_i>\rho_{su}+\frac{6\tau_0}{kg\chi d_v} \tag{7-7}$$

式中，$\frac{6\tau_0}{kg\chi d_v}$是由悬浮液的静切应力引起的“浮力”增大值。

令

$$\rho_{ef}=\rho_{su}+\frac{6\tau_0}{kg\chi d_v} \tag{7-8}$$

式中，ρ_{ef}称为悬浮液的有效密度。相当于实际作用于矿粒上的悬浮液密度值。它的大小不仅与静切应力有关，而且还随矿粒的粒度和形状而变。粒度愈小，形状愈不规则，则有效密度愈大，矿粒愈不容易沉降。

不仅如此，静切应力对矿粒的作用方向又始终与运动方向相反。位于悬浮液内的轻矿物颗粒在向上运动时，有效密度的大小变为

$$\rho'_{ef}=\rho_{su}-\frac{6\tau_0}{kg\chi d_v} \tag{7-9}$$

此时矿粒实际受到的“浮力”作用又好似比物理密度减小了。若是矿粒的密度恰好介于上述两项密度之间，即

$$\rho_{su}+\frac{6\tau_0}{kg\chi d_v}>\rho_i>\rho_{su}-\frac{6\tau_0}{kg\chi d_v} \tag{7-10}$$

则此矿粒既难上浮又不能沉降，在悬浮液中处于凝滞不动状态。因而也就不能有效分选。这种现象在细小的不规则形状矿粒中表现最为明显，是造成分选效率不高的重要原因。表 7-2 列出了当悬浮液密度为 2.86 g/cm^3、加重质容积浓度为 33%时，由圆锥分选机中排出的轻产物的筛析结果。由表可见，混入轻产物中的重矿物主要是细粒级部分，使该粒级的金属品位提高了。因此，给入重悬浮液分选的矿石总是要预先筛除细粒级部分，并尽量减少悬浮液呈现结构化。

表 7-2　重悬浮液分选铅锌矿石所得轻产物筛析结果

粒级/mm		−30+20	−20+10	−10+5	−5+2	−2+0	合　计
产率/%		5.47	62.12	30.30	1.03	1.08	100.00
品位/%	Pb	—	—	0.167	0.307	2.649	0.198
	Zn	—	—	0.655	0.856	6.046	0.34

悬浮液的适宜工作密度根据待分选矿石的比重组成即可初步确定。到工业生产时还要根据选别结果进一步调整。

在平时生产中控制好悬浮液密度是获得良好分选指标的重要环节，有两种检查悬浮液密度的方法。一是人工检查，可用称重一定体积悬浮液重量求得悬浮液的物理密度；同样亦可用比重计测量。但这样的检查方法比较费力，且检查后调整也不及时。另一种检查方法是用仪器自动检测，所用装置有压差式密度测量仪和放射性密度测定仪等。由这些装置获得的一次信号，通过电子仪器转换成电讯号传输给执行机构，用补加水或补充加重质方法维持悬浮液密度少变。

7.2.3 重悬浮液的稳定性

悬浮液中的加重质颗粒始终有向下沉降的趋势,使上下层的密度发生变化。因此总的来说悬浮液的性质是不稳定的,所谓稳定性只是相对地说悬浮液维持自身密度不变的一种性能。

显而易见,加重质颗粒的沉降速度直接影响悬浮液密度的变化。因此通常即用加重质在悬浮液中的沉降速度 v 的倒数表示稳定性的大小,称作稳定性指标 Z(s/cm),写成

$$Z=\frac{1}{v} \tag{7-11}$$

式中,Z 值愈大,表示悬浮液的稳定性愈高,因而分选愈易于进行。

实际上,加重质的沉降速度是这样测定的。将待测的悬浮液置于1000 mL或2000 mL的量筒中,搅拌均匀后静置沉降。于是在悬浮液上部很快出现一清水层,清水层与混浊液界面的下降速度即可视为加重质的沉降速度。取直角坐标纸,以纵坐标自上而下表示清水层的下降高度;横坐标自左而右表示沉降时间。将沉降开始后各时间段内沉降的距离对应地标注于坐标纸上,连接起来得出一条曲线,即是沉降曲线,如图7-8所示。曲线上任一点的切线与横轴夹角的正切即是该点的瞬时沉降速度。由图中可见,在开始阶段相当长一段时间内曲线斜率基本不变。评定悬浮液稳定性的指标即以这一段的沉降速度为准,以后随着底层固体容积浓度增加,沉降速度减小,曲线的倾斜愈来愈缓。

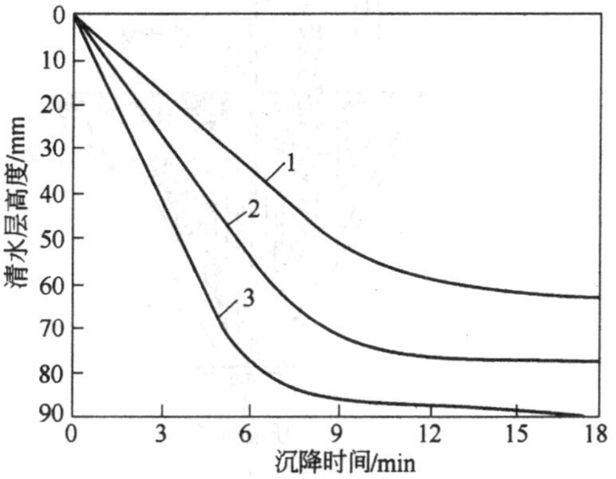

图7-8 测定磁铁矿悬浮液稳定性的沉降曲线
1—0.075 mm占85.83%;2—0.075 mm占61.42%;
3—0.075 mm占48.73%

提高悬浮液的稳定性恰好与降低黏度的因素相对立。加重质颗粒愈细,形状愈不规则,容积浓度愈大以及含泥量愈多,则悬浮液的稳定性愈高。生产中为了达到足够高的容积浓度以提高稳定性,可以采用不同密度的加重质配合使用。在加重质粒度不太细时(例如大于0.1~0.2 mm),亦可加入1%~3%泥质物料,如黏土,膨润土等来提高稳定性。同时加入适当的胶溶性药剂,以防止形成结构化。

在生产中经常是采用机械搅拌或使悬浮液处于扰动状态来维持上下层密度少变。机械搅拌的强度当然不能太大,否则会破坏分层的进行。悬浮液的流动可以采用水平的、垂直的以及回转的方式,但经常是这些方式联合应用。而在重介质旋流器中则主要是回转运动。

7.3 重悬浮液分选机

工业上应用的重悬浮液分选机类型很多,一般可分为四类:深槽式、浅槽式、振动式和离心式。现就选别矿石常用的几种设备介绍如下。

7.3.1 深槽式圆锥型重悬浮液选矿机

深槽式圆锥型重悬浮液选矿机的设备结构如图7-9所示,机体为一倒置的圆锥形槽2,在它的中心安有空心的回转轴1,由电动机5带动旋转。空心轴同时又作为排出重产物的空气提升管。中空轴外面有一个穿孔的套管3,上面固定有两扇三角形刮板4,以每分钟4~5转的速度转

动，借以保持下层悬浮液密度均匀，并防止矿石沉积。入选原料由上方表面给入。轻矿物浮在悬浮液表层经四周溢流堰排出，重矿物沉向底部。与此同时压缩空气由中空轴1的底部给入，在中空轴内重矿物、重悬浮液和空气组成气-固-液三相混合物。当其综合密度低于外部重悬浮液的密度时，在静压强作用下即沿管向上流动，从而将重矿物提升到高处排出，重悬浮液是经过套管3给入，穿过孔眼流入分选圆锥内。

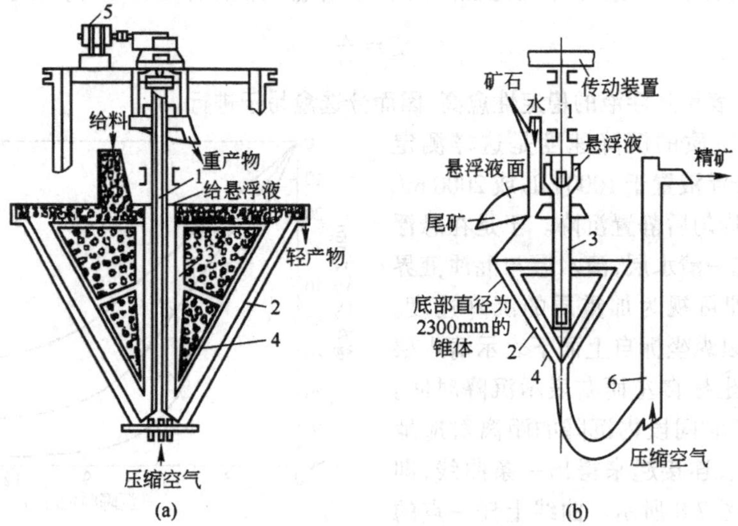

图 7-9　圆锥型重悬浮液选矿机

(a) 内部提升式单圆锥分选机；(b) 外部提升式双圆锥分选机

1—回转中空轴；2—圆锥槽；3—套管；4—刮板；5—电动机；6—外部空气提升管

亦可将气升管设置在分选圆锥的外部，如图 7-9(b)所示。但不管何种配置方式，重产物的排出位置均应高出分选液面 2 m 左右，以使经筛分脱出的悬浮浓液自流回到分选圆锥内。

这种分选机槽体较深，分选面积大，工作稳定。适于处理轻产物排出量大的原料。分选精确度较高。主要缺点是要求使用细粒加重质。介质的循环量大，增加了介质制备和回收的工作量。而且需要配备专门的压气装置。

设备规格按圆锥直径计为 2～6 m，锥角 50°，给矿粒度范围一般为 50～5 mm。

我国柴河铅锌矿选矿厂采用 ϕ2.4 m 圆锥型分选机进行矿石的预先选别。原矿中有用矿物为方铅矿、白铅矿、闪锌矿和菱锌矿等；脉石矿物为白云石、方解石、石英等。有用矿物呈集合体嵌布。中碎后筛出 −10 mm 粒级。给入分选机的矿石粒度为 −30 + 10 mm。采用硅铁作加重质，配制的悬浮液密度为 2.87～2.90 g/cm³。重介质循环量为 95.0 m³/h，每处理 1 t 矿石加重质损耗 0.815 kg，分选指标如表 7-3 所示。

表 7-3　ϕ2.4 m 圆锥型分选机处理 −30 + 10 mm 铅锌矿石结果

给矿			轻产物			重产物					处理量 /t·h⁻¹
产率/%	品位/%		产率/%	品位/%		产率/%	品位/%		回收率/%		
	Pb	Zn		Pb	Zn		Pb	Zn	Pb	Zn	
100	1.740	3.778	约 70	0.198	0.34	约 30	5.243	11.85	91.86	93.69	约 25

7.3.2 浅槽式鼓型重悬浮液分选机

鼓型分选机的构造如图 7-10 所示，设备外形为一圆筒，由四个辊轮支撑，通过圆筒腰间的大齿轮由传动装置带动旋转。在圆筒的内壁沿纵向设有扬板。入选矿石连同悬浮液由筒的一端给入。在向另一端流动过程中，重矿物沉入底部，由扬板提起投入到排矿流槽中。轻矿物则随悬浮液由圆筒的溢流口排出。

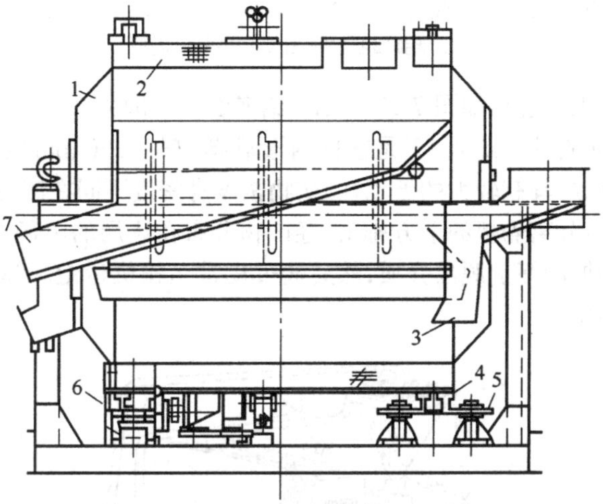

图 7-10 鼓型重悬浮液分选机

1—圆筒形转鼓；2—扬板；3—给矿漏斗；4—拖辊；5—挡板；6—传动系统；7—重矿物漏斗

鼓型分选机结构简单，运转可靠，便于操作。重悬浮液借水平流动和圆筒的回转搅动维持稳定，可以采用粒度较粗的加重质。在提升重产物过程中悬浮液即由扬板的孔眼漏下。排出机外的介质少。故可节省回收和净化的工作量。设备的主要缺点是分选面积小，搅动大，不适于处理细粒级矿石。但可有效地分选粒度大、重产物产率高的矿石。

我国锡矿山选矿厂采用直径×长＝1800 mm×1800 mm 鼓型分选机处理 －40＋12 mm 锑矿石，圆筒转速为 2 r/min，筒内分选面积为 3.24 m^2。采用刚玉废料作加重质，配制的悬浮液密度为 2.63～2.65 g/cm^3，介质循环量只有 0.7 m^3/t 矿石，选别指标列于表 7-4 中。

表 7-4 ϕ1.8 m×1.8 m 鼓型分选机处理 －40＋12 mm 锑矿石结果

给矿		轻产物		重产物		处理量/$t\cdot h^{-1}$
产率/%	品位/%	产率/%	品位/%	品位/%	回收率/%	
100	2.84	32.6～45.9	0.24～0.25	4.4～4.6	95.6～97.4	20.0

7.3.3 重介质振动溜槽

这是一种在振动过程中利用重悬浮液分选粗粒矿石的设备。它的基本构造如图 7-11 所示。机体为一长方形浅的槽体 4，支承在倾斜的弹簧板 7 上，借给矿端曲柄连杆机构 2 及 3 带动整个槽体作往复运动。槽体向排矿方向倾斜 2°～3°。在槽的末端设有分离隔板 9，用以分开轻、重产物。在槽的底部安置两层冲孔筛板。筛板以下被分成 5～6 个独立的水室，分别与压力水管相通。

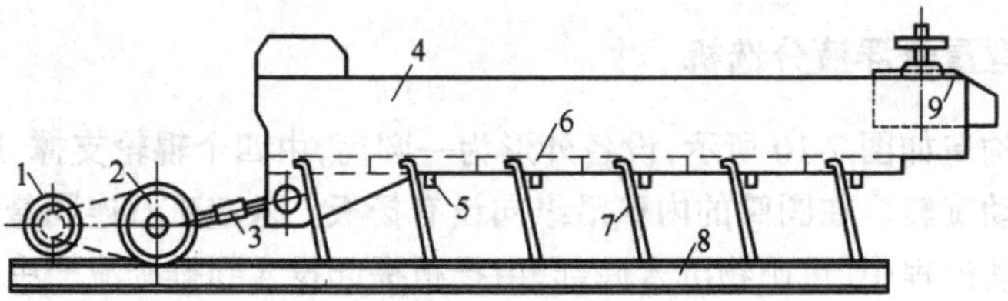

图 7-11　重介质振动溜槽结构示意图

1—电动机;2—传动装置;3—连杆;4—槽体;5—给水管;6—槽底水室;
7—支承弹簧板;8—机架;9—分离隔板

重介质振动溜槽的工作过程如图 7-12 所示。给矿粒度一般为 75～6 mm。矿石由槽的首端上方给入,重悬浮液由介质锥斗给入,于是在槽内形成厚 250～350 mm 的床层。在槽体振动和槽底压力水的作用下,床层具有较大的流动性,矿物按本身密度不同在床层内分层。密度大的重矿物分布在床层下部,由分离隔板的下方排出,轻矿物分布在床层的上部,由分离隔板的上方流出。两种产物分别落到振动筛上脱出介质,然后通过皮带运输机运走。筛下的介质则由砂泵运回到介质锥斗中循环使用。

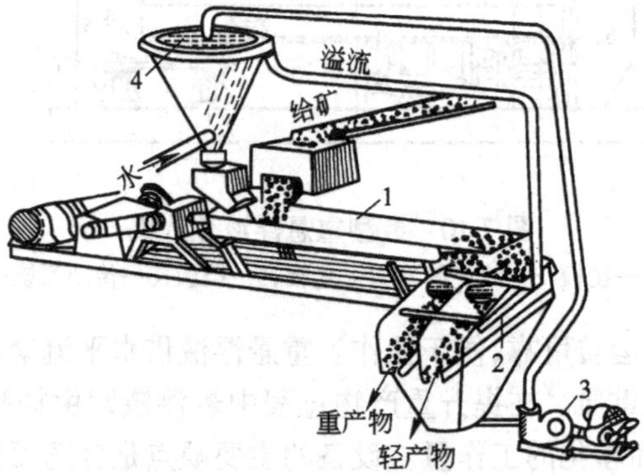

图 7-12　重介质振动溜槽的工作过程

1—振动溜槽;2—脱介筛;3—悬浮液循环泵;4—贮放悬浮液圆锥

这种设备的工作特点是床层能够较好地松散,可以使用较粗粒的加重质,粒度达到 -1.5+0.15 mm。加重质在床层内也将发生分层,底层容积浓度达到 55%～60%,而黏度仍较小。这样就可采用较低密度的加重质,借高的容积浓度获得高的分离比重。例如在一般分选机内用磁铁矿作加重质只能配制成密度为 2.5 g/cm^3 的悬浮液,而在这里分选比重却可达到 3.3。加重质的粒度增大后,也便于回收和净化。而且混入的矿泥量多一些(例如达 20%)对分选效果影响也不大。

操作中主要的控制因素是要保持上升水有恒定的压力。轻、重产物的产率由改变分离隔板的高度来调节。床层的松散度和分离比重同时也与冲程、冲次的大小有关。增大冲程,床层的松散度增大,输送重矿物的能力亦增强,但分离比重减小;增大冲次,床层的平均松散度减小,但分离比重提高,分选时间延长。处理矿物密度差大的粗粒易选矿石,应采用较大的冲程稍小的冲次;处理难选矿石则应采用相反的条件。

重介质振动溜槽用于处理粗粒矿石。它的处理能力很大,每 100 mm 槽宽处理量达到 7 t/h。我国目前用它来选别铁矿石和锰矿石,从地下开采的原矿中除去混入的围岩。设备规格和技术性能列于表 7-5 中。

表 7-5　重介质振动溜槽的规格及技术性能

设备规格(宽×长)/mm×mm	给矿粒度/mm	处理量/t·h⁻¹	冲程/mm	冲次/次·min⁻¹	补加水量/t·h⁻¹	水压/MPa	倾角/(°)	电机功率/kW
400×5000	6～75	25～30	18	360、380、400	—	—	3	7
800×5500	6～75	60	16～22	380	35～40	0.3～0.4	3	14
1000×5500	6～75	70～80	18～24	360～380	82.5	—	3	20

7.3.4　重介质旋流器

重介质旋流器的结构与普通水力旋流器基本相同,只是给入的介质不是水而是重悬浮液。在旋流器内加重质颗粒在离心力作用下向器壁及底部沉降,因而发生浓缩现象。悬浮液的密度自内而外并自上而下地增大,形成密度不同的层次,如图 7-13 所示。

矿石连同悬浮液以一定的压力给入旋流器内。在回转运动中矿物颗粒依自身密度不同分布在重悬浮液相应的密度层内。同水力旋流器中的流速分布一样,在重介质旋流器内也存在一个轴向零速包络面。包络面内的悬浮液密度小,在向上流动中随之将轻矿物带出。故由溢流中可获得轻产物。重矿物分布在包络面外部,在向下作回转运动中由沉砂口排出。但是在整个包络面上,悬浮液的密度分布并不一致,而是由上往下增大。位于上部包络面外的矿粒在向下运动中受悬浮液密度逐渐增大的影响,又不断地得到分选。其中密度较低的颗粒又被推入包络面内层,从上部排出。故分离比重基本上决定于轴向包络面下端的悬浮液密度。其大小可借改变旋流器的结构参数和操作条件予以调整。

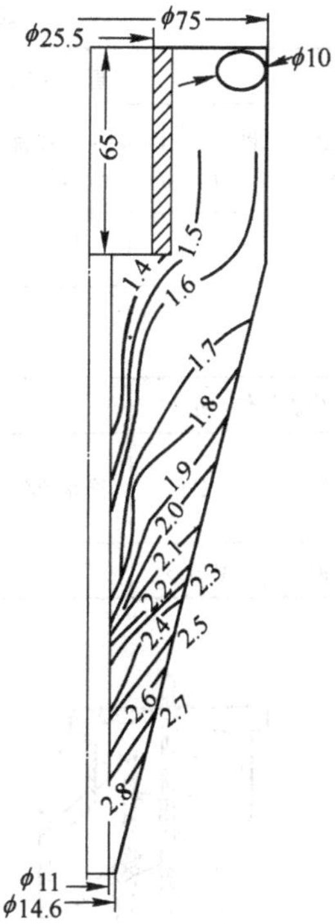

图 7-13　重介质旋流器内等密度面分布

(悬浮液给入密度 1.5 g/cm³;溢流排出密度 1.41 g/cm³;沉砂排出 2.76 g/cm³)

影响分离比重的旋流器结构参数主要是溢流管直径、沉砂口直径和锥角。增大锥角悬浮液的浓缩作用增强,分离比重增大,但悬浮液的密度分布变得更不均匀,分选效率降低。故一般重介质旋流器的锥角并不大,在 15°～30°之间。增大沉砂口或减小溢流管,则轴向零速包络面向内收缩,分离比重降低,重产物产率增大。反之即向相反方向变化。生产中对已经选定的旋流器,调节分离比重或是轻、重产物的产率即是借改变角锥比(溢流管直径/沉砂口直径)进行的。

操作方面的因素主要是给矿压力和矿石与悬浮液的给入体积比。适当地增加给矿压力可以提高分选效率,但动力消耗和设备磨损将急剧增加。所以一般并不采取高压给矿,给矿压力多在 0.08～0.2 MPa 范围内。矿石和悬浮液的给入体积比一般为 1:4～1:6。增大矿石的比例处理量随之增加,但分层过程减慢,分选效率降低。

和水力旋流器一样,重介质旋流器亦可作垂直地、横卧地或倒立地安装。在生产中则多采用倾斜或竖直的安装方式。

与其他重介质选矿设备相比,重介质旋流器借离心力作用加快了分层过程,因此单位面积处理能力大，给矿粒度下限降低，最低达到 0.5 mm。悬浮液在旋流器内急速回转，很少可能形成结构化。所以加重质可达到很高的容积浓度。采用密度较低的加重质，如磁铁矿、黄铁矿等，仍可获得足够高的分离比重。

重介质旋流器的给矿粒度一般不超过 20 mm，弥补了一般重介质选矿设备不能处理细粒级的缺欠。近年来在处理钨、锡、铁矿石中得到了广泛地应用。例如我国湘东钨矿用 ϕ430 mm 重介质旋流器处理含钨石英脉矿石。以黄铁矿作加重质，配制成的悬浮液物理密度为 2.30～2.45 g/cm^3，实际分离比重达到 2.65。给矿粒度为 13～3 mm，选后可丢弃大约 50% 尾矿。自 1970 年投产后三年统计，全厂原矿处理能力比投产前提高了 46%～72%，生产成本降低 4.51%，大大改善了经营效果，该厂所用设备规格和操作条件见表 7-6，选别指标见表 7-7。

表 7-6　湘东钨矿重介质旋流器规格和操作条件

重介质旋流器规格							给矿压力/MPa	介质物理密度/g·cm^{-3}	矿介比	给矿量/t·h^{-1}	给矿粒度/mm
直径/mm	锥角/(°)	圆柱体高/mm	溢流管直径/mm	溢流管插入深度/mm	沉砂口直径/mm	安装角度/(°)					
430	30	510	110～120	110	65～70	18～20	0.135～0.145	2.3～2.45	1:5	45	13～3

表 7-7　湘东钨矿重介质旋流器选别指标

给矿品位/%		旋流器精矿			旋流器尾矿			回收率/%	
WO_3	Cu	产率/%	品位/%		产率/%	品位/%		WO_3	Cu
			WO_3	Cu		WO_3	Cu		
0.404	0.365	50.12	0.784	0.63	49.88	0.0224	0.099	97.23	86.47

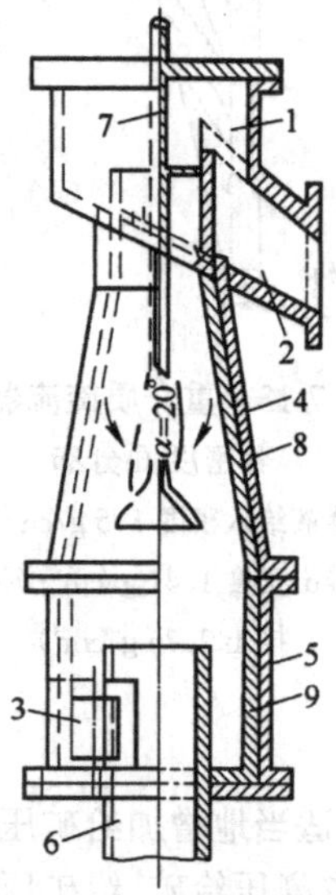

图 7-14　重介质涡流旋流器
1—接矿槽；2—重产物排出口；3—给矿口；4—圆锥体外壳；5—圆筒体外壳；6—轻产物排出口；7—空气导管；8—圆锥体内衬 9—圆筒体内衬

7.3.5　重介质涡流旋流器

设备构造如图 7-14 所示。实质上它是一个倒置的旋流器。工作过程与重介质旋流器基本相同。矿石和重悬浮液在压力作用下沿切线方向给入旋流器内，随即作回转运动。加重质颗粒在器壁附近浓集，携带密度大的重矿物由顶部沉砂口排出。轻矿物留在内层低密度悬浮液中，在向下作回转运动中由底部溢流管排出。

这种设备的特殊之处是从顶部插入一个空气导管，使旋流器内空气柱压力与外部大气压相等。借此维持分选工作正常进行。调节空气导管喇叭口距溢流管口的距离，可以改变轻、重产物的产率分配。减小这段距离，轻产物排出困难，产率减小，重产物产率增加。增大这段距离则变化相反。设备结构的第二个特点是角锥比较小，接近于 1，故可处理粗粒矿石（60～2 mm），处理量也较大。

该设备的分选效率较高，能够处理矿物比重差较小，甚至只有 0.1 之差的矿物混合物亦可得到分离。而且给矿的矿物组成、粒度组成以及矿量波动对分选指标影响不大。可以采用粒度较粗的加重质（−0.075 mm 占 15.6%～50%），便于回收、净化。

我国红岭钨矿采用 ϕ300 mm 涡流旋流器处理粒度为 5～30 mm 含钨石英脉矿石。以黄铁矿作加重质，设备的结构参数和作业条件如表 7-8 所示。据流程考查得知，当入选矿石品位为 0.195% WO_3 时，可以选出品位为 0.024% WO_3，产率为 53.77% 的最终尾矿；重产物品位为 0.40% WO_3，金属回收率为 93.48%。每台设备处理能力达到 20～24 t/h。

表 7-8 处理黑钨矿石的重介质涡流旋流器的技术性能

筒体直径/mm	筒体高度/mm	给矿口断面/mm^2	溢流直径/mm	沉砂口径/mm	空气导管与溢流管间距离/mm	空气导管喇叭口直径/mm
300	320	85×85	148.75	150	175	150
锥角/(°)	加重质粒度(−200 目)/%	重悬浮液密度/$g\cdot cm^{-3}$	矿石与介质体积比	给矿压力/kPa	处理能力/$t\cdot(台\cdot h)^{-1}$	
20	45～48	2.25～2.35	1:(8～10)	140	20～24	

7.4 重介质选矿工艺

图 7-15 为采用磁铁矿或硅铁作加重质的重悬浮液选矿工艺典型流程图，主要包括入选矿石的准备、介质的制备、矿石分选和介质的回收、再生等工序。

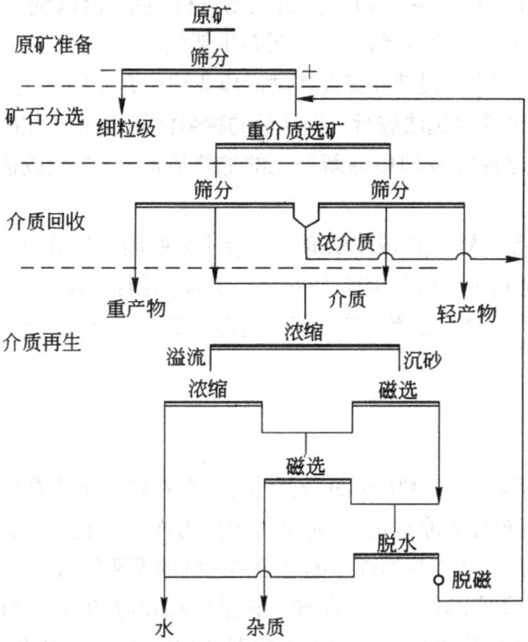

图 7-15 典型的重悬浮液选矿生产流程

(1) 入选矿石的准备。即是通过破碎、筛分、洗矿等项作业，制备出合乎入选粒度要求的矿石。其中应含有足够数量的低比重单体脉石或围岩，以便通过选别分离。给矿中并应尽量少含矿泥。为此，在筛出细粒级的同时，常在筛面上喷水洗矿。对于被黏土胶结的矿石还应预先在专门设置的洗矿机中进行洗矿、脱泥。

(2) 介质的制备。这项工序包括将块状加重质原料在专门的破碎机和磨矿机中粉碎，使之达到合格的粒度要求。然后在搅拌槽内加水调配成一定浓度的悬浮液。我国一些重介质选矿厂所用重悬浮液的性质如表 7-9 所示。

表 7-9 几种处理不同矿石的重悬浮液性质

处理矿石		钨 矿	钨 矿	钨 矿	铅锌矿	锑 矿	赤铁矿
设备名称		重介质旋流器	重介质旋流器	涡流旋流器	圆锥分选机	鼓型分选机	重介质振动溜槽
加重质	名 称	砷黄铁矿	黄铁矿	黄铁矿	硅铁	刚玉废料	赤铁矿
	粒度(-200 目)/%	57.5	34～42	45～48	89.8	80～90	-2(mm)
	密度/$g \cdot cm^{-3}$	4.2～4.5	4.8～4.9	4.55	6.8	6.3～6.5	4.0～4.5
加重质在悬浮液中的重量浓度/%		70～80	75	70	76.7～77.5	73.2～73.8	56
悬浮液密度/$g \cdot cm^{-3}$		2.4～2.6	2.3～2.45	2.25～2.35	2.86～2.9	2.63～2.65	1.9～2.1

(3) 矿石的分选。即是在分选设备内进行轻、重矿物的分离,这是重悬浮液选矿的中心环节。操作中主要应保持给矿量稳定,并控制悬浮液的密度少变,后者的波动范围应不超过 $\pm 0.02\ g/cm^3$。为此,需要经常地取样进行测定或安装自动控制装置。

由分选设备排出的轻、重产物中总是带有大量重悬浮液,需要予以回收、返回再用。简单地回收方法是用振动筛筛出介质。这项筛分常分作两段进行。由第一段筛分机脱出的大量介质仍保有原来的性质,可以直接返回流程使用。在第二段筛分机上则进行喷水,借以洗掉粘附在矿块上的加重质。由此得到的悬浮液浓度变小,且含有较多污染物,需要重新处理。

(4) 介质再生。对稀介质进行提纯并提高浓度的作业称作介质的再生。再生的方法依加重质性质的不同可以采用磁选、浮选或重选法进行。提纯后的稀悬浮液再用水力旋流器、倾斜浓密箱等设备脱水、浓缩。这样得到的净化悬浮液即可与新补充的加重质混合,调配成适当的浓度返回到流程中使用。

重介质选矿设备处理能力大,生产成本低廉。一般认为如能预先分出 20%～30%的废弃尾矿则在经济上即是合算的。但是这种方法的辅助工序较多,介质的制备回收工作繁杂,故在小型选厂不适于使用。在大中型选矿厂用这种方法预先除去部分最终尾矿,可以在实际上扩大主厂房的处理能力,在经济上是很有利的。

本章小结

(1) 重介质通常是指密度大于 1000 kg/m^3 的介质,矿石在这样的介质中进行选别即称作重介质选矿。重介质选矿按阿基米德浮力原理进行,完全属于静力作用过程。流体的运动和颗粒的沉降不再是分层的主要作用因素,而介质本身的性质倒是影响选别的重要因素。

(2) 工业上应用的重介质实际都是重悬浮液。它是由细粉碎的高密度的固体颗粒与水(极少数是空气)组成的两相流体。高密度颗粒起着加大介质密度的作用,故又称作加重质,选别矿石用的加重质主要是硅铁,其次还有方铅矿、磁铁矿和黄铁矿等。

(3) 受加重质密度的限制,重悬浮液难以配成很高的密度,通常只能比轻矿物密度略高一些。故在金属矿选矿中,重介质选矿不能用来获得高品位的最终精矿,而只能除去密度低的单体脉石或采矿过程中混入的围岩,作为预先选别作业使用。在我国重介质选矿法还用于处理井下采出的铁矿石和锰矿石,从中除去混入的围岩,恢复地质品位。此外,重介质选矿法在处理低品位的稀有金属矿石、非金属矿石,甚至在清理城市垃圾中亦均有所应用。

(4) 重悬浮液的性质包括密度、黏度和稳定性，是互有联系的三个方面性质。本章重点讨论了悬浮液的性质及其对选矿的影响。

(5) 工业上应用的重悬浮液分选机类型很多，一般可分为四类：深槽式、浅槽式、振动式和离心式。本章介绍了各类重悬浮液分选机的结构、工作原理、性能特点和应用。

(6) 典型重悬浮液选矿工艺主要包括如下几项工序：入选矿石的准备，介质的制备，矿石分选和悬浮液的回收、再生。

复习思考题

7-1 什么是重介质选矿，常用的重介质有哪些？

7-2 重介质选矿有哪些应用？

7-3 常用重介质选矿设备有哪些，各有哪些应用？

7-4 重介质选矿的基本原理是什么？

8 重选生产实践

同其他选矿方法相比，重选过程成本较低，对环境污染少。矿石的重选流程和其他选矿流程一样由一系列作业组成。但与其他选矿方法比较，重选工艺流程要更复杂些。这是由于：①重选的工艺方法较多，对不同粒度的矿石应采用不同的工艺设备；②同样设备在处理不同粒度矿石时应有不同的操作条件，原料经常需分级入选；③设备的富集比和降尾能力多数不很高，原料要经过多次精选或扫选才能得出最终产物。

一个完整的重选生产流程照例包括有准备作业、分选作业和产物处理作业。准备作业的目的是为分选设备制备出合适的物料。常用的方法有：

(1) 为使有用矿物单体分离而进行的破碎磨碎；

(2) 对胶结性的或含黏土多的原矿进行洗矿和脱泥；

(3) 采用筛分及水力分级方法分成窄级别物料，分别入选。

原料的分级方法依矿石粒度而不同，对于 +2 mm 的矿石通常采用筛分方法分级。小于 2 mm 的原料用水力分级机分级，-0.075 mm 粒级则用水力旋流器分级，有时也采用水力分级箱。分级的粒度级差与矿物的比重差和设备性能有关。同时也要考虑到经济和技术管理的合理性。

根据矿石的入选粒度选择不同的工艺方法是获得良好的技术经济指标的重要条件。各种重选工艺方法的适宜处理粒度范围见表 1-1。

重选流程的作业组成和内部结构要根据矿石的产出状态(脉矿或是砂矿)、有用矿物的嵌布粒度特性、经济价值和对产物的质量要求等因素决定。

处理原生的钨、锡和其他稀有金属、贵金属矿石，为了避免在解离过程中发生过粉碎损失，多采用多种工艺相结合的阶段磨矿、多段选别流程。

处理陆地的冲积砂矿和海滨砂矿石，通常是先进行筛分除去不含矿的粗粒砾石，然后直接送选别。那些属于残积和坡积的砂矿，因有部分有用矿物尚未单体解离且含有大量矿泥，故常需进行洗矿及破碎磨矿处理。

重选流程的一般特点由多种设备组合，按粒级分选。处理粗细不均匀嵌布矿石采用多段选别。流程内部的粗、精、扫选作业次数与入选矿石品位及对产物质量要求有关。常是将那些处理量大而分选精确性低的设备安排在粗、扫选作业中，而将处理量小、富集比高的设备提供精选使用。由于入选矿石的类型多种多样，所以流程的组合和结构形式亦很不相同。现在以几种典型矿石的重选流程作为示例说明如下。

8.1 处理粗、细不均匀嵌布的钨矿石重选流程

我国的钨矿世界驰名，据统计矿石储量约占世界总储量 60%，产量亦居世界首位。开采历史距今有百余年。新中国成立后经过大规模的技术改造，在选厂规模和工艺技术方面均达到了世界先进水平。

8.1.1 钨矿石的一般性质

具有工业价值的钨矿物为钨锰铁矿(黑钨矿)和钨酸钙矿(白钨矿)。白钨矿多产于硅卡岩矿床

中，以浮选或重-浮联合方法处理。黑钨矿则主要用重选法处理。

我国现处理的钨矿石多属黑钨矿石。以高温和高-中温热液裂隙充填石英脉黑钨矿床最具有工业价值。围岩为变质岩或花岗岩。矿脉中赋存的金属矿物除黑钨矿外，还常伴生有白钨矿、锡石、辉钼矿、辉铋矿、黄铜矿、磁黄铁矿、毒砂、闪锌矿、方铅矿、磁铁矿等以及由这些矿物氧化的产物。有时还含有其他稀有金属矿物和稀散元素，如独居石、钽铌铁矿、绿柱石、磷钇矿等。矿物组成复杂，按伴生元素的不同又可分为高锡矿床和高硫矿床。有的矿床中并含有水晶。金属矿物的总含量很少超过10%。

脉石矿物除主要为石英、长石和云母外，还有电气石、柘榴子石、萤石、磷灰石等。由于矿脉较薄，故在开采过程中经常混有大量围岩，一般可达50%。

黑钨矿比重达7.2～7.5，矿物呈板状、粒状晶体产于石英脉中。结晶粒度最大达到25～10 mm，小者0.15～0.1 mm，属于粗、细不均匀嵌布矿石。不少的黑钨矿物与伴生金属矿物组成集合体，嵌布在非金属矿物基质中。

围岩通常比脉石坚硬，经过变质的围岩比重大于石英，一般为2.7～2.9。属于花岗岩类型的围岩比重与石英相近。靠近矿脉的围岩常有矿化现象。

入厂矿石中粗块部分多为围岩，在中、细粒级中含矿较多。－0.075 mm级别产率约占3%～10%，这部分的金属品位较高，甚至比原矿平均品位高出一倍以上。

8.1.2 黑钨矿石的重选流程

我国钨矿石的重选流程经过长期实践摸索已基本定型。图8-1示出了处理石英脉型粗、细不均匀嵌布黑钨矿矿石的重选原则流程。流程中包括粗选段（预选段）、重选段和细泥分选段。在大、中型选矿厂还设有精选段（图中未绘出），在那里应用浮选、磁选以及重选等联合方法对混合精矿进行最终分离。

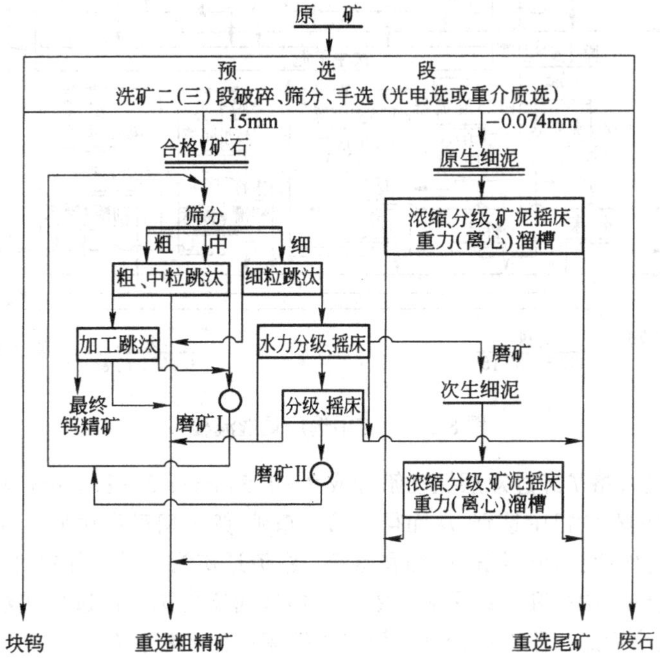

图8-1 石英脉型粗、细不均匀嵌布黑钨矿矿石原则流程

粗选段包括洗矿、破碎、脱泥、手选等项作业。目的是在粗粒条件下选出大部分围岩,制备出适合重选要求的粒度级别,并将原生矿泥分离出来,进行单独处理。

我国钨矿重选厂的流程基本上相差不多,大致是:三级跳汰、多级床选,粗、中粒跳汰尾矿进行一至二段闭路磨矿,阶段分选。原生矿泥和次生矿泥实行贫富分选或合并处理。根据选厂生产规模的不同,磨矿段数和每段内的流程结构有简有繁,但阶段选别的构成大体不变。

图 8-2 示出了大吉山选厂的重选流程。这一流程反映了赣南钨矿重选的基本经验。

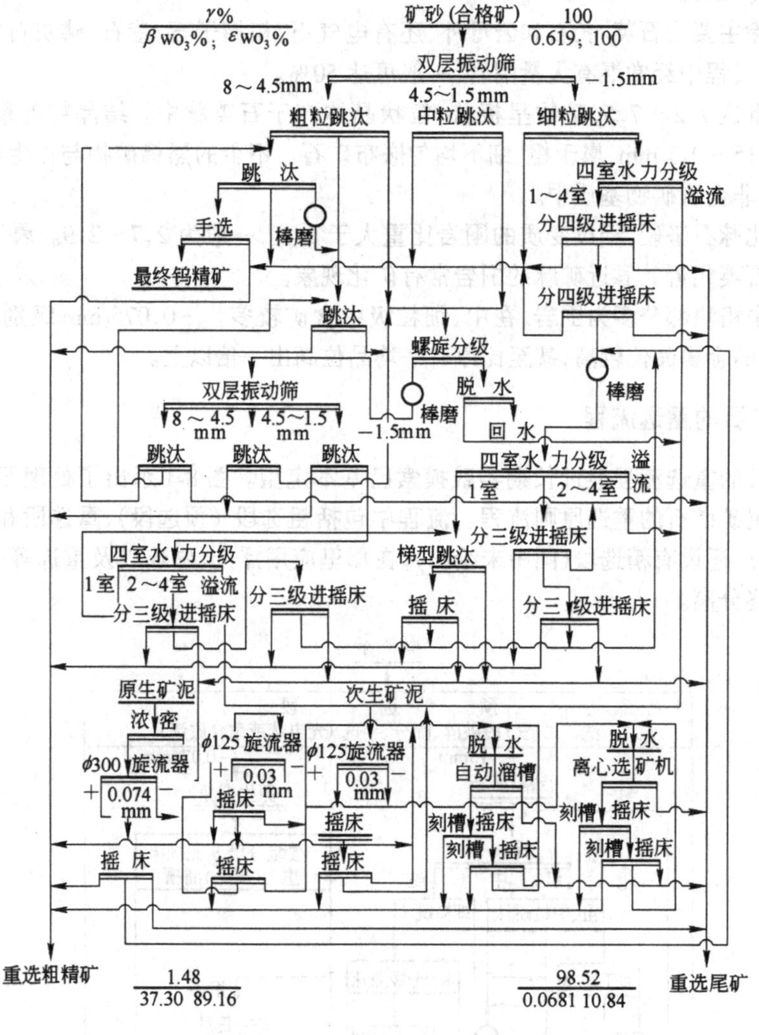

图 8-2 大吉山选厂重选流程

由粗选段送来的合格矿经过双层振动筛分成 8～4.5 mm、4.5～1.5 mm 及 −1.5 mm 三个粒级,分别在不同类型的跳汰机中选别,从而得到筛上精矿、筛下精矿和尾矿。细粒级(−1.5 mm)的跳汰尾矿经水力分级得到四个沉砂产物和溢流。溢流送矿泥工段,沉砂则分别送到摇床选别。由摇床选出最终粗精矿、中矿和最终尾矿。中矿送扫选摇床再选。再选中矿经螺旋分级机脱水后给到棒磨机再磨,磨后送二段摇床分选。第二段摇床产出的粗精矿和废弃尾矿与第一段的相应产物合并。中矿则返回到棒磨机循环处理。

粗粒和中粒跳汰机产出最终粗精矿,但不能产出最终尾矿。跳汰尾矿经过脱水后再磨再选。

流程与处理细粒级的跳汰尾矿基本相同。原生矿泥和次生矿泥(在破碎、磨矿、分级过程中产出的 −0.075 mm级别)分别送细泥段处理。

赣南地区钨矿总结多年的生产经验,概括成如下的基本特点:细碎粗磨、阶段分选、能收早收、该丢早丢、强化分级、矿泥归队,毛(粗)精矿集中处理,综合回收。

黑钨矿性脆而价格昂贵,故减小泥化损失对增加经济收益有重要意义。实践表明,细泥产出量每减少 1%,回收率可提高 0.2%。因此才形成了以"破碎—跳汰"、"磨矿—摇床"为骨干的阶段选别流程。

为了充分做到"能收早收",还从粗选段即开始手选块钨。有的选厂在该段还设置了跳汰机,回收原矿中 −15 mm 粒级的钨矿物。在重选段的棒磨机排矿处设置跳汰机,目的也是为了及时回收单体的粗粒重矿物。

采用人工手选、光电选或重介质选预先丢弃大量的围岩和不含矿的脉石对减轻选矿设备负荷、提高全厂处理能力有重要意义。在重选段是从 −2 mm 开始丢尾,在各选别作业中层层把关、能丢早丢。有的大型选厂为了减少尾矿中的金属损失,还专门设置了"贫系统",即增加了一段选别,可以将尾矿中所含金属降至更低的水平。

加强分级以求给矿粒度与操作条件相适应,是提高分选指标另一重要途径。首先要做到的是泥、砂分选、细泥归队。因此设置专门的细泥工段是非常必要的。

在细泥工段采用矿泥摇床、离心选矿机和皮带溜槽等设备组成连续生产流程,如图 8-3 所示。在分选前用倾斜浓密箱脱出 −10 μm 矿泥,并用水力旋流器分级。采用重选的细泥段作业回收率一般只有 30%~50%。而采用重−浮流程处理钨细泥,回收率可达 60%或更多些。

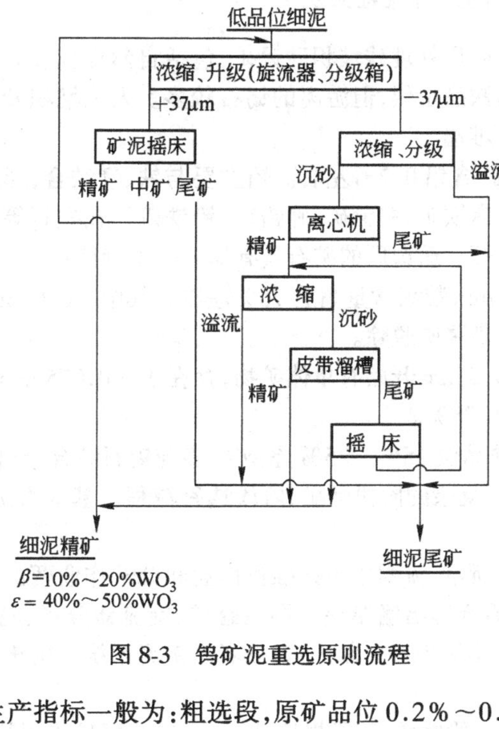

图 8-3 钨矿泥重选原则流程

赣南钨矿重选厂的生产指标一般为:粗选段,原矿品位 0.2%~0.4% WO_3,废石选出率 40%~50%,废石品位 0.02%~0.03% WO_3,回收率为 95%~98%。重选段,入选合格矿品位 0.4%~0.8% WO_3,选后粗精矿品位 15%~30%,尾矿产率(相对原矿)45%~55%,尾矿品位 0.05% WO_3 左右。重选段作业回收率 90%~94%。

8.2 锡矿石的重选流程

我国锡矿资源极为丰富，产量也居世界前列。我国锡矿产地主要分布在云南、广西两省，其次为湖南、赣南和广东沿海地区。

8.2.1 我国的锡矿资源特点

我国锡矿资源的特点是共生金属多，富含铁和多种有色及稀有金属。矿物组成复杂，共生关系密切，有用矿物嵌布微细，含泥多。致使对锡矿物的回收及与其他有用矿物的分离都比较困难。

锡矿大致可分为砂锡矿和脉锡矿两大类。在我国现有的锡矿储量中，脉锡矿约占65%。从选矿角度来看脉锡矿还可分为：①锡石-氧化矿；②锡-钨-石英脉矿；③锡石-硫化矿三种类型，其中以第三种为最重要。砂锡矿中主要的开采对象是残坡积砂锡矿，其次是冲积砂锡矿和老尾矿(早年选过的尾矿)。

地壳上已经发现的锡矿物有20多种，其中以锡石最具有工业价值。锡石的比重达6.8~7.2，与脉石矿物相差较大，故锡矿石多用重选法选别。选得的粗精矿中包含有各种伴生的重矿物，需用磁、浮、电选方法进一步分离。

我国锡的选矿和加工历史悠久，解放后又大规模地发展了机械化生产。其中对锡矿泥的处理已有很高的水平。对于难选的锡矿石处理还在向选-冶联合方法发展。现只就重选法选锡举例说明如下。

8.2.2 处理残坡积砂锡矿的重选流程实例

我国云锡公司所属某选矿厂处理残坡积砂锡矿，包括自然堆积和人工堆积两种。自然堆积砂锡矿中含泥多、粒度细，锡铁品位低，但游离的锡石较多。人工堆积砂锡矿所含锡石稍粗，锡、铁品位高，但共生致密，难磨难选。

原矿含锡0.3%~0.5%，含铅0.7%左右。铅主要与铁、锰结合，形成小球状锰结核。金属矿物除锡石外，还有褐铁矿、赤铁矿、白铅矿、砷铅矿、铅铁矾及孔雀石等；脉石矿物有方解石、石英、长石、云母、电气石、黏土等。送选厂的矿石具有如下一些特征：

(1) 含泥量大，-0.075 mm 粒级含量高达76%左右。其中-0.01 mm 粒级含54%，锡品位0.041%，可在入选前作为最终尾矿脱除。

(2) 锡石粒度微细，由0.5 mm 开始有单体矿物，存在于-0.075 mm 粒级中的锡石占79%，而在-0.019 mm 粒级中则占38%。

(3) 含铁量高，矿石含铁品位15%~25%，铁矿物多与锡石结合产出，难以分离。

由于矿石难选，故采用了复杂的阶段磨矿、阶段选别流程。基本由矿砂系统、复洗系统和矿泥系统三部分组成：

(1) 矿砂系统，如图8-4所示，流程中包括准备作业和分选作业两部分。原矿经水力洗矿筛和振动筛洗矿筛分后，先用摇床选出锰结核。再经磨矿、旋流器分级、脱泥，制备出+0.037 mm和-0.037 mm级别。前者在本系统中分级入选，后者送矿泥系统。旋流器脱出的矿泥作为最终尾矿丢弃。

该系统的分选作业包括三段磨矿、三段摇床选。一、二段磨矿采用棒磨机，第三段采用球磨机。第二段以下均是处理上一段的中矿。各段入选原料先用分泥斗脱泥，然后用分级箱分成4~8级送摇床选。粗砂系统的精矿产量约占全厂总精矿的一半，是整个重选流程的骨干部分。

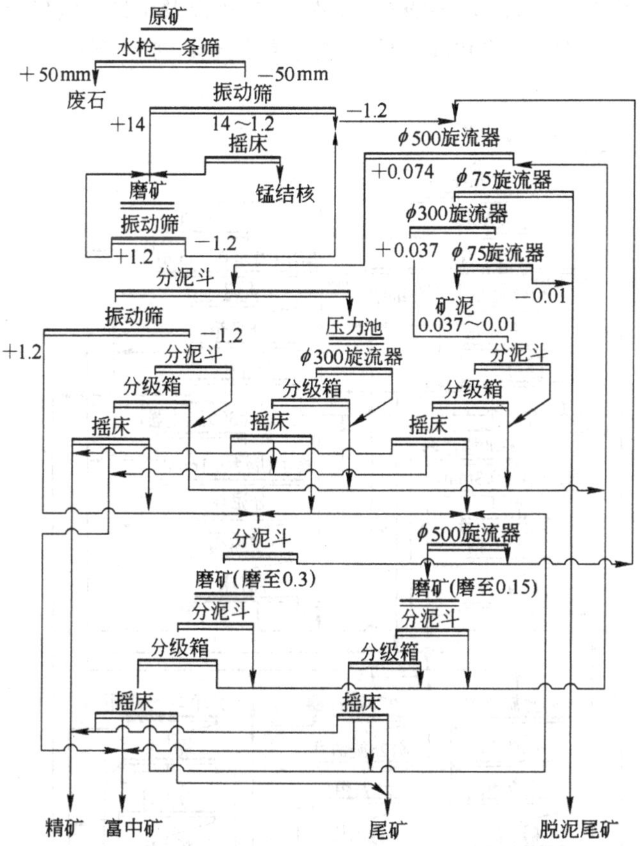

图 8-4 分选残坡积砂锡矿的重选流程矿砂系统

(2) 复洗系统，如图 8-5 所示，用于处理矿砂系统产出的富中矿（次精矿）。该产物中含锡、铁均较多，铁品位达 40%～45%，锡品位为 1.5%～2.5%，但产率只有原矿量的 6%～8%。分选任务主要是锡、铁分离。由于比重差较小，集中起来用精工细做的方法单独处理，有助于提高分选效果。

该系统采用三段磨矿、四次分选的流程。粗粒级和细粒级的中矿分别送磨矿，溢流单独处理。全系统的作业回收率为 40%～50%，精矿产量占全厂 1/4～1/5。

(3) 矿泥系统，采用离心机粗选，皮带溜槽精选及皮带溜槽尾矿用刻槽摇床扫选的流程。如图 8-6 所示。

进入矿泥系统的给矿量占原矿量 15%～17%，金属量占原矿 20%～30%。选后作业回收率为 40%～50%。精矿产率占全厂 1/4～1/5。全厂重选总指标见表 8-1。

表 8-1 云锡公司某选厂处理残坡积砂锡矿总指标

品位(Sn)/%	回收率/%				
原矿	精矿	矿砂系统	复洗系统	矿泥系统	全厂总计
0.3～0.5	45～50	24～26	17～18	12～13	53～57

8.2.3 处理锡石-硫化矿脉锡矿重选流程实例

某矿务局所属某选厂处理锡石-硫化矿。矿石产自高、中温热液充填交代多金属硫化矿床中。主要金属矿物有锡石、铁闪锌矿、黄铁矿、磁铁矿、毒砂以及少量黝锡矿、脆硫锑矿、辉锑锡铅矿等。金属矿物总含量占15%～20%；脉石矿物主要是石英、方解石；围岩为灰岩，硅化灰岩和黑色硅质页岩。

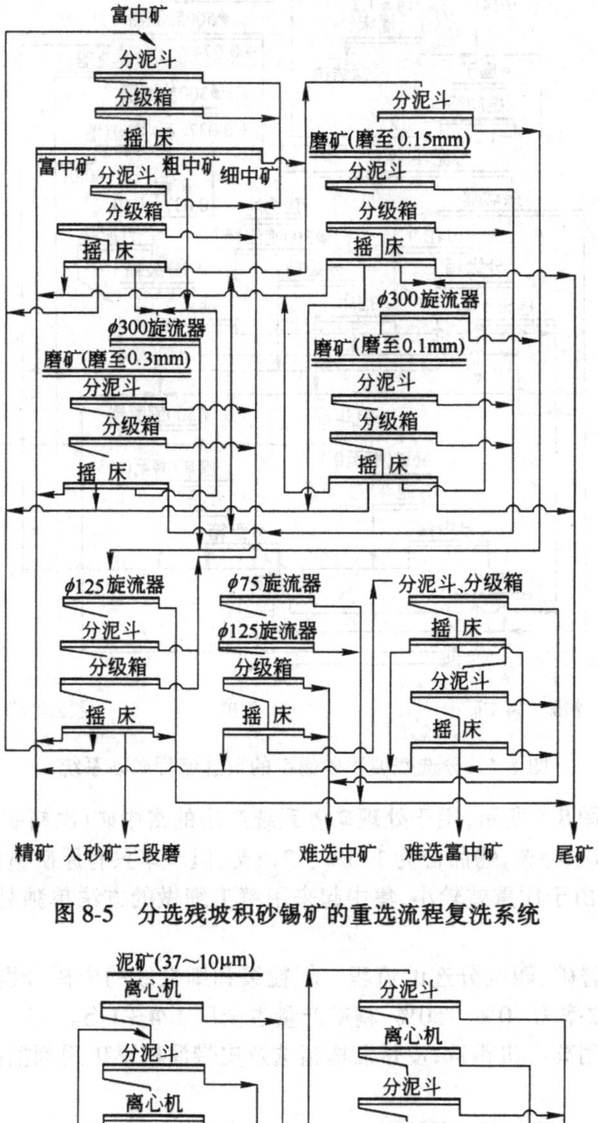

图 8-5　分选残坡积砂锡矿的重选流程复洗系统

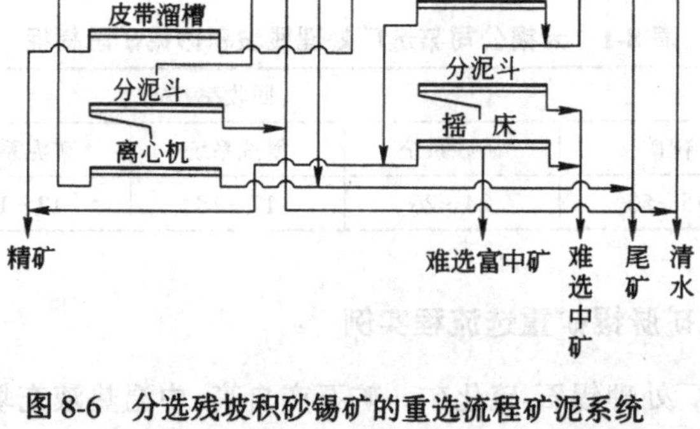

图 8-6　分选残坡积砂锡矿的重选流程矿泥系统

大部分金属矿物呈集合体嵌布在脉石矿物或围岩中，在破碎到 20 mm 时即有部分金属矿物集合体和单体脉石解离出来。锡石大部分呈粗、中粒嵌布在硫化矿物中。磨至 0.2 mm 可基本单体分离。而各种硫化矿物则需磨至 0.1 mm 才能完全解离。

原矿含泥（-0.075 mm）在 6%～8%之间。按矿物组成矿石属于锡-铅-锌型锡石-硫化矿。具有中等可选性。

该厂的选矿流程由碎矿、重介质预选、重选粗选、混合-分离浮选和重选精选系统五个部分组成。重介质预选和重选粗选系统的工艺流程如图 8-7 所示。

原矿破碎到 20 mm 后，经筛分得到的 20～3 mm粒级中单体脉石和围岩占到 80%。用重介质旋流器在介质比重为 2.3～2.6，矿介比为 1∶5 条件下，可分选出占原矿 40%的废弃尾矿；锡、铅、锌的金属回收率、包括原矿 -3 mm 粒级在内达到 93%～96%。这对减轻下步作业负荷，降低生产成本是很有利的。

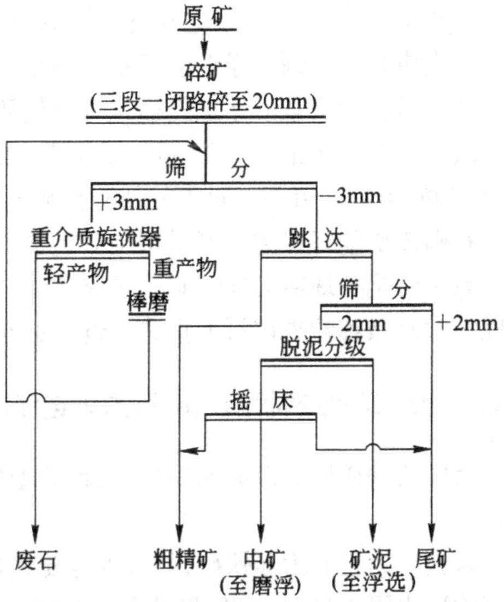

图 8-7 锡石-硫化矿重选粗选流程

重介质旋流器选出的重产物经磨碎后与原矿 -3 mm 粒级合并，进行跳汰和摇床选。有用矿物在粗粒条件下得到回收，减少了泥化损失。这种流程与一次磨细到浮选粒度的“先浮后重”试验流程对比，回收率可提高大约 10%。

生产中存在的主要问题是缺乏细泥回收的有效措施。-37 μm 锡石大量损失掉是造成总回收率不高的重要原因。全厂生产指标见表 8-2。

表 8-2 某选厂处理锡石-硫化矿生产指标

产物名称	品位及杂质含量/%						回收率/%
	Sn	Pb	Sb	Zn	S	As	
原 矿	0.35～0.45	0.4～0.5	0.2～0.3	1.7～2.1	8～12	0.3～0.6	100
锡精矿	50～55	1.2～1.5	0.5～0.6	0.3～0.4	5～6	1～2	68～70
铅锑精矿	0.8～1.0	25～30	18～20	5～6	20～22	0.8～1	58～62
锌精矿	0.5～0.6	0.9～1.1	—	48～50	32～33	0.4～0.8	65～70
硫精矿	0.2～0.3	0.4～0.5	—	0.4～0.6	46～48	2～4	40～45

8.3 铁矿石的重选流程

我国铁矿石的特点之一是贫矿多，含铁 45%以下者占总储量 86%；二是红矿多，各种弱磁性矿石占总储量 65%左右；三是伴生其他有用成分的复合矿石多，占总储量 2/3 左右。而且多数矿石中有用矿物呈细粒以至微细粒嵌布，需磨细到 -200 目占 80%左右才能基本达到单体解离。我国铁矿石的这些特点为选矿提出了极为艰巨的任务。

根据铁矿石的矿物组成和性质不同，目前采用着多种方法处理。主要含磁铁矿的矿石采用简单而有效的弱磁选矿法，如其中尚含有赤铁矿等弱磁性铁矿物，则可用重选法补充回收。主要含赤铁矿的矿石(属于红矿之类)，可采用磁化焙烧-弱磁选、浮选或重选法处理。焙烧磁选在我国已有数十年生产历史，工艺成熟，技术指标高，但是这种方法的基建投资及设备维修量大，且常受煤气供应条件限制。浮选法设备处理量大，生产指标稳定，是处理细粒嵌布赤铁矿石的有效方法。缺点是耗用贵重的浮选药剂且难得优质精矿，精矿脱水也较困难。焙烧磁选法和浮选法的共同缺点还有生产条件较差，排放的废气、废水对环境造成污染。处理磁-赤混合矿石可以采用磁-浮或磁-重联合流程。对于其他种铁矿石，像褐铁矿、菱铁矿(这两者亦属红矿)、钒钛磁铁矿等矿石则依矿物组成的不同采用洗矿重选、焙烧磁选或磁-重-电选法处理。

重选法是处理粗粒赤铁矿石的基本方法，在技术和经济指标上均非其他选矿方法所能及。处理细粒及微细粒铁矿石的重选在近年亦有所发展。

8.3.1　处理粗粒鲕状赤铁矿石的重选流程

我国某铁矿所处理的赤铁矿石，系典型的宣龙式鲕状赤铁矿石。产自浅海沉积薄矿脉多层状矿床。

含铁矿物主要为赤铁矿，并有少量菱铁矿和含铁绿泥石。铁矿物嵌布粒度微细，与石英、黏土等物质成同心环状包裹，形成鲕状结构。矿石即由这样的鲕粒集合而成。鲕粒直径一般为0.25～1 mm，也有少量2～4 mm的豆状及直径5～10 mm的肾状结构。鲕粒核心主要为石英，粒度为0.075～0.036 mm。鲕粒间的胶结物大部分为菱铁矿，少量赤铁矿或磁铁矿。在鲕粒及胶结物中，石英及黏土物质与铁矿物致密共生，非一般机械选矿方法所能分离。

选矿的目的在于从矿石中分出开采过程中混入的围岩及夹层脉石，恢复地质品位。最多见的围岩是砂岩，少量为页岩和板岩。脉石矿物主要是石英。试验考查得出，赤铁矿鲕粒含铁56.02%，比重为4.28；菱铁矿含铁39.2%，比重3.6；菱铁矿砂岩含铁20.46%，比重3.04；硅质砂岩比重为2.65，炭质页岩比重为2.73。应用比重2.9的重液对50～2 mm粒级进行浮沉试验，可以得到产率为15.64%的尾矿，含铁9.57%，矿石品位由38.45%提高到44.52%，回收率86.50%(相对于原矿)。根据这项试验结果确定粗粒级采用重介质选矿法处理。

该铁矿建成的两座选厂所用生产流程大致相同。初建选厂原矿经破碎后，筛分成三个粒级，75(50)～10 mm级别用400 mm×5000 mm重介质振动槽分选；10～2 mm级别用重介质旋流器分选；2～0 mm级别用1000 mm×1000 mm复振跳汰机选别。在生产中遇到的问题是重介质旋流器的介质制备与回收过程复杂；复振跳汰机又存在处理量小、耗水量大等问题。于是在后建的选厂遂采用了1200～2000 mm×3600 mm双列八室梯形跳汰机代替了上述两种设备。经过试验效果同样良好。该选厂的设计流程如图8-8所示。

振动槽以细粒级跳汰机一室的精矿作加重质，粒度为2～0 mm，悬浮液的密度是1.9～2.1g/cm^3，实际分离比重为2.9～3.1。处理能力为29～32 t/(台·h)。梯形跳汰机采用赤铁矿作人工床石，比重4.5。处理10～2 mm粒级的跳汰机床石粒度为30～50 mm，床石厚度60～70 mm；生产能力16～20 t/(台·h)。处理2～0 mm粒级的跳汰机床石粒度为4～10 mm，厚度为60～70 mm，生产能力15 t/(台·h)。

根据试验结果确定的流程指标见表8-3。

为了贯彻精料方针，提高冶炼入炉品位，后来又决定将重介质振动槽的重产物(实际品位42%～45%)送钢厂进一步处理。经焙烧、细磨后再进行磁选，精矿品位可提高到58%～60%。

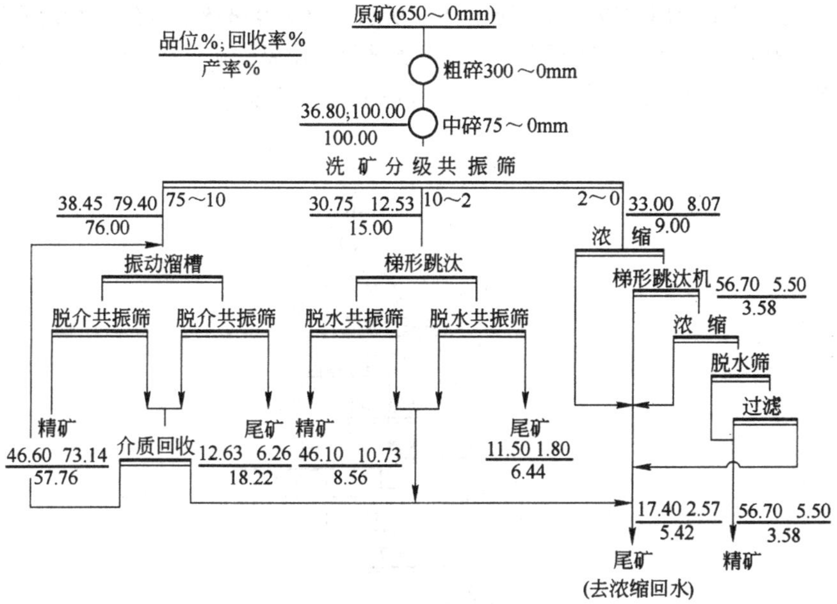

图 8-8 某铁矿选厂的重选流程

表 8-3 某铁矿选厂设计指标

作 业	给矿/%			精矿/%			尾矿/%		
	产率	品位	回收率	产率	品位	回收率	产率	品位	回收率
重介质振动槽	76.00	38.45	79.40	57.76	46.60	73.14	18.22	12.63	6.26
中粒跳汰	15.00	30.75	12.53	8.58	46.1	10.73	6.44	11.50	1.80
细粒跳汰	9.00	33.00	8.07	3.58	56.70	5.50	5.42	17.40	2.57
流程总计	100.00	36.80	100.00	69.92	47.04	89.37	30.08	13.00	10.63

8.3.2 处理鞍山式假象赤铁矿石的弱磁-重选流程

鞍钢弓长岭选矿厂1977年建成的选厂是我国第一座采用磁-重流程处理细粒嵌布假象赤铁矿石的选矿厂。矿石赋存在鞍山式铁矿床的上部。有用矿物有赤铁矿和磁铁矿。赤铁矿系由磁铁矿氧化而来,常沿磁铁矿颗粒边缘或裂隙呈交替状、浸染状、格子状分布。在赤铁矿中心尚残留有未氧化的磁铁矿。随着矿床向深部开采,磁铁矿所占比例增加。矿石地质平均品位32.47%Fe,FeO含量为4.8%,但由于氧化程度不同,波动范围较大。矿石含FeO高者达7%～9%,接近于磁铁矿石;低者FeO含量1%～3%,已基本为赤铁矿石。一般FeO含量为3%～7%。

主要脉石矿物为石英,另有少量绿泥石、方解石和角闪石。矿石具有典型的条带状结构。铁矿物大部分存在于黑色条带中,嵌布粒度微细,多数介于0.125～0.037 mm之间。在以石英为主的白色条带中,也包裹有极微细的铁矿物。当矿石磨至85%～90% -200目时,才能达到较完全地单体解离。

在确定选矿方法时曾考虑了两种方案,一是浮-磁流程,二是磁-重流程。由于选厂距离烧结厂较远,浮选精矿的过滤水分高,冬季运输易引起冻车事故,成为应用浮选法的主要障碍。重选精矿的过滤水分低,虽然存在着设备用量大、浓密环节多等缺点,但仍被优先选用下来。

该选厂在建厂初期应用的磁-重流程如图 8-9 所示。原矿经破碎后连续进行两次磨矿，最终产物粒度为 -200 目占 75.0%。矿石先经筒式弱磁选机选出磁铁矿，磁选尾矿主要含赤铁矿，再送离心机选别。重选精矿与磁选精矿合并送过滤脱水。根据工业试验确定的生产指标见表 8-4。

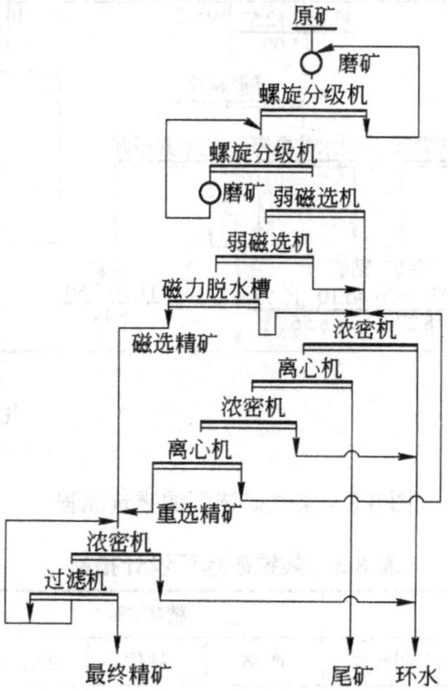

图 8-9 弓长岭新建选厂初期生产的磁－重流程

表 8-4 弓长岭新建选厂磁-重流程设计指标

作业	给矿/%			精矿/%			尾矿/%		
	产率	品位	回收率	产率	品位	回收率	产率	品位	回收率
弱磁选	100.00	29.50	100.00	13.88	62.50	29.41	86.12	24.24	70.59
离心机粗选	109.62	25.05	92.98	47.15	43.60	69.69	62.47	11.00	23.29
离心机精选	47.15	43.60	69.69	23.65	59.22	47.30	23.50	28.11	22.39
合计	100.00	29.50	100.00	37.53	60.30	76.71	62.47	11.00	23.29

投产后经过试车调整，生产指标稳步上升，表明工艺流程基本适应于矿石性质。存在的问题主要是原矿 FeO 波动较大，虽然经过浓密机缓冲，重选给矿仍难维持稳定；其次是设备台数多，采用 ϕ800 mm×600 mm 离心机，粗选采用 480 台，精选采用 240 台，共 720 台。由于辅助部件易发生故障，给生产维护带来很大负担。

为了改善上述情况，并执行精料方针，从 1979 年 2 月开始对原工艺流程进行了改造。改造后的流程用水力旋流器对重选给矿预先进行分级，粗粒级用螺旋溜槽分选，细粒级给离心机。离心机改用 ϕ1600 mm×900 mm 双锥度转鼓型，生产能力达 4t/(台·h)。减少了设备台数和维修工作量。工业试验结果，综合精矿品位达到 65.50%，回收率 72.50%。流程如图 8-10 所示。

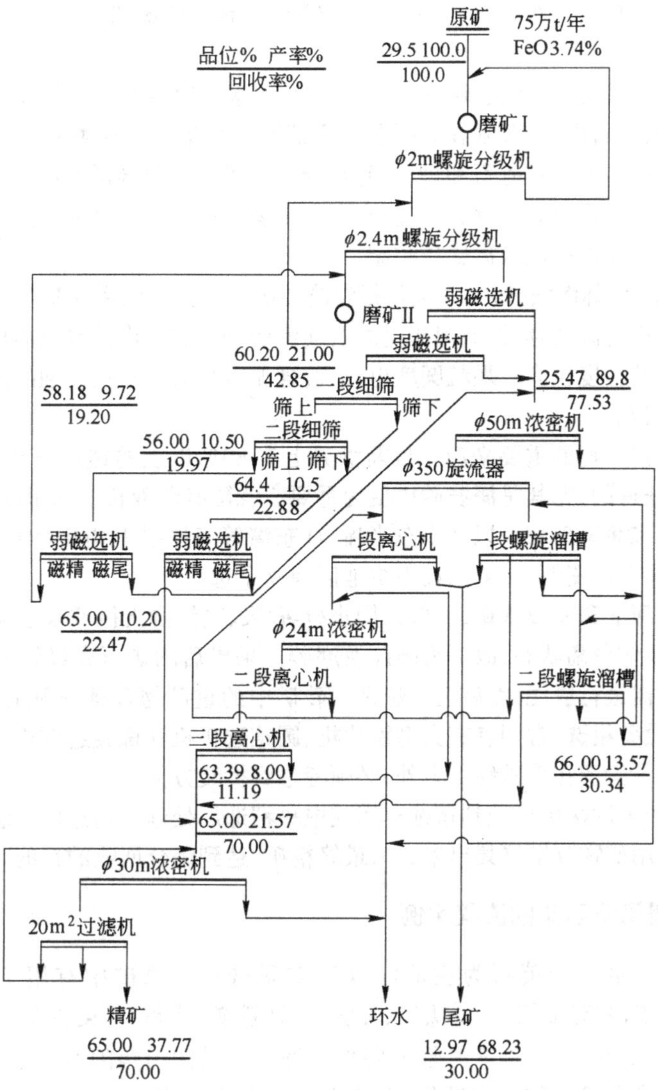

图 8-10 弓长岭新建选厂改造后的磁-重流程

8.4 含稀有金属和贵金属砂矿的重选流程

在各种类型砂矿中，冲积砂矿经过自然界的二次富集，常含有多种稀有金属和贵金属矿物，是获得这类金属的重要来源。我国的冲积砂矿资源也是很丰富的。

8.4.1 冲积砂矿的类型

内生的或外生的矿床经过自然界的风化碎解，形成为砂、砾，在水流的搬运下离开原产地沿河谷、海滩沉积下来即成为冲积砂矿。原生矿床中化学稳定性强的、比重大的有用矿物，在搬运过程中受到淘洗，因而更为集中。常含有自然金、铂和锡石、磁铁矿、钛铁矿、铬铁矿、金红石、锆英石、独居石、铌钽铁矿、褐钇铌矿以及金刚石等矿物。各种有用矿物的含量比例变化很大，因而矿床类型也多种多样。但矿床中总是有多种成分共生。脉石矿物以耐风化的石英最多，其他还有石榴子石、电气石、重晶石、角闪石、云母等。按矿床的形成环境和产状，冲积砂矿还可分为两大类：

(1) 河成砂矿床：原生矿石被搬到河流的中下游，因水流速度变缓沉积而成。比重大的有用矿物分布在粗砂层或砾石层中，并常在砂砾层的底部形成富集带。这类矿床经历的自然淘洗过程还不够强烈，矿石中多夹杂有砾石和黏土，并且分布不均匀。我国黑龙江、吉林、内蒙古等省区的砂金矿多属这类矿床，具有相当大的工业价值。在南方一些省区还形成有褐钇铌矿、稀土矿（主要矿物为独居石）、铌钽矿以及砂锡矿矿床。

(2) 海成砂矿床：俗称海滨砂矿，并也包括湖滨砂矿。这类矿床系在海（湖）岸上经潮汐及风浪作用，将河流中带来的碎屑物质，或海岸上岩石崩解的物质加以淘洗富集而成。砂砾经过波浪的反复冲刷推移，分选程度较高。颗粒圆度也较大，含泥很少。但在被侵蚀的海岸或湖岸上常有不同粒度的砂、砾堆积。

冲积砂矿是钛、锆矿物的重要来源。目前世界上有80%以上的锆英石和大部分含钛矿物、独居石是从砂矿中获得的，尤其是海滨砂矿更为重要。我国有着漫长的海岸线，在广东、广西、福建等省区沿海、台湾和海南岛海岸以及山东半岛、辽东湾等海岸线上均赋存有大量海滨砂矿，是我国重要的稀有金属矿产资源，目前已在不少地区建立了选矿厂。

冲积砂矿，包括河成和海成砂矿，一般采用水枪-砂泵、电铲推土机或采砂船开采。原矿中的有用矿物基本已是单体分离状态，故不需破碎及磨碎。采出后的矿石先经筛分除去不含矿的砾石，含泥多的矿石则需进行脱泥，然后送去选别。砂矿中的重矿物含量一般是不多的，故首先需应用处理能力大的设备粗选，常用者有大型跳汰机、圆锥选矿机和螺旋选矿机等。它们需随采场的推进而搬迁，故除了安装在采砂船上者外，必须考虑到拆装方便。

经过粗选得到的重砂精矿要送到精选车间或中央精选厂处理。精选厂中装有重、磁、浮以及电选设备，将各种有用矿物分别富集出来成为最终精矿，达到综合回收的目的。

8.4.2 含稀有金属海滨砂矿的流程实例

山东某锆矿是以生产锆英石为主的海滨砂矿采选厂。原矿中有用矿物以锆英石（含 ZrO_2 0.08%左右）为主，并有金红石、锐钛矿、磁铁矿、钛铁矿、赤铁矿、褐铁矿及石榴子石等。脉石矿物以石英、长石、云母为主（总量占原矿92%～98%），其次为角闪石、辉石、绿帘石、磷灰石以及少量电气石、尖晶石等矿物。重矿物（以比重2.9为界）主要集中在 $-0.3+0.06$ mm粒级内。大于1.5 mm的粒级基本不含有用矿物。小于0.06 mm粒级的矿泥很少，在 -2 mm筛下产物中矿泥含量不到1%。

图8-11示出了处理推土机-皮带运输机采出矿石的重选流程。图中同时附有流程考查的技术指标。原矿经皮带运至格筛，加水冲洗筛分，筛下产物再给入弧形筛筛出 -2 mm级别。两者的筛上产物均作为最终尾矿丢弃，所得 -2 mm筛下产物给入 $\phi350$ 水力旋流器。旋流器的沉砂浓度高达53%，送双层圆锥选矿机分选。该设备选出的尾矿量占原矿量78%，连同旋流器溢流排送到采空区。双层圆锥选矿机的精矿送单层圆锥选矿机及大小扇形溜槽精选。单层圆锥和扇形溜槽的尾矿返回双层圆锥循环处理。由扇形溜槽产出的粗精矿品位为0.462% ZrO_2，富集比6.1倍，回收率85.4%。该产物由汽车送精选车间再处理，最后得到锆英石精矿、钛铁矿精矿、金红石精矿和少量柘榴子石精矿。

该流程系列每小时处理原矿21.3～27.7 t。双层圆锥选矿机直径2150 mm，单层圆锥直径2080 mm。大小扇形溜槽规格分别为600 mm×20 mm×1000 mm和300 mm×15 mm×1000 mm。包括推土机驾驶员在内共四人操作，总装机容量为77.5 kW。

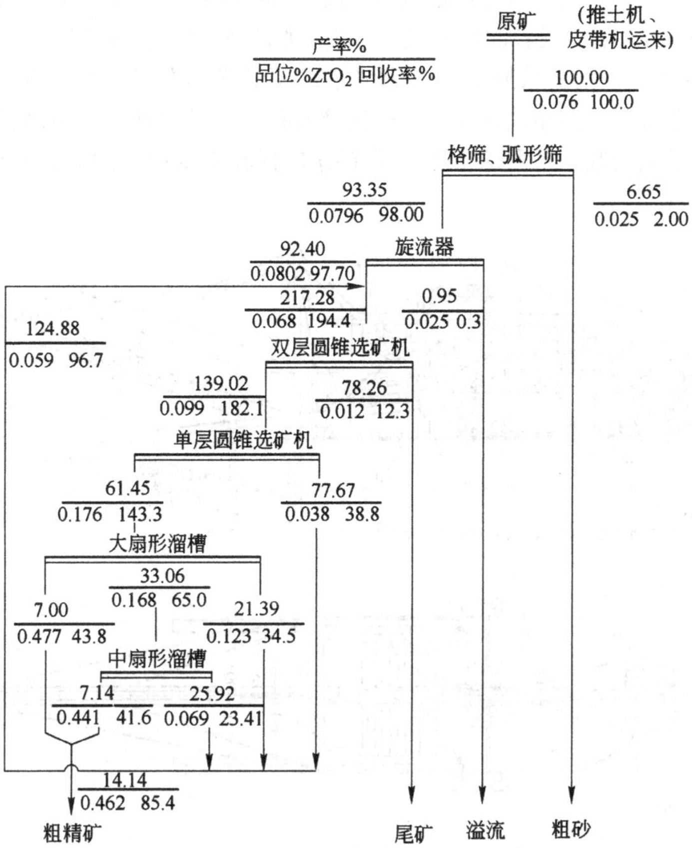

图 8-11　处理含稀有金属海滨砂矿的重选流程

8.4.3　含金冲积砂矿的重选流程实例

金在地壳中的含量很少，克拉克值仅为 $5\times10^{-7}\%$。金的化学性质非常稳定，在低温和高温时均不与氧直接作用。在极少数情况下，金与碲化合生成碲化物。在自然界中金的最主要矿物就是自然金。砂金矿床是获得金的重要来源。

金粒多呈粒状或鳞片状以游离状态存在于砂砾中，粒径通常为 0.5～2 mm。极少数情况也可遇到重达几千克的，并也有呈微细粉状肉眼难以辨认的。金的平均密度为 17.5～18.0 g/cm^3。由于它的密度很大，产出粒度适中，所以砂金矿均采用重选法粗选，同时并回收各种伴生的有用矿物。与选别其他种矿物相比，砂金选矿具有如下一些特点：

(1) 砂金矿石中金的含量很低，一般为 0.2～0.3 g/m^3 矿砂。比重大于 4 的重矿物含量通常为 1～3 kg/m^3 矿砂。

(2) 脉石的最大粒度与金粒的粒度比相差极大，可达几千倍。但尽管这样，在筛出不含矿的砾石后，仍可不必分级入选。

(3) 重砂精矿的产率很小，通常不大于 0.1%～0.01%，富集比也特别高。

我国的砂金采选工业，从过去的半机械化生产，已过渡到机械化生产。采矿方法现在则以采金船开采为主，占到砂金开采总量的 66%。其次还有水枪开采和挖掘机开采。在个别情况下还采用地下开采。

采金船均属平底船，上面安装有挖掘机构、分选设备及尾矿排送装置。采金船的典型结构如图 8-12 所示。这样的采金船或者漂浮在天然水面(河流、湖泊)上，或者置于由挖掘机挖出的水池中。工作中一面扩大前面的采掘场，一面将选后的尾矿充填在船尾的采空区。根据所用的挖掘机构不同，采金船可分为链斗式、绞吸式、机械铲式和抓斗式四种。其中以链斗式采金船应用最多，链斗系在链条上配置一系列挖斗构成，借链条的回转将水面下的矿砂挖出，并给到船上的筛选设备中。

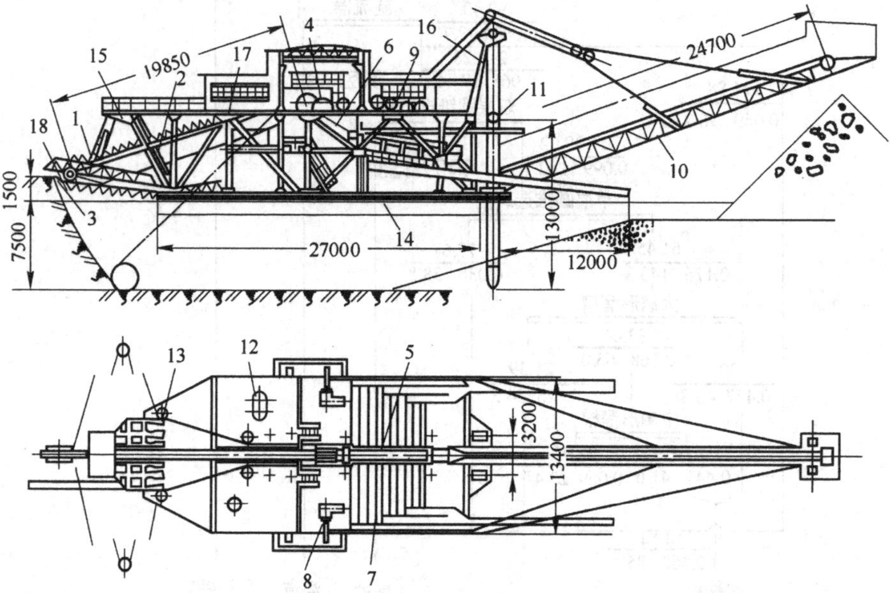

图 8-12　采金船结构示意图(图中数字单位为 mm)

1—挖斗链；2—斗架；3—下滚筒；4—主传动装置；5—圆筒筛；6—受矿漏斗；7—溜槽；8—水泵；9—卷扬机；10—皮带运输机；11—锚桩；12—变压器；13—甲板滑轮；14—平底船；15—前桅杆；16—后桅杆；17—主桁架；18—人行桥

链斗式采金船的规格以一个挖斗的容积表示，在 50～600 L 之间。小于 100 L 者为小型采金船，100～250 L 的为中型采金船，大于 250 L 的为大型采金船。船上的选矿设备主要为圆筒筛、矿浆分配器、粗粒溜槽、跳汰机、摇床、混汞筒和捕金(铺面)溜槽等。

设备的选择取决于采金船的生产能力和矿砂性质。对于小型采金船，除了圆筒筛和矿浆分配器外，一般只用溜槽一种设备分选。对于大一些的采金船，为了提高工艺指标，则将跳汰机、摇床等设备以及混汞装置一并安装在船体内。

我国吉林省珲春金矿采用 250 L 链斗式采金船生产。矿床为第三纪含金砾岩和第四纪河谷冲积砂矿。含金砂砾层厚 4.5 m，混合矿砂含金 0.19～0.263 g/m^3 矿砂。砂金颗粒以中粒为主，大于 0.5 mm 者占 65.41%。矿砂中含泥很少，一般在 1.2%～1.5%左右。属于易选性矿石。伴生有用矿物主要有钛铁矿、磁铁矿、褐铁矿、锆英石、金红石等。

在船的斗链上共有 84 个挖斗，每个斗容 250 L。斗链运转速度为 26～36 斗/min。水面下最大挖掘深度 9 m。平底船尺寸(长×宽×高)为 24.81 m×20 m×2.7 m。吃水深度 2 m。生产能力 240～280 m^3 矿砂/h。

采金船上的选金流程如图 8-13 所示。采出的矿砂先用圆筒筛筛除砾石，然后送横向溜槽回收粗、中粒金。溜槽尾矿用粗选跳汰机再选，以补充回收微细粒金。溜槽选出的粗精矿用精选跳汰机和摇床再选。最后由混汞筒提金。金的总回收率为75%～80%。其中横向溜槽回收率为52%～55%，粗选跳汰机为23%～25%。

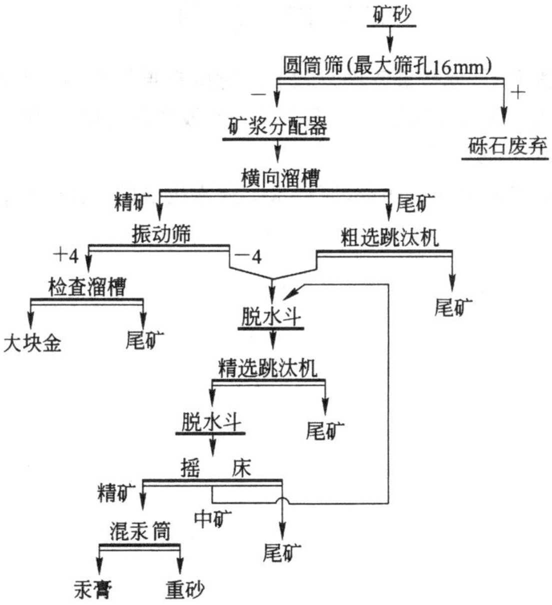

图 8-13　250 L 链斗式采金船选金工艺流程

本章小结

(1) 矿石的重选流程和其他选矿流程一样是由一系列作业组成。但与其他选矿方法比较，重选工艺流程要更复杂些。这是由于：①重选的工艺方法较多，对不同粒度的矿石应采用不同的工艺设备；②同样设备在处理不同粒度矿石时应有不同的操作条件，原料经常需分级入选；③设备的富集比和降尾能力多数不很高，原料要经过多次精选或扫选才能得出最终产物。一个完整的重选生产流程包括有准备作业、分选作业和产物处理作业。

(2) 根据矿石的入选粒度选择不同的工艺方法是获得良好的技术经济指标的重要条件。重选流程的作业组成和内部结构要根据矿石的产出状态(脉矿或是砂矿)、有用矿物的嵌布粒度特性、经济价值和对产物的质量要求等因素决定。

(3) 处理原生的钨、锡和其他稀有金属、贵金属矿石，为了避免在解离过程中发生过粉碎损失，多采用多种工艺相结合的阶段磨矿、多段选别流程。

(4) 处理陆地的冲积砂矿和海滨砂矿石，通常是先进行筛分除去不含矿的粗粒砾石，然后直接送选别。那些属于残积和坡积的砂矿，因有部分有用矿物尚未单体解离且含有大量矿泥，故常需进行洗矿及破碎磨矿处理。

(5) 重选流程的一般特点是由多种设备组合，按粒级分选。处理粗细不均匀嵌布矿石采用多段选别。流程内部的粗、精、扫选作业次数与入选矿石品位及对产物质量要求有关。常是将那些处理量大而分选精确性低的设备安排在粗、扫选作业中，而将处理量小、富集比高的设备提供精选使用。由于入选矿石的类型多种多样，所以流程的组合和结构形式亦很不相同。

(6) 本章结合锡、钨铁矿石及稀有金属和贵金属的矿石的重选原则，介绍了各类矿石国内外重选生产实践。

复习思考题

8-1 现有一不均匀嵌布黑钨矿石，原矿破碎到－12 mm时可有单体黑钨矿产出，但最终解离粒度则在0.5 mm以下。为使黑钨矿免遭过粉碎损失，现拟采用阶段选别流程，以跳汰机、摇床处理，矿泥另行选别，试拟定矿砂部分的选别流程。

8-2 有人提出为了减少浮选法对环境的污染，应尽量扩大重选法的应用范围，应该怎样扩大重选法的应用。

9 重选试验技术

9.1 概述

本章将分别讨论重选实验室的各种可选性试验方法和实验技术。

各种选矿方法的实验室可选性试验，其基本任务都是相同的，就是要通过试验选择适用于处理所研究矿产的选矿方法、流程、设备和工艺条件，确定该矿产的可选性。因而试验的程序和内容也是大体相同的。

同其他选矿方法相比，重选过程成本较低，对环境污染少，因而在可选性研究工作中，凡是有可能用重选法选别的矿石，都应首先考虑进行重选试验。重选所处理的物料的入选粒度相对较粗，粒度范围相对较宽，不同粒度物料要求选用不同的设备，即使可以采用同一类设备处理的物料也常分级选别，再加上为了避免过粉碎对重选的不利影响常采用阶段选别流程，导致重选流程组合一般比较复杂，所用设备类型较多，因而重选试验时必须首先抓住流程和设备这一主要矛盾，特别是设备本身的工作效率是决定重选过程效率的首要因素，历史上重选生产的重大变革都是与设备的改进和创制工作分不开的，在解决具体矿产可选性的应用性选矿试验工作中，也常需进行新设备的研制工作。

另一方面，重选的操作因素却比较简单，各种选别设备，只要其入选原料的比重组成和粒度组成基本相同，选别条件也基本相同，再加上重选过程中所发生的一些物理现象相对比较宏观，大多可以凭肉眼直接观察判断，因而在重选试验过程中，有关操作因素考查的试验工作量一般较小。

但是，由于重选物料粒度粗，流程组合复杂，因而每一单元试验所需的试样量和工作量都很大，特别是试样准备和产品加工工作量较大，耗费体力的劳动较多，这就要求我们在试验前须更加仔细地研究矿石的物质组成和理化性质，周密地制订试验方案，尽量减少所需对比的方案和流程数目。

影响矿石重选可选性的主要因素是比重和粒度(在某些情况下，如云母等片状矿物，形状影响也很大)，不同比重矿物分选的难易度见绪论 1.1.3 节。

由于重选法的应用受到物料粒度的限制，即使是比重差很大的矿物，细级别的选别效率也总不及粗级别。除了有用矿物和脉石的比重差以外，有用矿物在矿石中的嵌布特性是决定矿石能否采用重选的另一主要因素，只有在较粗破碎粒度下能使有用矿物大部解离的矿石，用重选法选别才能得到满意的结果。重选可选性研究工作，通常就是从研究有用矿物在不同粒级、不同比重部分中的分布特性着手，并据此判断可能的入选粒度和选别指标。

在重选实验室的各种可选性试验研究工作中，常需测定各种试样(包括原矿、产品、纯矿物、分选介质等)的某些工艺性质，如粒度、密度、松散密度等。其目的是：(1) 为拟定选矿试验方案提供依据；(2) 作为考查和分析试验结果的手段，指导下一步试验工作。

9.2 根据矿石性质拟定选矿试验方案

选矿试验方案，是指试验中准备采用的选矿方案，包括要采用的选矿方法、选矿流程和选矿设备等。为了正确地拟订选矿试验方案，首先必须对矿石性质进行充分的了解，同时还必须综合考虑经济、技术等诸方面的因素。

矿石性质研究内容极其广泛，所用方法多种多样，并在不断发展中。这方面的工作大多是由各种专业人员承担，并不要求选矿试验人员自己去做。因而，选矿试验人员需要着重掌握三个方面的内容：

(1) 大致了解矿石可选性研究所涉及的矿石性质研究的内容、方法和程序；

(2) 能够根据选矿试验任务提出对矿石性质研究工作的要求；

(3) 能够参考类似矿产试验方案的实例，分析矿石性质的研究结果，并据此选择选矿方案。

矿石性质研究的内容取决于各具体矿石的性质和选矿研究工作的深度，一般大致包括以下几个方面：

(1) 化学组成的研究。化学组成的研究内容是研究矿石中所含化学元素的种类、含量及相互结合情况。

(2) 矿物组成的研究。矿物组成的研究内容是研究矿石中所含的各种矿物的种类和含量，有用元素和有害元素的赋存形态。

(3) 矿石结构构造，有用矿物的嵌布粒度及其共生关系的研究。

(4) 选矿产物单体解离度及其连生体特性的研究。

(5) 粒度组成和比表面的测定。

(6) 矿石及其组成矿物的物理、化学、物理化学性质以及其他性质的研究。其内容较广泛，主要有比重、磁性、电性、形状、颜色、光泽、发光性、放射性、硬度、脆性、湿度、氧化程度、吸附能力、溶解度、酸碱度、泥化程度、摩擦角、堆积角、可磨度、润湿性、晶体构造等。

不仅原矿试样通常需要按上述内容进行研究，而且也要对选矿产品的性质进行考察。只不过前者一般在试验研究工作开始前就要进行，而后者是在试验过程中根据需要逐步去做。二者的研究方法也大致相同，但原矿试样的研究内容要求比较全面、详尽，而选矿产品的考察通常仅根据需要选做某些项目。

一般矿石性质的研究工作是从矿床采样开始。在矿床采样过程中，除了采取研究所需的代表性试样外，还需同时收集地质勘探的有关矿石和矿床特性等方面的资料。由于选矿试验研究工作是在地质部门已有研究工作的基础上进行的，因而在研究前对该矿床矿石的性质已有一个全面而定性的了解，再次研究的主要目的应该是：

(1) 核对本次所采试样同过去研究试样的差别，获得准确的定量资料；

(2) 补充地质部门未做或做得不够，但对选矿试验又非常重要的一些项目，如矿物嵌布粒度测定，考查某一有益或有害成分的赋存形态等。

矿石性质研究须按一定程序进行，但不是一成不变的，如某些特殊的矿石需采取一些特殊的程序，对于放射性矿石，就首先要进行放射性测量，然后具体查明哪些矿物有放射性，最后才进行分选取样并进行化学组成及矿物鉴定工作。对于简单的矿石，根据已有的经验和一般的显微镜鉴定工作即可指导选矿试验。

选矿试验所需矿石性质研究程序，一般可按图 9-1 进行。

拟定选矿试验方案的步骤是：

(1) 分析矿石性质研究资料，根据矿石性质和同类矿产的生产实践经验及其研究成果，初步拟定可供选择的选矿试验方案。

(2) 根据国家的技术政策及法律法规，结合当地的具体条件以及委托方的要求，全面考虑，确定主攻方案。

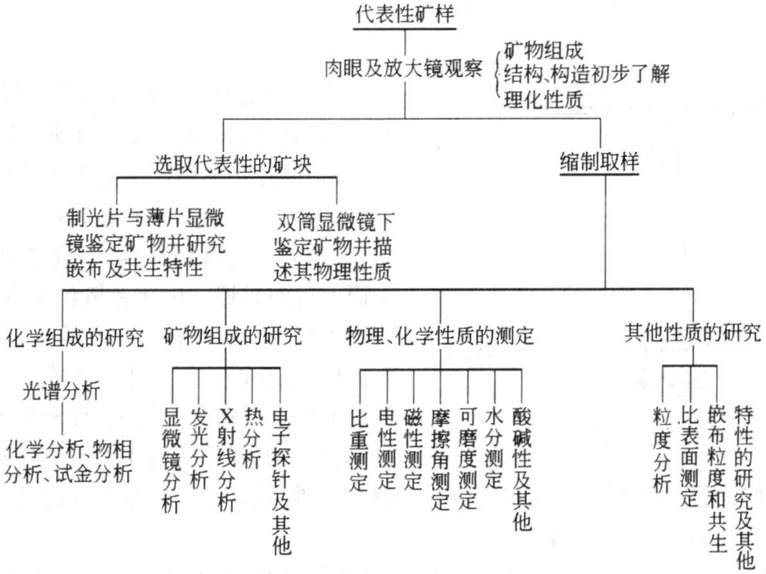

图 9-1 矿石性质研究的一般程序

9.3 矿石比重及堆比重测定

单位体积物料的质量叫做密度,物料密度与参比物质密度之比叫相对密度,用 d 表示,是一个无量纲的量。

单位体积物料的重量叫做重度,重度与密度的关系见式(9-1)。工程上常采用“千克力”作为重力单位,将 1 kg 原器在纬度 45°海平面处所受的重力即重量定为 1 kg,相应地采用 kg/m^3 和 g/cm^3作为重度的单位,这时,重度和密度的单位形式上将相同,实际上它们属于不同的单位制,量纲也不相同。

物料与同体积水的重量比,即重度比,叫做比重 δ,由于

$$\delta=\frac{\gamma_1}{\gamma_2}=\frac{\rho_1 g}{\rho_2 g}=\frac{\rho_1}{\rho_2}=d$$

故上式表明,只要参比物质相同,比重和相对密度的数值总是相等的。为了确定固体物料的比重,通常是用 4℃纯水作参比物质,4℃纯水的密度为 1 g/cm^3,因而若采用厘米·克·秒制,比重和密度的数值也相等,但量纲不同。

堆积的矿粒(块)群与同体积水的重量比叫做堆比重或假比重。单位体积的矿粒(块)群的质量叫做松散密度,常用单位为 t/m^3 和 kg/m^3。需注意的是,此处的计算体积包括了矿粒(块)间的空隙。工程上还常直接把松散密度叫做堆比重。

9.3.1 固体物料比重的测定

固体物料比重通常在室温下测定,温度的轻微变化对固体比重影响不大,因而不必注明,但试料必须事先干燥(105±2℃)。

9.3.1.1 大块固体比重的测定

大块固体的比重可以通过最简单的称量法进行,即先将矿块在空气中称量。再浸入水中称

量,然后算出比重。介质一般采用水,也可用其他介质。称量可在精确度为0.01～0.02g的普通天平上进行,也可用专测比重用的比重天平。

A 普通天平法

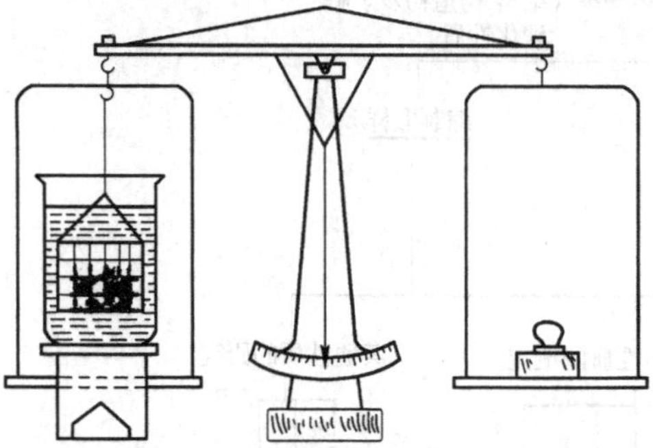

图9-2 普通天平测比重装置

为了测定大块不规则形状的物体的比重,首先要测物体的干重。然后用细金属丝做一个圈套,将物体挂在灵敏的工业天平或分析天平横梁的一端,再将一盛水的容器放在一个桥形的小台上,小台应不会碰到秤盘,并使物体完全浸入水中而不碰到容器。由于金属丝很难将物块套稳,因而最好用金属丝做一个小笼子,将待测物块放在笼内(图9-2),笼子用一根尽可能细的金属丝做成的钩子挂在天平梁上,首先测笼子在水中的重量,然后测笼子同物体在水中的重量。这里没有考虑连接物体和天平梁的那根金属丝,由于金属丝很细,浸入水中部分的长度变化引起浮力发生的变化很小,误差也小,故可忽略。

由于矿块结构的不均一,测一块是不行的,必须测很多块,取多次测定的平均值。如对80～20 mm的大块物料,可能需测50 kg的试样。

计算公式如下

$$\delta=\frac{G_3-G_1}{(G_3-G_1)-(G_4-G_2)}\Delta \tag{9-1}$$

式中 δ——矿块比重;

G_1——笼子在空气中的重量,g;

G_2——笼子在介质中的重量,g;

G_3——矿块和笼子在空气中的重量,g;

G_4——矿块和笼子在介质中的重量,g;

Δ——介质比重。

B 比重天平法

比重天平法与普通天平法的原理是相同的,但所用的称量仪器是专用比重天平,因而测定时可直接读出矿块比重,不需要再用公式计算。

9.3.1.2 粉状物料比重的测定

粉状物料的比重测定,可根据试验精确度的要求和试样重量采用量筒法、比重瓶法和显微比重法。选矿试验中常用比重瓶法。

A 比重瓶法

包括煮沸法、抽真空法以及抽真空同煮沸相结合的方法,三者的差别仅仅是除去气泡的方法不同,其他操作程序都是一样的。

主要仪器设备包括:①烘箱、干燥器;②分析天平,感量0.00 1g、称量200 g;③比重瓶50～100 mL;④真空抽气装置(抽气机、水银压力计、真空抽气缸、保护罩等)。

试验步骤:

(1) 称烘干试样15 g,借漏斗细心倾入洗净的比重瓶内,并将附在漏斗上的试样扫入瓶内,切勿使试样飞扬或抛失。

(2) 注蒸馏水入比重瓶至丰满，摇动比重瓶使试样分散，将瓶和用于试验的蒸馏水同时置于真空抽气缸中进行抽气，其缸内残余压力不得超过 2.66 kPa，抽气时间不得少于 1 h，关闭马达，由三通开关放入空气。

(3) 将经抽气的蒸馏水注入比重瓶至近满，放比重瓶于恒温水槽内，待瓶内浸液温度稳定。

(4) 将比重瓶的瓶塞塞好，使多余的水自瓶塞毛细管中溢出，擦干瓶外的水分后，称瓶、水、样合重得 G_2。

(5) 将样品倒出，洗净比重瓶，注入经抽气的蒸馏水至比重瓶近满，塞好瓶塞，擦干瓶外水分，称瓶、水合重得 G_1。

然后按下式算出试样比重

$$\delta=\frac{G\Delta}{G_1+G-G_2} \tag{9-2}$$

式中 G——试样干重，g；

G_1——瓶、水合重，g；

G_2——瓶、水、样合重，g；

Δ——介质比重；

δ——试样比重。

比重测定需平行做两次，求其算术平均值，取两位小数，其平行差值不得大于 0.02。

测定中须注意下列几点：

(1) 比重瓶必须事先用热洗液洗去油污，然后用自来水冲洗，最后用蒸馏水洗净。

(2) 为了完全除去比重瓶中水中的气泡，也可在抽真空的同时将比重瓶置于 60～70℃ 的热水中，使水沸腾，然后再冷却到室温下进行称量。

(3) 水在 4℃ 时的比重为 1，20℃ 时的比重为 0.998232，在其他温度下的比重可查相关手册得到，但在对精确度要求不高时均可近似地认为等于 1。

B 显微比重法

适用于微量(10～20 mg)试样比重的测定。即用一特制显微比重管或选取内径均匀的化学移液管来制作量器，用带测微尺的显微镜代替肉眼观测试样的排液体积，即可求出矿物比重。介质一般采用酒精或二甲苯。精确度可达 ±0.2。

不论采用何种方法测比重，都要注意选择介质，对介质的基本要求是：①对试样的润湿性好；②化学性质稳定，不至于同试样起化学反应；③比重稳定；④蒸汽压低，黏性小，表面张力小，分子半径小。对于亲水性试样，通常都是用水作介质，其他则可用酒精(95%时最稳定)、苯、甲苯、二甲苯等有机液体。

9.3.2 堆比重(堆重度)的测定

堆重度是指碎散物料在自然状态下堆积时，单位体积(包括空隙)的重量，常用的单位为 t/m^3。由于水的重度是 $1t/m^3$，因而堆比重和堆重度在数值上相同，但堆比重是一个无量纲的量。

测定堆比重的主要目的是为设计矿仓、堆栈等贮矿设施提供依据。

具体测定方法如下：

取经过校准的容器，其容积为 V，重量为 G_0，盛满矿样并刮平，然后称量为 G_1，其堆比重 δ_D 和空隙度 e 可分别计算如下

$$\delta_D=\frac{\gamma_D}{\gamma_w}=\frac{G_1-G_0}{\gamma_w V}=\frac{G_1-G_0}{V} \tag{9-3}$$

$$e=\frac{\gamma_s-\gamma_D}{\gamma_s}=\frac{\delta_s-\delta_D}{\delta_s} \tag{9-4}$$

式中　G_0、G_1——分别为容器装矿前和装矿后的重量,kg;

V——容器的容积,L;

γ_D、δ_D——分别为矿样的堆重度(kg/L)和堆比重;

γ_s、δ_s——分别为矿样的重度(kg/L)和比重;

γ_w——水的重度(kg/L),等于 1;

e——空隙度,空隙体积占容器总容积的分数,以小数计。

测定容器不应过小,否则准确性差。即使矿块很大,容器的边长最少也要比最大块尺寸大 5 倍。为减小误差,应重复测定多次,取其平均值作为最终数据。若要求测定压实状态下的碎散物料的堆比重,则在物料装入容器后可利用振动的方法使其自然压实,然后测定。

9.4　细粒矿石(－0.1 mm)粒度的测定

沉降分析法是测定细粒物料(－0.1 mm)粒度的常用方法,其原理是通过测定颗粒在适当介质中的沉降速度来计算颗粒的尺寸。

沉降分析原理简单,测定范围较宽(0.02～250 μm),测量结果的统计性和再现性高,所以普遍采用。常用方法是沉积法、淘析法、流体分级法。

沉积法不能分出各个单独产品,但能较快地测定细度和比表面。采用水、乙醇、水＋甘油、乙醇＋甘油、醚、苯、甲苯、丙酮、环己醇等作介质。常用分散剂有六偏磷酸钠、焦磷酸钠、水玻璃、氨水和氯化钠等。分散的方法有超声波分散、搅拌器分散、抽真空脱气、减压沸腾、介质中长时间混合、球磨、乳钵分散等,或几种分散方法联合使用。

淘析法和流体分级法由于可以直接得到各个粒级的产品,供进一步分别检测用,因此在选矿工艺中得到了广泛应用。

沉降分析通常要求在稀悬浮液中进行,以保证悬浮液中的固体颗粒均能自由沉降,互不干涉。由于一般仅对小于 0.1 mm 的物料进行沉降分析,故可按斯托克斯公式计算其沉降速度。如沉降介质为水,则

$$v=\frac{h}{t}=5450d^2(\rho_i-1) \tag{9-5}$$

式中　v——粒子沉降末速,cm/s;

h——沉降距离,cm;

t——沉降时间,s;

ρ_i——固体密度,g/cm^3;

d——球形固体颗粒直径,cm。

于是,有

$$d=\sqrt{\frac{h}{5450(\rho_i-1)t}} \tag{9-6}$$

h 值的选择,应使时间 t 不过长或过短,一般分级沉降速度小的微粒部分时,h 要求小些,相反,分级粗颗粒时,h 要大些,但最小不能小于在该容器内液:固＝6:1 时所具有的高度(对于泥质物料为 10:1)。

在实际操作中,为了避免计算错误,通常都是在计算完毕后,根据要求的粒度,参照已编制的专门表格来校验沉降所需要的时间是否正确。

上述公式适用于一定粒度范围内的理想球形颗粒。实际测定时,按理要进行形状系数的校正。但在实际工作中,为了简单起见,常用与试样颗粒具有相同沉降速度的球体直径表示颗粒的粒度,这个数值,叫做等效直径,或称当量直径,也称斯托克斯直径。

矿石试样常由不同密度的颗粒混合物组成,因而在计算沉降速度或颗粒粒度时,固体密度 ρ_i 究竟应取多少,将是一个复杂的问题,若标准不同,计算出来的粒度也不同。一般来说,对于原矿和尾矿,可以用主要脉石矿物的密度作为计算标准,一般用石英作标准。石英密度为 2.65 g/cm^3,其他脉石矿物,如方解石,密度为 2.7 g/cm^3,差别不很大。对于精矿,可用精矿试样的实测密度,但如要计算粒级回收率,就仍然只能采用与原矿相同的计算标准,即以石英密度作为计算标准。在这种情况下只能说,是以具有相同沉降速度的球形石英颗粒的粒度作为该粒级的“名义粒度”,至于该试样中每一具体矿物颗粒的粒度是多少,可按等降比换算。必要时,也可在粒度分析结果表内的粒度栏内同时列出两个粒度数值,一个是按石英密度计算的,一个是按主要有用矿物密度计算的。

由于在实际工作中,各研究者的算法并不一致,也很难统一,因而在对外报道测试结果时,一定要具体注明所标出的粒度是按什么密度计算的。这样,即使有人不同意你的算法,也可自行按等降比换算。

采用沉降法进行粒度分析时,稀悬浮液浓度均需满足自由沉降的假定,实际工作中一般认为浓度只要低于 5% 即可满足此假定,但在常用的 1%～2% 容积浓度(相应的重量浓度为 3%～5%)范围内,实际沉降速度与斯托克斯公式算出的速度并不吻合,原因主要是由于“密度对流”,即不同浓度液体间的交换,以及热对流,因而需控制温度。只有当浓度保持到低于 0.1%,实际沉降速度才与斯托克斯公式算出的速度接近。

团聚现象是一个非常重要的问题。以微米计的粒子范围内,吸力远大于重力。对 10 μm 的粒子,由液桥引起的吸引力比重力大 10 万倍,要使团粒分散需更大的作用力,因而需添加各种分散剂以防止团聚。颗粒的分散度不仅与添加的分散剂有关,同时还与沉降介质、悬浊液浓度、分散方法等有密切关系。

沉降分析适用于均质物料,即假定待测物料全部具有同一比重,若 10% 物料比重 2 倍于其余物料时误差即很大。在选矿试验中,试料一般都是非均质物料,因而计算粒度与实际粒度往往不符。目前不少选矿试验单位,对于水析产品,采用显微镜检查其实际尺寸,这是一个比较可靠的办法,但并不能避免同一粒级中不同比重的粒子实际具有不同的粒度。

9.4.1 沉积天平法

沉积天平的结构示意图见图 9-3。沉积天平由三个基本部分组成,沉降管、天平机构和自动记录仪。透明材料制成的圆筒形沉降管有时作成夹层水套式,用循环热水维持悬浮液恒温。选择一定黏度的介质,将试样配成极稀的悬浮液,搅拌均匀后倒入沉降管内。金属沉积圆盘刚好可放入沉降管的液体内。先用游丝砝码平衡沉降盘的自重。天平的自动平衡装置分为光电式和电磁式两种。当物料颗粒在缓慢地沉降过程中时,天平横梁开始向左面倾斜,在天平梁的右边有块遮光板,此板在水平位置时阻止光敏管受光。当横梁倾斜至某一定角度时,光敏管接受讯号,驱使继电器动作,横梁右边加上一段距离的链条,这

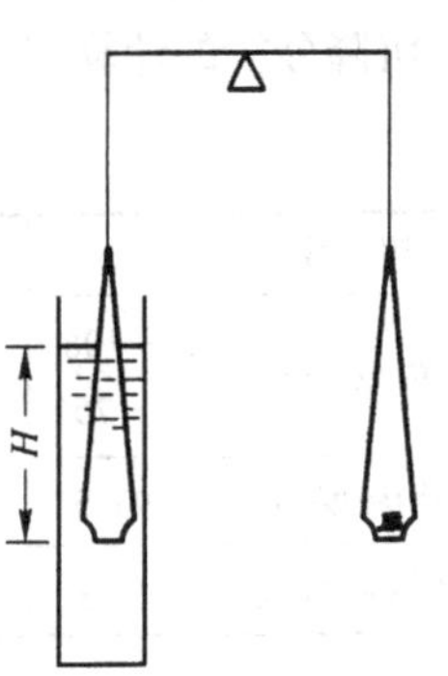

图 9-3 沉积天平的结构示意图

一段距离的链条重20 mg,这样使横梁恢复平衡,遮断光路,否定讯号;当第二次再沉降20 mg时,上述过程再重复一次,这样周而复始地记录下整个沉降过程,并据此绘出全部沉降曲线,作为计算物料粒度分布的原始资料。

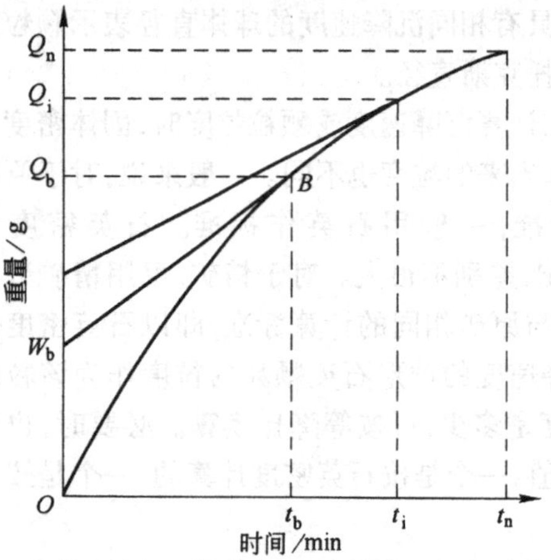

图9-4　沉降曲线

沉积天平法的基本原理是,让测管中的固体颗粒悬浮液在重力作用下自由沉降,由下而上地逐步沉积在秤盘上。随着沉降时间 t 的逐步增加,沉积到盘上的物料的累积重量 Q 也逐步增加。如全部固体颗粒具有同一粒度,悬浮液又是分散均匀的,则单位时间内的沉积量——沉积速率将是一常数。如以沉降时间 t 为横坐标,累计沉积量为纵坐标绘制沉降曲线,则其图形为一直线。斜率代表沉积速率 dQ/dt,为一常数。若物料由不同粒度颗粒组成,则粗粒将首先沉降完毕。粗粒沉出后,沉积速率将减小,表现在图像上则为曲线斜率减小,如果物料的粒度分布是连续的,沉降曲线就是一根由无数段微小短直线构成的曲线。曲线上的每一点,都可看作是对应于某种粒度的粒子全部沉下时的折点(图9-4)。设粒度为b的粒子全部沉下所需的时间为 t_b(按式9-5算出),则曲线上 B 点的斜率 dQ/dt 就代表物料中不含大于b的粒子时的沉积速率。若物料中原来就没有大于b的粒子,则由0至 t_b 这段时间内累计沉积量应为 $(dQ/dt)t_b$,现实际沉积量为 Q_b,余量

$$W_b = Q_b - \frac{dQ}{dt}t_b \tag{9-7}$$

就是大于b的粒子的累计沉积量,而 $Q_b = W_b + (dQ/dt)t_b$ 是过 B 点的切线方程,W_b 是切线在纵坐标上的截距,因而可利用作图法求出不同粒度粒子的累计沉积量,并相应地给出累计粒度特性曲线。

考虑到引切线求截距的图解法常因斜率不易找准而误差较大,下面再介绍一种简便的利用解析法求物料粒度分布的方法。

设沉降分析试样中大于75 μm的粒级已用筛子隔除,考虑到筛分粒度和斯托克斯直径的交叉,筛下物的粒度(斯托克斯直径)上限可定为106 μm,于是可取$\sqrt{2}$为分级比划分的粒级,算出各粒级的平均粒度 d,再按公式(9-5)算出各粒级物料自沉降管液面沉至沉积盘上所需的沉降时间 t_d。沉降分析的计算列于表9-1。

表9-1　沉降分析计算表

序　号	1	2	3	4	5	6	7	8	9	10
粒级/μm	−106 +75	−75 +53	−53 +37.5	−37.5 +26.5	−26.5 +18.8	−18.8 +13.3	−13.3 +9.4	−9.4 +6.6	−6.6 +4.7	−4.7 +3.3
平均粒度/μm	90.5	64	45.2	32	22.6	16	11.3	8	5.6	4
沉降时间 t_d	$t_{90.5}$	t_{64}	$t_{45.2}$	t_{32}	$t_{22.6}$	t_{16}	$t_{11.3}$	t_8	$t_{5.6}$	t_4

由于粒度的减小是按$\sqrt{2}$:1的比值,自由沉降末速 v_b 的减小将按2:1的比值。换句话说,当沉降时间 $t = t_{90.5}$时,第一个粒级将自沉降管中全部沉积出来,第二个粒级($d = 64$ μm)只能沉降

半管长的距离,因而只有半管物料可沉积下来,第三个粒级($d=45.2\ \mu m$)则只有 1/4 管长的物料可以沉积下来(参看图 9-5)。

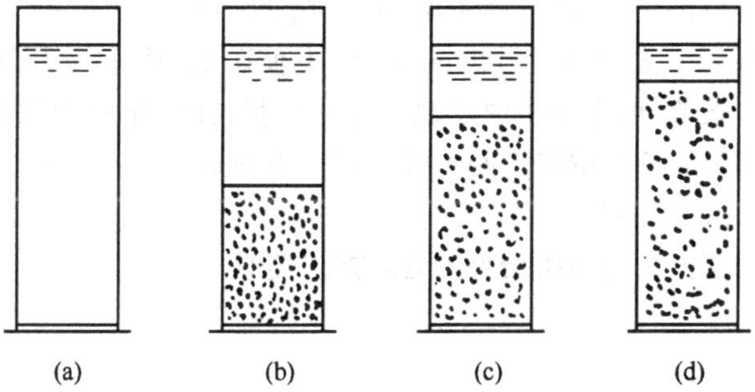

图 9-5　沉积分析原理
(a) 90.5 μm;(b) 64 μm;(c) 45.2 μm;(d) 32 μm

设各粒级的实际重量为 W_b,而沉降 t_b 时间后沉积盘上物料的总重为 Q_d(可从沉降曲线上查得),则沉降时间 $t=t_{90.5}$时,沉积到盘上的物料包括全部 $d=90.5\ \mu m$ 的粒级,1/2 的 $d=64\ \mu m$的粒级,1/4 的 $d=45.2\ \mu m$ 的粒级,……,换句话说,累计重量 $Q_{90.5}$应为

$$Q_{90.5}=W_{90.5}+\frac{1}{2}W_{64}+\frac{1}{4}W_{45.2}+\frac{1}{8}W_{32}+\cdots+\frac{1}{512}W_4$$

而 $t=t_{64}$时,不仅 $d=90.5\ \mu m$ 的粒级已全部沉积下来,$d=64\ \mu m$ 的粒级亦将全部沉积出来,第 3 级则将有一半沉积下来,此时,盘上沉积物料的累计重量为

$$Q_{64}=W_{90.5}+W_{64}+\frac{1}{2}W_{45.2}+\frac{1}{4}W_{32}+\frac{1}{8}W_{22.6}+\cdots+\frac{1}{256}W_4$$

由此即可算出第一个粒级的重量

$$W_{90.5}=2Q_{90.5}-Q_{64}$$

而 $t=t_{45.2}$时,盘上沉积物料累计重量

$$Q_{45.2}=W_{90.5}+W_{64}+W_{45.2}+\frac{1}{2}W_{32}+\frac{1}{4}W_{22.6}+\frac{1}{8}W_{16}+\cdots+\frac{1}{128}W_4$$

可算出第二个粒级的重量

$$W_{64}=2Q_{64}-Q_{45.2}-W_{90.5}$$

类似地,可依次算出以下各粒级的重量。

9.4.2　淘析法

淘析法的基本原理,是利用逐步缩短沉降时间的方法,由细至粗地,逐步地将较细物料自试料中淘析出来。淘析分离装置如图 9-6 所示,基本器皿为一带毫米刻度纸的透明容器,以及搅拌器、虹吸管等。具体操作如下:

称 50～100 g 待淘析的干试料放进一小烧杯内加水润湿,把气泡赶走,倒进容积为 2～5 L 的玻璃杯(或缸)内,加水至标明的刻度 h 处,用带橡皮头的玻璃棒强烈搅拌,使试料悬浮,然后停止搅拌,待矿液面基本平静后即开始按秒表计时,经过时间 t 后打开虹吸管夹子 3,将 h 高的矿浆全部

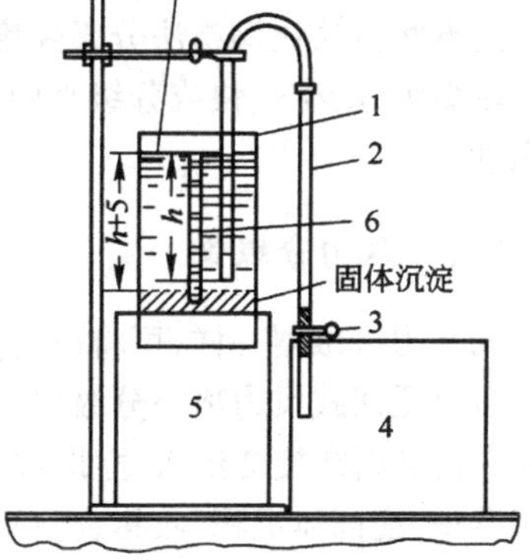

图 9-6　淘析分离装置图
1—玻璃杯;2—虹吸管;3—夹子;4—溢流收集器;5—台座;6—毫米刻度纸条

吸出至收集器 4,重新加水至刻度 h 处,完全重复第二步操作,经多次直至吸出的液体不混浊为止。将析出的产物沉淀、烘干、称重,即可算出该粒级的产率。按此法通过改变时间 t(由长到短)而分别得出各粒级(由细到粗)的产物并算出其对应的产率。

确定 h 时要使虹吸管口高于试料层 5 mm 以上,并使矿浆中固体容积浓度不大于 3%。为避免矿粒彼此间团聚产生误差,可在淘析时于水中加入少量(使矿浆中分散剂的浓度为 0.01% ~ 0.2%)分散剂,如水玻璃、焦磷酸钠或六偏磷酸钠等。为加速 10 μm 以下微细粒级产物的沉淀,可在含该产物的水中加入少许明矾。

最终试验结果的处理方法与筛析结果的处理方法类似。

9.4.3 流体分级法

此法与沉积法和淘析法的现象相同,但对细粒而言,运动方向相反,对一定的流体流动速度,小于一定粒度的细粒被流体带向上,而粗粒沉下。此流体可以是水(即为上升水流法),也可以是气体(空气)。

此法的优点是可以连续地分出不同的粒度组分,一次能得到多级产品,因而在工作量大的情况下具有明显的优越性。

目前在选矿试验工作中国内普遍采用上升水流法,通常称水析。在国外还常采用一些在离心力场中分级的设备,如风力离心分级器、串联旋流分级器等。

9.4.3.1 连续水析仪

连续水析仪是根据矿粒在水介质中自由沉降的规律,利用相同的上升水量,在不同直径的分级管中,产生不同的上升水速,使矿粒按其不同的沉降速度,分成若干级别,每一个级别的产品,都是由沉降速度相等的粒群组成,沉降速度常按石英密度计算。

连续水析仪主要由给矿装置、给水装置、分级管等部分组成,其构造如图 9-7 所示。操作时,包括水玻璃溶液在内的总给水量为 100 mL,其中水玻璃溶液的浓度为 1%,给入量为 5 mL/min,故与清水混合后实际浓度为 0.05%。

每次水析试样量可取 50 g 左右,应预先用 74 μm 筛子筛除粗粒,干样要预先用水浸泡。应先调节流速,然后再给矿,给矿时矿浆应不断搅拌,给矿时间约 1.5 h,2 h 后停止搅拌,6 h 后一般即可停止给水,结束分级过程。

上升水流法比淘析法分级速度快,结果也比较稳定,但应注意防止因搅拌不充分而造成粗粒级产率偏大,给矿过快或分级水中断而出现堵塞,以及细粒粘附器壁等现象,以保证水析结果的可靠性。

9.4.3.2 风力分级仪

同水力分级器一样,可将风力分级器分为重力式和离心式两类。

多道迂回式风力离心分级仪(100MZR)是一种较完善的风力分级仪,其构造如图 9-8 所示,试样 3 由给料螺旋 2 给入,立即被分级风 5 捕获,细粒从分级轮 4 上的曲折通道中通过,抽往一旋流器中,使固体沉积、收集;粗粒则被甩往分级轮的外缘经一开孔进入粗粒收集器内,为了加强气流的分散作用,在分级轮上装有凸缘。分级粒度范围为 2 ~ 80 μm,每次试样量为 50 ~ 100 g,但完全可用于处理较多的试样,其处理量为每小时数千克。分离粒度首先决定于分级轮转速,同时也与风量有关。试验结果表明,其分离效果比巴科离心分级器更接近于沉积天平分析结果。

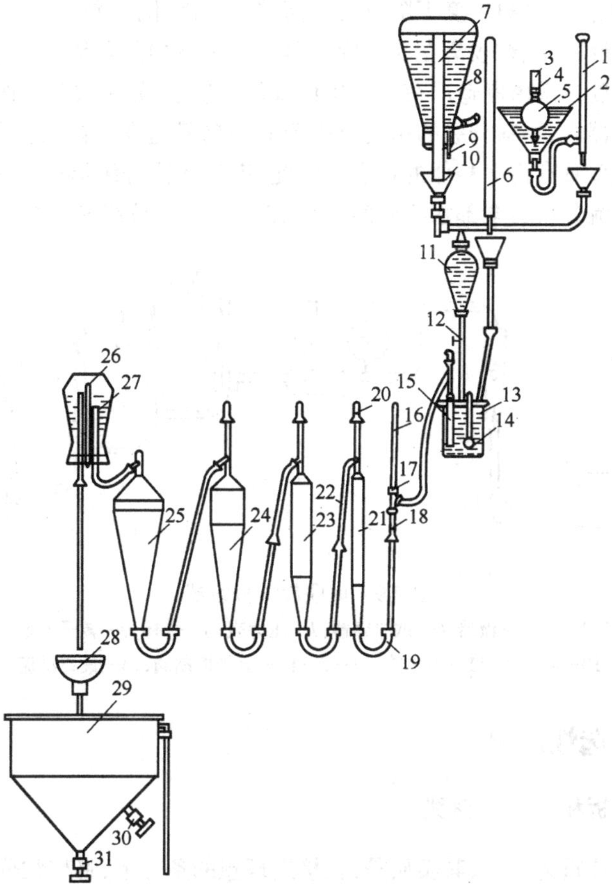

图 9-7 连续水析仪

1—给水滴管;2—给水漏斗;3—进水管;4—给水调节阀;5—浮标;6—滴管;7—中心管;8—水玻璃溶液瓶;9—水玻璃添加管;10—漏斗;11—给矿瓶;12—胶管夹子;13—烧杯;14—搅拌器;15、21—74 μm 分级管;16—玻璃管;17—套管;18、19、20、22—软胶管;23—37 μm 分级管;24—19 μm 分级管;25—10 μm 分级管;26—空气管;27—溢流瓶;28—明矾漏斗;29—锥斗;30—排水管;31—排料管

9.4.3.3 串联旋流分级器(旋流水析仪)

串联旋流分级器的基本原理是利用离心力代替重力场进行分级过程。分级粒度范围为 50～10 μm。其构造如图 9-9 所示,它是用五个倒置的水力旋流器串联组成的,即安装方向与一般旋流器的安装方向相反,是底流口(即沉砂口)垂直向上。五个旋流器互相串联并平行排列,这样每个旋流器的溢流口都在下方,并作为下一个旋流器的进料口。每个旋流器的底流口均与装有排料阀的圆形小容器相通。试验时,排料阀是关闭的,底流不排出。水流流量控制阀作为给料器的一部分,水从供水槽中抽出,按照一定的流量,通过流量控制阀给入第一个旋流器。如果顺着流体方向的溢流出口的直径和进口面积

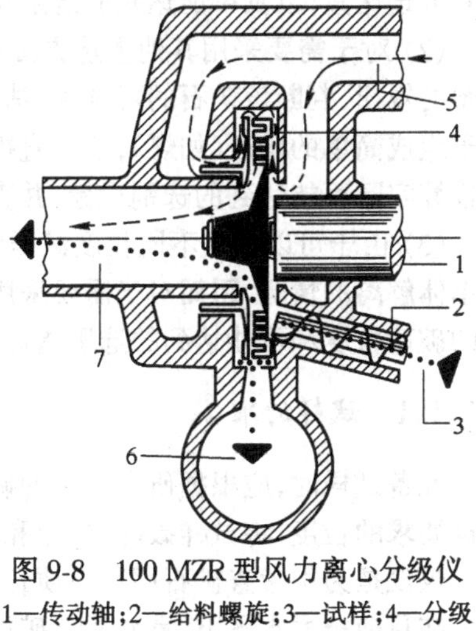

图 9-8 100 MZR 型风力离心分级仪

1—传动轴;2—给料螺旋;3—试样;4—分级轮;5—分级风;6—粗粒;7—细粒

逐渐减小，则相应地旋流器分离粒度下限也就逐渐减小。因此，物料分级完成后，最粗的颗粒收集在1号旋流器中，最细的颗粒收集在5号旋流器中。旋流器的最终溢流收集在大桶内。每个水力旋流器的分级粒度界限由制造厂在标准操作条件下规定，如果改变操作条件，则应按照修正图加以修正。在旋流器内，物料分级的快慢取决于离心沉降速度。颗粒在离心场中的运动规律与重力场中的沉降规律具有许多相似的特点。因此，串联旋流分级器的分离特性依然遵循着斯托克斯定律。串联旋流分级器全部水析时间仅需25～30 min，分级速度快、分级效果好。

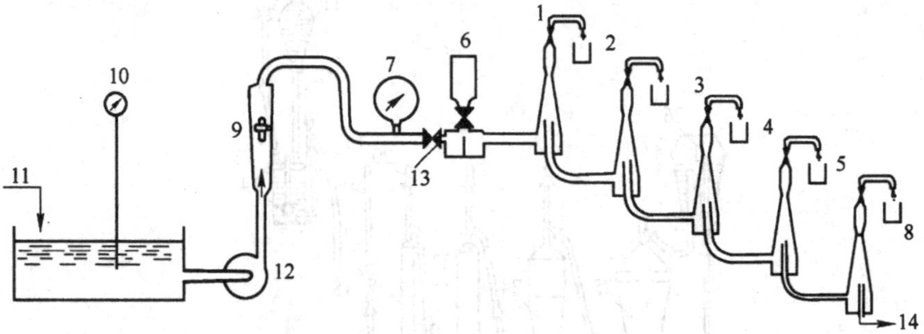

图 9-9 串联旋流分级器

1、2、3、4、5—旋流器；6—试样容器；7—压力表；8—烧杯；9—转子流量计；10—温度计；11—主水管；12—泵；13—流量控制阀；14—最终溢流

9.5 矿石重选可选性试验

9.5.1 比重组分分析和可选性曲线

比重组分分析又称重力分析，其实质是，在接近理想的条件下，将矿粒分离为不同比重组分，根据不同比重组分的称量和化验结果，算出该矿样的比重组成以及有用和有害成分在不同比重组分中的分布率。

在矿石可选性研究中，比重组分分析可以解决下列问题：

(1) 对于需要采用重介质选矿法选别的矿石，比重组分分析就是重介质选矿实验室可选性研究的基本方法，通过比重组分分析，可以确定该矿石采用重介质选矿的可能性，适宜的入选粒度和分选比重，以及可能达到的选别指标，作为下阶段半工业试验的依据。

(2) 对于需要采用其他重选方法选别的矿石，则可根据不同粒级试样不同比重组分中金属分布的规律，判断该矿石的可选性，估计必需的破碎粒度即入选粒度以及可能达到的最高指标。对于组成简单的矿产（如煤），还可直接根据该矿产的比重组成以及所用选别设备的比重分配曲线推算实际可能达到的选别指标，并直接作为设计的依据。

(3) 由于可以根据不同粒度试样的比重组分分析结果间接地判断有用矿物在不同破碎粒度下单体解离的情况，因而对于需要采用其他选矿方法的矿石，也可根据比重组分分析结果估计必需的破碎粒度和可能达到的选别指标。

9.5.1.1 试样的准备

准备试样时，应根据研究的目的确定试样的上限粒度、下限粒度，以及必需的分级比等，然后根据要求的粒度，将试样破碎、缩分和分级。

仅仅是为了考查矿石用重介质选别的可选性时，小于3～0.5 mm的物料通常不进行研究，因为在目前技术水平下，重介质选矿法只能处理不小于3～0.5 mm的物料。若需全面地考查矿石的重选可选性，则可根据选别的下限粒度确定研究的下限。

为了考查矿石的入选粒度，可将试样缩分为几份，分别破碎到不同粒度进行试验。例如，可将试样缩分为四份，分别破碎到25 mm、18 mm、12(10) mm、6 mm，筛除不拟入选的细粒并洗去矿泥，晾干后分别进行试验；筛出的细粒(包括矿泥)也要计量和取样化验，以便编制金属平衡。一般可在岩矿鉴定的基础上，从较粗的粒度开始试验，若在较粗的粒度下已能得到满意的分离指标，则不必再对较细的试样试验，否则，应逐步降低入选粒度，直到得出满意的分离指标为止。

试验的最初阶段，通常须将试样筛分成窄级别，洗去矿泥并晾干后，分别进行试验，最后再按照选定的粒度范围，用宽级别物料进行校核试验。窄级别试样的分级比，一般为$\sqrt{2}$～2。

在可选性研究工作中，比重组分分析通常属于预先试验性质的工作，所用试样量通常较小，一般小于按 $q=Kd^2$ 关系算出的数值，例如对于 −25 mm 的试样，若 $K=0.1\sim0.2$，按 $q=Kd^2$ 的关系，最小重量为62.5～125 kg，而实际工作中却常只用25～30 kg。逐块测比重时，则一般要求各级的矿块数不少于200即可。但在用宽级别试样进行重介质选矿的正式试验时，原始试样的重量必须满足 $q\geqslant Kd^2$ 的关系。

9.5.1.2 按比重分离

常用的将矿块(粒)分离为不同比重组分的方法有四种：①逐块测比重；②重液分离；③重悬浮液中分离；④在顺磁性液体中分离(磁流体分离)。后三者可统称为浮沉试验。其中最常用的是重液分离法。

A 逐块测比重法

由于常用的重液价格通常较高，且常有毒或带腐蚀性，而当试样粗时需用的重液数量又很大，故此时宁愿采用逐块测比重法来分离矿块；又由于单颗细粒物料的比重不易测准，测定工作量也很大，因而此法也只适用于分离块状物料，一般至少应是大于10 mm的物料。

测定前应先将试样筛分成窄级别，然后用四分法自每级中缩分出约200个矿块作为试样，分别用水流冲洗，再在空气中晾干，然后用专门的或改装的比重天平逐块测定其比重。具体测定方法见9.3节。

将测定过比重的矿块，按一定的比重间隔分为几堆，即不同的比重组分，分别称量，破碎磨细，取样化验。划分比重间隔的原则是，靠近分离比重的地方间隔取窄些，高比重范围间隔取宽些，同时注意使每一比重组分的矿块数均不致过少。因而在一开始可多分几堆，然后根据各堆的重量适当合并，最后有五、六个不同比重的组分即可。

B 重液分离法

当将矿块置于一定比重的重液中时，比重大于重液的矿块将下沉，比重小于重液的矿块则将浮到液面，比重与重液相近的则处于悬浮状态，因而若有一套不同比重的重液即可将矿样分离为不同比重的组分。重液包括有机重液、无机盐溶液和熔盐三类。液体比重受温度影响较大，因而有关比重数据均须注明温度，如比重2.90(25℃/4℃)表示25℃时该液体同4℃时纯水的重度或密度比为2.90，也可写作相对密度 $d_4^{25}=2.90$。

(1) 常用重液及其配法：

1) 有机重液。常用的有机重液主要是各种卤代烷，包括三溴甲烷($CHBr_3$)、四溴乙烷($C_2H_2Br_4$)、二碘甲烷(CH_2I_2)。其中二碘甲烷有毒，使用时应注意安全。

这三种卤代烷均难溶于水而易溶于易挥发的有机溶剂如酒精、苯、甲苯、四氯化碳等中。为降低重液的比重可用这些有机溶剂稀释。为从稀释后的重液中浓缩回收卤代烷则可采用分馏的方法。几种溶剂中，以酒精毒性最小，但有吸湿性，故比重不够稳定；苯和甲苯对人健康损害最大

(主要是血液中毒);四氯化碳则对人体有麻醉作用,均应注意防护。用酒精做稀释剂时可用水洗的方法分馏——将混合液置分液漏斗中加5~6倍体积的蒸馏水搅拌混匀,使酒精与水混溶,静置后将出现分层现象,酒精的水溶液将浮在上面,卤代烷则沉在下面,故可分别放出、回收再用。

蚁酸铊和丙二酸铊复盐水溶液,又称克列里奇液,可与任何比例的水混合而配成不同比重的重液,用蒸发的办法即可使它浓缩再生。克列里奇液是已知的天然重液中比重最高者,缺点是价格很高,非常稀贵,对皮肤腐蚀性极强。

蚁酸铊和丙二酸铊复盐溶液的配法如下:将11 g的丙二酸溶于少量水中,再将500 g碳酸铊溶于此溶液;另又取500 g碳酸铊溶于115 g89%的蚁酸中;然后将这两种溶液(丙二酸铊和蚁酸铊)相混,过滤、蒸发,直至比重为4.3的矿物(铁铝榴石)在其中浮起为止。

2) 无机盐溶液。选矿试验中常用杜列液,选煤试验时主要用氯化锌。

杜列液,即二碘化汞和碘化钾溶液($HgI_2 \cdot 2KI$),是矿石比重组分分析工作中最常用的无机重液,黄色透明,可与任何比例的水混合,最高比重3.17~3.19。在工作中有时会析出游离碘而使颜色变暗,此时可加入金属汞一滴,置水浴上蒸发并不时搅拌,即可恢复到正常状态。溶液易吸水,因而在使用过程中比重可能变化,须经常检查。产品上带出的重液可用水洗回收。稀溶液则可用蒸发的办法浓缩再生。杜列液有毒,会腐蚀皮肤,会同金属以及金属硫化物反应,因而其应用受到限制。

杜列液的配法如下:

按1∶1.24的比例分别称取碘化钾和二碘化汞,将碘化钾置研钵内研细,再与二碘化汞混合,并小心搅拌,然后在强烈的搅拌下将混合物溶解于冷水内。首先配制最浓的溶液,这时每1 kg混合物需加冷水160 mL。溶液比重可达3.17~3.19。为了检查溶液比重是否足够,可用比重计测定,或投入一颗萤石(比重3.1),若萤石不浮起,即表明比重不足,应将溶液蒸发,直至出现薄膜为止,然后冷却,用玻璃棒搅拌,使薄膜溶解。若不溶,则可往溶液中再加1~2滴水。从冷却的溶液中可能析出少量的碘化钾结晶,必须滤去。

氯化锌水溶液用于煤的可选性研究,70%氯化锌溶液20℃时比重为1.962,25℃时黏度为0.042 Pa·s,价格低廉,实际使用时常配成比重为1.3~1.8的重液。

3) 熔盐。以上重液,除极稀贵的蚁酸铊和丙二酸铊复盐以外,比重都只有3左右。若欲分离更高比重的矿物,须利用各种易熔盐类,在熔融状态的盐类中分离矿物。

比重大于4的易融盐类有:

硝酸银($AgNO_3$),比重4.1,熔点198℃。

硝酸银和碘化银合金。碘化银AgI比重6,熔点552℃。硝酸银和碘化银按不同比例混合可得4.1~6的不同比重的熔融体,而熔点下降为65~70℃,当2份碘化银同3份硝酸银混合可获得比重为5的熔融体。

硝酸亚汞($HgNO_3 \cdot H_2O$),比重4.3、熔点70℃。

氯化铅($PbCl_2$),比重5.0,熔点468℃。

由于熔盐中分离矿物的技术操作较复杂,因而此法主要用于矿石物质组成研究,而很少在选矿试验工作中作为一般的比重组分分析方法使用,特别不适于处理粗粒的和大量的试样。

(2) 重液比重的测定。为了实际测定所配制的重液的比重,可采用下列三种方法:

1) 比重瓶法。所用比重瓶与9.3节介绍的测定固体粉末比重用的比重瓶相同,设空比重瓶的重量为G_1,注满水后比重瓶与水的总重为G_2,注满待测重液时比重瓶与待测重液的总重为G_3,则待测重液的比重Δ为

$$\Delta = \frac{G_3 - G_1}{G_2 - G_1}\Delta_w \tag{9-8}$$

式中，Δ_w为水的比重（相对密度），不同温度下水的密度可参看有关资料，要求不高时可一律取$\Delta_w = 1$。

2) 比重计法。从原理上来分，液体比重计有定重式和定容式两类。

目前市售的液体比重计，主要是定重式比重计。即比重计的重量是一定的，随所测液体比重的不同，比重计沉没于液体中的容积不同，故可根据沉没的容积算出液体比重。在市售的比重计上，相应于不同的沉没深度已直接标出所测液体比重的数值，可不必再自行换算，因而使用时非常方便。但目前市售的液体比重计，主要是供测定牛奶、酒精、无机酸等液体比重用的，比重范围一般不大于2，因而在测定供比重组分分析用的重液比重时，往往需自制比重计。

自制比重计时，可按定重式原理，也可按定容式原理设计比重计。亦可用若干小安瓿瓶或普通短玻璃管注入不同重量的铅砂后封口，制成一套具有不同比重的浮子作比重计使用，各个浮子的实际比重可用测矿块比重的方法预先标定。

3) 液体比重天平（韦氏比重天平）。液体比重天平是按定容式比重计原理制成的专用天平，其构造如图9-10所示。测定时首先将天平臂装到支架上，重锤F和平衡锤E挂在钩子A上，调节螺旋B使臂处于平衡状态（即臂的尖端C与支架上的尖端D对准），将待测重液倒在量筒里，然后让重锤F浸入重液中，此时重锤由于受封液体的浮力而上浮，使天平失去平衡。这时可在梁上追加砝码，使其恢复平衡。砝码或放在钩子A上，或放在梁上不同切口处。切口处力臂较小，所代表的比重也相应较小。不同砝码在不同位置所代表的比重是预先标定好的，因而可直接读出所测液体的比重值，而不必临时换算。但应注意砝码同重锤是软连接，增添的砝码是靠抵消左臂造成的力矩来间接地增加重锤（相当于一支定容式比重计）的重量。因而当液体比重大于重锤比重时重锤将浮至液面，此时只有换用比重更大的锤后才能进行测定，但应使新锤的容积与老锤相同，否则所有砝码亦须全部标定。由于目前市售液体比重天平的比重测定范围大多低于选矿试验所用重液比重，因而在实际工作中常需事先专门准备具有不同比重的重锤。

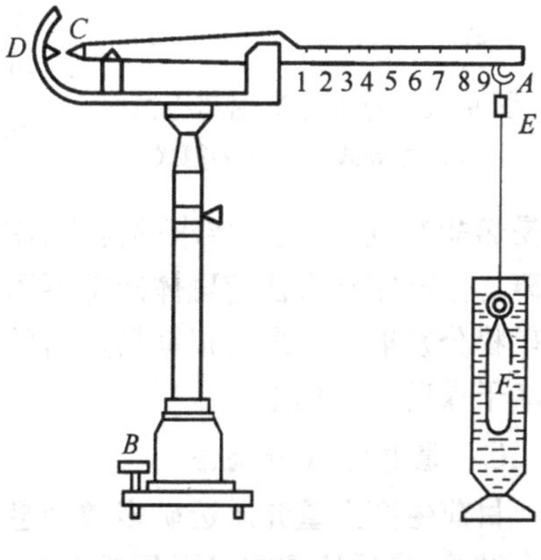

图9-10 液体比重天平

(3) 重液分离操作技术。重液分离的操作方法与试样的粒度、重量以及重液的类型有关。重力沉降分离的粒度下限与矿粒的比重和重液的黏度有关，一般为0.1～0.075 mm，粒度过小沉降时间将过长，矿粒比重小特别是重液黏度大时沉降更慢。在离心力场中分离时，离心加速度可大到为重力加速度的1000倍以上，因而粒度下限可大大降低，但对小于10～5 μm的矿泥，一般不要求进行重液分离试验。

块状和粗粒（>1～0.5 mm）物料的分离试验，可在容积不小于250 mL的烧杯、玻璃缸、白铁筒等普通筒形容器中进行。首先将不同比重的重液按要求配好，置于不同容器中，然后将洗净的试样分小批给入某一比重的重液中，搅拌后静置分层，用带孔的瓢分别将浮物和沉物捞出，待全部试样分离完毕后再依次转入下一个比重较大或较小的重液中再次进行分离，直至将试样全部按要求分离为不同比重组分时为止。然后将所得各个比重组分的产品分别洗涤、烘干、称重并磨细、取样化验。洗下的重液收集起来用各种方法浓缩再生后回用。

细粒（小于1～0.5 mm而大于0.1～0.075 mm）物料的分离则可在分液漏斗中进行。一般应采用带玻璃旋塞的玻璃分液漏斗，无专门分液漏斗时也可用带胶皮管的普通漏斗，但碘化汞和碘化钾溶液对橡胶有腐蚀作用，不能采用带胶皮管的漏斗。分离时应先向漏斗中注入重液，然后给入试样，用玻璃棒搅拌数次，静置分层。不搅拌时要盖上漏斗盖或表面皿，以防重液挥发。分层完毕后即可打开旋塞或夹子将沉物和浮物分别放到带滤纸的过滤漏斗上过滤、洗涤，分别收集烘干、称重，滤出和洗下的重液则应回收再用。

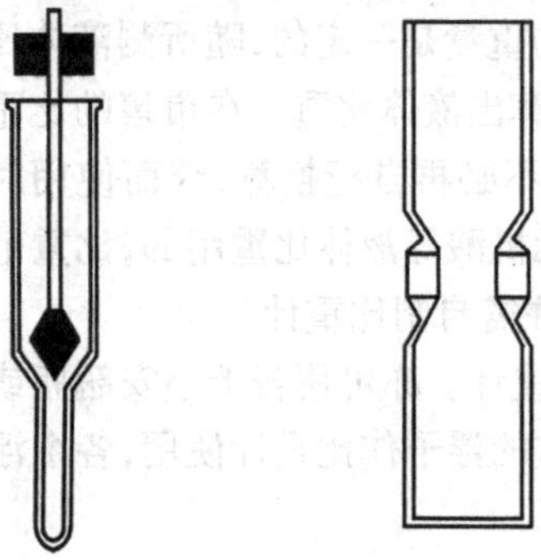

图 9-11　重液分离用离心试管
(a) 泰勒式；(b) 斯列德式

小于 0.1～0.075 mm 的物料，则可利用离心试管作分离容器，在手摇或电动离心机中分离。操作时，离心机中位于对称位置的两个试管所装的重量要相等，否则高速旋转时试管会破裂。离心机转速应渐增，一般最高 3000～4000 r/min 即足够，持续 3～5 min，再逐渐减速停止。离心试管上层浮物用玻璃棒撬出或用小网勺捞出，下层沉物则随同重液一起倒出，分别过滤、洗涤、烘干、称重、取样化验，重液回收再用。

市售普通离心机所附离心试管强度往往不够，此时需专门定制高强度的离心试管供重液分离试验用。为了便于使浮物和沉物分离，也可使用特制的带塞子的泰勒离心试管(图 9-11(a))或带旋塞的斯列德离心试管(图 9-11(b))作分离容器。

在熔盐中分离时，可先将试样倒入试管中，再加入所选用的易熔盐类，加热至所要求的温度，使介质熔融呈液态，然后在重力场或离心力场中让轻、重矿物分离。分离完全后让熔融体冷却凝固，然后用锉刀或电流将试管在适当的地方截断，即可将轻、重矿物分别取出。最后根据易熔盐的性质选用适当的溶剂，如热水或酸溶液将介质溶解，试样经洗涤干燥后送去加工。

C　重悬浮液分离法

目前生产上重介质选矿多数用悬浮液作介质，因而对于重介质选矿作业重液分离只能算做预先试验，最后还须在实际悬浮液中进行正式分离试验。有时由于重液缺乏，或物料粒度粗，试样多，或矿石松散，不适于在重液中分离，亦可直接用悬浮液分离法进行比重组分分析。但悬浮液分离法不适用于研究细粒物料，因为细粒物料同介质混杂后难以分离。

(1) 介质的制备。矿石可选性研究工作中常用的介质加重剂如表 9-2 所示。由于悬浮液的最大比重很难超过加重剂比重的 50%，因而在分批操作的实验室矿石比重组分分析工作中，主要还是采用硅铁和方铅矿做加重剂；在重介质旋流器中分离时，由于实际分离比重将大于悬浮液比重，故可使用比重较低的物料，如砷黄铁矿、磁铁矿、黄铁矿、磁黄铁矿以及轧钢皮等作介质。需要注意的是，当利用各种天然矿物做加重剂时，在实验室研究阶段，通常是利用挑选的大块纯矿物粉碎后制成介质，因而实际比重可接近于表列比重；在半工业和工业试验阶段，则一般只能使用相应的选矿产品代替，例如，只能用浮选铅精矿代替纯方铅矿，因而其比重将小于表列比重。

表 9-2　常用加重剂特性

加　重　剂	加重剂比重	可能达到的悬浮液最大比重	莫氏硬度
重晶石($BaSO_4$)	4.4	2.2	3.0～3.5
磁黄铁矿($Fe_n S_{n+1}$)	4.6	2.3	3.5～4.5
黄铁矿(FeS_2)	5.0	2.5	6.0～6.5
磁铁矿(Fe_3O_4)	5.0	2.5	5.5～6.5

续表 9-2

加重剂	加重剂比重	可能达到的悬浮液最大比重	莫氏硬度
砷黄铁矿(FeAsS)	6.0	2.8	5.5~6.0
细磨硅铁(85%Fe、15%Si)	6.9	3.1	7.0
粒状硅铁(90%为球形颗粒)(85%Fe、15%Si)	6.9	3.5~3.8	7.3~7.6
方铅矿(PbS)	7.5	3.3	2.5~2.75

方铅矿通常磨到 −44 μm 占 70%～80%，它性软，易磨细，可以得到比较稳定的悬浮液，其缺点是容易泥化而使悬浮液变黏，影响分选效果，并可能污染产品。

硅铁通常需磨到 −44 μm 占 60%～65%，它坚硬难磨，在给入磨矿机前应尽可能地破碎到较小粒度，磨碎时间很长，要用淘析的方法周期地取出细粒，潮湿的硅铁应保存在水下，否则会迅速氧化。硅铁含硅量一般为 13%～18%，当含硅量低于 13%时磁性增加，但硬度增大，难以磨碎，且在水中易于氧化；含硅超过 18%时，磁性减弱，磁选回收困难。

用喷雾法生产粒状硅铁颗粒主要呈球形，因而悬浮液黏度较小，可配成较高的浓度使用，所能达到的悬浮液最大比重也就较大。此外，粒状硅铁的抗浸蚀稳定性也比细磨硅铁好，因而是最理想的介质加重剂。

为配制给定比重 Δ(重量 γ_p)的悬浮液所需加重剂的重量可按下式计算

$$G=\frac{\gamma_s(\gamma_p-\gamma_w)}{\gamma_s-G_w}V \tag{9-9}$$

式中 G——加重剂重量；

V——悬浮液体积；

γ_s——加重剂重度；

γ_p——悬浮液重度；

γ_w——水的重度，1000 kg/m^3，即 1 kg/L。

(2) 悬浮液比重的测定。分批操作时，悬浮液的比重可用浓度壶测定，其测定方法和原理与比重瓶法相同，只是测量容器较大，精度较小。连续试验时，为了连续测定悬浮液的比重可采用放射性同位素密度计或双管压差计。

(3) 悬浮液分离操作技术。分离操作可在直径和高均为 200～300 mm 的圆筒或倒截锥形容器中进行，最好里面再套一个带漏底(筛网)的内筒，如图 9-12(a)所示，以便于取出沉积物。其操作方法与重液分离试验类似，主要差别是悬浮液静置时会分层，必须不断搅拌才能保持比重的稳定。

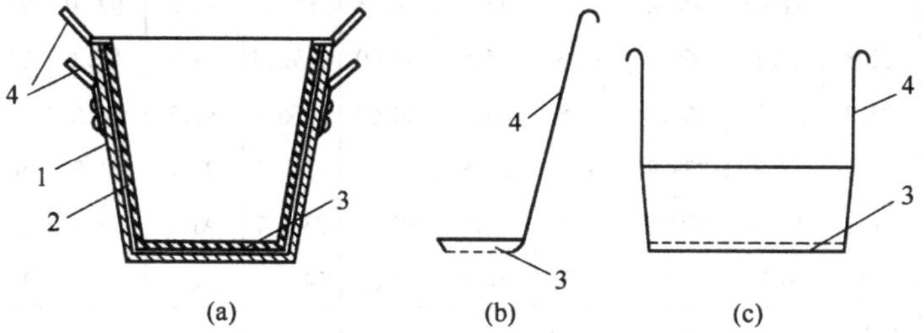

图 9-12 重悬浮液分离试验设备

1—外筒；2—内筒；3—筛网；4—漏勺

试验时先将配好的悬浮液注入分离容器，不断搅拌，测定并调节介质比重，调至要求数值后，一面缓慢搅拌，一面加入用同样悬浮液浸润过的试样。停止搅拌后 5～10 s 用漏勺(图 9-12(b))自悬浮液表面(插入深度约相当于一块最大矿块的尺寸)捞出浮物，然后再取出沉淀物。如果有大量比重与悬浮液相近的矿块处于不浮不沉状态，则最好单独收集。取出的产品分别置筛子上用水冲洗，必要时再利用带筛网的盛器(图 9-12(c))置清水桶中淘洗，待完全洗净粘附于其上的悬浮质后，分别烘干、称重、磨细、取样化验。若有必要，洗下的悬浮质可用选矿的方法再生后回收再用。

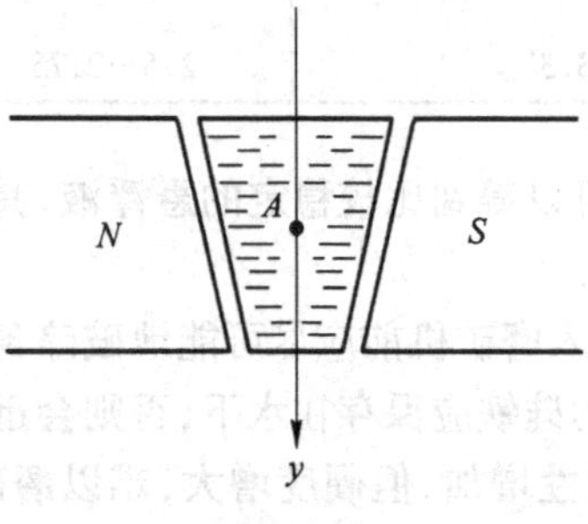

图 9-13　在顺磁性液体中分离

D　在顺磁性液体中分离

在普通重液或重悬浮液中分离矿物时，矿粒所受的力为重力和浮力，后者在数值上等于同体积介质所受的重力而方向相反。矿粒浮起的条件是浮力大于重力，即要求介质比重大于矿粒比重。由于高比重介质不易获得，使得比重组分分析方法在矿石可选性研究工作中的应用远不及在煤的可选性研究中那样广泛。如图 9-13 所示，若在上弱下强的不均匀磁场中，利用顺磁性液体作为分离介质，由于顺磁性液体将对矿粒施以一向上的磁力(与磁场对顺磁性液体的作用力大小相等而方向相反)，其大小超过磁场作用于矿粒的磁力(方向向下)，因而使整个“上浮力”增大，相当于增大了介质的比重，故能用于分离高比重矿物，这就为高比重矿物的比重组分分析开辟了新的途径。

常用顺磁性液体为锰、镍、钴、铁以及稀土金属盐类的饱和溶液，如硝酸锰、氯化锰、三氯化铁等。据资料介绍，在实验室条件下，用氯化锰饱和溶液($\rho = 1.4\ g/cm^3$)作介质，分选比重可达到 10；用稀土氯化物作介质时，由于其磁化系数高，分选比重可达到 19.5，因而可以分离金(浮物)和铂(沉物)。国产某电磁液体分离仪，最大磁场强度为 1.8～2.0T，可供实验室分离试验用。

9.5.1.3　可选性曲线的绘制

比重组分分析结果，通常用可选性曲线的形式表达，为此须将原始数据首先按表 9-3 格式整理。表中第 1、2、4 三栏是原始数据，第 3、5、6 栏 $\gamma_{\text{个}}$、$\gamma_{\text{个}}\beta_{\text{个}}$、$\varepsilon_{\text{个}}$ 的计算方法与一般分批操作试验结果的计算方法相同，其中金属量 $\gamma_{\text{个}}\beta_{\text{个}}$ 的单位是万分率，即每处理 1 万 kg(10 t)原样进入该产品中的金属的千克数。第 7～10 栏是沉物累计，即大于某分离比重的各产品的累计指标，如

表 9-3　－5＋0.1 mm 锰矿石重液分离试验结果

比重组分	各单元组分					沉物累计				浮物累计			
	重量 /kg	产率 $\gamma_{\text{个}}$/%	品位 $\beta_{\text{个}}$/%	金属量 $\gamma_{\text{个}}\beta_{\text{个}}$	分布率 $\varepsilon_{\text{个}}$/%	产率 $\gamma_{\text{沉}}$/%	品位 $\beta_{\text{沉}}$/%	金属量 $\gamma_{\text{沉}}\beta_{\text{沉}}$	分布率 $\varepsilon_{\text{沉}}$/%	产率 $\gamma_{\text{浮}}$/%	品位 $\beta_{\text{浮}}$/%	金属量 $\gamma_{\text{浮}}\beta_{\text{浮}}$	分布率 $\varepsilon_{\text{浮}}$/%
1	2	3	4	5	6	7	8	9	10	11	12	13	14
＋3.1	0.953	12.7	41.43	526.2	21.9	12.7	41.43	526.2	21.9	100.0	24.02	2401.7	100.0
－3.1＋2.9	1.710	22.8	29.24	666.7	27.8	35.5	33.60	1192.9	49.7	87.3	21.48	1875.5	78.1
－2.9＋2.7	2.453	32.7	23.34	763.2	31.8	68.2	28.68	1956.1	81.5	64.5	18.74	1208.8	50.3
－2.7＋2.6	1.020	13.6	17.56	238.8	9.9	81.8	26.83	2194.9	91.4	31.8	14.01	445.6	18.5
－2.6＋2.5	0.840	11.2	11.68	130.8	5.4	93.0	25.01	2325.7	96.8	18.2	11.36	206.8	8.6
－2.5	0.525	7.0	10.85	76.0	3.2	100.0	24.02	2401.7	100.0	7.0	10.85	76.0	3.2
合计	7.501	100.0	24.02	2401.7	100.0								

$$\gamma_{+2.7}=\gamma_{+3.1}+\gamma_{-3.1+2.9}+\gamma_{-2.9+2.7}=68.2\%$$

$$(\gamma\beta)_{+2.7}=(\gamma\beta)_{+3.1}+(\gamma\beta)_{-3.1+2.9}+(\gamma\beta)_{-2.9+2.7}=1956.1{}^0/_{000}$$

$$\beta_{+2.7}=\frac{(\gamma\beta)_{+2.7}}{\gamma_{+2.7}}=\frac{1956.1}{68.2}=26.68\%$$

$$\varepsilon_{+2.7}=\varepsilon_{+3.1}+\varepsilon_{-3.1+2.9}+\varepsilon_{-2.9+2.7}=81.5\%$$

第11～14栏是浮物累计,即小于某分离比重的各产品的累计指标,如

$$\gamma_{-2.7}=\gamma_{-2.5}+\gamma_{-2.6+2.5}+\gamma_{-2.7+2.6}=31.8\%$$

可选性曲线是用以表示各项指标间关系的图形,经典的可选性曲线主要包括三根曲线,即 λ 曲线、β 曲线,θ 曲线,有时还加上比重 δ 曲线和回收率 ε 曲线,此外还有迈耶尔中值曲线。

A 经典的可选性曲线

经典可选性曲线(图 9-14)用以表示品位和产率的关系,选矿工艺上习惯用横坐标表示产率,纵坐标表示品位,选煤工艺上则与此相反,现按选矿的习惯介绍。

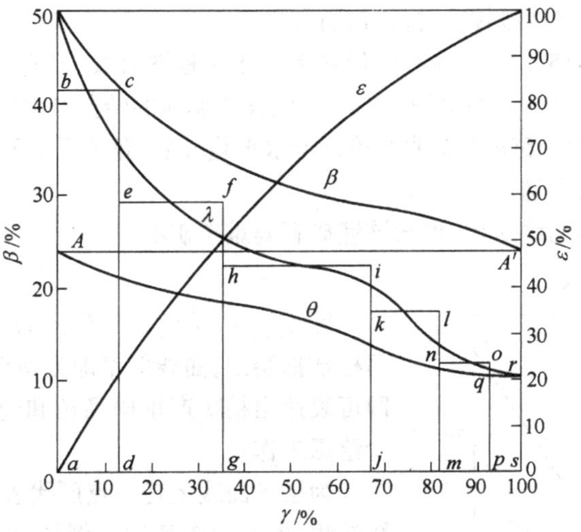

图 9-14 －5＋0.1 mm 锰矿石可选性曲线

λ 曲线(单元品位曲线),反映 $\beta_{个}$ 与 $\gamma_{个}$,即表 9-3 中第 3、4 两栏数字间的函数关系。绘制时,须首先绘出表示各单元组分金属量的直方图。如矩形 *abcd*,横边长 *ad* 代表第一个单元组分(＋3.1)组分的产率,纵边长 *ab* 代表它的品位,其面积就代表该组分的金属量;第二个矩形 *defg* 代表组分－3.1＋2.9,依次可绘制全部组分的直方图,将各个小矩形顶边的中点连成曲线,即为 λ 曲线。在描绘曲线时应使代表各单元组分之小矩形之顶边被曲线代替后面积不变。λ 曲线与两坐标轴间的总面积即等于各个小矩形面积的总和,相当于原矿中的金属量。

β 曲线(沉物累计平均品位曲线),反映 $\beta_{沉}$ 与 $\gamma_{沉}$ 的函数关系,根据表 9-3 中第 7、8 两栏数据绘出;θ 曲线(浮物累计平均品位曲线),反映 $\beta_{浮}$ 与 $\gamma_{浮}$ 的函数关系,由表 9-3 中 11、12 两栏数据绘出。

除了以上三根基本曲线以外,有时还可绘制 ε 曲线(表示沉物累计回收率与累计产率的关系),以及 δ 曲线(表示分离比重与浮物或沉物累计产率的关系)。

矿石的可选性,可直接根据曲线的形状,特别是 λ 曲线的形状判断,故 λ 曲线也常称为特性曲线。

若原矿品位为 a(纵坐标上的截距为 aA),纯矿物的品位为 β_m(纵坐标上的截距为 ab),原矿中矿物含量(%)为 γ_c(横坐标上的截距为 ac),则不同可选性的矿石的 λ 和 β 曲线的形状将如图

9-15a、b、c 所示。

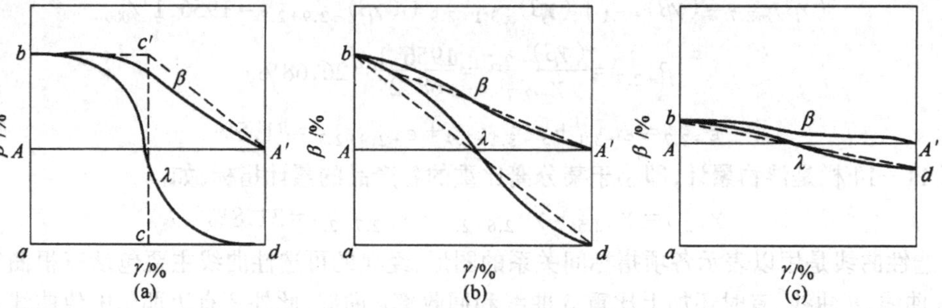

图 9-15　各种典型可选性曲线

(1) 易选矿石(图 9-15(a)),λ 曲线为一明显的反 S 形,接近折线 $bc'cd$,表明矿石主要由单体有用矿物和单体脉石组成,当精矿产率小于 γ_c 时,品位 β 接近于纯矿物品位 β_m,产率大于 γ_c 后,β 随 γ 的增加而降低。β 曲线则接近折线 $bc'A'$。

(2) 难选矿石(图 9-15(b)),λ 曲线的形状近似于一根斜直线,没有明显的转折点,表明矿石主要由不同比率的连生体组成;β 曲线也接近直线,没有明显的转折点,很难判断适宜的分选界限。

(3) 不可选矿石(图 9-15(c)),λ 曲线接近于水平线 AA',即矿石中不同比重组分的品位均与原矿相近,因而实际无法分选。

将图 9-14 与此三类曲线对比,可知该锰矿石属难选矿石。

B　迈耶尔中值曲线

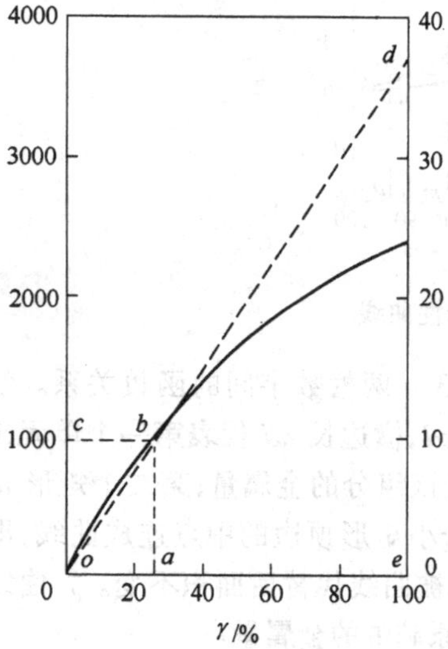

图 9-16　迈耶尔中值曲线

即 $\gamma\beta_{沉}=f(\gamma_{沉})$ 的图形(图 9-16),由表 9-3 中 7、9 两栏数据绘出,曲线斜率即为精矿品位 β,因而一根曲线即可表达出精矿产率同品位和金属回收数量的关系,减少绘图工作量。

为了求曲线上任一点所代表的品位值,即斜率,可用解析法,也可用图解法。例如,在点 b,其产率等于截距 oa,金属量等于截距 oc,品位

$$\beta=\frac{ab}{oa}=\frac{oc}{oa}$$

若用图解法,则可由坐标原点 o 引直线经 b 交相应于 $\gamma=100\%$ 处的垂线于 d,则根据相似三角形对应边成比例的原理可得:

$$\beta=\frac{ab}{oa}=\frac{ed}{oe}$$

由于线段 oe 代表 $\gamma=100\%$,故线段 ed 即代表品位,其数值比对应的 $\gamma\beta$ 值小 100 倍。

矿石的可选性同样可根据曲线的形状判断,难选矿石的可选性曲线接近一斜线,易选矿石的可选性曲线则有明显的转折点。

9.5.2　重选流程试验

在重选可选性研究中,最主要的任务就是选择和确定选别流程。

试验流程,通常根据矿石性质,并参照同类矿石的生产实践确定。但试验流程应比生产流程

灵活,因为在试验工作开始时所能了解的仅仅是有关该类矿产选矿的一般规律,而对于所研究矿石的选矿特殊规律只有在试验实践中才能逐步认识清楚,因而试验流程本身必然包含许多未定因素,留待试验过程中考查决定。

9.5.2.1 决定重选流程的主要依据

决定矿石选别流程的内因是矿石性质,对于准备采用重选的矿石,其中最主要的有以下几个方面:

(1) 矿石的泥化程度和碎散性。含泥高而通过洗矿可以碎散的矿石,均应首先进行洗矿。根据对矿泥中金属分布率的研究即可确定洗出的矿泥是可以废弃,还是应送去选别。某些黑色金属矿石,如某些氧化锰矿和褐铁矿,有用成分富集在非泥质部分,通过洗矿即有可能得到较富的粗精矿甚至合格精矿。一般泥质矿石通过洗矿脱泥则可改善块矿部分的破碎、磨矿和选别条件,避免有用矿物的过粉碎,并减少泥矿中金属的流失率。因而"洗矿入磨","泥砂分选"是我国重选生产实践的基本经验之一。

(2) 矿石的贫化率。为了降低选矿成本,提高现场生产能力,对于开采贫化率高的矿石,通常应首先采用重介质选矿,以及光电选和手选等选矿方法进行预选(预先富集),以丢弃开采时混入的围岩和夹石。用重介质选矿法预选丢出的废石量一般应不少于30%,废石品位应显著低于总尾矿的品位,否则不一定合算。

某些黑色金属矿石,有时按其地质品位本已达到冶炼要求,只是由于开采过程的贫化造成采出矿石品位低于冶炼要求,此时选别的主要任务就是丢弃废石以恢复地质品位。除了采用重介质选矿法外,还可采用跳汰等其他高效率的重选方法进行选别。

对于主要采用浮选、磁选等其他选矿方法回收有用矿物的矿石,当矿石贫化率很高时,也应考虑首先用重介质选矿法等预选。

矿石采用重介质选矿法预选的可能性,可通过对试样进行比重组分分析的方法确定。

在围岩比重大于脉石比重的条件下,若有用矿物价格高、含量低且嵌布细,即难以采用重介质选矿法分离围岩,此时只能考虑采用光电选以及手选等其他方法预选。

(3) 矿石的粒度组成以及各粒级的金属分布率。这对于砂矿床具有特别重要的意义,因为大部分砂矿中,有用矿物主要集中在各个中间粒度的级别中;粗粒和细泥,特别是大块砾石中有用成分的含量则很低,因而一般都可利用洗矿加筛分的方法隔除废石。

(4) 矿石中有用矿物的嵌布特性。有用矿物的嵌布特性,决定着选矿的流程结构,包括入选粒度、选别段数,以及中矿处理方法等一系列基本问题。

由于重选过程的效率,随着物料粒度的变小而明显地降低,因而对于粗细不等粒嵌布的矿石,一般均应按照"能收早收"、"能丢早丢"的原则,采用阶段选别流程。自然,在决定选别段数的时候还必须考虑经济原则。若有用矿物价值高,且易泥化,或选厂规模较大,即可采用较多的选别段数;对于贱金属或小厂,则应采用较简单的流程。

一般说来,第一段的选别粒度,即入选粒度,应选择到能使该选别段回收的金属不少于30%,或丢出的尾矿产率不少于30%。

矿石的嵌布粒度特性,通常由镜下鉴定的资料提供。应该认识到,尽管有用矿物单体解离的粒度主要取决于它在矿石中的嵌布粒度,却并不会完全相等。因而为了确定矿石的入选粒度,最好能有不同破碎粒度下矿石的比重组分分析资料,它可以直接告诉我们有关不同破碎粒度下矿物单体分离的情况。由于比重大于3.2的重液很难制备,目前矿石的比重组分分析工作,主要只限于用在分离比重不超过3.2的情况,例如重介质选矿作业。为了分离更高比重的重矿物,其选别前必需的破碎粒度，只能在岩矿鉴定资料的基础上，直接依靠选矿试验确定，实际上重选流程试验的基本任务，也就在于确定矿石的入选粒度和选别段数。

(5) 矿石中共生重矿物的性质、含量及其与主要有用矿物的嵌镶关系。目前主要依靠重选法选别的一些主要有用矿物，其与脉石的比重差一般是足够大的，用重选法比较容易分离；但当含有共生重矿物时，共生重矿物间的比重差却往往很小，在重选过程中很难使它们彻底分离，而只能共同回收到重选粗精矿（毛精矿）中，下一步再采用磁、电、浮、重选以及化学处理等联合过程进行分离和回收。共生重矿物间的相互嵌镶关系，则决定着选矿中矿的处理方法。有时候由于重矿物相互致密共生，在选别过程中将不可避免地产出一部分主要由共生重矿物连生体组成的所谓"难选中矿"，无法用普通的机械选矿方法选别，而只能直接送冶炼处理。

9.5.2.2 重选试验流程示例

现以钨锡原生脉矿重选试验流程为例，介绍重选试验流程。设通过原矿单体解离度测定得知，当矿石破碎至 20 mm 时，20～12 mm 级单体解离度＜10%，12～6 mm 级则可达 10%～30%，0.5～0.3 mm 级则可达 90%以上。故初步确定入选粒度为 12 mm，最终破碎粒度为 0.5 mm。考虑到钨、锡矿物价值高，性脆易泥化，决定采用多段选别流程，第一段破碎到 12 mm 入选，第二段棒磨到 2 mm，第三段磨到 0.5 mm。

在探索性试验阶段，第一步可按图 9-17 所示流程进行，试验的任务是：(1)进一步确定所选入选粒度是否合理；(2)考查在什么粒度下可以开始丢尾矿。

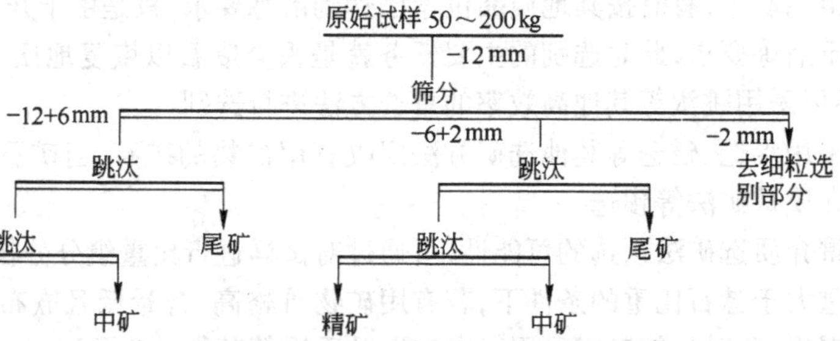

图 9-17 粗细不等粒嵌布钨锡矿石探索性试验流程（第一部分）

若试验表明，从 −12 mm 起，各个粗级都可得到足够数量的精矿，则表明所选入选粒度基本上是正确的，必要时还可对更粗的试样进行试验，探索提高入选粒度的可能性。若试验证明入选粒度可以提高，则应更换试样进行下一步的试验。

若试验表明，从 −6 mm 开始才能得出合格精矿，则应将 −12 + 6 mm 级精、中、尾矿合并，破碎到 −6 mm 后并入到原有的 −6 mm 试样中，进行下一步试验。也可从原矿另外缩取一份试样，破碎到 −6 mm 后重新进行试验。

在已做过矿石嵌布特性研究和单体解离度测定的情况下，实际的入选粒度与估计值不会相差很大，在弄清了什么粒度下可以开始得精矿的问题后，即应转入考查丢尾粒度。

若试样未经过预选，而 −12 + 6 mm 级的跳汰即已可得出产率相当大的废弃尾矿，即应从原矿中另外缩取一份 −25(50) mm 的试样，进行重介质选矿或跳汰试验，以考查该试样采用重介质选矿预选丢尾的可能性。在一般的情况下，粗粒级用重介质选矿丢尾的效果应比跳汰好。

不论是哪一个粒度跳汰，若得不出废弃尾矿，中矿和尾矿即应合并作为"跳汰尾矿"送下一段选别。若可以丢出废弃尾矿，即可仅将中矿送下段选别。下段的试验流程如图 9-18 所示。

试验的主要任务是：(1)若 +2 mm 各级均未能丢出可废弃的尾矿，则此阶段试验应继续探索丢尾的起始粒度；(2)确定最终破碎磨碎粒度；(3)对于 −2 + 0.5 mm 的物料，有时还要对比用跳汰选和摇床选的效果,以确定该粒级究竟应采用什么设备进行选别。

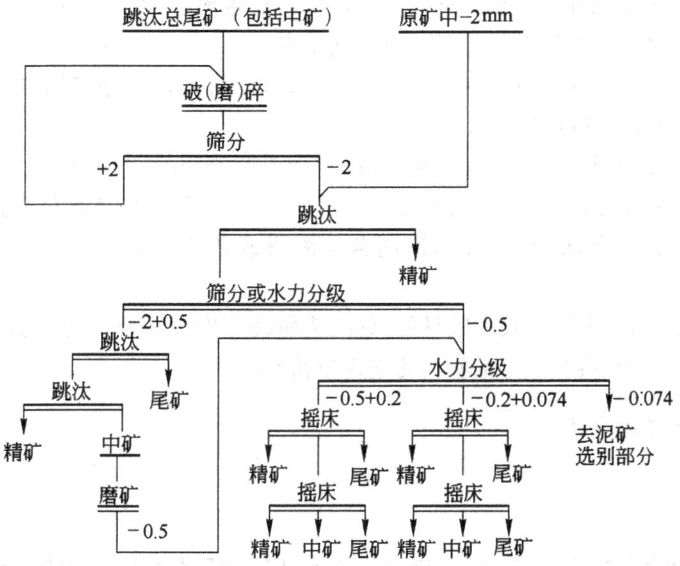

图 9-18 粗细不等粒嵌布钨锡矿石探索性试验流程(第二部分)

为了检查 -2+0.5 mm 级尾矿能否废弃,可以采用以下几个办法:(1)与同类矿石现场生产指标对比;(2)显微镜下检查尾矿中连生体的数量和性质;(3)从尾矿中缩分出 2~5 kg 试样,磨到小于 0.5 mm,然后用摇床检查,看还能否再回收一部分单体有用矿物,如果能够,即表明该尾矿不能废弃,而应再磨再选。试样量少时,可用重液分离代替摇床检查;(4)必要时可采用图 9-19 所示分支流程进行对比试验,即一半试样按 -2 mm 丢尾流程,另一半试样按 -2 mm 不丢尾的流程试验。

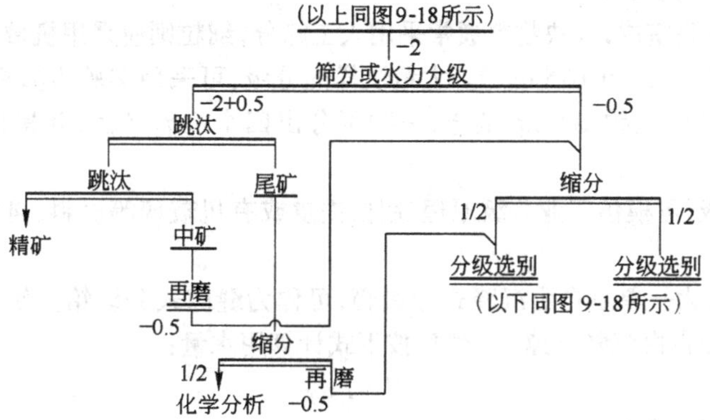

图 9-19 分支试验流程(考查丢尾粒度)

若较粗的粒级已能丢尾,即不必对更细粒级的尾矿进行检查,否则即应依次检查下一个较细的粒级。

为了考查最终磨矿细度是否足够,则应对 -0.5+0.2 mm 摇床中矿进行检查。可首先用显微镜检查其中连生体的含量和性质,若中矿中金属的分布率已不高,连生体也不多,即表明磨矿细度已足够;若中矿中金属分布率较高,直接再选不能回收更多的单体有用矿物,即应进行再磨再选试验(即降低最终磨矿细度);若再磨再选也不能回收更多的单体有用矿物,即应对中矿进行详细的物质组成研究，查明其原因。

为了判断 $-2+0.5$ mm 的物料究竟应采用跳汰还是摇床选，也可采用分支流程，即将该级试样缩分为两份，分别用跳汰机和摇床选别，对比其结果。

入选粒度、最终磨矿粒度，以及中矿处理方法确定以后，流程的基本结构也就确定了。剩下的一个问题，是矿泥处理的问题。

对于 -0.075 mm 的矿泥，可用旋流器分级；对于 $+0.037$ mm 的粗泥，可直接用刻槽摇床选别；对于 -0.037 mm 部分，可考虑采用离心选矿机粗选，皮带溜槽精选的流程。矿泥粒度分布偏重于较粗级别时，也可(分级或不分级)采用自动溜槽或普通平面溜槽粗选、刻槽摇床精选的流程。

探索性试验结束后，应再取较多数量的试样，按所确定的流程进行正式试验，以取得正式的选别指标，并产出足够的供下一步试验用的重选粗精矿。

9.5.3 常用重选试验设备

9.5.3.1 洗矿

目前尚无一个恰当的洗矿试验方法能为工业设计提供矿石可洗性指标，现有的实验室洗矿试验，实际上是在理想状态下将矿块(或矿砂)同矿泥分开，所得的有关产品的产率、品位、金属分布率等指标，也只能看作是理论指标。

在实验室内，大块矿石的洗矿，通常是用筛分加人工刷洗的方法。块度较小时，也有采用实验室型槽式洗矿机和螺旋分级机的。

9.5.3.2 筛分、分级和脱泥

筛分、分级和脱泥都是按粒度分离，也可统称为分级。一般大于 2～0.5 mm 时采用筛分的方法，小于此值时用水力分级。

(1) 筛分。在试验室内，大块物料通常采用人工筛分，细粒则应采用机械筛分。

(2) 矿砂的分级($-2+0.075$ mm)。大量试样的分级，可采用实验室型机械搅拌式分级机，这种分级机每小时可处理约 100 kg 试样，一次可分出四个沉砂产品，其操作条件与生产设备相近。

少量试样的分级，可模仿工业分级原理，用白铁皮或有机玻璃等材料，自制简易的单室或多室水力分级设备。

如图 9-20 所示，为一单室自由沉降式分级箱，可称为缝隙式分级箱。使用时需先根据分离粒度计算分界粒子的自由沉降末速 v_0，然后按下式计算用水量：

$$W = Fv_0 \tag{9-10}$$

式中　W——用水量，m^3/s；

F——分级箱中缝隙总面积，m^2；

v_0——分界粒子的自由沉降末速，m/s。

若一次需要分成好几个级别，且试样较多，采用单室分级箱逐级地进行分级操作时间将太长，此时可采用自制的多室实验室型自由沉降式分级箱，其结构如图 9-21 所示，各室的分级面积是由粗向细逐渐增大，制作时需根据惯用的分级比分别设计各室的尺寸。

脉石矿物主要是石英的低品位矿石，通常都是以石英为标准计算沉降末速；高品位矿石，则须用试样实测比重计算沉降末速，有关计算方法见 2.1 节有关内容。

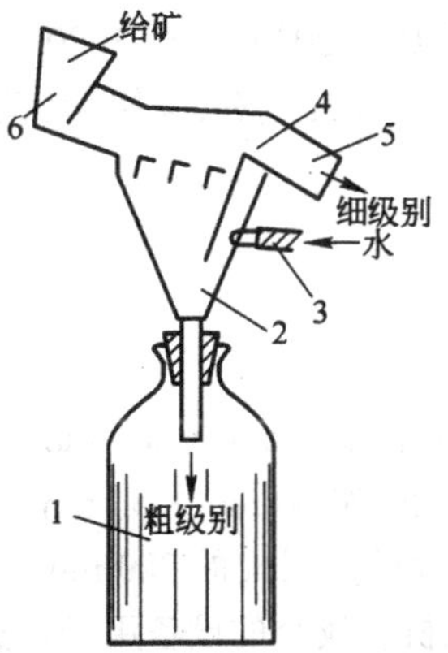

图 9-20 单室实验室型分级箱
1—沉砂收集瓶；2—分级箱；3—胶皮管；
4—挡板；5—溢流槽；6—给矿槽

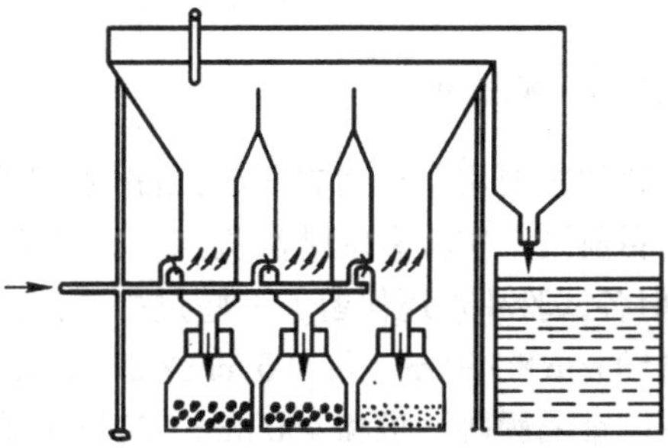

图 9-21 多室实验室型水力分级箱

(3) 矿泥的分级（-0.2 mm）。小量试样的脱泥和细级别的分级，可采用淘析法。其操作方法与粒度分析时所用者相同，只是所用容器较大。淘析法的装置很简单，但操作费时费工。

试样量较大时，建议用水力旋流器。实验室所用旋流器规格通常较小，一般为 ϕ25～125 mm。应备有一套可拆换的部件，以便调节各项结构参数。

为了获得所需的分离粒度，除可根据理论公式初步计算以外，还必须直接通过试验探索调节其结构参数和操作条件。只有在试验结果表明其分离粒度和分级效率均已符合要求后，才能用于正式试样的分级。

由于旋流器的给料必须连续、恒压给入，因而旋流器试验装置必须附有给矿斗、砂泵、压力计等一套附属装置和仪表。

9.5.3.3 重介质选矿

重介质选矿试验，通常是从比重组分分析（主要是重液和重悬液分离试验）开始。为了提供正式的设计依据，还必须进一步在模拟生产设备结构形式的连续性试验装置上进行正式试验。

常用的重介质选矿设备有重介质振动溜槽、圆筒形（鼓形）和锥形重介质选矿机，以及重介质旋流器等。它们的连续试验装置的组成是类似的，即包括矿仓、给矿机、悬浮液搅拌桶、分选机、脱介质筛和冲洗筛、砂泵，以及其他运输和贮存装置等一整套设备，但振动溜槽以及圆筒形和锥形选矿机的给矿均可利用给矿机自然给入，重介质旋流器则必须用砂泵或恒压槽在一定压力下给矿。

目前各试验单位所用重介质旋流器规格甚不统一，但均主要取决于试料粒度，若入选粒度在20 mm以上，旋流器的直径一般不小于 ϕ300 mm；若入选粒度为13 mm左右，旋流器规格有可能减小到 ϕ150 mm左右。为了减少给矿口和沉砂口间的压差，控制矿浆从沉砂口的排出速度，重介质旋流器通常都是倾斜安装的，同水平的倾角一般为18°～20°。

也可采用涡流分选器代替普通旋流器作重介质选矿设备。实际上涡流分选器就是一个倒置的旋流器，但在沉砂排出口中心插入了一根与外界空气相通的空气导管，使旋流器内形成正压分选。此外，涡流分选器的角锥比（沉砂口与溢流口直径的比值）较大，近于1。同普通重介质旋流器相比，涡流分选器分选精度高，稳定性好，可处理物料的粒度上限较大。

其他重介质选矿试验设备的规格目前也尚未定型，但同样主要取决于试样粒度。当入选粒度为 50～75 mm 时，试验用振动槽的规格一般为宽×长=(200～300) mm×(3000～5000) mm。当入选粒度为 25 mm 时，锥形重介质选矿机的规格可以是 ϕ500 mm 左右，圆筒形(鼓形)重介质选矿机的尺寸则可为 ϕ400 mm 左右。

9.5.3.4 跳汰机

跳汰主要用于选别 20～0.5 mm 的粗粒。

目前国产实验室用跳汰机定型产品为 150 mm×100 mm 和 300 mm×200 mm 的隔膜跳汰机，但各试验单位还保留了一些过去生产的或国外进口的设备，如 50 mm×50 mm 的隔膜跳汰机，150 mm×150 mm 和 300 mm×200 mm 的活塞跳汰机，以及较大尺寸的 300 mm×300 mm 下动型圆锥隔膜跳汰机和 450 mm×300 mm 的上动型隔膜跳汰机。较小的设备用于可选性评价试验或精选试验；较大的设备用于实验室流程试验或半工业试验。

梯形跳汰机尚无定型产品，试验用梯形跳汰机同生产原型的比尺一般为 2 左右。

9.5.3.5 摇床

摇床的有效选别粒度范围为 2～0.037 mm。

试验用摇床的规格大致可分三类：(1)长 1 m 左右，宽 0.5 m 左右的实验室型摇床，如 1100 mm×500 mm、1000 mm×450 mm 等；(2)长 2 m 左右，宽近 1 m 的半工业型摇床，如1750 mm×750 mm、1975 mm×900 mm、2100 mm×1050 mm 等；(3)长 4.5 m 左右，宽 1.8 m 左右的工业型摇床，如 4330 mm×1810 mm、4516 mm×1823 mm、4500 mm×1800 mm 等。

如果不是进行专门的设备试验，则不论采用哪一种床头都是可以的。

床面形式与生产设备类似，即粗粒用复杂的床面(又可分为粗砂型和细砂型)，细粒用刻槽床面。

9.5.3.6 螺旋选矿机(螺旋溜槽)

螺旋选矿机的有效选矿粒度为 1～0.075 mm，但在处理砂矿时由于砂矿中粗粒级的金属分布率不高，故实际给矿粒度允许达到数毫米。

实验室使用的可以是小规格(ϕ600 mm)的工业设备，或比工业设备稍小(ϕ500 mm)。试验装置的附属设备为恒量给矿装置和循环矿浆用的砂泵等。

螺旋选矿机结构简单，不需动力，单位占地面积生产能力比摇床大 10 倍左右，但选别效率低，不易获得高质量精矿，故主要用作(特别是砂矿)粗选设备，粗精矿需用摇床精选。

9.5.3.7 扇形溜槽和圆锥选矿机

扇形溜槽的应用范围与螺旋选矿机类似。

扇形溜槽单体尺寸不大，因而在实验室使用时主要是减少所用单体数量，而不必再缩小单体尺寸。实验室试验阶段一般一个作业只用一个单体，试验装置包括一个可调节溜槽坡度的支承架，2～4 个单体(分别用于粗、精、扫选)、恒量给矿装置、截取产品的装置和循环矿浆用的砂泵等。常用扇形溜槽单体长 600～1200 mm，给矿端宽 150～300 mm，尖缩比(给矿端同排矿端宽度比)20 左右，倾角 15°～19°。

圆锥选矿机是由扇形溜槽发展而成。将一组扇形溜槽沿圆周向中心排列，去掉侧壁，就成了圆锥选矿机。因而其应用范围与扇形溜槽相同，但由于消除了侧壁对矿浆流的干扰，选别效果有所改善。可选性研究时，一般直接采用工业型设备进行试验，以避免因设备规格不同引起偏差。

初步试验时可只用几千克试样,最终试验时则需数吨试样。受条件限制时也可在实验室试验阶段先用普通扇形溜槽代替,扩大试验时再正式采用圆锥选矿机试验。

9.5.3.8 自动溜槽以及普通平面溜槽

主要用于选别 74～19 μm 的矿泥,但对于 -37 μm 的细泥选别效果一般不如离心选矿机。工业型自动溜槽的规格为 1.8 m×1.8 m 五层溜槽,实验室内可先用长 1.8 m、宽 0.15 m 的手动溜槽代替,间歇操作,定时翻转(成 45°)冲洗排精矿,扩大试验时再采用工业型设备校核。

自动溜槽也是一种粗选设备,溜槽粗精矿一般用刻槽摇床精选。

9.5.3.9 离心选矿机(离心溜槽)

离心选矿机是我国研制并已在国内广泛使用的一种泥矿选矿设备,公认其作业回收率较高,特别是 -37+19 μm 粒级的回收率相当高,-19+10 μm 粒级的金属也能得到一定程度的回收。缺点是富集比不高,耗水量大,不易获得高质量精矿,因而目前主要用作粗选设备。

目前尚未找出离心选矿机的模型相似律,在实验室型设备上试验取得的结果必须用工业设备检验。实验用离心选矿机的规格有 $\phi380\times400$ mm 和 $\phi340\times340$ mm 等不同规格。转鼓直径缩小后转速必须增大,如某赤铁矿选矿试验,用 $\phi380$ mm 实验室型设备试验时最佳转速为 700 r/min,用 $\phi800$ mm 工业型设备试验时最佳转速则为 310～350 r/min,其他操作参数则可通过实验确定,目前尚无一定规律可循。

同其他重选试验设备一样,离心选矿机的试验装置必须附有恒量给矿和矿浆循环系统,并最好备有可更换的具有不同倾角的转鼓,转鼓的转速也必须是可以调节的。

9.5.3.10 皮带溜槽

皮带溜槽目前主要与离心选矿机配合,用作矿泥精选设备。

工业型皮带溜槽宽 1 m、长 3 m;实验室型皮带溜槽仅宽度缩小到 0.3～0.5 m,长度不变,故二者选别效果相近,仅处理量按槽宽的缩小比例相应减小。实验室型设备的试验结果不必再用工业型设备校核,无小型设备时也可直接用工业型设备试验。

我国广东有色金属研究院综合了皮带溜槽、摇床和重砂淘洗原理,研制成功了振摆皮带溜槽。通过许多试验和比较,确认振摆皮带溜槽可使微细粒在多种力的作用下有效地分选,选矿回收率和富集比均比摇床和普通皮带溜槽高,特别是对于 -40 μm 的物料效果较显著。有效选别粒度下限为 20 μm。试制的设备规格为宽 800 mm,长 2500 mm,有单层和双层两种。

9.5.3.11 其他

摇动翻床属流膜型选矿设备,可看作是多层自动溜槽和翻床的发展,它由四十层自由悬挂的玻璃钢床面组成,每个床面宽 1219 mm、长 1524 mm,对水平的倾角为 1°～3°。由一旋转的不平衡重块使床面作平面摇动(圆运动),周期操作,定时停止给矿,倾斜至 45°冲洗排矿。它也是一种粗选设备,据称有效选别粒度为 100～10 μm。翻床粗精矿用矿泥摇床或横流皮带溜槽精选。

横流皮带溜槽的给矿和冲洗水是沿皮带横向,即垂直于皮带运动方向给入,尾矿和中矿也沿横向排出,精矿则沿纵向在运动皮带端部排出,皮带上装有与摇动翻床类似的传动机构。最有效的选别粒度为 40～20 μm,作业回收率可达 70%以上,富集比 20 以上。5～10 μm 粒级回收率可达 50%左右。

9.5.4　重选试验操作

9.5.4.1　工艺因素的考查和调节

重选试验时,在进行系统的流程试验之前,通常都必须先用少量试样来考查、调节影响各项设备选别效率的工艺因素,找出其最适宜的工艺条件。

A　考查内容

各类重选设备工作原理各有其特点,但也有许多共性,因而可将其工艺因素概括如下:

(1) 负荷(给料)因素。包括给入的干矿量、给矿浓度以及体积负荷(给入的矿浆体积)。显然,这三者是互相联系的,其中任何两个量定下来后,第三个量也就确定了。但对于不同的设备,其侧重点是不一样的,跳汰机和洗矿设备等主要是控制干矿量,流膜选矿设备则主要控制体积负荷。

当给入的矿浆是压力流时,还须考查和调节给浆压力。例如,旋流器的给浆压力是影响旋流器工作的最重要因素之一。

(2) 水量因素。湿法重选过程,水量因素也是一个很重要的工艺因素,除了与负荷量有关的给矿水以外,还有各种补充水,包括跳汰机和重介质振动槽的筛下补充水,以及流膜选矿过程中所用的冲洗水。对于不同的设备,补充水的重要性并不相同。例如,摇床、螺旋选矿机、横流皮带溜槽等,洗水是沿主要矿流或精矿矿流运动方向横向给入的,直接影响着矿物的分带,因而是选别时必须注意调节的一项重要因素;普通平面溜槽和皮带溜槽等的洗水,则是沿矿流运动方向纵向给入的,仅起清洗作用,选矿效果主要靠控制给矿量和浓度进行调节。

(3) 介质和床层因素。在湿法重选过程中,最基本的选别介质是水以及水同固体物料的悬浮液。

在重悬浮液选矿时,首先要确定所需的分离比重,然后要选择加重剂,调节悬浮液的组成和流变性质。重介质振动槽中,重介质层就是床层。

跳汰选矿过程,床层也是一种介质。细粒跳汰时,除了由所选物料所形成的自然床层以外,还要添加人工床石。(自然)床层厚度、人工床层厚度、床石材料和粒度等都是可能影响跳汰选别效果的因素。

(4) 设备结构参数。设备结构参数,有的只是在设备研制过程中才进行考查,有的则在可选性试验中也必须加以调节。现在主要讨论第二类情况。

跳汰机,在可选性试验过程中一般不调节结构参数。

摇床、平面溜槽和皮带溜槽等在重力场中选别的普通流膜选矿设备,需要调节的结构参数主要是坡度(倾角)。尖缩溜槽有时需要调节尖缩比。

在离心力场中分离时,结构参数比较重要。其中最突出的旋流器,几乎其全部结构参数都是可以调节的,但有些是在设计制造实验室设备时即应通过考查确定的,可选性试验时只是如何根据作业性质选择其规格尺寸的问题,如筒体的直径和高度,锥角和给矿口尺寸等;另一些则是在日常可选性试验中还经常需要调节的,如沉砂口和溢流口的尺寸。有时在可选性研究工作中本身包括设备的研制任务,考查的项目就会很多。例如,某试样为研究采用重介质旋流器预选,就对旋流器的全部结构参数均进行了考查。

离心选矿机的结构比较简单,要考查的结构参数主要是坡度;螺旋选矿机的结构参数(螺距和断面形状),有时是可调节的,有时则是不必调节的。

(5) 设备运动参数。对于可以往复运动的设备,如跳汰机和摇床,以及重介质振动槽,指的是冲程(振幅)和冲次(振次);对于回转运动的设备,则是指转速,如离心选矿机的转鼓转速。

(6) 作业时间。对于间歇给矿和操作的设备,尚需考查决定作业时间,如离心选矿机和自动溜槽的给矿和冲洗时间周期。

B 考查方法

考查重选过程的工艺因素时,必须考虑到重选过程的特点。在重选过程中,许多分选现象是宏观现象,通过直观观察,即可判断其选别效果的好坏,这对于我们的试验工作,是一个有利因素,必须充分利用。

最典型的是摇床,其分选效果完全可以通过对矿粒分带情况的直观观察作出判断。因而在可选性研究中摇床的操作条件都是在正式试验前利用少量试样临时调节,很少为此安排专门的条件试验。

跳汰机的冲程、冲次和筛下补充水量可主要根据床层的松散程度和起伏状态判断。当条件恰当时,水面起伏平稳,若以手探测床层,则会感受到一种间歇而均匀的抽吸作用,手掌不可能一下子插到底,但可随着床层的一松一紧,逐渐插至底部,在此情况下,有用矿物和脉石将迅速分层。反之,若床层过紧或过松,或水面激溅,床层紊乱,都说明操作条件不恰当。只在不能根据直观观察作出最后判断时,才需要再安排少量专门的条件试验来最终选定工艺条件。

不少重选设备,虽不能根据直观观察直接选定操作条件,但却可根据宏观现象作出某些初步判断,以减少试验工作的盲目性,节约试验工作量。例如,各类溜槽,特别是离心溜槽,若矿层分布不均匀,出现"拉沟"现象,即可断定其选别效果不好,不必盲目取样化验。

总之,由于重选现象比较宏观,因而条件试验的工作量较小,并不是所有的设备都需要安排专门的条件试验。需要做条件试验的设备,也不是每项因素都需要安排专门的试验进行考查。在试验过程中,应善于抓住主要矛盾,有的放矢地进行试验。

寻求最优条件的试验方法可参阅有关专门书籍,结合重选试验的特点,可优先考虑采用调优运算或最陡坡法。

C 某些工艺参数的测定方法

(1) 冲程的测定。将设备中冲程调节到一定大小后,为了测量冲程的实际长度,可采用下列办法:在待测部件上,垂直于部件运动平面,固定一枝铅笔,再在铅笔笔尖下方放一纸片,然后以手转动皮带轮,使待测部件作往复运动,铅笔也跟着作往复运动,纸片则应使其固定不动,此时铅笔就在纸上画出线条,其长度就等于冲程长度。一般应重复测定几次,取其平均值。

振次(频率)超过960次时,可利用视觉残余现象测定冲程长度。为此,可利用图9-22的冲程指示纸进行测量。如图,用毫米坐标纸在纸上绘一底边为一定长度,例如10 mm(此值应明显大于设备的最大冲程长度)的三角形,然后沿高度用水平线条将三角形十等分,并将不同高度处三角形两侧边间的水平距离注在相应高度处的水平线条旁。然后将指示纸贴到待测的运动部件上,使三角底边与运动方向一致。开动设备,使待测部件按规定的振次振动。若三角形在往复运动中的两极端位置为 abc 和 $a'b'c'$,则由于视觉残余的作用,在整个 $ab'c'c$ 的范围内将出现阴影,但两个三角形重叠的部分,将显出一个颜色较深的小三角形,即 $a'bo$,对应于小三角形顶点高度位置上大三角形两侧边间的距离,即为往复运动的冲程(在图中为5 mm)。

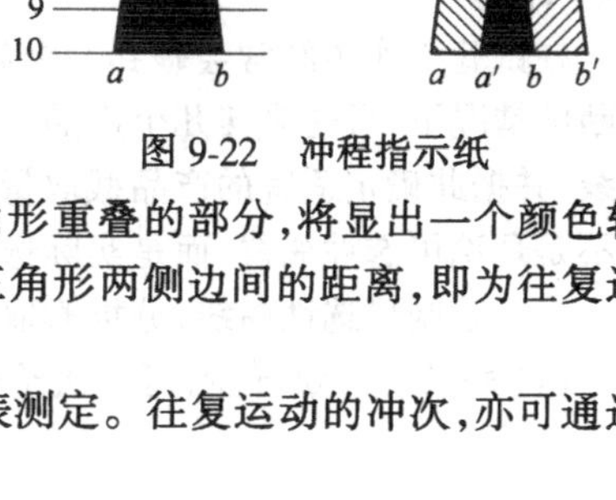

图9-22 冲程指示纸

(2) 冲次和转速的测定。回转部件的转速,可利用转速表测定。往复运动的冲次,亦可通过测定偏心轮转速的方法测定。在没有转速表的情况下,可在待测运动部件上贴一纸片,然后用铅笔垂直于部件往复运动方向移动划线,或将铅笔固定在部件上而移动纸片,并记下画线的始末时间。此时所得出的将为一之字形的曲线,曲线一边的顶点数,即为秒表所记时间内待测运动部件往复运动的次数,然后将其换算为每分钟的往复次数,即为所求的冲次或频率。

(3) 坡度(倾角)的测定。流膜选矿设备,通常需测量床(槽)面的倾角。在有倾斜仪的情况下,应尽可能直接利用倾斜仪测定。在没有倾斜仪的条件下,可利用量角器测量。由于机架或地板表面不一定水平,此时最好在斜面的上端悬挂一根带重物的细绳,代替铅垂线,然后测定斜面与铅垂线的夹角 β,其余角 $\alpha = 90 - \beta$ 即为所求的倾角。倾角甚小时,用量角器将不易量准,此时应测量斜面两端的高差,然后利用三角函数关系算出倾角。

(4) 流量的测定。目前在矿石可选性研究实验室分批试验工作中,各种水量(给矿水、补充水等)的测定,仍习惯于直接用量筒测量,即测定一定时间内流出的水量,然后换算成单位时间内的流量。流量的大小,则利用水龙头或止水夹控制。由于水量对重选效果影响甚大,一般均应安装恒压水箱,而不要直接利用自来水管的水,并最好能安装流量计或水压表。

连续试验时,矿浆流量的测定可采用电磁流量计,矿浆密度和浓度的测定可采用 γ 射线密度计进行。

9.5.4.2　给矿和接矿

选矿试验中的给矿方法有间断(分批)给矿和连续给矿两种,间断给矿方法在重选可选性研究中应用不多,仅见于属于预先试验范围内的某些分批操作试验,如实验室重液或重悬浮液分离试验,在小型单室跳汰机中对少量试样进行预先试验或精选试验。

在连续给矿时,负荷的稳定,对于重选设备的正常工作是一个极为重要的前提。各种重选试验设备,都最好附有专门的给矿装置。对于细粒和泥矿,不仅要求给入的干矿量恒定,还要求浓度和体积负荷恒定,因而还必须附有搅拌桶和湿式给料装置。常用的干式给料机为各种小型的带式、槽式(振动)和圆盘给矿机。湿式给料时搅拌桶往往兼起调浆和贮存双重作用,故容积不能太小,一般直径为 0.5~1 m。给料装置可以是一个简单的给料斗(锥形容器),也可以是一个容积为十至数十升的小型搅拌桶,有时候,贮浆和给料可采用同一设备,即直接从贮浆搅拌槽中给料。

如果要求给浆具有一定压力,如旋流器的给矿,就需要配备砂泵和高位恒压给矿槽(斗)。有时候,即使是在自然压力下给矿,为了保持矿浆量稳定,也希望有高位恒压给矿槽(斗)。所不同者,在前一情况下,给矿槽与选别设备间之高差必须大到能形成足够的进浆压力;而在后一情况下,高差不要很大,只要便于配置和操作即可。

重选试验时,矿浆产品的接取是一件比较麻烦的事,通常都必须备有一大批桶或大缸。处理量较大时,还需要专门砌建水泥池。此外,在预先试验时,为了节省试料,常需将产品混合后再用,因而连续试验装置通常都装设有矿浆循环管道,可以用砂泵将矿浆产品打回到原矿搅拌槽或给矿斗中。

在试验工作中经常会碰到一个如何确定精矿截取量的问题。在不能直接根据选分现象进行判断的情况下,可先多接几个产品,分别计量并取样化验,绘制品位、回收率等指标同产率的关系曲线,并据此确定适宜的产品截取量。其做法与比重组分分析时绘制可选性曲线的方法类似,但它不是理论可选性曲线,而是实际选别结果曲线,习惯上也叫做可选性曲线。

为了绘制可选性曲线,分批截取产品的方法如下:

(1) 跳汰。若试样少,可一次给矿,待跳汰分层后,将跳汰室中的试样逐层刮出。若跳汰室连同筛网是可以拆卸的,可将其一起拆下,用活塞顶住床层顶部,然后将跳汰室连同其中的物料一起翻转过来,取下筛网,用活塞由下向上将已分层的物料逐层顶出,分别收集,称重,取样化验。

若试样量大,可连续给矿。筛上排矿时,可先将排矿端的挡板放到最低位置,以便获得富精矿;然后逐渐加高挡板,让尾矿反复再次通过跳汰箱,得出第二份和第三份……产品。应注意再次跳汰时物料比重已变化,跳汰条件也应相应改变。

筛下排矿时,可先在最厚的床层下跳汰,以得出第一份富精矿,然后逐渐减薄床层,重新跳汰前次的尾矿,依次得出各个较贫的产品。

(2) 摇床。可沿精矿端和尾矿端分割产品,分别接取后分别称重并取样化验。

(3) 溜槽。普通斜面溜槽可沿长度分割沉下的重产品。各类可以自动排矿的溜槽则可通过变动操作条件改变排矿量,或通过调节截矿器位置调节产品截取量。

9.5.4.3 计量和取样

重选试验所用试样量大,流程长,因而计量和取样工作也必须特别细心,否则易造成很大误差。

A 计量

总的原则是,最终产品凡是能直接称量的,应尽可能直接称量,若不可能全部产品都直接称量,则至少应将精矿直接称量。

粗粒产品,如跳汰和重介质选矿产品的收集、脱水和烘干都比较容易,因而一般都是将全部产品都收集起来,脱水称重后直接称量。

细粒和矿泥产品,若原始重量不很大,也最好全部收集起来,脱水烘干后全部称重。若产品量很大,全部烘干称重工作量就太大,这时可采用下列两个方法:一个办法是仍将全部产品都收集起来,然后直接称量矿浆的湿重,并取样测定其浓度,据此推算矿浆的干重;另一个办法是,待矿浆流量稳定后,用截流法测量单位时间内流过的矿浆量,同时测定其浓度,据此算出单位时间内处理或得出的干矿量。在采用后一方法计量时必须注意,此法的实质是取样计量,而不是全量计量,因而取样的准确与否将直接决定着计量的精确度,在实际工作中应特别注意掌握以下几点:(1) 矿浆流量必须稳定;(2) 截流计量次数不能太少,每次的截流时间也不能太短;(3) 试验的总时间和截流时间均必须及时而又准确记录下来。

由于在重选试验中,某些产品(矿泥以及细粒和泥状尾矿)容易流失而造成计量的不准确,而原矿或作业给矿却常是干矿而容易计量,因而原矿和作业给矿都必须计量。在全流程试验时,中间产品的重量原则上可以根据最终产品的重量反推,但对于一些关键性的产品,只要计量工作不至影响下一步试验,最好也计量,特别是在试验流程中部有缩分作业时,更应注意这点。

B 取样

块状和粗粒产品的取样,通常是在全部产品脱水、烘干并计量后,用堆锥四分法等干式缩分方法缩分取样。

细粒和矿泥产品,若产品量不大,也可采用烘干后缩分的方法。产品量大时,就应采用截流取样法。特别是尾矿产品,多数都是采用截流取样法。取样的工具与方法与现场生产检查时所用者相同,即利用扁嘴的样勺,定时沿矿流横向截流取样。矿浆的缩分可利用多槽式分样器或矿浆缩分器。

若产品原始重量不大,而取出的样品量相对较大,则在产品最后计量时不应忘记将这部分样品的重量加进去,否则就会造成进出重量不平衡。若所有产品还需混合后循环再用,取样时就应注意使从各产品中取出的样品重量与各产品本身的重量成比例,否则会使混合后的“原矿”性质发生变化。若有关产品还要进入下一道作业选别，也必须保证取样后各个产品的重量比例仍同取样前一样，或者将取样前后产品的实际重量记录下来，以便今后计算流程时可以换算。

以上介绍的是一般的原则，对于一些特定的情况，可采用一些特殊的取样方法。例如，离心选矿机是周期性作业，大约每 3 min 为一个选别周期，若试验的延续时间超过一个选别周期，则精矿产品必须像生产上那样用水冲出，分析样品通常也是用截流法采取；若试验延续时间仅为一个选别周期，就可让精矿留在转鼓上，待设备停稳后，用特制的槽形取样刮板，在转鼓内锥面上沿轴线方向全长、矿层全厚，刮取一条沉积的矿砂作为试样。一般要在锥面上刻取两条样槽，它们应位于锥体圆周上两相对的位置上，即各相距 180°。

9.5.4.4　悬浮液流变性质的测定

A　非结构化悬浮液的流变特性

均质液体的黏度除随温度稍有变化外，基本为定值，流动切应力与速度梯度间表现为一直线关系，如图 9-23 曲线 1 所示，黏度即表示为该直线与纵轴夹角 α 的正切：

$$\mu = \frac{\tau}{\frac{du}{dh}} = \tan\alpha \tag{9-11}$$

上式即是牛顿内摩擦定律，服从这一规律的流体称作牛顿液体，低浓度悬浮液近似有这种流动特性。在容积浓度一定时，黏度亦为定值，且可按公式(2-7)计算。实践中属于牛顿液体的水-固悬浮液黏度多不超过 0.003 Pa·s。

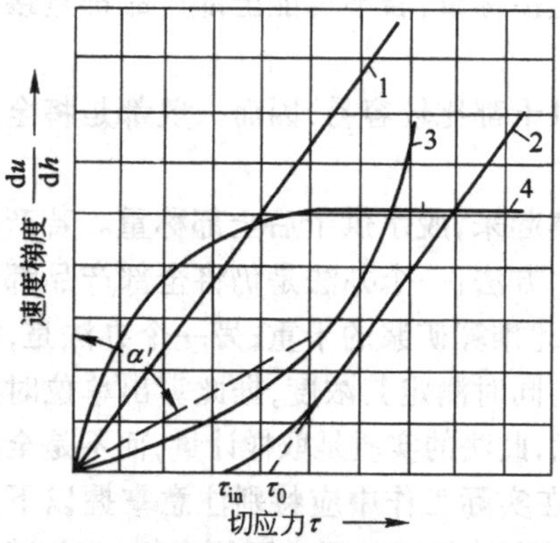

图 9-23　均质液体和细分散悬浮液的切应力随速度梯度的变化关系

1—牛顿液体；2—黏塑性液体；3—伪塑性体或收缩体；4—膨胀体

当固体容积浓度增加到足够大时（例如 $\lambda \geqslant 15\% \sim 20\%$），即或悬浮液未形成结构化，但多数已不属于牛顿液体。$\tau - du/dh$ 变成为曲线关系，如图 9-23 中曲线 3 及 4 所示。它们被称作非牛顿流体。曲线 3 表示一种伪塑性体（或收缩体）的流变特性。这种悬浮液随着受力增大，流动速度迅速增加，表现为速度梯度的增大比切应力增加更为显著。常出现在固体颗粒为不规则的长条形情况下，它们在流动初期杂乱无章地散布着，流动阻力较大。及至速度增大后，颗粒的长轴沿流向排列起来，流变阻力减小了，速度梯度随之更大地增加。曲线 4 表示膨胀体的流动情况，其弯曲形状与曲线 3 正好相反，常发生在容积浓度很高（$\lambda > 42\%$）的情况下。在流动初期只要对悬浮液稍加施力，破坏粒群的堆聚状态，即可开始流动。但随着流速增大，颗粒难以及时地移开适应流动变形要求，于是在颗粒间发生了拥挤、堵塞，以致使流变阻力变为极大。表现为切应力大幅度增加而速度梯度增加很小。

对于非牛顿液体，通过坐标原点到曲线上任一点的连线与纵轴夹角 α' 的正切即是该流动条件下悬浮液的视黏度。由于从曲线上的不同点连线，夹角 α' 的大小并不相同，故非牛顿液体在一定容积浓度下的视黏度亦非常数，而是要随速度梯度而变化。

B　结构化悬浮液的流变特性

结构化悬浮液对自身流动变形显示出某种机械强度，这样的悬浮液又被称为黏塑性体系。它的特点是对流动有一定的初始切应力 τ_{in}。只有当外力克服了这一初始切应力后，悬浮液才开始流动。在流速梯度达到了适当值以后，结构物被破坏，于是切应力又主要受悬浮液的整体黏性所决定，与速度梯度继续保持了线性关系（参看图 9-23 曲线 2），此时存在如下关系：

$$\tau = \tau_0 + \mu_0 \frac{\mathrm{d}u}{\mathrm{d}h} \tag{9-12}$$

式中 τ_0——结构化悬浮液的静切应力；

μ_0——结构化悬浮液的牛顿黏度。

静切应力 τ_0 与初始切应力 τ_{in} 不同，前者为悬浮液流动所必须克服的静切应力总值，由图 9-23曲线 2 的直线段向下延伸与横轴相交求得。

公式（9-12）最初由宾汉提出，故符合上述关系的悬浮液即称作宾汉体。

选矿生产所用的悬浮液，在静置的条件下固体颗粒将下沉，而使某一定层位上的固体含量发生变化，相应地比重和黏度也将发生变化。因而在研究悬浮液的流变性质时，通常还必须测定悬浮液的稳定性。为了获得较高的分选效率，要求所用悬浮液具有较低的黏度和较高的稳定性。

C 悬浮液黏度的测定

悬浮液黏度的测定通常采用各种黏度计进行测定，根据仪器的原理可将现有黏度计分为三类：

(1) 毛细管黏度计。根据液体流过毛细管的压力和流量测定其黏度；

(2) 同心圆筒仪。根据环形空间中液体的剪应力和流速梯度计算其黏度；

(3) 薄板黏度计。将一垂直悬挂在弹簧上的薄板在所研究的液体中下沉或上拖，测定其剪应力和应变的关系。悬浮液黏度的测定要比普通均质液体困难，原因是为了防止固体的沉积在黏度计中必须装设搅拌装置，但又要避免由于搅拌而影响到测定的可靠性。实际测定时须按照各种黏度计使用说明书的要求进行操作。

在矿石可选性研究、包括现场试验工作中，为了迅速地获得介质组成（比重、形状、浓度、细度以及稳定剂和分散剂的用量等）对流变性质影响的数据，可以采用下列简便办法：

(1) 在不需要分别测定塑性黏度和极限剪应力、并且流速梯度不十分大的情况下，可利用简单的毛细管黏度计（也可用同心圆筒黏度计）测定其表观黏度，作为选择和调节介质组成的判据；

(2) 在需要完整地了解不同流速梯度下有关介质黏滞性全部参数的情况下，可直接利用由同心筒黏度计测得的原始数据作图。因为剪切力随转速的变化趋势曲线与剪应力随流速梯度的变化趋势曲线应该是相似的，通过比较不同介质剪切力随转速的变化趋势曲线的斜率和其在剪切力轴上的截距，即可间接地看出不同介质组成对悬浮液塑性黏度和极限剪应力的影响。

在生产上研究悬浮液黏滞性对选矿效率的影响时，必须综合考虑极限剪应力和塑性黏度两项参数。在一定条件下表观黏度 μ_b 可以反映极限剪应力和塑性黏度两项参数，但它不是常量，而是流速梯度的函数。

D 悬浮液稳定性的测定

在不同高度的层位上，保持其比重恒定的性质，称为悬浮液的稳定性，因而通常可用单位时间内比重变化的幅度作为度量稳定性的数量指标。由于不同层位上比重的变化是悬浮液中固体颗粒的沉降所引起，因而也可用沉降速度作为度量悬浮液稳定性的指标。

测定悬浮液稳定性的方法可以有下列几种：

(1) 在量筒或其他筒形测管中，测定悬浮液的沉降速度，其做法与普通为设计浓缩、沉淀设备所做的沉降试验类似。

(2) 用与悬浮液具有相同比重的浮子（相当于比重计），使其悬浮在悬浮液中，然后测定其下沉的速度。为此，应有一套与所测悬浮液比重相应的各种比重的浮子，浮子的比重可用添加或减少铅砂等的方法进行调节。

(3) 测定单位时间内比重变化的百分率。过去常用的为基尔型装置,仪器的主体部分为一直径 1.9 cm、高 25 cm 的测管,距顶端 1/3 高处有一泄流孔。测量时先将泄流孔塞上,向管内注入悬浮液并称重,将管摇动使管内悬浮液混匀,然后让悬浮液沉降 1 min,将泄流孔打开,将上部的悬浮液放出,再将测管和剩余的悬浮液称重,根据沉降前后悬浮液的重量和体积,以及测管的净重,即可算出 1 min 内悬浮液比重变化的百分率。

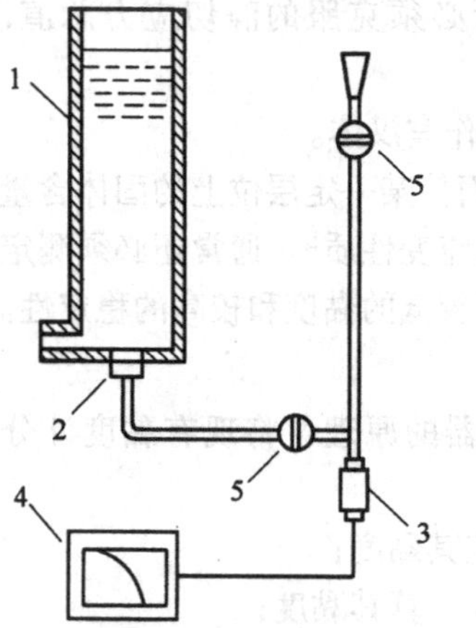

图 9-24 沉降仪
1—沉降管;2—玻璃砂滤器;3—转换器;4—记录仪;5—旋塞

有一种供实验室分批试验用的自动记录沉降仪,其工作原理图如图 9-24 所示。其基本部件仍为一沉降管,底部与压力传感管相连。为了防止沉下的固体进入管内,中间用一玻璃砂滤器隔开,玻璃砂滤器的选择,应能将固体颗粒阻留而不致影响静水压强传递。悬浮液的静水压由一压力转换器转换为讯号输出,送至随时记录。记录器自动记下比重随时间的变化关系,故可避免人为的测量误差。沉降试验结果用每秒钟比重变化百分率表示。例如,某比重为 1.5 的悬浮液,若其沉积速率为 2%,则每秒比重降低

$$(1.5-1.0)\times\frac{2}{100}=0.01$$

即沉积 1 s 后,比重将由 1.5 降至 1.49,从 1.5 降至 1.0(代表完全沉淀),则共需 50 s。

悬浮液的稳定性若能达到 0.2%/s,即可满足于工业生产。

9.6 重选试验结果的处理

本节仅讨论重选试验中经常遇到的三个特殊问题,即开路流程试验时最终指标的确定、粒级回收率的计算、分配曲线的绘制和应用。

9.6.1 最终指标的确定

重选试验大多是开路的,最后总会剩下一些中矿,这部分中矿,在生产上是不会作为最终产品产出的,因而在确定试验最终指标时,关键的问题是如何处理这部分中矿。例如,在按开路做流程试验后,各个精矿产品的总回收率为 72%,尾矿的总回收率为 24%,中矿的总回收率为 4%,现在要据此推算闭路工作时精矿的总回收率。

显然,在按闭路原则工作时,中矿将返回到流程中的适当地点,结果中矿中的金属将有一部分分配到精矿中,一部分分配到尾矿中,因而问题的实质是如何确定这个分配比例。

有人建议按下式推算闭路工作时可能得到的精矿总回收率:

$$\varepsilon=\varepsilon_1+\varepsilon_2\cdot\frac{\varepsilon_1}{\varepsilon_1+\varepsilon_3} \tag{9-13}$$

式中 ε——按闭路原则工作时,可能达到的精矿回收率指标;

ε_1——开路试验得到的精矿总回收率;

ε_2——开路试验得到的最终中矿总回收率;

ε_3——开路试验得到的尾矿总回收率。

例如,对于上面所举的例子,$\varepsilon_1=72\%$,$\varepsilon_2=4\%$,$\varepsilon_3=24\%$,故

$$\varepsilon=72+4\times\frac{72}{72+24}=75\%$$

由上述可以看出，此法的实质是，假定中矿的可选性与原矿相同，因而中矿再选时，中矿中有用成分在精矿和尾矿中的分配比例与原矿相同，显然，这种折算指标将高于生产实际指标。

比较可靠的办法是对中矿进行岩矿鉴定或比重组分分析，根据其物质组成确定折算比例。也可将原始试验结果如实地提交设计或生产单位，而不进行任何折算。设计部门则往往直接采用开路试验时实际得出的精矿指标作为设计指标，而不考虑中矿，其实质是将中矿全部作为尾矿。

显然，不论采用哪种折算方法，都不理想。因而在实际试验工作中在对中矿指标进行折算之前，应将中矿反复处理，尽可能地减少最终中矿量，这样，即使折算方法不合理，对最终指标的影响也不大，甚至不会超过允许误差的范围。例如，在上例中，中矿的总回收率只有4%，按计算应有3/4进入精矿，故推算出来的精矿总回收率为72%+3%=75%。若实际由于中矿可选性不如原矿，只应有1/2的有用成分进入精矿，则精矿总回收率应为72%+2%=74%，与推算值75%差别不大，并未超出一般的选矿试验允许误差范围。

9.6.2 粒级回收率

粒度对重选效率影响极大，不同粒级的物料，重选回收率差别很大，不能相互比较，因而为了比较和评价重选过程的效率，通常须按粒级计算回收率。

为了计算粒级回收率，须将原矿和精矿（或精矿和尾矿）分别进行筛析和水析，并将不同粒级的物料分别进行化验，算出各产品中各个粒级的金属分布率，再按以下两式计算粒级回收率：

$$\text{某粒级的回收率}=\frac{\text{精矿的回收率}\times\text{精矿中该粒级的金属分布率}}{\text{原矿的回收率}\times\text{原矿中该粒级的金属分布率}}\times 100\% \quad (9\text{-}14)$$

或

$$\text{某粒级的回收率}=\frac{\text{精矿的回收率}\times\text{精矿中该粒级的金属分布率}}{\sum_{i=1}^{n}(\text{某产品的回收率}\times\text{该产品中该粒级的金属分布率})}\times 100\% \quad (9\text{-}15)$$

表9-4是某砂锡矿粗选离心机粒级回收率的计算表格。例如+0.075 mm粒级回收率

$$\varepsilon_{+0.075}=\frac{83.4\times 0.3}{100.0\times 1.2}\times 100=21.9\%$$

式中，83.4为已知的精矿总回收率，0.3和1.2则分别为表中第7、第4两栏对应于+0.075 mm级的数据。

表9-4 某砂锡矿粗选离心机粒级回收率

粒级/mm	给矿			精矿			粒级回收率/%
	产率/%	品位/%	金属分布率/%	产率/%	品位/%	金属分布率/%	
1	2	3	4	5	6	7	8
+0.075	9.41	0.053	1.2	1.98	0.195	0.3	21.9
−0.075+0.037	28.04	0.298	26.7	17.66	1.518	22.3	69.7
−0.037+0.019	36.96	0.733	65.0	61.91	1.393	71.7	92.0
−0.019+0.010	10.59	0.190	4.8	9.92	0.568	4.7	82.7
−0.010	15.00	0.065	2.3	8.53	0.146	1.0	36.2
合计	100.00	0.417	100.0	100.00	1.203	100.0	83.4

由以上可以看出,离心选矿机最有效的选别粒度为 -0.037+0.019 mm,其次是 -0.019+0.010 和 -0.075+0.037 mm,而 +0.075 和 -0.010 mm 的物料选别效率都很低。

在生产实践中,对于同类型的矿石,还常根据某类工艺流程或设备粒级回收率的统计指标,直接由原矿的粒度分析资料估计可能获得精矿回收率指标。

例如,若另一砂锡原矿水力分级得出的泥矿部分的粒度分析结果如表 9-5 第 1~4 栏所示,现拟采用离心选矿机选别,则可根据表 9-5 中所列实例的粒级回收率指标(表中第 5 列),预计可能达到的精矿总回收率。计算方法为:将表中第 4 列与第 5 列相应数据相乘,再除以 100,即为各粒级对原矿的回收率,累计后即为精矿的总回收率。计算结果表明,由于该原料中 +0.037 mm 级金属分布率较高,因而总回收率(78.03%)低于表 9-4 所代表之原料的选别指标(83.4%)。

表 9-5　砂锡原矿粒度分析资料

泥矿原矿粒度分析结果				已知的粒级回收率指标/%	预计的精矿回收率(对原矿)/%
粒级/mm	产率/%	品位/%	金属分布率/%		
1	2	3	4	5	(4×5)/100=6
+0.075	6.80	0.095	2.44	21.9	0.53
-0.075+0.037	30.12	0.351	40.06	69.7	27.92
-0.037+0.019	32.97	0.355	44.35	92.0	40.80
-0.019+0.010	6.30	0.364	8.65	82.7	7.15
-0.010	23.81	0.050	4.50	36.2	1.63
合　计	100.00	0.264	100.00		78.03

9.6.3　分配曲线

上面谈到,对于同一类型的矿石,粒度组成不同时,选别效率亦不同,但对于一定的工艺流程和设备,同一粒级的选别效率应该是相同的,因而可以用粒级回收率作为评价工艺过程和设备效率的判据。

但当矿石的比重组成不同时,即使是同一粒度的物料,重选效率亦将不同。为了评价工艺过程和设备的效率,必须引入新的判据。即根据原矿中不同比重组分在精矿和尾矿中的分配率来评价选矿效率。因为在一定的选别条件下,尽管不同组成的矿石可选性不同,但对于同一比重组分而言,其在精矿和尾矿中的分配率应该是一定的。

分配率的概念,同回收率的概念是一致的,但回收率通常是指有用成分在产品中的分布率,而此处分配率是指某一比重组分在各产品中的分布率,其计算方法也与回收率的计算类似:

$$\varepsilon_{\delta_i \sim \delta_j} = \frac{\gamma \beta_{\delta_i \sim \delta_j}}{\alpha_{\delta_i \sim \delta_j}} \tag{9-16}$$

式中　$\varepsilon_{\delta_i \sim \delta_j}$——比重 δ 为 $i \sim j$ 的组分在精矿中的分配率,%;

$\beta_{\delta_i \sim \delta_j}$——精矿中该比重组分的含量,%;

$\alpha_{\delta_i \sim \delta_j}$——原矿中该比重组分的含量,%;

γ——精矿产率,%。

例如,某赤铁矿跳汰作业,给矿的比重组分分析资料(在熔盐中分离结果)表明,给矿中比重大于 4.2 的组分占 52%,小于 4.2 的组分占 48%;精矿产率为 49%,比重组分分析结果表明,其

中比重大于4.2的组分占90%,小于4.2的组分占10%,由此可算出+4.2比重组分在精矿中的分配率:

$$\varepsilon_{+4.2}=\frac{\gamma\beta_{+4.2}}{\alpha_{+4.2}}=\frac{49\times 90}{52}=84.8\%$$

-4.2比重组分在精矿中的分配率:

$$\varepsilon_{-4.2}=\frac{\gamma\beta_{-4.2}}{\alpha_{-4.2}}=\frac{49\times 10}{48}=10.2\%$$

如果在比重组分分析时不止分成两个比重组分,而是分成几个比重组分,就应分别算出各个比重组分的分配率,并可据此绘出组分比重与分配率的关系曲线,即分配曲线,如图9-25所示。下面以此图为例,说明如何利用分配曲线评价选矿效率。

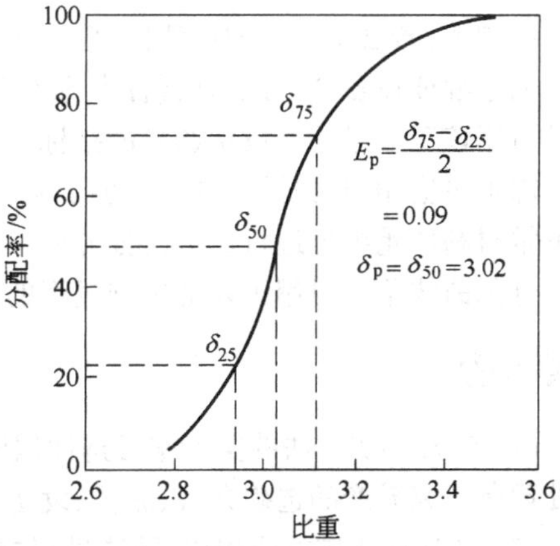

图9-25 某金刚石重介质选矿分配曲线

在理想的情况下,原矿中比重小于分离比重的组成部分应全部进入轻产品(浮物),而大于分离比重的组成部分应全部进入重产品(沉物),恰好等于分离比重的那一单元组分在轻产品和重产品中的分配率则各为50%,因而理想的分配曲线应是一根折线。

在实际选别过程中,分离比重实际是波动的,相应于分配率为50%处的比重代表着实际分离比重的平均值。分离比重的波动愈大,表明分离效果愈差,因而就可用分离比重的波动幅度评价分离效果。分离比重的波动,是带偶然性的,因而是一种随机变差。随机变差的大小,可以用它的均方根值,即标准误差度量,也可用或然误差度量。利用分配曲线评价选矿效率时,习惯采用或然误差度量分离比重的随机波动幅度。或然误差是随机误差的中间值,其定义是,绝对值大于和小于该数值的误差出现的概率(在这里就是分配率)是相等的,在数值上等于标准误差的0.675倍。

具体地说,比重大于平均分离比重$\delta_{分}$(δ_p、δ_{50})的组分在重产品中的分配率不等于100%是由于分离比重向上波动造成的,因而对应于分配率等于50到开始等于100%的这段曲线代表分离比重的正误差波动范围。其中间值对应于分配率为75%处,即或然误差$\rho_+=\delta_{75}-\delta_{50}$;同样,对应于分配率为25%处,是负误差的中间值,即$\rho_-=\delta_{50}-\delta_{25}$。现取二者的平均值代表分离比重的平均波动幅度,即或然误差

$$\rho=\frac{1}{2}(\rho_++\rho_-)=\frac{1}{2}(\delta_{75}-\delta_{25})$$

这就是习惯上用来度量重选分离效率的尺度,用符号E_p表示,也常叫做特龙普指标(E_T)或“偏移距”

$$E_p=\frac{\delta_{75}-\delta_{25}}{2} \tag{9-17}$$

目前重介质选矿作业,或然误差E_p可控制到0.05左右,入选粒度大时,或然误差小些,入选粒度小时,或然误差大些。上例中某金刚石重介质选矿的分离效率较低,$E_p=0.09$,原因是所要求的分离比重较高,因而硅铁悬浮液黏度较大。此外,该矿石中比重接近于分离比重的矿粒不多,因而尽管偏移距较大,实际选矿指标并不低。反之,某国外选矿厂用重介质旋流器预选铅、锌矿石,尽管E_p值可控制到稳定地小于0.05(平均0.024),当分离比重为2.87时,2.87~2.96比

重组分在重产品中的分布率平均可达 89%,但由于给矿中比重为 2.87～2.96 的组分的含量变化很大,从 2.3% 至 12.4%,因而尾矿中金属损失并不稳定。即不论给矿中该组分的含量为 2.3% 或 12.4%,都是按照 89:11 的比例分配于精矿和尾矿,显然,给矿中该组分含量高时,尾矿损失就会增大。

由以上两个例子可以看出,可选性曲线和分配曲线在意义上和应用上的区别,前者用以反映矿石本身的可选性,后者代表工艺过程和设备的分离效率或精度,实际选别指标则是这二者综合影响的结果。

原则上,若已知矿石的可选性(矿石中各个比重组分的品位和金属分布率),又有了所拟采用的工艺过程或设备的分配曲线(各个比重组分在重产品和轻产品中的分配率数据),即可推算出该矿石用该工艺过程或设备选矿的指标。此法已在选煤厂设计中获得实际应用,而在选矿工艺部门却很少应用,其原因一方面是由于矿石的组成较复杂,二是由于高比重的重液不易获得,因而不常对高比重组分进行比重组分分析。

分配曲线不仅可用于评价重选过程的效率,还可用于分级、磁选、电选等其他选矿过程。

本章小结

(1) 各种选矿方法的实验室可选性试验,其基本任务都是相同的,就是要通过试验选择适用于处理所研究矿产的选矿方法、流程、设备和工艺条件,确定该矿产的可选性。

(2) 同其他选矿方法相比,重选过程成本较低,环境污染少,因而在可选性研究工作中,凡是有可能用重选法选别的矿石,都应首先考虑进行重选试验。重选所处理的物料的入选粒度相对较粗,粒度范围相对较宽,不同粒度物料要求选用不同的设备,即使可以采用同一类设备处理的物料也常分级选别,再加上为了避免过粉碎对重选的不利影响常采用阶段选别流程,导致重选流程组合一般比较复杂,所用设备类型较多,因而重选试验时必须首先抓住流程和设备这一主要矛盾,特别是设备本身的工作效率是决定重选过程效率的首要因素,历史上重选生产的重大变革都是与设备的改进和创制工作分不开的,在解决具体矿产可选性的应用性选矿试验工作中,也常需进行新设备的研制工作。

(3) 拟定选矿试验方案的步骤是:①分析矿石性质研究资料,根据矿石性质和同类矿产的生产实践经验及其研究成果,初步拟定可供选择的选矿试验方案。②根据党和国家的方针政策及法律法规,结合当地的具体条件以及委托方的要求,全面考虑,确定主攻方案。

(4) 在重选实验室的各种可选性试验研究工作中,常需测定各种试样(包括原矿、产品、纯矿物、分选介质等)的某些工艺性质,如粒度、密度、松散密度等。其目的是:①为拟定选矿试验方案提供依据;②作为考查和分析试验结果的手段,指导下一步试验工作。

(5) 大块固体物料比重的测定常采用称量法或用专测比重用的比重天平进行。选矿试验中粉状物料的比重测定常用比重瓶法测定,碎散物料的堆比重(堆重度)测定常采用容器称量法进行。

(6) 沉降分析法是测定细粒物料(−0.1 mm)粒度的常用方法,其原理是通过测定颗粒在适当介质中的沉降速度来计算颗粒的尺寸。常用方法有淘析法和流体分级法(水析、串联旋流分级器、风力离心分级器)。

(7) 矿石重选可选性试验内容一般包括比重组分分析和可选性曲线、重选流程试验、重选设备试验。重选试验操作内容一般包括工艺因素的考查和调节、给矿和接矿、计量和取样、悬浮液流变性质的研究。重选试验结果的处理包括开路流程试验时最终指标确定、粒级回收率的计算、分配曲线的绘制和应用。

复习思考题

9-1 重选试验的内容包括哪些，如何根据矿石性质拟定选矿试验方案的步骤？

9-2 矿石比重及堆比重测定的方法有哪些，用比重瓶法测定粉状物料比重的方法步骤有哪些？

9-3 常用的细粒矿石（－0.1 mm）粒度测定方法有哪些？简述测定注意事项。

9-4 简述淘析法和连续水析仪法的实验操作步骤和注意事项。

9-5 简述比重组分分析的作用、方法、操作技术要领。

9-6 如何根据比重组分分析结果绘制可选性曲线，常用的可选性曲线有哪些，如何根据可选性曲线判定矿石的可选性？

9-7 决定重选流程的主要依据有哪些？

9-8 重选试验操作的内容包括几个方面？简述工艺因素的考查和调节试验内容及方法。

9-9 重选试验结果的处理内容有哪些，如何计算粒级回收率和绘制、应用分配曲线？

9-10 试根据下列某矿石的性质研究资料，拟订选矿试验方案（重点是试验流程）。

某钨矿属高中温热液充填矿床。矿石工业类型有石英大脉型黑钨矿和石英细脉浸染型黑钨矿两种，两种类型矿石的矿物成分均属以黑钨矿为主的多金属矿石。钨矿物除黑钨矿外，还有少量白钨矿。其他共生金属矿物有黄铁矿、闪锌矿及少量的辉铋矿、辉铜矿、方铅矿等。脉石矿物主要为石英、长石、白云母与萤石等。围岩为白云母花岗岩和云母石英片岩及千枚岩。原矿的物理性能见表9-6。

表 9-6 原矿物理性能

矿石类型	密度/$t \cdot m^{-3}$	松散密度/$t \cdot m^{-3}$	普氏硬度系数	湿度/%	安息角	摩擦角(光面)
石英大脉型	2.715	1.61	12	0.75	38°37′	25°52′
石英细脉型	2.698	1.57	12	0.85	39°47′	29°24′

矿石中有用矿物多呈块状、条带状、星散状浸染于石英脉中，并有包裹体细脉穿插，属粗细不均匀浸染。矿脉品位上富下贫，中间富、边部贫。随着采矿场开拓工程的延深，出矿品位趋贫，有用矿物嵌布粒度趋细。黑钨矿为板状结晶，长轴达 10 mm，一般为 1 mm。矿石通常在 0.1 mm 才完全解离。黄铁矿多为立方晶体，粒度一般为 0.1～1.0 mm。原矿多元素分析见表 9-7。

表 9-7 原矿多元素分析

元素名称	WO_3	Sn	Zn	Cu	As	Mo	Fe_2O_3	CaO	MnO	SiO_2
含量/%	0.56	0.05	0.25	0.008	0.02	0.007	2.93	0.38	0.185	81.33

参考文献

1　孙玉波主编.重力选矿.北京:冶金工业出版社,1982.7
2　孙玉波主编.重力选矿(修订版).北京:冶金工业出版社,1993.4
3　张鸿起,刘顺,王振生编.重力选矿.北京:煤炭工业出版社,1987.10
4　丘继存主编.选矿学.北京:冶金工业出版社,1987.6
5　谢广元主编.选矿学.北京:中国矿业大学出版社,2001.8
6　许时等编.矿石可选性研究.北京:冶金工业出版社,1981.6
7　景思睿,张鸣远编著.流体力学.西安:西安交通大学出版社,2001.7
8　中国矿业联合会选矿委员会.第四届全国选矿设备学术会议论文集.中国矿业杂志社,2002.6
9　《选矿设计手册》编委会编.选矿设计手册.北京:冶金工业出版社,1988.7
10　苏成德,李永聪,汪晴株编.选矿操作技术解疑.北京:科学技术出版社,1998
11　杨顺梁等编.选矿知识问答(第二版).北京:冶金工业出版社,1993
12　张强编.选矿概论.北京:冶金工业出版社,1983
13　畅瑞延.螺旋分级机断轴情况的分析与处理.矿山机械.2004:p.92～93
14　杨龙琴.螺旋分级机主轴断裂修复工艺.有色设备,2003,p.29～38

冶金工业出版社部分图书推荐

书名	作者	定价(元)
选矿工程师手册（第1~4册）	编委会　编	950.00
金属及矿产品深加工	戴永年　等著	118.00
地质学（第5版）（国规教材）	徐九华　主编	48.00
固体物料分选学（第3版）（本科教材）	魏德洲　主编	60.00
浮选（本科教材）	赵通林　编著	30.00
选矿厂设计（本科教材）	魏德洲　主编	40.00
新编选矿概论（第2版）（本科教材）	魏德洲　主编	35.00
选矿数学模型（本科教材）	王泽红　等编	49.00
选矿学实验教程（本科教材）	赵礼兵　主编	32.00
碎矿与磨矿（第3版）（国规教材）（本科教材）	段希祥　主编	39.00
磁电选矿（第2版）（本科教材）	袁致涛　主编	39.00
矿山安全工程（第2版）（国规教材）	陈宝智　主编	38.00
矿山环境工程（第2版）（国规教材）	蒋仲安　主编	39.00
矿山运输与提升（本科教材）	王进强　主编	39.00
矿山企业管理（本科教材）	胡乃联　主编	49.00
智能矿山（本科教材）	李国清　主编	29.00
矿物加工工程专业毕业设计指导（本科教材）	赵通林　主编	38.00
矿产资源综合利用（高校教材）	张　佶　主编	39.00
选矿试验与生产检测（高校教材）	李志章　主编	28.00
选矿概论（高职高专教材）	于春梅　等编	20.00
选矿原理与工艺（高职高专教材）	于春梅　等编	28.00
矿石可选性试验（高职高专教材）	于春梅　主编	30.00